深入理解DSP

基于TMS320F28379D的开发与实践

徐奇伟　徐佳宁　赵一舟　著

清华大学出版社
北　京

内 容 简 介

本书介绍德州仪器（TI）公司最新推出的TMS320F2837xD系列DSP的开发和应用，以TMS320F28379D为代表详细介绍其基本结构、工作原理、应用配置以及开发实例等内容。本书共分为15章，首先简要介绍F28379D C28x+FPU的架构特点，然后基于CCS 10.3软件环境，讲解其基本使用方法、软硬件开发环境及基本开发流程。在详细介绍F28379D的硬件结构后，针对其功能强大的片上外设，重点解析片上中断及各类定时器的工作流程，并详细描述在控制和通信领域中常用的外设和接口的使用方法，包括通用输入/输出端口（GPIO）、模数转换器（ADC）、增强型脉宽调制器（ePWM）、增强型正交编码脉冲单元（eQEP）、增强型捕捉模块（eCAP）、异步串行通信接口（SCI）、同步串行外围接口（SPI）以及并行通信端口uPP等。最后，本书以F28379D为核心，展示了几种关键技术及其对应的开发实例，为读者提供了直观的、实用的技术参考。

本书适合广大电子工程师、自动化控制领域相关专业人员，也可作为高等院校电子信息、通信、计算机、自动控制等专业的本科生和研究生相关课程的教学用书或参考书。

图书在版编目（CIP）数据
深入理解 DSP ：基于 TMS320F28379D 的开发与实践 / 徐奇伟，徐佳宁，赵一舟著. -- 北京 ：清华大学出版社，2025. 2. -- ISBN 978-7-302-68079-6
Ⅰ. TN911. 72
中国国家版本馆 CIP 数据核字第 2025EU6758 号

责任编辑：王金柱
封面设计：王　翔
责任校对：闫秀华
责任印制：刘海龙

出版发行：清华大学出版社
网　　址：https://www.tup.com.cn，https://www.wqxuetang.com
地　　址：北京清华大学学研大厦 A 座　　**邮　　编：**100084
社 总 机：010-83470000　　**邮　　购：**010-62786544
投稿与读者服务：010-62776969，c-service@tup.tsinghua.edu.cn
质量反馈：010-62772015，zhiliang@tup.tsinghua.edu.cn
印 装 者：三河市科茂嘉荣印务有限公司
经　　销：全国新华书店
开　　本：185mm×235mm　　**印　　张：**25.75　　**字　　数：**618 千字
版　　次：2025 年 3 月第 1 版　　**印　　次：**2025 年 3 月第 1 次印刷
定　　价：119.00 元

产品编号：109587-01

推荐序

数字信号处理技术对于电子信息技术的发展具有重要意义。自该技术问世以来，美国德州仪器（Texas Instruments，TI）公司始终致力于推动这一领域的技术创新。作为全球数字信号处理器（Digital Signal Processor，DSP）的领先开发商和供应商，TI一直秉承为全球工程师和开发者提供高性能、高可靠性的处理器芯片及解决方案的承诺。

近年来，随着电动汽车、工业控制、光伏储能等领域的快速发展，基于C2000产品的应用已深入更广泛的行业，而TMS320F2837xD系列芯片正是TI面向基于数字信号处理技术的实时控制推出的旗舰产品。

TMS320F2837xD系列作为TI C2000™实时控制类产品的最新力作，代表了TI在实时控制领域的技术积累和持续创新。该系列芯片采用了C28x+FPU双核架构，内置多种高性能外设模块，如高分辨率PWM、模数转换器（ADC）、增强型通信接口（SCI、SPI、CAN等）以及丰富的GPIO资源，它能够以200MHz的高主频和800MIPS的计算性能应对工业控制、复杂信号处理和精密伺服系统中的挑战。TMS320F2837xD不仅具备低功耗、高精度、低成本的特性，还显著提升了开发效率，是嵌入式系统开发者和控制工程师的理想选择。

《深入理解DSP：基于TMS320F28379D的开发与实践》一书的出版，为开发者快速掌握TMS320F2837xD系列芯片提供了一份全面且实用的指导。从基础架构到功能外设，从软硬件开发环境到寄存器配置方法，再到工程实例的代码实现，本书用深入浅出的语言和翔实的内容展示了TMS320F2837xD系列芯片的技术细节和应用场景，体现了TI产品在嵌入式开发领域的强大优势。

在该书中，作者不仅详尽剖析了芯片的核心结构，还提供了完整的开发流程和代码实例。通过学习本书，读者能够快速入门基于C2000处理器的开发，深入理解TMS320F2837xD的强大功能，并掌握其在工业控制和嵌入式领域中的实际应用能力。无论是刚刚接触数字信号处理技术的初学者，还是希望优化开发效率、解决实际工程问题的资深工程师，本书都能成为您可靠的参考资料和技术指导。

未来，数字信号处理技术的应用边界将继续拓展，而TMS320F2837xD系列也将继续成为工业和嵌入式领域创新的驱动力之一。希望通过本书，读者能够充分发挥TMS320F2837xD的潜力，在各自的项目中实现卓越表现，为推动技术进步和产业发展贡献力量。

TI感谢作者在数字信号处理领域的辛勤付出与专业积累，并对《深入理解DSP：基于TMS320F28379D的开发与实践》一书的出版表示热烈祝贺。愿本书能够为广大工程师、研究人员及相关从业者提供帮助和启发，助力他们在技术创新的道路上不断迈向新的高度。

德州仪器中国大学计划

2025年1月

前　言

数字信号处理是当今嵌入式系统开发中最热门的关键技术之一。DSP作为一种功能强大的专用微处理器，自20世纪80年代诞生以来，短短几十年间取得了飞速发展。DSP主要应用于工业控制、复杂数字信号处理以及高精度伺服系统等领域，并形成了颇具发展潜力的产业和市场，在全球拥有广泛的应用群体。

美国德州仪器（TI）公司是DSP研发和生产领域的领先者，也是全球最大的DSP供应商。TI公司新推出的TMS320F28379D是一款采用C28x+FPU特殊架构的数字信号处理器，在行业内具有广泛的影响力。

TMS320F28379D在现有DSP平台基础上增加了浮点运算内核，不仅保留了原有DSP芯片的优势，还能高效处理复杂的浮点运算。其特点包括精度高、低成本、低功耗、高集成度以及丰富的片上存储资源，使它在多个应用场景中具有显著优势。

另外，F28379D的主频高达200MHz，处理速度可达800MIPS；中央处理器采用双核C28x+FPU的特殊架构。片内集成了大量常用外设资源，包括24路PWM输出端口、204KB RAM、1024KB Flash、标准通信接口（SCI、SPI、CAN、USB、uPP等）、最高可达16位的ADC、两组6路DMA通道以及高达169个独立可编程的通用GPIO引脚等。

现有的关于TMS320F28379D的资料大多是对数据手册的直接翻译，不便于初学者学习和使用。为了更好地帮助读者理解，作者基于长期的DSP开发实践经验编写了本书。

本书汇集了TI公司最新的DSP开发技术资料，全面介绍了TMS320F28379D芯片的功能特点和工作原理，重点讲解了各类外设资源的应用场景和寄存器配置等内容。同时，本书还提供了工程应用实例的C语言开发程序，为读者提供了更直观的技术参考。

本书共分为15章，基本涵盖该系列DSP芯片的各个方面。章节安排如下：

第1章：DSP芯片概述。本章主要介绍DSP芯片的基本概念、发展历程及其在工业控制、信号处理等领域的重要性，特别强调TMS320F2837xD系列作为TI公司控制类DSP产品的独特优势。

第2章：开发环境与开发流程。本章详细介绍TMS320F2837xD系列DSP芯片的开发环境搭建步骤，包括CCS、C2000Ware等必要的软件工具安装、配置及调试方法，并阐述了与开发相关的计算机理论，为后续的硬件编程打下坚实基础。同时，本章总结了高效的开发流程，帮助读者快速上手。

第3章：TMS320F28379D硬件结构。本章深入剖析了TMS320F28379D的硬件架构，包括其高性能CPU核心C28x系列、各类多功能外设、片上内存系统、时钟与电源管理等关键组成部分，使读者对该芯片的内部运行机制有清晰的了解。

第4章：DSP开发基础。本章介绍了DSP编程的基础知识，包括C/C++语言在DSP开发中的应用、指令集特性、程序优化与调试技巧等。本章还安排了手把手的入门教学案例，方便读者快速上手DSP开发，为后续的复杂编程奠定基础。

第5章和第6章：片上模拟与控制外设器件。这两章分别讲解了TMS320F2837xD系列DSP芯片上的模拟外设（如ADC、比较器子系统、DAC）和控制外设（如epwm、ecap、sdfm等增强型外设），并通过示例展示了这些外设的功能、配置方法及在实际应用中的使用环境。

第7章和第13章：各种常用的串/并行通信协议。本章全面介绍了该系列DSP支持的多种通信协议，包括CAN、I2C、McBSP、SCI、SPI、USB、uPP等，每种协议均配有详细的使用说明和示例代码，便于读者理解与应用。

第14章：DSP开发关键技术。作为本书的精髓部分，本章集中探讨了DSP开发中的传感、控制及信号处理三大关键技术，并通过实例分析结合理论基础，展示了如何将这些技术应用于项目中，解决工程中的棘手问题。

第15章：通用输入输出端口。本章详细介绍了F28379D的GPIO部分的开发基础及使用方法，包括GPIO引脚功能、应用场景、相关寄存器配置和字段定义信息等。

本书全面而深入地介绍了TI公司TMS320F2837xD系列DSP芯片的基础概念及进阶应用方法，旨在为读者提供从基础到进阶的全面知识体系，帮助工程师及相关研究人员在数字信号处理、自动化控制、嵌入式系统等领域进行高效的工程开发与迭代。

本书适合广大电子工程师、自动化控制领域相关专业人员，也可作为高等院校电子信息、通信、计算机、自动控制等专业的本科生和研究生相关课程的教学用书或参考书。无论你是初涉DSP领域的初学者，还是寻求技术突破的工程师，本书都将为你提供宝贵的参考与指导。随着物联网、智能制造等新兴技术的快速发展，DSP芯片的应用前景将更加广阔。希望本书能够变成你技术成长道路上的得力助手。

配书资源

为方便读者使用，本书提供了完整的源代码与PPT课件，扫描右侧二维码即可下载。

如果读者在学习本书的过程中遇到问题，欢迎发送邮件至booksaga@126.com进行咨询。请在邮件主题中注明“深入理解DSP：基于TMS320F28379D的开发与实践”，以便我们及时为你解答。

由于编者水平有限，书中难免存在疏漏之处，敬请广大读者和业内专家批评指正，以帮助我们不断改进。

著　者

2025年1月

目　录

第 1 章

DSP芯片概述

DSP（Digital Signal Processor / Digital Signal Processing，数字信号处理器/数字信号处理）在本书中DSP特指前者，即数字信号处理器。DSP是一种专门用于处理数字信号的微处理器，其内部集成了多种数学运算单元及硬件加速器。与传统的微处理器相比，DSP芯片具有更高的主频和更快的数学运算能力，通常应用于控制、信号处理及编码等领域。

数字信号处理中的大多数数学运算都集中在以浮点数为基础的乘法和加法运算上。此外，还包括少量的三角运算、对数运算等。通常，这些运算在芯片内部也有专用的运算器件来完成。

1.1 DSP的概念及特点

本节主要介绍DSP的基本概念、应用方向及其发展现状。同时，以美国德州仪器（Texas Instruments，TI）公司C2000系列数字信号处理器TMS320F2837xD为例，讲解DSP芯片的基本结构、常用外设及其具体功能。

1.1.1 DSP的基本概念

一个典型的DSP系统通常由五大部分组成，分别是信号预处理、A/D采样、数字信号处理、D/A恢复以及平滑滤波。

以语音信号处理为例，首先对话筒输入的模拟信号进行预处理，包括降噪、人声增强以及抗混叠滤波等操作；然后对处理后的模拟量进行A/D采样和量化，并完成编码，将其转换为数字信号。根据奈奎斯特采样定理，采样频率应至少是输入信号最高频率的两倍（假设输入信号经预处理后已成为带限信号）。

DSP芯片的输入是前述编码后的数字信号。DSP将对输入的数字信号按照人们的意愿进行某种处理。

例如，当需要对信号进行滤波时，可在DSP中实现一组或多组FIR/IIR数字滤波器；若需要对信号进行平滑或增强，则可通过DSP实现相应的算法。处理后的数字信号由DSP输出，经过D/A转换恢复为模拟信号；最后，对恢复的模拟信号进行内插和平滑滤波，便可获得连续的波形。

数字系统通常具备以下几大优点。

（1）参数可编程。DSP系统基于可编程DSP芯片实现具体的数字信号处理算法。设计人员可以在开发流程的任意阶段通过软件对算法进行更改，与传统模拟器件相比，这一特性具有显著优势。

（2）稳定性强。相较于模拟系统，数字系统具有更强的抗容错能力。在噪声未达到足以引起比特翻转的情况下，数字系统可以保证极高的传输稳定性。

（3）高精度且接口丰富。16位数字系统即可实现十万分之一的精度，同时，DSP系统与其他数字系统之间是相互兼容的，使得数字系统间的通信比模拟系统间的通信更为便捷。

（4）集成度高。DSP系统的数字部件具有更高的品控水平和规范性，有利于大规模数字系统的集成。

总的来说，针对数字信号处理，DSP具备模拟系统所不具备的诸多优点。然而，DSP并非没有局限性。例如，面对简单的信号处理任务（如基础的物理层接口）或低成本场景中，使用DSP可能会显著增加成本。此外，DSP系统中的高频时钟可能导致电路系统出现高频干扰，并引发电磁兼容等问题。通常情况下，DSP的功耗较高，这对小型设备的集成化设计带来了挑战。

此外，DSP技术更新速度较快，随着行业发展不断迭代，但并其开发门槛高，难度大。DSP开发需要扎实的数学基础，且现有的开发工具尚不够完善，这为技术应用增加了难度。尽管如此，DSP技术已广泛应用于在通信、语音信号处理、图像处理、雷达信号处理、工业控制和测量等领域，展现出了巨大的潜力与价值。

1.1.2　DSP芯片的应用方向

自20世纪80年代DSP芯片问世以来，其发展速度令人瞩目。这一成就既得益于集成电路技术的飞跃，也得益于市场对高性能数字信号处理的巨大需求。

随着科技的不断进步，人们对数字设备的依赖性与期望持续提升，为DSP在民用和军用领域打开了广阔的市场空间。此外，随着DSP芯片价格的逐步下降，其性价比显著提高，展现出了强大的市场潜力。

概括而言，DSP的应用方向主要包括以下几个方面。

1）数字信号处理领域

DSP用于实现各种数字信号处理任务，例如数字滤波器（Digital Filter）、自适应滤波器（如维纳滤波、卡尔曼滤波等）、快速傅里叶变换（Fast Fourier Transform，FFT），频谱分析、时频分析、卷积运算、特征提取、匹配以及信号生成等功能。

如表1-1所示，常用的数字信号处理算法通常涉及大量的乘法和加法运算。为提升运算效率，

DSP芯片内部往往集成多个硬件加速的乘一累加器（Multiply-Accumulate，MAC），能够在一个指令周期内完成乘加运算。

表1-1　经典数字信号处理算法举例

数字信号处理算法	算法的数学实现
FIR数字滤波器	$y(n)=\sum_{n=0}^{M}a_k x(n-k)$
IIR数字滤波器	$y(n)=\sum_{k=0}^{M}a_k x(n-k)+\sum_{k=0}^{M}b_k y(n-k)$
离散傅里叶变换（DFT）	$X(k)=\sum_{n=0}^{N-1}x(n)e^{-\frac{j2\pi nk}{N}}$

与传统微控制器（Microcontroller Unit，MCU）相比，DSP运算乘加远比同样配置的其他微控制器要少。一般而言，DSP可实现在一个指令周期内完成16位的大位宽乘法和32位的加法运算，它的执行速度可达普通MCU（如STM32）的上百倍。

2）现代通信领域

例如调制信号产生（QPSK/MSK等）、信道自适应均衡、语音信号压缩与解扩、频分复用（Frequency Division Duplexing，FDD）、正交频分复用（Orthogonal Frequency Division Multiplexing，OFDM）、扩跳频通信（Frequency Hopping Spread Spectrum，FHSS）以及多输入多输出（Multiple Input Multiple Output，MIMO）阵列信号处理等。

3）语音信号处理领域

包括语音信号的编码、解码、LDPC解码、语音增强、语音识别与合成，以及电话语音信号的压缩、解压缩和语音加密等。

4）图像信号处理领域

包括传统的离散余弦变换（Discrete Cosine Transform，DCT）、二维傅里叶变换（Two-Dimensional Fast Fourier Transform，2D-FFT）、小波变换（Continuous Wavelet Transform，CWT），以及图像压缩（如JPEG算法）、图像增强等。

5）雷达信号处理领域

雷达信号处理领域通常需要对多组来波信号进行并行处理，除采用FPGA方案外，DSP也常用于辅助信号处理，以帮助雷达系统完成信号的处理、提取和识别，主要包括保密通信、MIMO阵列信号处理、相控阵雷达、探测、制导等。

6）测量领域

包含频谱分析、PLL锁相环、海洋数据探测、高精度示波器、矢量网络分析仪、测频计等应用。

7）自动控制领域

包括汽车发动机功率控制、工业生产线控制、自动驾驶、机器人运动算法实现、电机控制、电源控制等。

1.1.3 DSP芯片发展现状

本书主要介绍TI公司的DSP处理器产品。TI公司是目前市场上使用广泛、存量多、占有率高的DSP芯片供应商之一，提供从芯片到开发工具链的完整开发解决方案。

TI公司的DSP产品包括实时控制处理器、低功耗DSP、高性能DSP、专为浮点运算设计的浮点DSP处理器，以及工业界常用的数字信号控制器。

TI公司的产品大致分为3个系列：C2000、C5000和C6000系列。下面逐一介绍各系列的应用场景及芯片性能。

1）TMS320C2000 系列处理器

C2000系列是TI公司DSP家族的初代成员，主要应用于实时控制领域，具有大量片上集成外设。该系列处理器以32位为主，少量为16位。C2000系列的内核经过特殊优化，可在主频要求严格的场景下高效执行复杂控制算法。其片上集成了丰富的外设，如串行协议SPI、UART、IIC、CAN，以及AD转换器、ePWM、eCAP等应用模块。

在单芯片控制场景中，C2000系列通常是首选DSP系列。该系列主要包括TMS320F24x和TMS320F28x两个子系列。本书主要介绍的TMS320F2837xD，是C2000系列最新发布的DSP型号之一。

2）TMS320C5000 系列处理器

C5000系列主要面向无线终端应用场景，其显著特点是超低待机功耗和先进的电源能耗管理技术。在便携式设备和功耗苛刻的应用中，C5000系列往往是首选方案。

具体应用场景包括数字播放器、移动通信设备中的数字信号处理芯片、GPS接收器，以及便携式医疗设备（如心电监测仪器）等。C5000系列代表性芯片有TMS320C54x和TMS320C55x。

3）TMS320C6000 系列处理器

C6000系列是TI公司性能最高的DSP系列，具有高性能、高性价比和强大的浮点运算能力。例如，C6000系列中的TMS320C6410和TMS320C645x，其芯片主频可达1GHz，是微控制器领域的高主频代表。

此外，C6000系列对视频和音频处理进行了专门优化。针对浮点运算和复杂信号处理算法，C6000配备了专用硬件电路以加速计算过程。结合其高主频的优势，可以高效完成数字信号处理任务，广泛应用于无限基础设施、成像、视频处理等对计算能力要求较高的场景。

本书重点介绍TI公司C2000系列的TMS320F2837xD系列DSP芯片，并以TMS320F28379D为例，详细说明该芯片的具体特性及完整开发流程。该型号是C2000系列中具有浮点运算能力的DSP芯片，与以往的定点DSP相比，精度更高、成本更低且功耗更低，是实时控制领域中应用较多的芯片之一。

1.2　DSP芯片基本结构及主要功能

DSP芯片的核心特点是运算速度快、精度高、功耗低、外设丰富。这得益于DSP芯片通常采用程序和数据分离的哈佛总线结构，有助于实现数据的并行运算。此外，DSP芯片广泛采用多级流水线（Pipeline）结构来提高信号处理性能，减少处理周期。

流水线设计允许CPU核心在读取程序的同时，通过读写总线控制数据的读写操作，从而实现在一个时钟周期内完成绝大多数指令的执行。

与DSP相比，有些应用场景也会选用MCU来处理数字信号或相关控制算法。MCU多采用冯·诺依曼体系架构，该架构的特点是程序与数据共用一片存储区，即单总线结构。

受制于单总线的制约，冯·诺依曼结构中的CPU无法同时读取存储区中的程序和数据，这导致MCU执行一条指令需要多个时钟周期。因此，在同样的主频下，MCU的运行速度往往显著低于采用哈佛结构的DSP控制器。

DSP芯片的数值处理精度较高，这主要归功于其采用了32位运算单元。例如，DSP累加器通常是针对32位数据设计的专用硬件累加器，乘法器则采用16位的大位宽乘法器，以满足大多数应用场景对高精度运算的需求。

以F28379D为例，其片上硬件资源、通信外设以及模拟子系统资源和增强型控制外设的详细信息分别列于表1-2、表1-3和表1-4中。

表1-2　F28379D片上硬件资源

片上资源	具体资源类别	数量、性能等参数信息
中央处理器CPU	TMS320C28x 32位CPU	双核、主频200MHz
运算单元	TMU、FPU、VCU	单精度浮点运算、支持三角运算
可变参控制律加速器CLA	IEEE 754单精度浮点指令	主频200MHz，独立于主CPU执行
片上存储器	512KB闪存及172KB RAM	带ECC及奇偶校验保护
时钟及系统控制	10MHz内部振荡器、片上晶体振荡器、看门狗计时器、时钟丢失检测器	2组10MHz振荡器，其余各1组
电压及GPIO	内核供电电压1.2V	GPIO口供电电压3.3V
可配置逻辑块CLB	增强现有外设功能	—

表1-3　F28379D片上通信外设

通信外设	具体资源类别	数量、性能等参数信息
USB 2.0	—	包括MAC层及PHY层
CAN总线	引脚可引导	片上共两组
高速SPI接口	引脚可引导	主频可达50MHz，共3组
多通道缓冲串行端口McBSP	—	共两组

（续表）

通信外设	具体资源类别	数量、性能等参数信息
串行通信接口（SCI/UART）	引脚可引导	共4组
IIC接口	引脚可引导	共两组

C2000系列32位微控制器专为处理、感应和驱动应用进行了优化，可显著提高实时控制应用的闭环性能。这些应用包括工业电机驱动器、光伏逆变器、数字电源、电动汽车和运输、电机控制，以及感应和信号处理等领域。C2000系列产品涵盖高级性能MCU和入门级性能MCU，用户可根据具体使用场景灵活选型。

表1-4　F28379D片上模拟子系统及增强型控制外设

片上资源	具体资源类别	数量、性能等参数信息
模拟子系统： 模拟数字转换器（ADC）	可配置为12位/16位模式，每组ADC包含一组采样保持电路（S/H）； 具有饱和偏移量校准、定点计算误差、中断、过零比较、触发采集等多种功能，且包含3组12位缓冲的DAC输出	共4组，16位模式带有差分输入，并具备12个外部通道，单组ADC采样率可达1.1MSPS； 12位模式仅有单端输入，并具备24个外部通道，单组ADC采样率可达3.5MSPS
增强特性脉宽调制器（ePWM）	—	共24组
高分辨脉宽调制器（HRPWM）	对标准和高分辨两个模式均有死区支持	共16组，8个PWM模块的A/B通道均支持高分辨率
增强型采集模块（eCAP）	—	片上共6组
增强型正交编码脉冲器（eQEP）	—	片上共3组
滤波器模块（SDFM）	每通道包含两组并联滤波器，支持标准SDFM数据滤波	片上共8组，每组包含两个滤波器组

由上述3个表可见，TMS320F2837xD是一款功能强大的32位浮点微控制器，专为工业电机驱动器、光伏逆变器、数字电源、电动汽车与运输，以及感应和信号处理等高级闭环控制应用而设计。

为了加速应用开发，TI公司为C2000系列DSP提供了DigitalPower软件开发套件和MotorControl软件开发套件。这两套工具主要用于开发电机控制和相关的应用程序，极大地缩短了开发周期。

根据表1-2，F2837xD支持新型双核C28x架构，显著提升了系统性能。同时，集成式模拟和控制外设使设计人员能够整合控制架构，进一步减少对多处理器高端系统的依赖。基于TI的双实时控制子系统（即双核32位C28x系列浮点CPU），每个内核主频可达200MHz，结合丰富的硬件运算资源，实现了卓越的数字信号处理性能。

C28x CPU的性能通过新型加速器进一步提升，包括三角运算单元加速器（TMU）和复杂数学运算单元加速器（VCU）。

- TMU加速器能够快速执行三角函数、乘方、开方以及对数等运算，大幅提高运算效率。
- VCU加速器则显著缩短了编码应用中常见复杂数学运算的处理时间。

此外，F2837xD系列DSP产品还配备了两个CLA实时控制协处理器。CLA是一款独立的32位浮点处理器，其运行速度与主C28x CPU相同。

- CLA可对外设触发器做出快速响应，并与主C28x CPU并行执行代码。这种并行处理功能有效地将实时控制系统的计算性能提升一倍。
- 设计人员可以利用CLA针对时延敏感的场景进行计算优化，从而满足特定的实时控制需求。

在此期间，主核C28x CPU可自由执行其他任务，例如通信请求、中断请求以及控制信号的发送等。两组C28x+CLA的架构型式使DSP能够在不同系统任务之间实现智能分区。例如，在机器人控制开发中：

- 一组C28x+CLA内核可用于跟踪机器人的速度和位置。
- 另一组C28x+CLA内核则可专注于电机的转矩和转速控制。

在存储方面，TMS320F2837xD最高支持1MB（512KW）板载闪存，并具有误差校正代码（ECC）。此外，还提供高达204KB（102KW）的SRAM。每个CPU上还配备两个128位长的安全区，用于实现代码保护，确保系统运行的安全性和可靠性。

F2837xD系列DSP芯片集成了高性能模拟子系统和增强型控制外设，进一步实现了系统整合。如表1-4所示，在模拟子系统中，片上共包含4组独立的16/12位ADC，可准确、高效地管理多组输入的模拟信号，显著提高系统总吞吐量。

新型Σ-Δ滤波器模块（Σ-Δ Filter Module，SDFM）与Σ-Δ调制器配合使用，可实现隔离式电流并联测量，包含窗口比较器的比较器子系统（Comparator Subsystem，CMPSS）可在电流超限或未达限制条件时保护功率输出级。此外，模拟子系统和增强型控制外设还包含DAC、ePWM、eCAP、eQEP等，后续章节将逐一介绍。

C2000系列DSP芯片的架构图如图1-1所示。其中，多数C2000系列DSP芯片已集成控制领域常用的PWM模块。在高端芯片（如本书讨论的TMS320F2837xD）中，PWM已升级为增强型PWM调制器。这种内置PWM模块的DSP芯片通常被统称为DSP控制器。

C2000系列是DSP控制器中最具代表性的产品线之一，目前在国内的占有率已超过50%。根据官方资料，C2000系列是32位CPU架构C28x系列DSP的总称，集成了多种通信、控制外设以及模拟子系统等模块。

需要特别强调的是，TMS320F2837xD系列的CPU是32位浮点处理器。该器件采用了数字信号处理芯片的最佳适配特性，即采用精简指令集计算（Reduced Instruction Set Computing，RISC）和哈佛总线架构。

CPU的具体特性包括：

- 改进的哈佛架构和循环寻址操作：支持指令和数据的分离存储与并行处理，提高了运行效率。
- RISC特性：实现单周期指令执行，与传统通用处理器相比，指令周期显著更短。

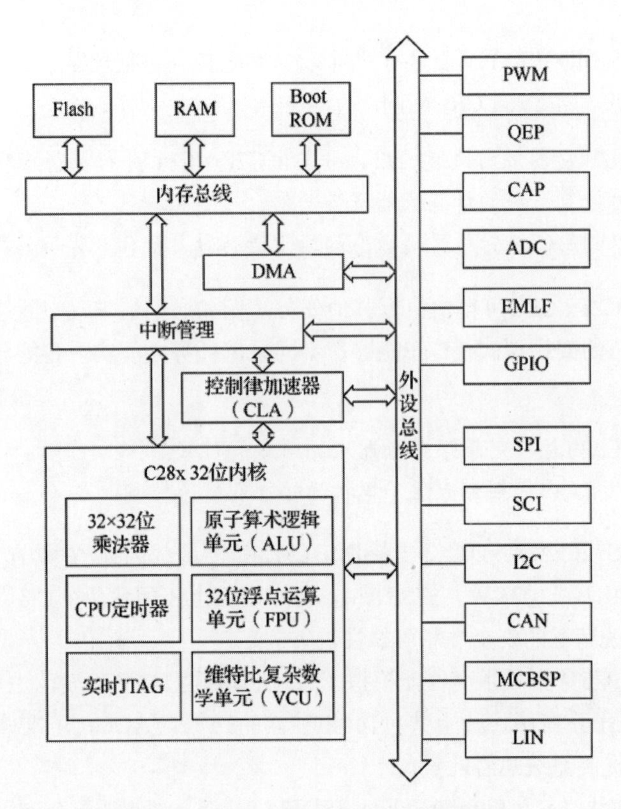

图 1-1　C2000 系列 DSP 芯片系统架构图

- 优化的指令集：包括直观的指令集设计、字节打包与解包以及高效的位操作功能。
- 并行执行与流水线处理：改进的总线架构支持CPU并行执行指令，并通过多级流水线实现对数据区内存的高效读写操作。

1.3 有关DSP的数值处理基础

在数字信号处理领域，大多数信号处理算法都涉及浮点数运算。然而，DSP中的中央处理器通常采用定点处理器核心，因此在执行浮点数运算前，需要将浮点数转换为定点数。

虽然目前定点化工作大多由芯片配套的编译器自动完成，但设计人员仍需掌握数字信号处理的数值处理方法，以便在具体场景中根据需要更高效地完成芯片开发任务。

1.3.1 DSP处理器中不同类型的数值运算

在数字信号处理领域，大多数DSP算法是基于浮点运算实现的。然而，早期的DSP芯片通常只能实现定点运算。在定点运算芯片上实现浮点运算时，需要首先对输入数据进行定点化处理，这一步在DSP运算中至关重要。

定点运算单元是指DSP芯片中以单核16/32位定点中央处理单元（如CPU）为核心的处理单元。而浮点运算单元则是指DSP芯片中专门用于计算浮点数的一组32位运算单元（Floating Point Unit，FPU）。

注意　在DSP芯片中，指令码以二进制定点数的形式存储于程序存储区，定点中央处理器负责指令码的取指、译指和执行。此外，DSP芯片的内部存储器以及片上所配置的各种外设的外设寄存器，它们所存储的数据也以二进制定点数的形式存储。因此，数据的存取操作必须由定点处理器来完成。

尽管目前高端DSP芯片中都配置了浮点运算单元，但定点处理器仍然是DSP芯片的主运算处理单元，而浮点运算单元（FPU）仅作为定点处理器的辅助计算协处理器。

实际上，定点处理器不仅能运算定点数，也可以完成浮点数运算。然而，浮点数运算的速度通常低于定点数运算的速度。这与浮点运算的执行流程有关，在DSP芯片中，对浮点数的运算分为两步，第一步是执行两个浮点数的阶码对齐操作，第二步执行两个浮点数尾数的算术运算。两个浮点数之间的阶码对齐操作一般是低阶向高阶对齐，即低阶码每次加1，对应的尾数向右移1位。

这些对阶码加法和浮点数尾数右移的操作需要通过定点处理器执行相关指令来完成，因此采用定点处理器运算浮点数的时间效率较低。

在实际执行浮点运算时，芯片中的主运算处理器正是芯片中的32位定点处理器，它负责指令的获取、指令的执行、定点数运算以及对寄存器的读写等操作。而32位浮点协处理器（即FPU）则专注于单精度浮点数的运算。

对比而言，在主频相同的情况下，浮点数处理单元在进行单精度浮点数运算方面要比定点数运算单元快50%以上。因此，浮点数运算单元非常适合混合实现控制算法和数字信号处理算法的应用场合。在高速信号处理的场合，这种“浮点运算单元+定点处理器”的架构优势尤为明显。

在具体开发实践中，TI公司提供的集成开发环境CCS内置的编译器能够自动完成定点数据和浮点数据的数值处理。因此，本书不再详细介绍两者的转换过程。但掌握二进制定点数与浮点数的表示方法、运算规则及标定等基本知识，将有助于深入理解定点处理器和浮点运算单元（或称为浮点处理器）的差异，以及DSP芯片内部的数值处理机制。

1.3.2　定点数的常见标定方法

本节简要介绍二进制定点数的标定方法。在定点运算中，定点处理器可以直接对固定位长的补码数据执行加、除等基本算术运算。这主要涉及定点处理器中的逻辑运算单元（Arithmetic Logic Unit，ALU）以及硬件乘加器（Multiplier-Accumulator，MUX）等组件。

例如，传统MCU中的8位机（如80C51）是一种位长为8的定点处理器，它本质上只能完成整数运算。这是因为定点处理器无法直接表示小数点的位置，小数点的位置需由设计人员手动定义。我们将这一确定小数点位置的过程称为标定。对于两组标定方式不同的定点数，它们的表示范围自然有所不同。

在补码系统（大多数运算都基于补码系统）中，处理器默认将二进制补码视为整数进行运算。这相当于假设小数点位于二进制数最低位的右侧，这种标定方式被称为Q-0标定。若小数点右侧有*n*位数，则称为Q-*n*标定。

由此可见，当标定值Q增大时，二进制数中小数部分所占的位数增加，表示精度越高；而整数部分所占的位数相应减少，导致十进制整数的表示范围变小。由于总的位宽是固定的，整数部分和小数部分的精度不可能同时提高，设计时需要根据具体需求在精度与范围之间进行权衡。

表1-5展示了标定值Q与二进制数小数点分布的对应关系。假设补码系统的总位宽为32位，左侧为整数位数，右侧为小数位数。

表1-5　标定值Q与小数点分布的对应关系

小数点分布	32.0	31.1	30.2	…	3.29	2.30	1.31
标定值Q	Q-0	Q-1	Q-2	…	Q-29	Q-30	Q-31

1.3.3　定点处理器与浮点处理器的主要区别

本小节从处理精度、运算速度、表示范围以及硬件特性等方面，阐述定点处理器与浮点处理器的主要区别。

1. 数据运算速度

在DSP芯片中，定点处理器具有较快的计算速度、更低的功耗以及更低的成本。相比之下，浮点运算单元虽然计算精度更高，动态范围更大，但其缺点是功耗较高且价格昂贵。

2. 数据表示范围

定点数所能表示的二进制定点数据的范围较小，这可能导致在处理定点数据时，运算结果发生溢出。为避免溢出现象，通常可以采用以下两种方法。

方法一：右移小数点，重新标定定点数据。这种方法会增加运算的复杂度。

方法二：对定点数据进行截位处理，但二者都会带来一些代价，前者会导致运算复杂度增大，后者会导致数据失真。

与定点数相比，浮点数具有更大的数据表示范围。因此，在进行浮点数运算时，无须担心运算结果会发生“溢出”。这不仅减少了数据移位和重新标定的运算量，也省去了结果溢出检查的操作。此外，与定点数截位操作可能引发的精度损失不同，浮点运算过程中不会额外精度损失。

3. 运算单元的差异

浮点运算单元的地址总线寻址空间比定点处理器更大。通常情况下，DSP芯片中定点处理器的地址宽度为14位或16位，而浮点运算单元则可达24位甚至32位。这种更大的地址宽度为处理大数据量的运算与存储提供了便利，同时进一步提高了单个DSP芯片的计算能力。此外，浮点运算单元和定点处理器在指令宽度上也存在差异。浮点运算单元的指令宽度通常为32位，而定点处理器的指令宽度为16位或24位。

在执行速度方面，浮点运算单元能够在单周期内完成至少一次运算操作。同时，浮点运算单元通常支持与DMA控制器的直接进行片内通信，从而实现执行指令执行与数据读写的同步进行，进一步提高了处理效率。

从复杂度来看，浮点运算单元比定点处理器更复杂。以本书讨论的TMS320F28379D芯片为例，该芯片的中央处理器核心（CPU）采用C28x+FPU架构，通过在C28x定点处理器上添加额外寄存器和指令集的方式，扩展C28x定点处理器的功能，以支持IEEE标准的单精度浮点运算。

支持C28x + FPU的器件不仅包括标准的C28x寄存器组，还增加了一组浮点运算单元配置寄存器。新增的浮点运算单元寄存器包括：

（1）8组浮点运算结果寄存器（RnH，n=0~7）。

（2）浮点运算状态寄存器（STF）。

（3）重复块寄存器（RB）。

在实际开发中，除重复块寄存器外，其余浮点寄存器通常被屏蔽。屏蔽机制允许在高优先级中断发生时快速保存和恢复浮点运算相关寄存器的配置，从而确保DSP芯片在复杂任务处理中的高效性和实时性。

4. 实际开发中的区别

在实际开发中，浮点运算的编程习惯与定点编程有所不同。例如，浮点数据无法精确表示数据0，只能用一个非常接近0的浮点数来代替。这种特性需要开发者在编写代码时格外注意。

在C语言中，虽然可以通过关系运算符判断某数据是否为0，但在浮点运算中不应直接使用这样的逻辑。例如，以下代码片段可能会导致错误：

```
float inputData;
if ( inputData==0 ){
   Statement1;      // 逻辑操作
}
```

若希望在实际代码中实现上述逻辑，应当使用库中已定义好的一组极小正值TINY（浮点运算单元格式所带来的舍入误差），其代码实现如下：

```
float inputData;
if ( fabs(inputData) < TINY ){
   statement;       // 逻辑操作
}
```

5. 有关器件的选型

浮点运算单元的指令以及地址总线通常具有较大的位宽，这会导致DSP系统整体带来较大的功耗和较大的封装体积。与此相比，定点处理器的结构更为简单。例如，定点处理器通常采用16位总线，可以装入更小的封装中，功耗也更低。

尽管浮点处理器一般配备省电模式，但其功耗仍然高于定点处理器。例如，在常见的移动终端中，完全不需要进行浮点数处理，定点处理器的性能已足以满足实际需求，因为这些移动终端中的算法通常只需精确到比特级别即可满足要求。

视频处理领域也是类似的情况，例如在MPEG-2、JPEG-2000、H.264等标准中，定点处理器通常可以很好地完成相关任务。然而，在某些数字信号处理领域，例如FFT等算法中，浮点数是必不可少的。这是因为FFT算法中的常系数通常小于1，需要用浮点数表示并采用浮点处理器进行运算，才能达到预期的处理精度。因此，在这种情况下，应优先考虑选用浮点处理器。

1.4 TMS320F2837xD的具体特性及整体资源介绍

在TI C2000系列中，上一代DSP处理器TMS320F28335是很多人入门实时控制和数字信号处理领域时接触到的第一款数字信号处理器。本节将以TMS320F28335为参照，比较TMS320F2837xD和TMS320F28335的主要区别，包括片上资源以及实际开发中需要注意的不同之处。

首先需要明确，TMS320F2837xD和TMS320F28335均为C2000系列的成员，这些器件广泛应用于嵌入式控制应用领域。TMS320F2837xD在TMS320F28335的基础上增强型控制外设，例如ePWM、eCAP，这些外设得到了更新和优化。

因此，TMS320F2837xD系列在开发设计上具有更大的灵活性，并且TI公司进一步提升了TMS320F28335在具体应用场景中的性能表现。

此外，TMS320F2837xD增加了引导模式流程功能，该功能的引导选项允许用户通过备用引导模式选择引脚进行配置。针对片上CPU的增强包括：新增三角函数加速器（Triangle Mathematics Unit，TMU）和第二代维特比算法/复杂数学单元（Viterbi Complex Unit - II，VCU-II）。

器件的其他增强功能还包括8个纵横制开关（XBAR），XBAR提供了一种更加灵活的方式，将多个输入、输出和内部资源互连，极大地提升了设计自由度。

与TMS320F28335相比，F2837xD系列器件通过添加TMU和VCU-II，进一步扩展了TI C28x的32位定点处理器架构的功能。

注意　虽然进行了功能扩展，但现有指令集、流水线和存储器总线架构与F28335保持一致，确保此前为C28x CPU编写的程序可以完全兼容这些扩展功能。

TMU是FPU和C28x指令集的扩展，可以高效执行控制系统应用中常见的三角和算术运算。与FPU类似，TMU提供了对IEEE-754单精度浮点运算的硬件支持。通过内置的编译器支持，TMU指令可在适用的情况下自动生成，从而实现无缝代码集成。这极大地提高了三角函数的计算性能，显著改善了以往在对数函数、三角函数等运算中耗时过长的问题。

所有TMU指令都使用现有的FPU寄存器组（R0H～R7H）执行运算。由于TMU与FPU使用相同的寄存器集和标志位，因此在中断上下文保存和恢复方面二者几乎没有差异。

VCU-II是C28x处理器的扩展处理器，用于执行第二代维特比算法、复杂数学运算和CRC循环校验。通过添专用寄存器和指令，VCU-II可加快执行FFT、维特比解码以及CRC（循环冗余校验）等运算，从而扩展C28x处理器的功能并提高运算效率。

除上述改进外，TMS320F2837xD和TMS320F28335在封装形式、引脚分配、工作频率、电源管理和电源时序等方面也存在差异。

注意　TMS320F2837xD和TMS320F28335这两个系列均采用176引脚薄型四方扁平封装（Low-profile Quad Flat Package，LQFP），但它们的引脚布局并不兼容。其他封装选项同样不具备封装兼容和引脚兼容。因此，从F28335迁移到F2837xD的任何应用都需要重新设计PCB布局，以适应新的引脚分配和封装形式的变化。

在工作频率、电源以及片上时钟管理方面，TMS320F2837xD与TMS320F28335存在显著差异。

F2837xD器件的最大工作频率为200MHz（2807x时为120MHz）。而F28335芯片的最大工作频率为150MHz或100MHz。

在电源方面，F28335器件需要3.3V和1.8V两种工作电压，而F2837xD器件则需3.3V和1.2V两种工作电压。值得注意的是，只有2807x器件支持通过片上稳压器（On-Chip Voltage Regulator，VREG）生成1.2V工作电压。此外，F2837xD还集成了内置的上电复位（Power-On Reset，POR）电路。

在上电期间，POR电路会将XRS引脚驱动为低电平，并在看门狗或NMI看门狗复位时同样驱动该引脚至低电平。此外，外部电路也可以通过驱动XRS引脚执行器件复位操作。POR电路还能在上电期间保持I/O引脚处于高阻抗状态，以保护器件。

在电源时序方面，在给F2837xD器件上电之前，不能对任何数字引脚施加比VDD-IO高0.3V以上的电压，也不能对任何模拟引脚（包括V-REF-HI）施加比VDD-A高0.3V以上的电压。

3.3V电源（VDD-IO和VDD-A）必须同时上电，且在正常工作状态下二者之间的电压差应保持在0.3V以内。VDD时序要求由器件负责处理。相比之下，F28335则没有特定的电源时序要求，但两者在实际使用中均需避免电源干扰GPIO引脚。

在时钟方面，F28335器件需要外部石英晶体或振荡器来生成器件时钟。而F2837xD器件集成了两个片上零引脚内部振荡器（INTOSC1和INTOSC2），可用于生成片内时钟。需要注意的是，INTOSCx的精度可能不足以满某些高精度应用的需求。

在此类情况下，设计人员仍可以选择外部石英晶体振荡器作为时钟源，为内部器件提供时钟信号。例如，在测量领域或运行频率较高的应用中，内部时钟的精度不足以支持更快的执行频率，此时需要引入外部时钟信号源作为片上时钟。这种设计选择在实际工程中非常常见。

有关时钟源和时钟域的增强与更改如下：

（1）增加了外设时钟门控寄存器的数量，以支持更多外设和新增功能。

（2）INTOSC2是主要的内部时钟源，并在复位时作为默认的系统时钟。

（3）INTOSC1是备用时钟源，主要用于看门狗计时器和时钟丢失检测电路（Missing Clock Detection Circuit，MCD）。

（4）外部时钟源（XTAL）可作为主系统时钟和CAN位时钟源使用，具体频率限制和时序要求可参考器件数据表。

（5）外部时钟输出（XCLKOUT）可以路由到GPIO73，支持的时钟源包括：PLLSYSCLK、PLLRAWCLK、CPU1.SYSCLK、CPU2.SYSCLK、AUXPLLRAWCLK、INTOSC1和INTOSC2。

（6）SYSPLL整数乘法器（IMULT）的值可以是1～127的数字。SYSPLL分数乘法器（FMULT）支持4个分数值：0、0.25、0.5和0.75。

（7）PLLSYSCLK分频选择（PLLSYSCLKDIV）可选择的分频值为1或偶数（最大值为126）。

（8）XCLKOUT分频选择（XCLKOUTDIV）支持的分频值1/1、1/2和1/4，以及复位时的默认值1/8。

在看门狗计时器方面，F2837xD和F28335存在一些区别。F2837xD的看门狗计时器引入了可选的“窗口化”功能，可用于设置计数器复位之间的最小延迟。该功能与看门狗预分频器配合使用，可提供更广泛的超时值选择。

窗口化功能的最小窗口检查补充了超时机制，能有效防止错误情况绕过大部分正常程序流。其核心是WDWCR寄存器，用于定义看门狗计数的最小值。当WDCNTR的值小于WDWCR时，任何尝试维护看门狗的操作都会触发看门狗中断或复位。当WDCNTR的值大于或等于WDWCR时，才允许正常维护看门狗。在系统复位时，窗口最小值默认为零，从而禁用窗口化功能。

在存储器映射方面，F2837xD和F28335在闪存和RAM存储器映射上存在差异，因此代码需要重新编译以适配新的存储结构。在PIE（外设中断扩展）方面，F2837xD提供了显著增强的中断处理能力。该模块支持把多达16个外设中断复用到CPU的12条中断组线路中，总计支持多达192个外设中断信号。这一改进扩展了中断向量表，并充分利用了PIEIFRx和PIEIERx寄存器的全部16位字段。

中断向量表的寻址范围被拆分为以下两部分。

- 外设组中断1 ~ 8：地址范围为0x0D40 ~ 0x0DFF。
- 外设组中断9 ~ 16：地址范围为0x0E00 ~ 0x0EBF。

这种设计为较低范围的外设中断向量地址提供了向后兼容性。此外，PIE向量表已更新，以支持更多外设发出的中断信号。相比之下，F28335仅支持将多达8个外设中断复用到12组中断线段中，总计支持96个外设中断信号。这两者的设计完全不同，F2837xD显然更具扩展性。

除此之外，二者的模拟数字转换器（ADC）也存在许多需要注意的差异点，对于需要进行程序移植的设计人员而言，这些差异尤为重要。F28335上的单个ADC配备了两个采样保持（S/H）电路，而F2837xD则是采用了4组独立的ADC架构，每个ADC配备一个S/H电路。这种设计使F2837xD能够高效地管理多个模拟信号，从而提高整体系统的吞吐量。

通过使用多个ADC模块，设计可以实现同时采样或独立运行的灵活配置。ADC模块基于逐次逼近寄存器（Successive Approximation Register，SAR）架构，支持12位或16位分辨率，吞吐量分别可达3.5 MSPS或1.1 MSPS。

注意　16位ADC仅使用“全差分输入”，这不同于F28335器件上的单端输入。

需要重点了解的差异要点：

（1）F2837xD器件采用基于转换启动（Start of Conversion，SOC）的架构，可灵活组合各个SOC以创建任意长度的转换序列。这种设计非常适合映射F28335中自动转换模式下的采样方案（单路、双路或级联自动转换序列均需很好地映射到已配置的SOC集，并使用相同的触发源）。

（2）除轮询和高优先级模式外，F2837xD新增了突发优先级模式。该模式通过单独的突发控制寄存器设置突发大小和触发源，功能类似于处于F28335序列发生器在启动/停止模式下的工作方式。该模式可用于仿真循环缓冲区采样策略或在同一触发条件下交替使用的不同转换的采样策略。注意：F2837xD仅支持一个突发模式序列发生器。如果F28335设计中使用了处于启动/停止模式的双路序列发生器，该方案可能无法完全映射到F2837xD的设计中。

（3）F2837xD的每个ADC模块配备了4个灵活的PIE中断，而F28335仅支持3个。

（4）每个F2837xD ADC模块包含4个后处理块（Post-Processing Block，PPB），可链接至任何ADC结果寄存器。PPB支持偏移校正、设定点计算误差、检测极限和过零检测，以及触发到采样延迟的捕获功能。

（5）在F2837xD中，片上ADC S+H由SYSCLK时，而非ADCCLK。当ADC不处于转换模式时，ADCCLK不会自主运行。

（6）F2837xD允许为每个SOC（每个通道）单独配置不同的S+H长度。

（7）与F28335固定的3.0V电压范围不同，F2837xD的参考电压VREF是可调比例式的。例如，用户可在VREFHI输入2.5V以获取2.5V的ADC电压范围，或输入3.0V以获取3.0V的电压范围。

TMS320F28379D的整体资源可分为三部分：处理器核心（包括与特殊运算相关的硬件，如VCU等）、片上存储器件以及片上外设器件。下面列出F28379D片上资源的详细情况。

- 处理器核心（CPU）：2颗C28x内核和2颗CLA内核。
- 主频（Frequency）：200MHz。
- 闪存（Flash memory）：1024kByte。

- 随机存储器（RAM）：204kByte。
- ADC模块的分辨率（ADC resolution）：12/16bps。
- 每秒执行指令数（Total processing）：800MIPS。
- 特性：具有可配置逻辑块（Feature Configurable logic block）和浮点运算单元（FPU32）。
- 外设：4组UART模块、2组CAN模块、8组Σ-Δ滤波器模块、24通道PWM、8组SPI模块、24组QEP模块，且支持USB协议。
- ADC通道数（ADC Channels）：12/16（可配置）。
- 直接访问存储器（DMA）：12通道。
- 工作温度范围（℃）：-40℃～125℃。
- 具有的通信接口：支持CAN、I2C、McBSP、SCI、SPI。

1.5　F28379D外部封装及引脚原理图

数字信号处理器（Digital Signal Processor，DSP）芯片的封装是指将DSP芯片安装到电路板上的过程。通常包括以下步骤：将DSP芯片固定到封装基板上，通过焊接技术将芯片与基板连接。通过焊接技术将芯片与基板连接，并完成引脚布局、焊接、涂层和测试等工艺流程。

芯片封装是芯片制造过程中不可或缺的一环，其主要作用如下：

（1）保护芯片：封装能够有效防止湿气、灰尘和振动等外部环境因素对芯片的损害。

（2）提高可靠性和性能：封装工艺可以增强芯片的耐用性和性能稳定性。

（3）方便安装和焊接：封装后的芯片更易于在电路板上进行安装和焊接，提高了产品的可用性和组装效率。

1.5.1　F28379D外部封装

芯片封装类型多样，包括DIP（Dual In-line Package，双列直插式封装）、QFP（Quad Flat Package，四侧引脚扁平封装）、PGA（Pin Grid Array，插针网格阵列封装）、BGA（Ball Grid Array，球栅阵列封装）等。每种封装类型均具各自的优点和缺点，选择合适的封装类型需根据具体应用需求和电路板设计决定。TMS320F28379D芯片提供以下两种封装形式：

（1）176 Pin | 676mm²　| 26×26 | PTP薄型四方扁平封装（HLQFP）。

（2）337 Pin | 256mm²　| 16×16 | 球形阵列封装（NFBGA）。

这两种封装的外观分别如图1-2和图1-3所示。NFBGA封装的底视引脚排列图及其机械尺寸数据如图1-4所示。

图 1-2　176 引脚 HLQFP 封装图

图 1-3　337 引脚 NFBGA 封装图

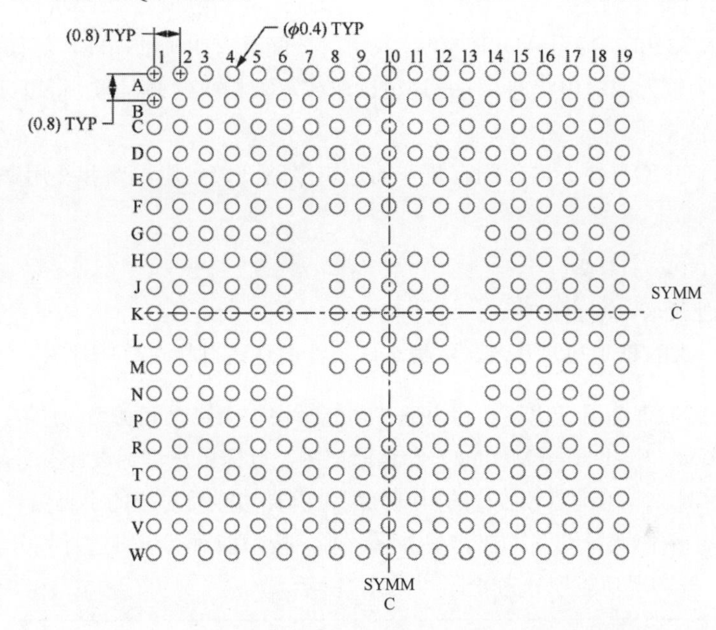

图 1-4　TMS320F28379D NFBGA 封装底视引脚排列图

TMS320F28379D芯片两种封装的3D视图分别如图1-5与图1-6所示。

图 1-5　HLQFP 封装引脚排列三维视图

图 1-6　NFBGA 封装引脚排列三维视图

注意　与BGA球形阵列封装相比，HLQFP封装对PCB工艺要求较低，通常使用两层PCB即可完成布局布线。即使采用手工焊接也能完成，且焊接后针对HLQFP封装的拆卸无须使用专业工具。

1.5.2　F28379D引脚分配及其原理图

DSP芯片的引脚分配是根据其功能需求，将芯片上的引脚分配给不同的功能模块，例如处理器内核、指令缓冲器、数据存储器、程序存储器、I/O接口控制器等。每个功能模块通过引脚实现数据的输入和输出。

以TI公司的TMS320F2812系列DSP为例，其引脚分配具有明确的功能。例如，GPIO模块提供32个引脚，可配置为输入或输出状态。用户通过读取或写入相应的寄存器，可以读取输入引脚的状态或控制输出引脚的电平。

通用I/O模块（GPIO模块）内部配有复杂的逻辑多路开关控制电路和复用寄存器，实现以下功能：

- 数字I/O（GPIO）引脚。
- 片上所有外设输入输出引脚。
- 外部接口（XINTF）地址总线、数据总线、控制总线引脚在器件封装引脚上的复用。

DSP芯片的引脚原理图用于描述芯片内部各功能模块与引脚之间关系。通常，芯片厂家会提供相应的评估板（EVM，Evaluation Module）参考原理图，以便用户进行设计参考。以下以F28379D的HLQFP型封装为例，阐述该型号芯片的引脚分配、引脚功能及对应的引脚信号说明。

由于F28379D的引脚数量众多，在详细讲解之前，按功能对其引脚进行划分。下面以176引脚HLQFP封装为例，按实现功能划分为9组，如图1-7所示。

注意　除非另有说明，复位时引脚默认配置为GPIO功能。其列出的外设信号为可替换功能，但有些外设功能可能并非在所有器件上均可用。

DSP芯片中的模拟子系统（AD/DA）和比较器是整个外设的重要组成部分。其中，比较器子系统（Comparator Subsystem，CMPSS）由模拟比较器和支持电路组成，广泛应用于峰值电流模式控制、开关电源、功率因数校正和电压跳闸监测等场景。每个CMPSS包含两个比较器、两个12位DAC参考、两个数字滤波器和一个斜坡发生器。

比较器的功能状态表示为H或L，其中H表示高，分别表示低。它的主要作用是比较正输入端的电压是否高于负输入端的电压。比较器的正输入可以由外部引脚或PGA驱动，而负输入则可由外部引脚或12位可编程参考DAC驱动。

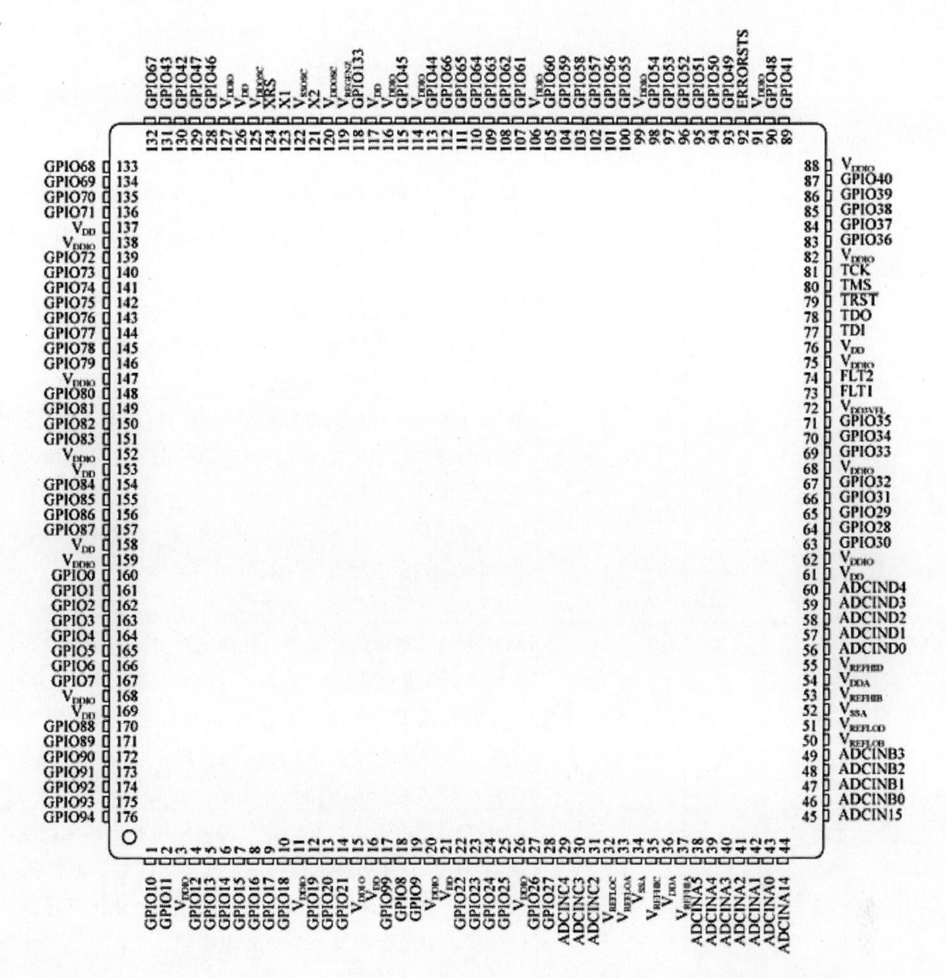

（1）AD/DAC及比较器信号　　（4）时钟信号　　（7）内部稳压控制信号

（2）GPIO及外设信号　　（5）无连接信号　　（8）模拟、数字及I/O电源信号

（3）复位信号　　（6）JTAG信号　　（9）测试信号

图 1-7　TMS320F28379D 176-Pin HLQFP 封装引脚分配图

比较器输出后会经过一个可编程的数字滤波器，以消除假跳闸信号。如果不需要滤波，也可以使用未滤波的输出。此外，还提供了一个可选的斜坡发生器电路，用于控制高比较器的12位参考DAC值。

在实际使用中，以F28379D为例，内部比较器通常与DAC配合使用，可实现三角波信号与直流信号的比较等功能。同时，该芯片的模拟子系统还配有3个12位ADC和8个窗口化比较器子系统（CMPSS），可在发生过压或过流条件下使PWM信号直接跳变。F28379D芯片中的ADC子系统和比较器部分的引脚信号说明见表1-6。

表1-6　TMS320F28379D AD/DA/COMP引脚信号说明（HLQFP封装）

引脚名称	引脚编号 PTP	引脚类型 I/O/Z	功能说明
V_{REFHIA}	37	I	ADC-A高基准电压。必须由外部电路将此电压驱动至该引脚。该电容器应放置在V_{REFHIA}和V_{REFLOA}引脚之间且尽可能靠近器件。 对于12位模式，在该引脚上至少放置一个1μF电容器；对于16位模式，则至少放置一个22μF电容器。 注意：请勿从外部加载该引脚
V_{REFHIB}	53	I	ADC-B高基准电压。必须由外部电路将此电压驱动至该引脚。该电容器应放置在V_{REFHIB}和V_{REFLOB}引脚之间，且尽可能靠近器件。 对于12位模式，在该引脚上至少放置一个1μF电容器；对于16位模式，则至少放置一个22μF电容器。 注意：请勿从外部加载该引脚
V_{REFHIC}	35	I	ADC-C高基准电压。必须由外部电路将此电压驱动至该引脚。电容器应放置在V_{REFHIC}和V_{REFLOC}引脚之间且尽可能靠近器件。 对于12位模式，在该引脚上至少放置一个1μF电容器；对于16位模式，则至少放置一个22μF电容器。 注意：请勿从外部加载该引脚
V_{REFHID}	55	I	ADC-D高基准电压。必须由外部电路将此电压驱动至该引脚。电容器应放置在V_{REFHID}和V_{REFLOD}引脚之间且尽可能靠近器件。 对于12位模式，在该引脚上至少放置一个1μF电容器；对于16位模式，则至少放置一个22μF电容器。 注意：请勿从外部加载该引脚
V_{REFLOA}	33	I	ADC-A低基准电压。在PZP封装上，引脚17双键连接至V_{SSA}和V_{REFLOA}。在PZP封装上，引脚17必须连接到系统板上的V_{SSA}
V_{REFLOB}	50	I	ADC-B低基准电压
V_{REFLOC}	32	I	ADC-C低基准电压
V_{REFLOD}	51	I	ADC-D低基准电压
ADCIN14	44	I	到所有ADC的输入14。该引脚可用作通用ADCIN引脚或可用于通过外部基准对ADC进行校准（支持单端输入或差分输入）
CMPIN4P	44	I	比较器4正输入
ADCIN15	45	I	到所有ADC的输入15。该引脚可用作通用ADCIN引脚或可用于通过外部基准对ADC进行校准（支持单端输入或差分输入）
CMPIN4N	45	I	比较器4负输入
ADCINA0	43	I	ADC-A输入0。在ADC输入或DAC输出模式中，该引脚上有一个无法禁用的50kΩ内部下拉电阻器

（续表）

引脚名称	引脚编号 PTP	引脚类型 I/O/Z	功能说明
DACOUTA	43	O	DAC-A输出
ADCINA1	42	I	ADC-A输入1。在ADC输入或DAC输出模式中，该引脚上有一个无法禁用的50kΩ内部下拉电阻器
DACOUTB	42	O	DAC-B输出
ADCINA2	41	I	ADC-A输入2
CMPIN1P	41	I	比较器1正输入
ADCINA3	40	I	ADC-A输入3
CMPIN1N	40	I	比较器1负输入
ADCINA4	39	I	ADC-A输入4
CMPIN2P	39	I	比较器2正输入
ADCINA5	38	I	ADC-A输入5
CMPIN2N	38	I	比较器2负输入
ADCINB0	46	I	ADC-B输入0。在ADC输入或DAC基准模式中，该引脚上有一个连接至V_{SSA}且无法禁用的100pF电容器。如果将该引脚用作片上DAC的基准，则在该引脚上至少放置一个1μF电容器
V_{DAC}	46	I	片上DAC的可选外部基准电压。在ADC输入或DAC基准模式中，该引脚上有一个连接至V_{SSA}且无法禁用的100pF电容器。如果将该引脚用作片上DAC的基准，则在该引脚上至少放置一个1μF电容器
ADCINB1	47	I	ADC-B输入1。在ADC输入或DAC输出模式中，该引脚上有一个无法禁用的50kΩ内部下拉电阻器
DACOUTC	47	O	DAC-C输出
ADCINB2	48	I	ADC-B输入2
CMPIN3P	48	I	比较器3正输入
ADCINB3	49	I	ADC-B输入3
CMPIN3N	49	I	比较器3负输入
ADCINC2	31	I	ADC-C输入2
CMPIN6P	31	I	比较器6正输入
ADCINC3	30	I	ADC-C输入3
CMPIN6N	30	I	比较器6负输入
ADCINC4	29	I	ADC-C输入4
CMPIN5P	29	I	比较器5正输入
ADCIND0	56	I	ADC-D输入0
CMPIN7P	56	I	比较器7正输入
ADCIND1	57	I	ADC-D输入1

（续表）

引脚名称	引脚编号 PTP	引脚类型 I/O/Z	功能说明
CMPIN7N	57	I	比较器7负输入
ADCIND2	58	I	ADC-D输入2
CMPIN8P	58	I	比较器8正输入
ADCIND3	59	I	ADC-D输入3
CMPIN8N	59	I	比较器8负输入
ADCIND4	60	I	ADC-D输入4

TMS320F28379D具有丰富的增强型外设。它包括24个脉宽调制器（PWM）通道，其中16个为高分辨率脉宽调制器（HRPWM）通道。此外，8个PWM模块的A、B通道都支持高分辨率，并集成了死区支持功能，这有助于防止电机驱动中的短路故障等意外情况。

其次，F28379D内置了6个增强型采集（eCAP）模块和3个增强型正交编码器脉冲（eQEP）。其中一个eCAP模块中支持高分辨率捕捉（HRCAP）。这些模块显著提升了DSP芯片在处理复杂脉冲和编码器信号时的精度和效率。TMS320F28379D片上增强型外设及引脚信号说明见表1-7。

表1-7　TMS320F28379D部分增强型外设引脚信号说明

引脚名称	引脚编号 PTP	引脚类型 I/O/Z/OD	功能说明
GPIOn	160/...	I/O	通用输入/输出n
EPWM1n	160/...	O	增强型PWM1输出n（支持HRPWM）
SDAn	160/...	I/OD	I2C-n数据开漏双向端口
MFSRn	161/...	I/O	McBSP-n接收帧同步
SCLn	161/...	I/OD	I2C-n时钟开漏双向端口
OUTPUTXBARn	162/...	O	输出XBAR的输出n
MCLKRn	163/...	I/O	McBSP-n接收时钟
CANTXn	164/...	O	CAN-n发送
MFSRn	165/...	I/O	McBSP-n接收帧同步
CANRXn	165/...	I	CAN-n接收
EXTSYNCOUT	166/...	O	外部ePWM同步脉冲输出
EQEP3n	166/...	I	增强型QEP3输入n
CANTXn	166/...	O	CAN-n发送
ADCSOCnO	18/...	O	外部ADC的ADC转换启动n输出
EQEPnS	18/...	I/O	增强型QEPn选通
EQEPnI	19/...	I/O	增强型QEPn索引
UPP-WAIT	1	I/O	通用并行端口等待。接收器生效以请求暂停传输
UPP-START	2	I/O	通用并行端口开始。发送器在DMA线开始时生效

（续表）

引脚名称	引脚编号 PTP	引脚类型 I/O/Z/OD	功能说明
UPP-ENA	4	I/O	通用并行端口使能。发送器在数据总线处于运行状态时生效
UPP-Dn	5/...	I/O	通用并行端口数据线n
SDm_Dn	8/...	I	Σ-Δm通道n数据输入
SDm_Cn	9/...	I	Σ-Δm通道n时钟输入
UPP-CLK	14/...	I/O	通用并行端口发送时钟
SPICLKn	22/...	I/O	SPI-n时钟
SPISTEn	23/...	I/O	SPI-n从设备发送使能
SPISIMOn	24/...	I/O	SPI-n从设备输入，主设备输出
SPISOMIB	25/...	I/O	SPI-n从设备输出，主设备输入
EMmCSn	64/...	O	外部存储器接口m芯片选择n
EMnSDCKE	65/...	O	外部存储器接口nSDRAM时钟使能
EMnCLK	63/...	O	外部存储器接口n时钟
EMnWE	66/...	O	外部存储器接口n写入使能
EMmCSn	67/...	O	外部存储器接口m芯片选择n
EMnRNW	69/...	O	外部存储器接口n读/不写
USBnDM	130/...	I/O	USBPHY差分数据
GPIO133/AUXCLKIN	118	I/O	通用输入/输出133。该GPIO引脚的AUXCLKIN功能可用于为辅助锁相环（AUXPLL）提供单端3.3V电平时钟信号，其输出用于USB模块。AUXCLKIN时钟也可用于CAN模块

复位信号的作用是向中央处理器发出重置信号。当复位信号有效时，中央处理器会停止当前任务并开始执行初始化程序。此过程通常包括清除内部寄存器、初始化存储器以及设置硬件设备等操作。

注意 复位信号必须维持足够的时间，才能确保中央处理器完全响应该信号并正确完成初始化操作。具体的维持时间应参考复位芯片手册中的时序图。

TMS320F28379D复位信号引脚说明见表1-8。

表1-8　TMS320F28379D复位信号引脚说明

引脚名称	引脚编号 PTP	引脚类型 I/O/Z/OD	功能说明
XRS	124	I/OD	器件复位（输入）和看门狗复位（输出）。器件配备内置上电复位（POR）电路。在上电条件下，该引脚由器件驱动为低电平。外部电路也可通过驱动该引脚实现器件复位。

（续表）

引脚名称	引脚编号 PTP	引脚类型 I/O/Z/OD	功能说明
XRS	124	I/OD	当看门狗复位或NMI看门狗复位发生时，该引脚由MCU驱动为低电平。在看门狗复位期间，XRS引脚在512个OSCCLK周期的看门狗复位持续时间内保持低电平。 在XRS和V_{DDIO}之间，应放置一个阻值为2.2kΩ～10kΩ的电阻器。 如果在XRS和VSS之间放置一个电容器用于噪声滤除，该电容器的容值应不超过100nF。当看门狗复位生效时，这些配置能够确保看门狗在512个OSCCLK周期内正确驱动XRS引脚至低电平（VOL）。 该引脚的输出缓冲器为漏极开路，且带有内部上拉电阻器。如果该引脚由外部器件驱动，则应使用开漏器件进行驱动

TMS320F28379D时钟信号引脚说明如表1-9所示。

表1-9　TMS320F28379D时钟信号引脚说明

引脚名称	引脚编号 PTP	引脚类型 I/O/Z/OD	功能说明
X1	123	I	片上晶体振荡器输入。为了使用此振荡器，必须在X1和X2之间连接一个石英晶体。如果该引脚未使用，则必须将其连接至GND。该引脚也可用于馈入单端3.3V电平时钟。在这种情况下，X2应保持未连接状态（NC）
X2	121	O	片上晶体振荡器输出。一个石英晶振可连接在X1和X2之间。如果X2未使用，则必须使其保持未连接状态

TMS320F28379D芯片上有部分无连接的空信号线，其引脚说明如表1-10所示。

表1-10　TMS320F28379D无连接信号引脚说明

引脚名称	引脚编号 PTP	引脚类型 I/O/Z/OD	功能说明
NC	—	—	无连接。BGA焊球处于电气开路状态，未与裸片连接

JTAG（Joint Test Action Group，联合测试行动小组）是一种国际标准测试协议，主要用于系统仿真、调试及芯片内部测试。它通过访问芯片内部封装的测试电路TAP（Test Access Port，测试访问端口）来实现。

目前，大多数芯片都支持JTAG协议，这使得通过JTAG进行仿真测试便于研发人员进行开发调试。标准的JTAG接口由4线信号线组成：TMS（模式选择）、TCK（时钟）、TDI（数据输入）和TDO（数据输出）。

TMS320F28379D芯片的JTAG接口体积小巧，便于集成电路设计且功能齐全。在具体连接过程中，JTAG的4根信号线有特定的连接方式：TMS和TCK信号线并联在所有待测芯片上，而TDI和TDO

信号线串联连接，形成一个闭环链条，这种连接方式通常被称为JTAG链。因此，每个JTAG链上的芯片都需要4根信号线连接，其中包括3个输入信号和1个输出信号。

TMS320F28379D芯片上JTAG引脚信号的说明见表1-11；芯片内部稳压器及其相关信号引脚说明见表1-12；芯片上通用I/O和电源信号引脚说明见表1-13。

表1-11　TMS320F28379D芯片上JTAG引脚信号的说明

引脚名称	引脚编号 PTP	引脚类型 I/O/Z/OD	功能说明
TCK	81	I	带有内部上拉电阻器的JTAG测试时钟引脚
TDI	77	I	带有内部上拉电阻的JTAG测试数据输入（Test Data Input，TDI）引脚。TDI在TCK上升沿上的所选寄存器（指令或数据）中计时
TDO	78	O/Z	JTAG扫描输出，测试数据输出（Test Data Output，TDO）引脚。所选寄存器（指令或数据）的内容在TCK的下降沿从TDO移出
TMS	80	I	带有内部上拉电阻器的JTAG测试模式选择（Test Mode Select，TMS）引脚。此串行控制输入在TCK上升沿上的TAP控制器中计时
TRST	79	I	带有内部下拉电阻的JTAG测试复位引脚。当被驱动至高电平时，TRST使扫描系统获得对器件运行的控制权；当被驱动至低电平时，器件进入功能模式，忽略测试复位信号。 注意：在器件正常运行期间，TRST必须始终保持低电平。因此，应在该引脚上连接一个外部下拉电阻，以防止噪声尖峰干扰。 该电阻的阻值应该尽可能小，但同时需确保JTAG调试探针能够将TRST引脚驱动至高电平。通常，阻值为2.2kΩ～10kΩ的电阻器即可提供足够的保护。 由于电阻的阻值因具体应用而异，TI建议对每个目标板进行验证，以确保调试探针和应用能够正常运行。该引脚内置了一个标称值为50ns的干扰滤波器

表1-12　TMS320F28379D芯片内部稳压器及其相关信号引脚说明

引脚名称	引脚编号 PTP	引脚类型 I/O/Z/OD	功能说明
V_{REGENZ}	119	I	具有内部下拉电阻的内部稳压器使能引脚。由于内部V_{REG}不受支持，必须禁用。将V_{REGENZ}引脚连接至V_{DDIO}

表1-13　TMS320F28379D芯片上通用I/O和电源信号引脚说明

引脚名称	引脚编号 PTP	引脚类型 I/O/Z/OD	功能说明
V_{DD}	16/21/61/76/117/126/137/153/158/169	—	1.2V数字逻辑电源引脚。放置去耦电容器有两个选项。 ① 均匀分布：以大约20uF的最小总电容在每个V_{DD}引脚上均匀分配去耦电容。 ② 大容量电容：在每个V_{DD}引脚附近放置一个1uF电容器，然后放置20uF的最小总电容的剩余部分，作为V_{DD}网络上的大容量电容。 去耦电容器的确切值应由用户的系统电压调节解决方案确定
V_{DD3VFL}	72	—	3.3V闪存电源引脚。每个引脚应放置一个最小值为0.1μF的去耦电容器
V_{DDA}	36/54	—	3.3V模拟电源引脚。在每个引脚应放置一个最小值为2.2μF且连接至V_{SSA}的去耦电容器
V_{DDIO}	3/11/15/20/26/62/68/75/82/88/91/99/106/114/116/127/138/147/152/159/168	—	3.3V数字I/O电源引脚。每个引脚应放置一个最小值为0.1μF的去耦电容器。去耦电容器的具体值应根据用户的系统电压调节方案确定
V_{DDOSC}	120/125	—	3.3V片上晶体振荡器（X1和X2）的电源引脚以及两个内部零引脚振荡器（INTOSC）。每个引脚应放置一个最小值为0.1μF的去耦电容器
V_{SS}	PWR焊盘（177）	—	器件接地。对于四通道扁平封装（QFP），必须将封装底部的PowerPAD焊接到PCB的接地层
V_{SSOSC}	122	—	晶体振荡器（X1和X2）接地引脚。使用外部晶体时，请勿将该引脚连接至电路板接地。相反，应将其连接至外部晶体振荡器电路的接地基准。 如果未使用外部晶体，则该引脚可以连接至电路板接地
V_{SSA}	34/52	—	模拟地。在PZP封装上，引脚17双键连接至V_{SSA}和V_{REFLOA}。该引脚必须连接至V_{SSA}

除上述引脚外，TMS320F28379D芯片上还有一些用于功能测试的引脚，具体功能及引脚编号如表1-14所示。

表1-14　TMS320F28379D特殊功能及测试信号引脚说明

引脚名称	引脚编号 PTP	引脚类型 I/O/Z/OD	功能说明
ERRORSTS	92	O	错误状态输出。该引脚具有内部下拉电阻器
FLT1	73	I/O	闪存测试引脚1。为TI保留，必须保持未连接状态
FLT2	74	I/O	闪存测试引脚2。为TI保留，必须保持未连接状态

（1）表中的引脚类型根据其具体功能可分为4种，分别是：I=输入，O=输出，OD=漏极开路（开漏输出），Z=高阻抗。

（2）可支持高速SPI的GPIO多路复用器。在高速模式下使用SPI时（在SPICCR中，HS_MODE=1），需要使用该引脚多路复用器选项。在高速模式下未使用SPI时（在SPICCR中，HS_MODE=0），此多路复用器选项仍然可用。

（3）引脚的输出阻抗可低至22Ω。根据系统PCB特征，此输出具有快速边沿转换功能。在该情况下，用户应采取预防措施，例如增加一个39Ω（容差为10%）串联终端电阻或使用其他终端方案来解决。除此之外，建议使用提供的IBIS模型对系统级信号进行信号完整性分析。如果该引脚用于输入功能，则不需要进行上述操作。

1.6　F28379D电气特性及最小系统电路设计

DSP芯片的电气特性包括供电电压、工作频率和功耗等。具体到电源部分，DSP芯片的内核工作电压为1.8V，I/O的工作电压为3.3V，而一般的外围器件工作电压为5V。因此，需要通过外部电源适配器获得+5V电压，然后利用低压差线性稳压电源（LDO）将5V电压转换成3.3V和1.8V，以保证系统稳定工作。

芯片的最小系统电路设计是指能够使DSP芯片正常工作的最小电路系统组成，包括JTAG下载电路（用于烧录DSP的程序），供电电路、复位电路以及时钟电路等。

本节将详细介绍F28379D芯片的电气特性、芯片功耗问题以及最小系统的设计方案。

1.6.1　F28379D能耗问题及芯片电气特性

在实际工程中，C2000系列器件通常应用于实时控制或小型设备，因此器件功耗是设计人员在选型时需要重点考虑的问题。

事实上，TMS320F28379D器件提供了几种减少电流消耗的方法，其中有四种方法在实际开发中最为常用：

（1）低功耗模式：在应用的空闲期间，可以进入四种低功耗模式中的任何一种：空闲、待机、停机或休眠模式。

（2）RAM加载与运行：如果代码从RAM中装载并运行，此时芯片内部与闪存相关的模块可能会停止工作并进入休眠状态，甚至断电。

（3）禁用部分上拉电阻：可以禁用可能具有输出功能的引脚上的上拉电阻，以减少不必要的电流消耗。

（4）外设时钟控制：每个外设模块都有一个单独的时钟使能信号（PCLKCRx）。通过关闭未使用的外设模块的时钟，可以减少这些外设的电流消耗。

通过表1-15可知，通过使用PCLKCRx寄存器禁用对应的外设时钟，可以有效降低电流消耗，从而进一步减小系统的整体功耗。

表1-15　TMS320F28379D中不同外设在VDD电源上的电流（工作频率低于200MHz）

片上外设模块	IDD电流降低/mA	片上外设模块	IDD电流降低/mA
ADC	3.3	ePWM1~ePWM4	4.5
CAN	3.3	ePWM5~ePWM12	1.7
CLA	1.4	HRPWM	1.7
CMPSS	1.4	I2C	1.3
CPUTIMER	0.3	McBSP	1.6
DAC	0.6	SCI	0.9
DMA	2.9	SDFM	2
eCAP	0.6	SPI	0.5
EMIF1	2.9	uPP	7.3
EMIF2	2.6	USB/AUXPLL(60MHz)	23.8

注意　表1-15中的数据测试条件满足这个要求：各外设器件的工作电压低于V_{max}，且工作温度不超过125℃。

其次，在芯片复位操作期间，表中所有外设部件均被禁用。可通过使用PCLKCRx寄存器单独启用相应的外设。对于具有多种实现的外设，表中数据是针对单个模块的电流进行测试的。

表中ADC、DAC和CMPSS模块的IDD电流值，仅指这些外设数字器件部分的电流消耗，不包括其模拟器件部分的电流消耗。

对于ePWM模块和HRPWM模块，它们的工作频率为SYSCLK的一半。

TMS320F28379D的电气特性见表1-16，该芯片的电压/电流的绝对最大额定值见表1-17。

表1-16　TMS320F28379D电气特性及相应的测试条件

参　数	测试条件	最小值	典型值	最大值	单　位
V_{OH}　高电平输出电压	I_{OH}=I_{OH}最小值	V_{DDIO}*0.8	—	—	V
	I_{OH}=-100μA	V_{DDIO}-0.2	—	—	
V_{OL}　低电平输出电压	I_{OL}=I_{OL}最大值	—	—	0.4	V
	I_{OL}=100μA	—	—	0.2	
I_{OH}　所有输出引脚的高电平输出拉电流	—	-4	—	—	mA
I_{OL}　所有输出引脚的低电平输出灌电流	—	—	—	4	mA

（续表）

参　数		测试条件	最 小 值	典 型 值	最 大 值	单　位
V_{IH}　高电平输入电压（3.3V）	GPIO0～GPIO7、GPIO42～GPIO43、GPIO46～GPIO47	—	V_{DDIO}*0.7	—	V_{DDIO}+0.3	V
	所有其他引脚	—	2.0	—	V_{DDIO}+0.3	
V_{IL}低电平输入电压（3.3V）		—	V_{SS}−0.3	—	0.8	V
$V_{HYSTERESIS}$　输入滞后		—	150	—	—	mV
$I_{pulldown}$ 输入电流	带下拉的数字输入	V_{DDIO}=3.3V V_{IN}=V_{DDIO}	—	120	—	μA
I_{pullup} 输入电流	启用上拉的数字输入	V_{DDIO}=3.3V V_{IN}=0V	—	150	—	μA
I_{LEAK} 引脚漏电流	数字	禁用上拉 0V≤V_{IN}≤V_{DDIO}	—	—	2	μA
	模拟（除ADCINB0或DACOUTx）	0V≤V_{IN}≤V_{DDA}	—	—	2	
	ADCINB0		—	2	11	
	DACOUTx		—	66	—	
C_I　输入电容		—	—	2	—	pF
$V_{DDIO\text{-}POR}$　V_{DDIO}上电复位电压		—	—	2.3	—	V

注意　A_{DCINB0}上的最大输入漏电流I_{DD}出现在高温条件下。

表1-17　TMS320F28379D电压/电流的绝对最大额定值

参　数		最 小 值	最 大 值	单　位
电源电压	V_{DDIO}，以V_{SS}为基准	−0.3	4.6	V
	V_{DD3VFL}，以V_{SS}为基准	−0.3	4.6	
	V_{DDOSC}，以V_{SS}为基准	−0.3	4.6	
	V_{DD}，以V_{SS}为基准	−0.3	1.5	
模拟电压	V_{DDA}，以V_{SSA}为基准	−0.3	4.6	V
输入电压	V_{IN}（3.3V）	−0.3	4.6	V
输出电压	V_{OUT}	−0.3	4.6	V
输入钳位电流	数字/模拟输入（每引脚）I_{IK}	−20	20	mA
	所有输入的总计（每引脚）I_{IK}	−20	20	
输出电流	数字输出（每引脚），I_{OUT}	−20	20	mA
大气温度	T_A	−40	125	℃
工作结温	T_J	−40	150	℃
存储温度	T_{stg}	−65	150	℃

表1-17中的最大值是指，超出“绝对最大额定值”中列出阈值可能会对器件造成永久损坏。这些只是应力额定值，并不表示在这些条件下器件能够正常工作。长时间处于绝对最大额定值条件下会影响设备的可靠性。除非另有说明，所有电压值均是相对于V_{SS}的。

在“输入钳位电流”中，每个引脚的连续钳位电流为±2mA。请勿在此条件下连续工作，否则V_{DDIO}/V_{DDA}电压可能会在内部上升，进而影响其他电气特性。

对于表1-17中的最后一项，需要注意的是，长期高温存储或在最大温度条件下超期使用可能会缩短器件的整体寿命。

针对不同运行环境，TI公司提供了F28379D芯片的建议运行条件，如表1-18所示。其中，V_{DDIO}、V_{DD3VFL}和V_{DDOSC}的电压差应保持在0.3V之内。在结温T_J＞105℃的条件下，长时间运行将会缩短器件的使用寿命。

表1-18　TMS320F28379D电压/电流的绝对最大额定值

参　数		最小值	标称值	最大值	单　位
器件电源电压，I/O,V_{DDIO}	—	3.14	3.3	3.47	V
器件电源电压，V_{DD}	—	1.14	1.2	1.26	V
电源接地，V_{SS}	—	0	0	0	V
模拟电源电压，V_{DDA}	—	3.14	3.3	3.47	V
模拟接地，V_{SSA}	—	0	0	0	V
结温，T_J	T版本	-40	—	105	℃
	S版本	-40	—	125	
	Q版本（AEC Q100合格认证）	-40	—	150	
大气温度，T_A	Q版本（AEC Q100合格认证）	-40	—	125	℃

F28379D芯片在工作时，除电压和温度需要满足上述要求外，还需要考虑不同运行模式下的电流消耗情况。这也是后续设计F28379D最小系统板电源电路的重要依据。F28379D芯片在最高系统时钟频率200MHz下，各电源引脚的电流消耗值如表1-19所示。

表1-19　200MHz时TMS320F28379D各引脚的电流消耗值

模　式	测试条件	I_{DD}/mA/...		I_{DDIO}/mA/...		I_{DDA}/mA/...		I_{DD3VFL}/mA/...	
		典型值	最大值	典型值	最大值	典型值	最大值	典型值	最大值
工作	A	325	495	30	30	13	20	33	40
空闲	B	105	250	3	10	10μA	150μA	10μA	150μA
待机	C	30	170	3	10	5μA	150μA	10μA	150μA
停机	D	1.5	120	750μA	2	5μA	150μA	10μA	150μA
休眠	E	300μA	5	750μA	2	5μA	75μA	1μA	50μA
闪存	F	242	360	3	10	10μA	150μA	53	65
复位	G	10	20	0.01	0.8	0.02	1	2.5	8

相应的测试条件如下。

- A: 程序正在严重消耗RAM（内存），所有I/O引脚均未连接，未激活的外设的时钟被禁用，闪存在读取状态并处于激活状态。XCLKOUT在SYSCLK/4下启用。
- B：CPU1和CPU2均处于空闲模式，闪存断电，XCLKOUT关闭。
- C：CPU1和CPU2均处于待机模式，闪存断电，XCLKOUT关闭。
- D：CPU1的看门狗正在运行，闪存断电，XCLKOUT关闭。
- E：CPU1.M0和CPU1.M1 RAM处于低功耗数据保留模式，CPU2.M0和CPU2.M1 RAM也处于低功耗数据保留模式。
- F：CPU1基于RAM运行，CPU2基于闪存运行。所有1/O引脚均未连接，外设时钟被禁用。CPU1正在执行闪存擦除和编程操作，CPU2正在访问闪存位置以使闪存组保持运行状态，XCLKOUT关闭。
- G：通过施加在XRSn引脚上的外部低电平RESET信号，使CPU保持在复位状态。在上电过程中，XRSn引脚默认保持低电平，以确保设备在上电自检前维持复位状态。

1.6.2　F28379D最小系统设计

DSP最小系统是指能够使DSP芯片正常运行的最小硬件系统。TMS320F28379D的最小硬件系统板由F28379D芯片、电源电路、时钟电路、复位电路以及程序下载电路（如JTAG接口电路）组成。

F28379D最小系统板上的512KB片上存储已足够运行CPU定时器的中断实例、片上RAM测试实例等外设模块工程文件，甚至可以运行一些数字信号处理算法的实例，如维特比算法、FFT算法等。

在进行F28379D最小系统设计时，必须特别注意信号引脚、电源电压、V_{DD}、电源斜升速率以及复位时序的要求。

（1）信号引脚要求：在为器件供电之前，不能对任何数字引脚施加比V_{DDIO}高0.3V以上的电压，也不能对任何模拟引脚（包括V_{REFHI}）施加比V_{DDA}高0.3V以上的电压。

（2）电源电压（包括V_{DDIO}/V_{DDA}/V_{DD3VFL}/V_{DDOSC}）：3.3V电源应同时上电，且在正常工作期间，电压之间的差值应保持在0.3V以内。

（3）V_{DD}要求：不支持内部V_{REG}。必须将V_{REGENZ}引脚连接至V_{DDIO}，并且外部电源应为V_{DD}提供1.2V电压。在电压斜升期间，V_{DD}的电压应保持不高于V_{DDIO}引脚0.3V。

V_{DDOSC}和V_{DD}必须同时加电和断电。当V_{DD}处于断电状态时，V_{DDOSC}不应供电。

当闪存组处于运行状态时，在V_{DD3VFL}到V_{DD}之间存在内部12.8mA电流源。当闪存组处于运行状态且器件处于低态运行状态（如低功耗模式）时，该内部电流源可能导致V_{DD}上升至大约1.3V。在这种情况下，外部系统V_{DD}稳压器的电流负载将为零。对于大多数稳压器而言，这不是问题；然而，如果系统稳压器需要最小负载才能正常运行，则可以向电路板增加外部82Ω电阻，以确保V_{DD}具有最小电流负载。

（4）电源斜升速率：电源应在10ms内斜升至全部电源轨。

（5）复位时序：XRS为器件复位引脚，既作为输入，也作为漏极开路输出。

该器件具有内置上电复位（Power-On Reset，POR）。在加电期间，POR电路会驱动XRS引脚至低电平。看门狗或NMI看门狗复位也会驱动引脚至低电平。外部电路可能会驱动引脚，使器件复位生效。

应在XRS和V_{DDIO}之间放置一个值为2.2kΩ～10kΩ的电阻器。应在XRS和V_{SS}之间放置一个电容器用于噪声滤除，电容应为100nF或更小。

当看门狗复位生效时，这些值将允许看门狗在512个OSCCLK周期内正确地驱动XRS引脚至VOL。TMS320F28379D的复位电路如图1-8所示。

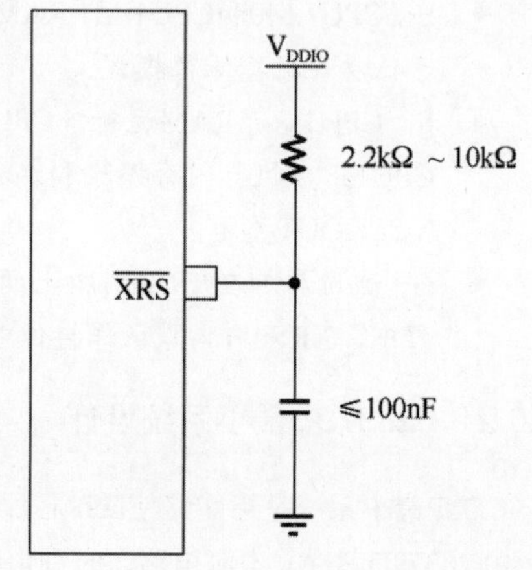

图1-8　TMS320F28379D的复位电路设计

注意 有些复位源由器件内部驱动，其中一些源会将XRS驱动至低电平。SCCRESET和调试器复位源不会驱动XRS。因此，用于引导模式的引脚不应由系统中的其他器件主动驱动。

引导配置中有一个选项，可用来更改OTP中的引导引脚。同时，复位信号XRS需要满足相应的时序要求，具体见如表1-20所示。

表1-20　复位信号XRS的时序要求

参数			最小值	单位
Th（引导模式）		引导模式引脚的保持时间	1.5	ms
tw(RSL2)	脉冲持续时间，热复位时XRS处于低电平	所有情况	3.2	μs
		应用中使用的低功耗模式，并且SYSCLKDIV>16	3.2*(SYSCLKDIV/16)	

F28379D时钟电路通常采用内部振荡器，通过输入引脚X1和X2跨接至晶体振荡器。当然，也可以采用外部电子振荡器，如图1-9和图1-10所示。电子振荡器的结构如图1-11所示，并设置为内部振荡器电路模式。通过片上锁相环（PLL）电路，可以将振荡器的频率倍频至F28379D的工作频率或最大工作频率。

F28379D的JTAG接口用于对大规模集成电路进行仿真、测试和烧写。简而言之，JTAG的作用主要是对器件进行代码固化和功能测试。JTAG接口遵循IEEE 1149.1国际标准，是一种可对内部电路进行边界扫描的串行接口电路。DSP器件的JATG接口电路通常采用双排14针插座设计，使用时需要把DSP器件的JATG接口信号引导至JTAG接口插座，以完成器件连接。

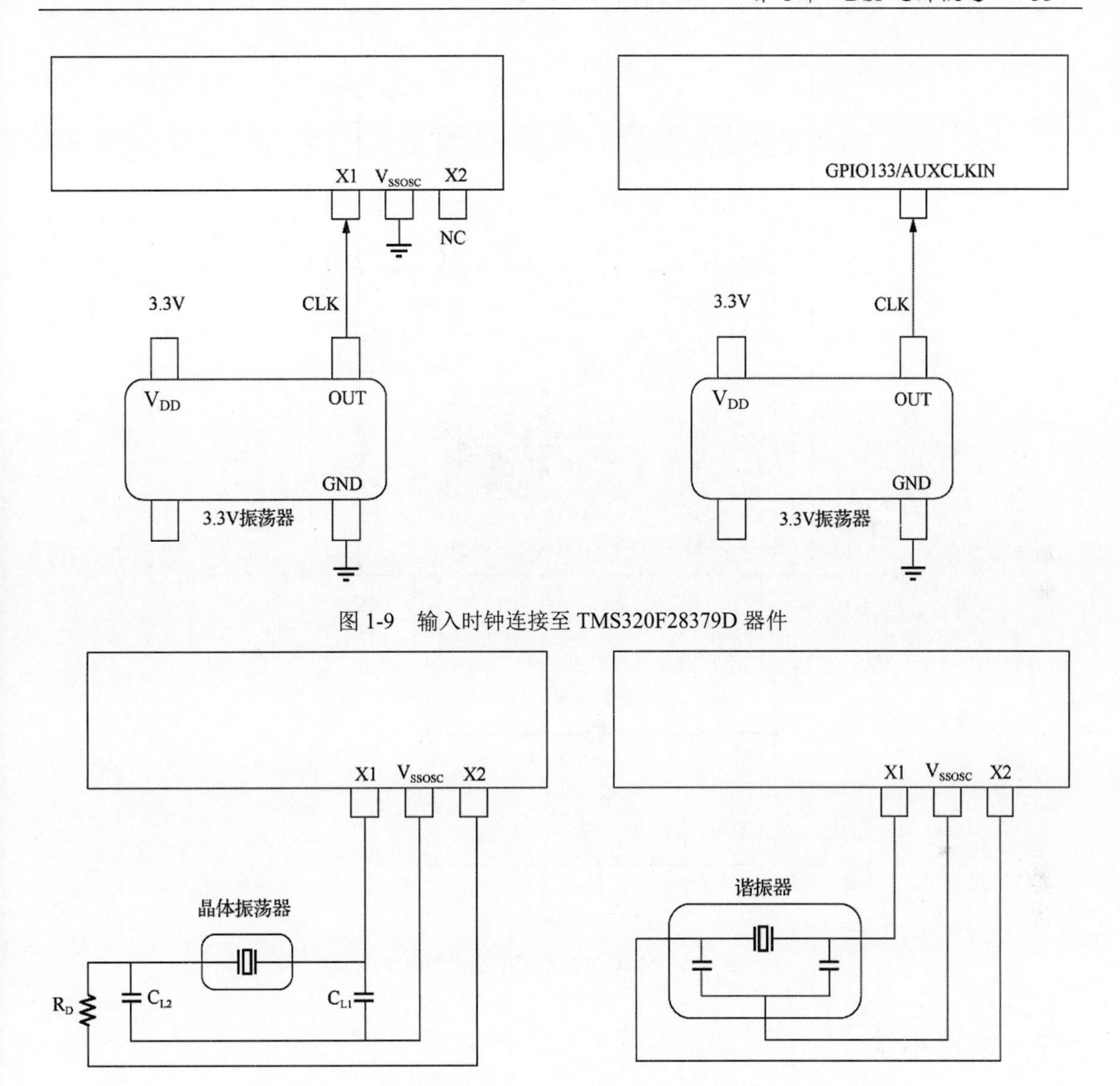

图 1-9　输入时钟连接至 TMS320F28379D 器件

图 1-10　利用外部晶体振荡器来为 TMS320F28379D 器件提供时钟信号

若F28379D最小系统选用HLQFP封装，则可以采用双层PCB工艺设计最小系统板，并进行手工焊接。在大于100mm×100mm的双层PCB板上，可以布局F28379D器件和双排14针插座，从而扩展F28379D的电源信号引脚和GPIO引脚至底板。此外，还可以放置256K以下的SRAM扩展芯片以及小型数字逻辑器件（如CPLD）等。

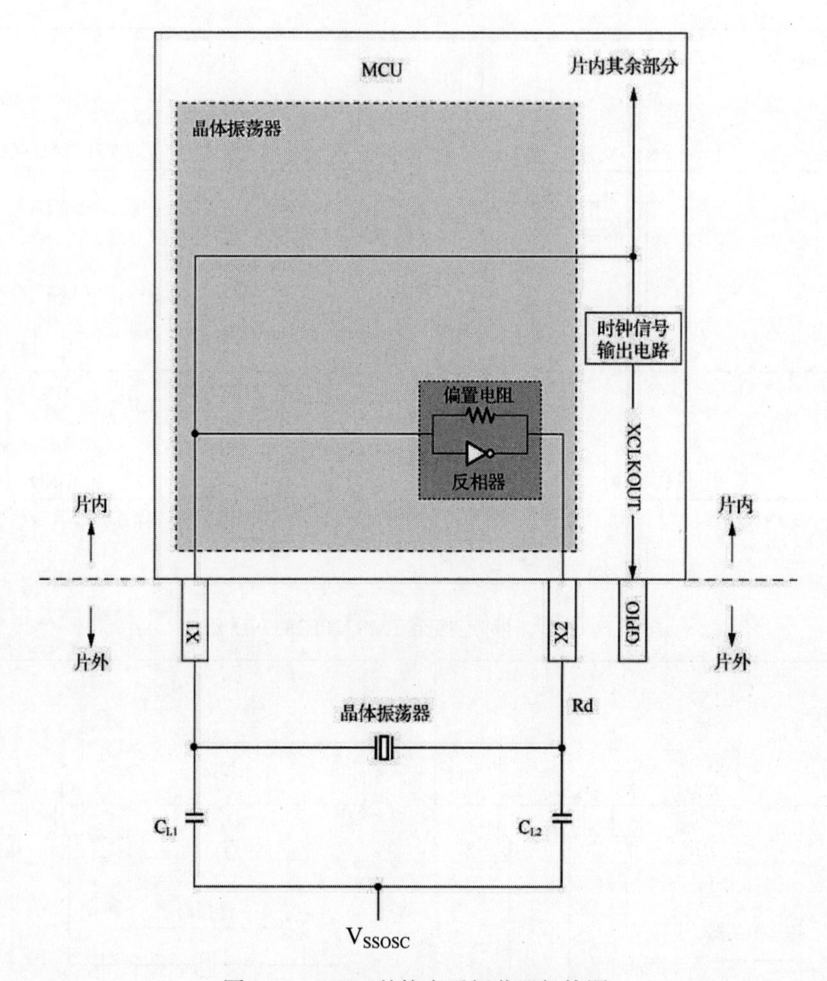

图 1-11　MCU 外接电子振荡器架构图

1.7　本章小结

TI公司的TMS320F28379D芯片是一款基于C28x DSP内核的数字信号处理器，具有强大的信号处理能力。它主要应用于工业控制、航空航天、汽车电子、通信等领域。下面简要介绍该芯片的基本功能和开发方法。

TMS320F28379D芯片的基本功能及特性总结如下：

- 高速运算：C28x DSP内核具有较高的运算速度，可实现实时信号处理。
- 低功耗：采用先进的制程工艺，降低功耗，适用于低功耗应用场景。
- 丰富的外设：芯片集成多种外设，包括定时器、串口、CAN总线和SPI接口等，方便与其他设备通信。

- 内存管理：具有独立的内存管理单元，支持直接存储器访问（DMA）和快速上下文切换。

综上所述，TMS320F28379D芯片具有高性能、低功耗以及丰富的外设等特点，非常适合各类信号处理应用。在开发过程中，可结合硬件和软件进行设计，并借助TI提供的开发工具实现功能的快速开发和验证。

1.8 习题

（1）常见DSP芯片的开发方法有哪些？请简要介绍。

（2）DSP芯片的基本功能是什么？请详细说明。

（3）如何使用C语言完成DSP芯片的开发？请给出步骤和注意事项。

（4）TMS320F29379D芯片的存储器映射是什么？片上存储结构是什么样的？共有几组片上存储资源？请简要解释。

（5）如何使用TMS320F29379D芯片的GPIO功能？

（6）什么是增强型外设？ePWM与PWM之间有什么联系？

（7）如何使用TMS320F29379D芯片的定时器功能？

（8）如何设计一块最小系统板？最小系统板由哪几部分组成？

（9）简单阐述BGA封装和QFP封装的区别，并谈谈什么样的应用场景适合采用BGA封装，什么样的应用场景适合采用QFP封装。

（10）简述定点DSP与浮点DSP的区别。

（11）F28379D属于TMS320F中的什么系列？

（12）VCU复杂运算单元的具体功能是什么？

（13）DSP、ARM以及常用的单片机之间的区别是什么？

（14）谈一谈DSP编程中“段定义”的概念。

（15）在使用CCS进行F28379D DSP的调试时，有哪些常用的调试策略和工具？

（16）F28379D可能是一个多核DSP，在多核环境中，如何有效地管理共享内存和私有内存？

（17）如果在F28379D上使用了RTOS（实时操作系统），它如何影响内存管理和任务调度？

（18）F28379D可能支持外部存储器接口（如SDRAM、Flash等），描述如何配置和使用这些接口来扩展DSP的内存容量。

（19）描述一种高级内存管理技术（如内存池、内存映射文件等），并解释如何在F28379D DSP程序中使用它来优化内存使用。

（20）如果需要在F28379D上实现一个高性能的实时数据处理系统，那么将如何设计和管理内存架构？

（21）当使用外部存储器时，需要考虑哪些与内存管理和数据一致性相关的问题？

第 2 章

开发环境与开发流程

DSP芯片的开发环境包括硬件平台和软件开发环境。在硬件方面，常用的有TI公司的TMS320系列、ADI公司的ADSP2100系列、Motorola公司的DSP56000系列等。在软件方面，需要使用集成开发环境（Integrated Development Environment，IDE），如CCS、IAR、Keil等，以及调试器和仿真器等工具。本章以TI公司的DSP芯片开发流程为例，采用TI公司的开发环境CCS来对芯片进行开发。

开发流程一般包括以下步骤：首先，进行需求分析和系统设计，以明确芯片的功能需求和性能目标；随后开展软硬件设计工作，包括电路设计和编程实现；接着进行芯片的实现和验证，通过实际的硬件和软件环境验证设计的正确性；最后，进行系统测试和调试，确保芯片能够在实际应用环境中稳定、可靠地运行。

2.1 搭建开发环境

对TMS320F28379D等由TI公司生产的DSP芯片进行开发，均可采用TI公司提供的统一集成开发环境Code Composer Studio（简称CCS）。目前，CCS的新版本已更新至CCS 12.7或更高版本。本节将介绍开发环境的搭建流程。

2.1.1 CCS 10.3软件安装

在选择具体IDE版本时，并非版本越新越好，尽管新版本通常包含更多功能，但同时也占用更多内存，对计算机的配置要求也越高。考虑到大多数设计人员的计算机性能以及软硬件兼容性等问题，本书以CCS 10.3为例完成F28379D器件的代码设计与开发。

在安装前，请确保计算机满足以下配置要求：

- 操作系统：运行Windows 7或更高版本的Windows操作系统。
- 内存：至少具备4GB内存。

- 硬盘空间：确保至少有10GB的可用磁盘空间用于安装CCS。
- 显示器：分辨率应达到1024 × 768像素或更高。

CCS的安装路径必须为英文路径，文件名和目录名不应包含中文字符与空格。在安装过程中，请确保所有杀毒软件和安全卫士已完全退出，包括Windows自带的防火墙。

如果计划使用TI的开发板或调试器进行开发和调试，还需要安装相应的设备驱动程序。如果遇到软件无法启动或闪退的问题，可以尝试安装.NET Framework 1.1版本，或者将软件设置为兼容模式运行。

TI公司官网提供了从CCS 3.3至CCS 12.7（截至2024年7月）的所有版本IDE供设计人员下载、安装和使用。以下是CCS 10.3的安装与配置步骤：

01 将下载的压缩包解压后，执行ccs_setup.exe可执行文件，如图2-1所示，将弹出CCS官方Logo和背景图片。

图 2-1　CCS 10.3 安装开始界面

02 如图2-2所示，根据提示，选择同意该协议。

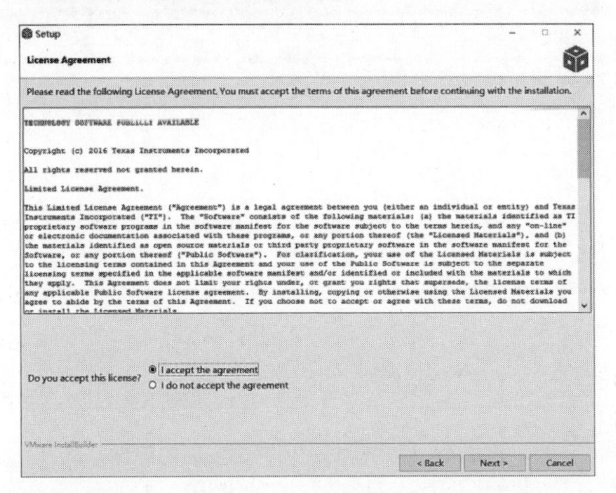

图 2-2　单击 I accept the agreement 选项

03 安装前需完成以下5步确认操作，确保所有这5项均显示OK后，再进行下一步操作。这些操作包括：确认操作系统版本是否符合要求、安装路径是否不含中文字符、字符编码是否正确（如UTF-8或UTF-16），防火墙是否已关闭，以及是否按要求重启计算机，如图2-3所示。

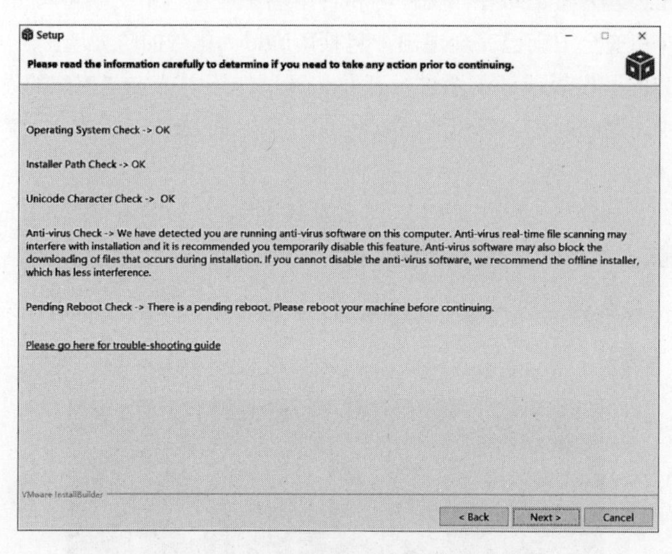

图 2-3　按要求进行安装前的检查

04 按提示选择安装路径。

05 按提示选择是否安装全部组件。若计算机性能允许，建议选择安装全部组件，如图2-4所示。

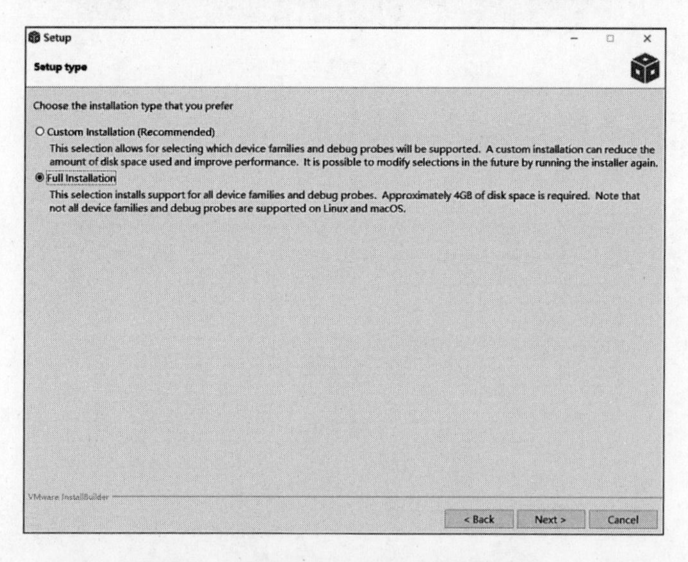

图 2-4　根据需要选择需要安装的组件

06 等待软件安装完成。

2.1.2　F2837xD运算支持包

在开发F2837xD时，通常涉及浮点运算单元的调用。为了确保在开发过程中能够正常调用F2837xD的浮点运算单元及其对应的浮点运算支持包，需要为CCS 10.3安装F2837xD的浮点运算库。主要包括以下3个相关的安装程序：

- setup_C28x_FPU_Lib_betal.exe。
- setup_C28XFPU_CSP_v10.exe。
- C2000CodeGenerationTools10.3.0.0007.exe。

以上程序需逐个安装完成。安装完成后，在安装路径下的lib目录中将生成与浮点运算相关的支持包文件，文件名均以lib结尾。在实际开发中，需要将对应的库文件加入调用浮点运算单元的工程文件中。

2.1.3　C2000Ware安装

C2000Ware是一套全面的软件和工程文档集，旨在最大限度地缩短开发时间。其主要内容包括特定器件的驱动程序、库以及各类外设的开发实例。相比上一代controlSUITE，C2000Ware更加轻量化，仅需一个文件包即可获得大部分基础开发配套资料，同时保持对相同器件的支持。

与2.1节一致，可在TI公司官网下载C2000Ware并安装。完成安装后，需要将C2000Wae导入CCS以供后续使用，具体导入方法如下：

01 依次选择Window→Preferences菜单选项，选择Code Composer Studio选项卡，如图2-5所示。

02 在打开的界面中，单击Products，然后单击Add按钮，将安装的C2000Ware路径添加到工作区，如图2-6所示。

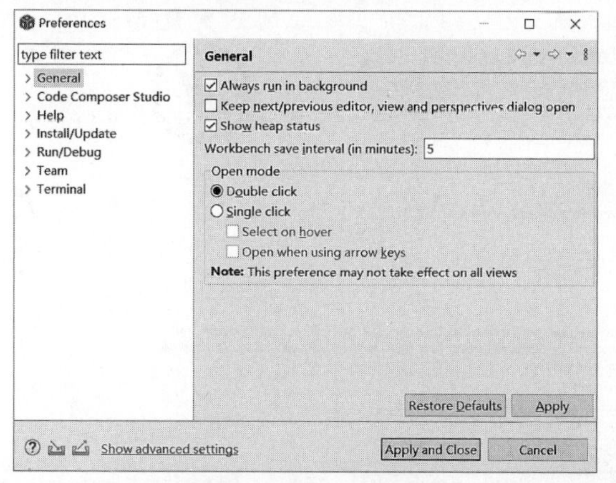

图 2-5　启动 CCS 10.3

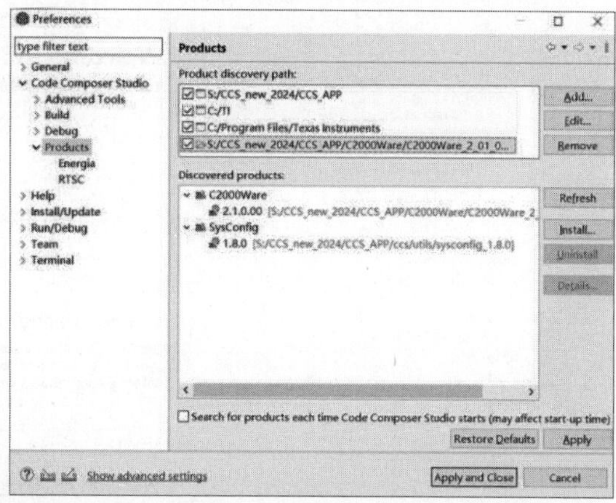

图 2-6　添加 C2000Ware

注意　C2000Ware的路径与CCS IDE本身并不是一一绑定的，也就是说，设计人员可以在多个工程中同时打开C2000Ware，并调用其中的支持包或外设实例。因此，关于C2000Ware路径的选择，只需确保符合软件安装规范即可。

03 弹出如图2-7所示的对话框，单击Install按钮。

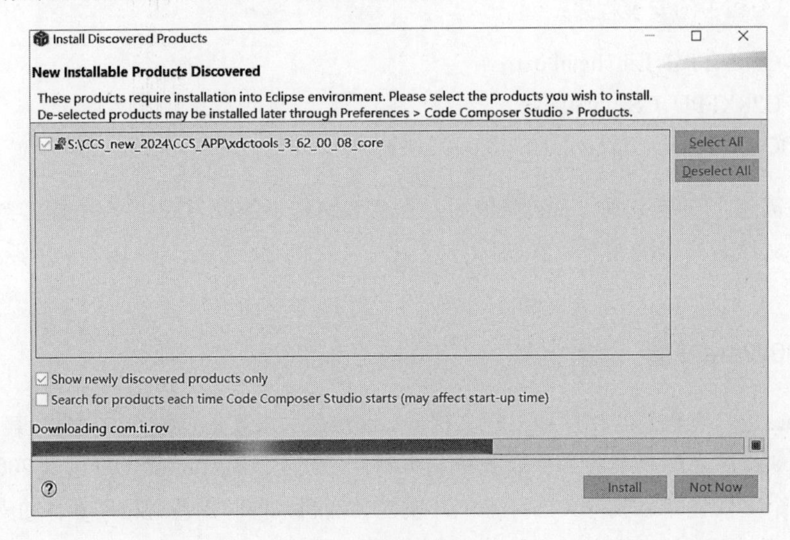

图 2-7　安装 C2000Ware

04 依次选择View→Resource Explorer Offline菜单选项，可以看到如图2-8所示的界面，侧边栏展示了C2000Ware自带的工程支持包。

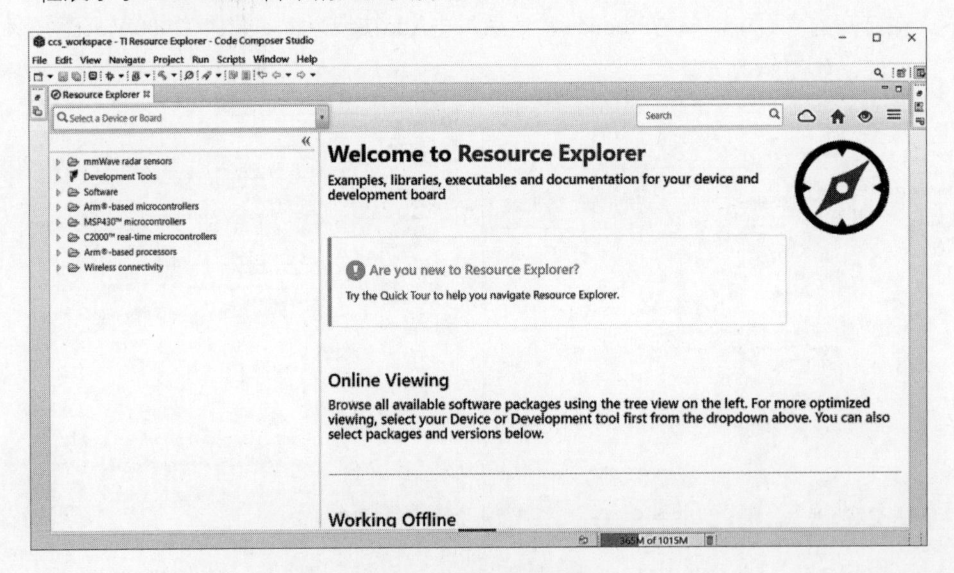

图 2-8　打开资源查看器

05 如图2-9所示，选择所需的支持包，等待安装完成后，即可导入IDE中进行开发使用。

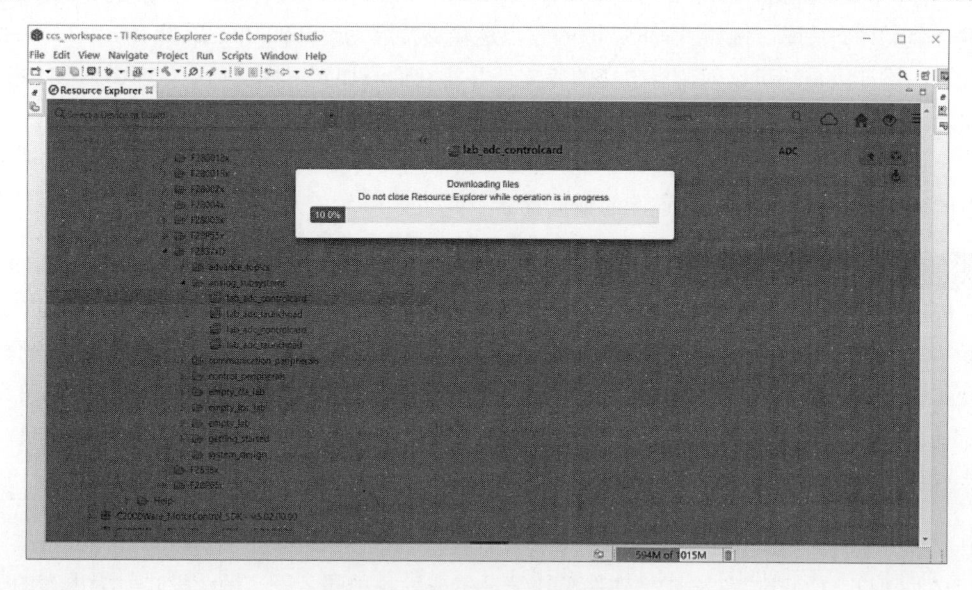

图 2-9　选择所需的工程支持包

注意　这里正确选择相应的运算支持包非常重要，运算支持包主要包括一系列针对C2000微控制器（Microcontroller Unit，MCU）优化的软件库和工具，这些库和工具旨在帮助开发人员更高效地利用C2000 MCU的硬件功能。若在开发前选择错误，将会导致许多板载功能失效，并引发很多难以处理的软件Bug。

C2000Ware中提供了大量的开发工具，运算支持包中提供了大量的库函数，例如DSP库、数学库、RTOS、驱动程序以及相关外设的例程等。

DSP库提供了针对实时控制应用优化的定点和浮点DSP函数，如FFT、FIR和IIR滤波器等；数学库则提供了优化过的数学运算库，专注于数学函数，如CLA数学库和FPUFastRTS库；RTOS则可以帮助开发人员更容易地构建复杂的嵌入式系统，同时确保系统的实时性和可靠性。因此，在此步骤正确选择支持包非常重要。

2.2　CCS 10.3软件介绍及开发流程

在TI公司C2000系列的软件开发目录中，以工程文件Project作为顶层文件。工程文件是一个文本文件框架，包含源代码文件（.c或.asm）、头文件（.h）、库文件（.lib）、链接器命令文件（.cmd）等编译和链接信息。

CCS IDE采用模块化设计方法，一个工程文件通常包含多个源文件(.c/.asm)、多个头文件(.h)、一个库文件（.lib）以及两个链接器命令文件（.cmd）。其中，库文件由TI公司提供，针对不同系列提供一个实时支持库。例如，F28379D的浮点运算支持库为rts2800_fpu32. lib。

此外，设计人员还可以创建自定义的库文件并将它们添加到工程文件中。在CCS IDE中，C编译器在编译和链接工程文件时，链接器命令文件（.cmd）提供不同文件所编译生成的代码顺序，并将它们定位到连续的程序存储空间；同时，它还提供不同文件编译生成的初始化数据段和未初始化数据段的顺序，并将它们定位到连续的数据存储空间。

注意 CCS IDE内置的编译器产生的目标文件为COFF文件结构。COFF（Common Object File Format，统一目标文件格式）文件是TI公司为微控制器专门开发制定的文件。COFF文件的核心是采用段作为目标文件的最小单位，并允许一个应用程序分解成多个相对独立的软件模块来设计。通过工程文件的树型结构文件管理器，设计人员可以统一管理和显示不同文件夹下的软件模块。在工程文件的树形结构中，设计人员可独立打开和编辑每个软件模块，从而大幅提升开发效率。

在实际开发中，为了使由CCS IDE中多个软件模块编译生成的多个目标OBJ文件链接成同一个可执行文件OUT，COFF文件格式把软件模块编译生成为各种同名段。每个段映射为内存的一个区域。COFF文件的系统默认代码段名为.text，初始化数据段的系统默认段名为.data，未初始化数据段的系统默认段名为.bss。

多个模块编译生成的代码统一存放到.text段，初始化数据存放到.data段，未初始化数据存放到.bss段。这样就解决了多个相对独立的软件模块的代码需要连续、顺序存放到程序存储空间，不同文件的数据需要连续、顺序存放到数据存储空间中的问题。

在DSP系统中，内存分段可能导致外部内存碎片，而内存分页虽然解决了外部碎片问题，但可能产生内部碎片。对此，有两种常用的解决方法：一是合理利用内存分段，通过内存块和磁盘交换（swap）来减少外部碎片的影响；二是采用内存分页策略，将虚拟和物理内存空间切为固定大小的页，减少内存交换的开销。

在DSP应用中，处理器需要快速访问数据和指令，访问速度不匹配或延迟会导致性能下降。我们可以利用硬件高速缓存系统将常用的指令和数据存储在靠近CPU的缓存中，减少等待时间，或优化程序结构，确保关键代码和数据位于内存中的高效访问区域。

在DSP编程中，如何有效地标记和管理代码与数据段是一个重要问题，可以使用伪指令（如#pragma CODE_SECTION和#pragma DATA_SECTION）来标记代码和数据段，以便将它们放置在特定的内存区域中，或者通过CMD文件管理内存，为不同的程序段分配特定的内存区域。

针对F28379D的开发流程如图2-10所示。

具体流程如下：

01 在CCS IDE中新建工程文件Project。

02 在编辑区中编辑源程序.c/.asm、头文件.h以及链接文件.cmd。

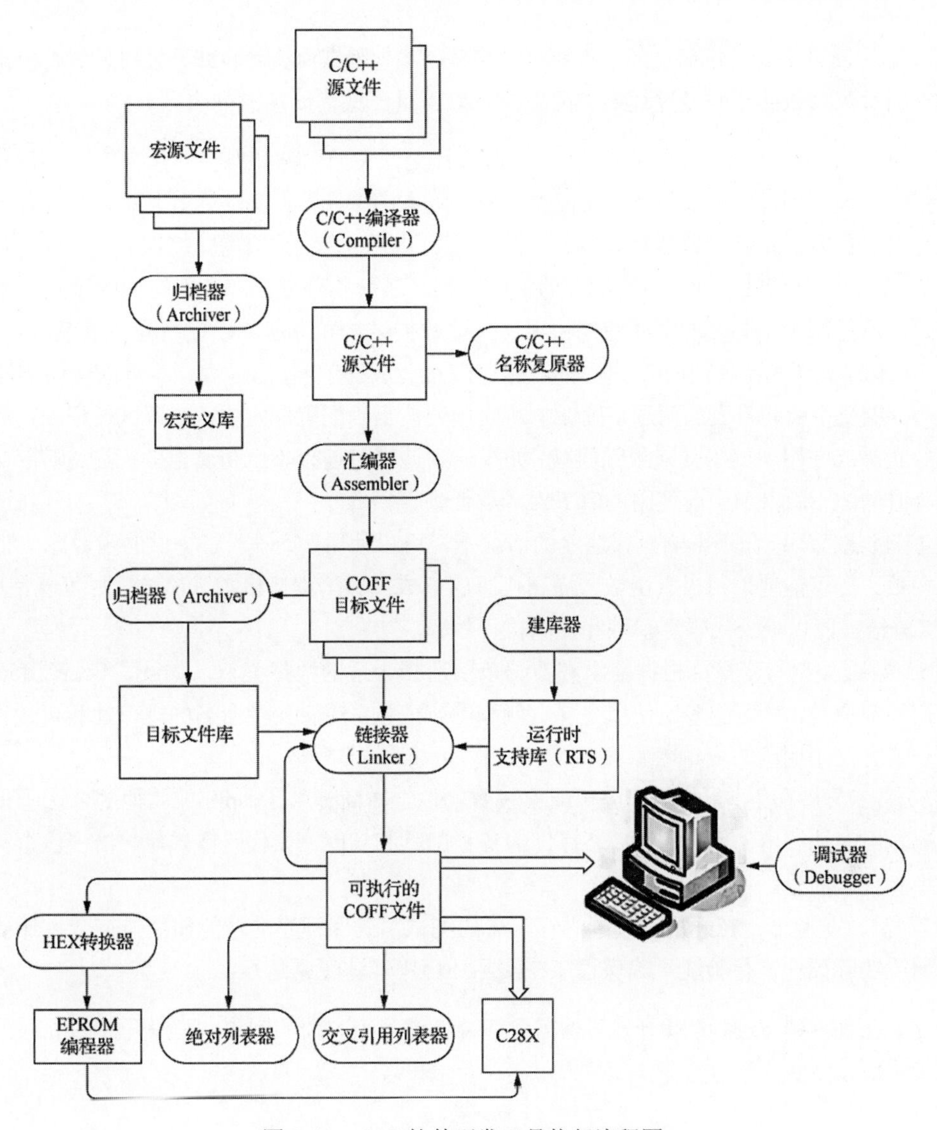

图 2-10　CCS 软件开发工具执行流程图

03 完成编辑后，将源文件添加到该工程中，包括.asm、.c/、cmd和.lib四种文件。

04 经过IDE完成编译、汇编、链接后，生成可执行文件.out。

05 利用下载器或在线调试器将可执行文件装载至硬件。

06 完成程序调试。

07 完成程序固化。

上述开发过程旨在为初学者梳理大致的流程，在实际开发中，仅仅掌握这样的一个基础的开发流程是不够的。

在这里为读者提供一份简短的开发指南，初学CCS软件或刚上手DSP开发时，可以根据自身需求与指南相对照，以防止开发过程中有所遗漏。以下是一些需要注意的事项。

（1）工程建立与配置：在建立工程时，确保工程文件夹的名称和路径不包含中文字符和空格，以避免潜在的编码问题。选择与原工程相同或相近版本的编译器，以避免出现版本不兼容导致的错误。在配置工程时，正确设置器件型号、工程名字、路径以及工程类型。

（2）存储空间管理：明确DSP的存储空间分配，了解物理空间和映射空间的区别，并正确管理它们。尽可能减少不必要的存储空间占用，优化数据结构和算法，以提高程序效率。

（3）编程与调试：使用C/C++语言编写程序时，注意减少除法运算，尽可能使用乘法和加法运算代替。重视中断向量表的问题，确保中断向量表被正确配置和定位。在调试过程中，及时打印系统运行状态或使用调试工具来跟踪问题。如果遇到调试时连接不上仿真器的问题，则检查项目创建、编译时的CCS版本和当前使用的CCS版本是否兼容。

（4）优化代码：在不影响执行速度的情况下，可以使用C/C++语言提供的函数库，也可以自己设计函数。尽可能地采用内联函数，提高代码的集成度。编程风格力求简洁，尽可能使用C语言而不用C++语言，以减少代码复杂性和提高执行效率。

（5）数据类型与变量：根据需求和数据范围选择合适的数据类型，如int、float或double等。谨慎使用局部变量，尽可能多地使用全局变量和静态变量。注意变量命名的规范性和可读性，避免使用过长或含义不明确的变量名。

（6）第三方库和工具：如果TI公司或第三方软件合作商提供了dsplib或其他的合法子程序库供调用，应尽可能地调用使用。利用CCS提供的各种工具和功能，如代码格式化、语法检查等，提高编程效率和代码质量。

（7）测试与验证：在开发过程中进行充分的测试，确保程序的功能和性能符合设计要求。使用仿真器或实际硬件进行验证，确保程序在实际环境中能够正常运行。

总之，在使用CCS进行DSP开发时，需要综合考虑多个方面的因素，确保开发的顺利进行和程序的正确实现。

2.3　几种常用的加速开发方法汇总

TI公司提供了多种加速开发DSP的解决方案，帮助设计人员快速设计出工程原型或验证已有的技术路线。在之前的版本中，快速开发套件是controlSUITE，现在已更新至C2000Ware，后者兼容前者，两者均提供了大量例程，可供设计人员参考。

此外，TI公司还提供了如MontorControl、DigitalPower、SafeTI Diagnostics Lib等加速DSP开发的解决方案，本节将对这些解决方案逐个进行介绍，并附有其使用流程和使用时的注意事项。

2.3.1　C2000Ware

C2000Ware是TI公司提供的官方库文件及例程的集合，此外，它还提供了丰富的相关技术文档和工具，以加速设计人员的开发过程。

首先，从TI的官方网站下载并安装C2000Ware。C2000Ware包含针对C2000系列DSP的编译器、调试器、库函数、例程等。

C2000Ware通常包含多个文件夹，如device_support、examples、libraries等。device_support文件夹包含针对特定DSP型号的支持文件，examples文件夹则包含各种例程，这些例程展示了如何使用DSP的各种功能。

完成C2000Ware的安装后，在Code Composer Studio（CCS）中可以通过导入C2000Ware中的例程来快速开始一个新项目。这通常是最快且最有效的方法，因为例程已经包含实现特定功能所需的所有文件和配置。此外，在CCS中也可以通过选择File→Import→C2000Ware Project into Workspace菜单选项来导入例程。

导入例程后，可以根据需要进行修改和扩展。例如，可以更改控制算法、添加新的外设配置或优化代码性能。

注意　在修改例程时，应确保理解每个部分的作用，并遵循TI的编程规范和最佳实践。

为了帮助设计人员快速完成功能验证，C2000Ware提供了丰富的库函数，这些函数可以简化外设配置和算法实现。例如，可以使用TI提供的数学库来执行复杂的数学运算，或使用外设库来配置GPIO、ADC、PWM等外设。完成上述开发过程后，调试和测试是必不可少的步骤。CCS提供了强大的调试工具，如断点、单步执行、变量监视等，这些工具可以帮助开发者快速定位和解决问题。此外，还可以使用CCS的实时分析功能来监视DSP的性能指标，如CPU使用率、内存使用情况等。

除此之外，还需要注意硬件兼容性、电源和接地、时钟和复位、外设配置、代码优化等方面。

在开发过程中，应确保所使用的硬件与F28379D兼容。例如，如果使用了特定的外设或接口，则需要确保这些外设或接口在F28379D上可用。F28379D对电源和接地要求较高。在设计和测试时，应确保电源稳定可靠，并遵循TI的电源和接地指南。时钟和复位是DSP系统中的重要部分。应仔细配置时钟源和复位电路，以确保DSP能够正常工作。在配置外设时，应仔细阅读F28379D的数据手册和参考手册，了解每个外设的功能和配置方法。同时，应确保外设的配置与硬件设计相匹配。

2.3.2　MotorControl SDK

MotorControl SDK（MC SDK）是TI公司提供的一套全面的软件架构、工具和文档，旨在最大限度地缩短基于C2000 MCU的电机控制系统的开发时间。它适用于各种三相电机控制应用，并包含在C2000电机控制评估模块（Evaluation Module，EVM）和针对工业驱动及其他电机控制应用的固件，运行在TI Designs（TID）上。MC SDK基于C2000Ware构建，提供了高性能电机控制应用在开发和评估等阶段所需的所有资源。

MC SDK的主要特性包括以下几个方面。

（1）DesignDRIVE和InstaSPIN-FOC解决方案：MC SDK集成了DesignDRIVE和InstaSPIN-FOC解决方案，支持有传感器和无传感器的场定向控制（Field-Oriented Control，FOC）。这些解决方案包括对FAST观测器、实时连接实例、增量和绝对编码器以及快速电流环路（Fast Current Loop，FCL）优化软件库的支持。

（2）高性能电机控制库：MC SDK提供了完整的软件库，用于C2000 MCU的电机控制应用。这些库包括电机参数识别、观测器和扭矩控制回路自动调整等功能，特别针对低速和高动态应用进行了优化。

（3）实时连接与调试工具：MC SDK支持实时连接和调试，使开发者能够更方便地监控和调试电机控制系统的性能。

当使用F28379D开发电机控制系统时，MotorControl SDK可以极大地加速开发过程。使用MC SDK对F28379D进行开发与C2000Ware类似，其大致流程如下：

01 从TI官网下载并安装MotorControl SDK。这通常包括SDK的安装包以及相关的文档和实例代码。同时，确保已安装适用于C2000 MCU的集成开发环境（IDE），如Code Composer Studio（CCS）。在CCS中创建一个新的项目，并选择F28379D作为目标MCU。导入MotorControl SDK中的相关库和实例代码，根据项目需求进行配置和修改。

02 将F28379D开发板与电机控制硬件（如逆变器、电机、传感器等）进行连接。使用CCS中的调试工具进行代码下载、调试和性能监控。根据项目需求编写或修改控制算法，利用MotorControl SDK提供的库函数简化编程工作。进行软件测试，包括单元测试、集成测试和性能测试，确保电机控制系统的稳定性和可靠性。

2.3.3 DigitalPower SDK

DigitalPower SDK是德州仪器（TI）为C2000微控制器（Microcontroller Unit，MCU）家族提供的软件开发套件（Software Development Kit，SDK）。该SDK包含一套全面的软件基础架构、工具和文档，旨在极大地缩短基于C2000 MCU的数字电源系统开发时间。它适用于各种交流/直流、直流/直流和直流/交流电源应用，如太阳能、电信、服务器、电动汽车充电器和工业电力输送等。

DigitalPower SDK不仅提供了一套可运行于C2000数字电源评估模块的固件，还包含丰富的TI Designs（TID），这些设计可以直接应用于实际项目中，加速开发进程。此外，SDK还集成了powerSUITE，这是一套数字电源软件设计工具，能够帮助电源工程师在设计数字控制电源时大幅减少开发时间。

DigitalPower SDK的主要特性如下。

（1）全面的软件库：提供适用于C2000 MCU数字电源应用的完整软件库，包括用于电网同步的软件锁相环、单相交流电的功率测量等功能。

（2）powerSUITE：包含一系列数字电源软件设计工具，如解决方案适配器（可自定义在实例硬件或定制硬件上运行的代码）、补偿设计器（设计可实现所需闭环性能的数字补偿器）和SFRA（Sweep Frequency Response Analysis，用于绘制和测量开环增益，评估数字电源控制环路的稳定性和可靠性）。

（3）易于使用的图形用户界面（Graphical User Interface，GUI）：基于Code Composer Studio的TI Resource Explorer GUI，可实现对软件、开发套件、库、用户指南、应用手册等的直观导航。

（4）丰富的实例项目和文档：提供快速入门指南（Quick Start Guide，QSG）、硬件指南以及应用指南等文档，并支持模块化构建的实例项目，指导用户完成整个开发过程。

本书所讲的F28379D是C2000 MCU家族中的一员，具有高性能的DSP和增强型控制外设，非常适合用于数字电源控制。以下是结合F28379D使用DigitalPower SDK的方法：

01 与前文一致，首先需要完成Code Composer Studio（CCS）的安装，这是TI提供的集成式开发环境（IDE），用于F28379D的编程和调试。随后下载并安装DigitalPower SDK，确保它与CCS版本兼容。

02 在CCS中创建一个新项目，并选择F28379D作为目标设备。导入DigitalPower SDK中的相关库和实例项目，根据项目需求进行修改和配置。利用DigitalPower SDK提供的软件库和工具编写代码，实现数字电源控制算法。

03 使用CCS的调试工具进行代码调试，包括设置断点、观察变量、执行单步等。最后，将F28379D连接到相应的硬件平台（如数字电源评估模块），确保所有连接正确无误。把调试好的程序加载到F28379D中，并运行以验证其性能。设计人员可以根据测试结果对代码进行优化，以提高系统的性能和稳定性，并使用SFRA等工具评估数字电源控制环路的稳定性和可靠性。

2.3.4　C2000 SafeTI Diagnostics Lib

C2000 SafeTI Diagnostics Lib（也称为C2000 SafeTI诊断软件库）是TI为C2000系列微控制器提供的功能安全诊断库，旨在帮助开发者更轻松、更快地设计符合功能安全标准的应用。

结合F28379D这款高性能C2000 MCU，C2000 SafeTI Diagnostics Lib能显著提升开发效率和系统安全性。该库包含一系列基于TI C2000 MCU硬件特性设计的功能安全软件机制，帮助用户实现特定的功能安全目标。它支持包括F28379D在内的多种C2000系列MCU，提供丰富的软件库、实例代码、用户指南和合规性支持包（Compliance Support Package，CSP），覆盖从设计到测试的整个开发流程。

C2000 SafeTI Diagnostics Lib的主要特点可概括如下：

（1）功能安全软件机制：该库包含满足功能安全（如ISO 26262、IEC 61508等）要求的软件机制，通过提供加电自检（Power-On Self Test，POST）、定期自检（Periodic Self-Test，PEST）等诊断测试，确保系统的可靠性和安全性。

（2）易于集成：C2000 SafeTI Diagnostics Lib设计为易于集成到各种系统中，充分利用C2000 MCU的硬件特性，实现功能安全目，从而缩短开发时间并加快产品上市进程。

（3）丰富的文档和实例：该库提供详细的用户指南、设计文档、单元测试计划和功能测试报告等内容，并包含可直接运行的简单应用实例，帮助开发者快速上手并理解如何使用功能安全软件机制。

（4）合规性支持：CSP提供必要的文档和报告，帮助客户使用C2000 SafeTI Diagnostics Lib达到功能安全标准的合规性要求。这些文档包括软件安全要求规格、软件架构文档、静态分析报告等，确保开发过程的合规性。

结合F28379D的使用方法，与前文类似，读者需要首先访问TI官网（如www.ti.com），在“软件和支持”部分找到C2000 SafeTI Diagnostics Lib的下载链接。按照提示下载并安装到开发环境中。

在使用库之前，建议设计人员仔细阅读C2000 SafeTI Diagnostics Lib的用户指南、设计文档以及CSP文档，以全面了解库的功能、使用方法和合规性要求。

在开始设计时，首先需要在开发环境中创建一个新项目，并将目标设备设置为F28379D MCU。将C2000 SafeTI Diagnostics Lib添加到项目中，并正确配置相关的库文件和头文件路径。

使用库中的实例代码作为起点，根据具体的应用需求进行修改和扩展。例如，可编写加电自检（POST）和定期自检（PEST）等诊断测试代码，并将它们集成到应用中。使用TI提供的测试工具和方法对代码进行全面测试，以确保诊断测试的准确性和可靠性。

将诊断测试集成到功能安全应用设计中，使用TI提供的调试工具（如Code Composer Studio）进行实时调试和性能分析。根据所选功能安全标准（如ISO 26262、IEC 61508等）要求，对系统进行验证和认证。

2.4　本章小结

本章详细介绍了CCS 10.3 IDE的下载方法与安装流程，并介绍了与本书中DSP型号相关的运算支持包。与以往的controlSUITE不同，本章将C2000Ware引入DSP开发流程。通过将C2000Ware直接导入CCS IDE的工作区，读者可以显著加快首次开发进度，提升工程搭建效率。此外，本章还介绍了CCS的基本开发流程，关于CCS软件本身的使用方法以及工程目录结构等相关知识点，将在后续章节中详细说明。

最后，本章介绍了几种能够加速DSP开发的解决方案。这些方案可帮助设计人员更高效地完成工程样机开发或技术方案验证，从而加速技术落地并缩短产品上市时间。

2.5　习题

（1）简述CCS 10.3是什么，以及不同版本之间的区别。

（2）CCS 10.3和C2000Ware如何结合使用？

（3）在CCS 10.3中如何设置目标配置文件？

（4）在CCS 10.3中进行调试时需要注意什么？

（5）请描述Code Composer Studio（CCS）中的几个高级调试特性，并解释它们在复杂DSP系统开发中的重要性。

（6）C2000系列DSP采用了哪些架构优化技术来提高其性能？请举例说明这些优化技术如何影响实时信号处理应用。

（7）在DSP系统中，模拟信号通常需要转换为数字信号进行处理。请描述数字信号处理相较于模拟信号处理的几个优点，并给出在C2000 DSP中实现模拟到数字转换的一般步骤。

（8）请解释硬件在环仿真（Hardware-in-the-Loop Simulation，HILS）在C2000系列DSP开发中的重要性，并描述如何使用CCS和C2000Ware进行HILS设置和测试。

第 3 章

TMS320F28379D硬件结构

本章以TMS320F2837xD系列中的F28379D型芯片为例，重点阐述芯片的架构、运算核心、片上存储器、片上常用外设、几种常用的引导方式、看门狗定时器、可配置逻辑块以及DMA及处理器间的通信方式。内容将从器件功能和设计架构两个方面进行重点讲解。有关各模块的具体配置方案及寄存器配置方法，请参见后续章节。

3.1 F28379D芯片概述

TMS320F28379D的功能架构图如图3-1和图3-2所示。从图中可以看出，F28379D数字信号处理芯片由多个部分组成，包括32位C28x内核、片上存储器、存储总线、DMA、中断管理器、片上外设、控制律加速器和浮点运算单元等。

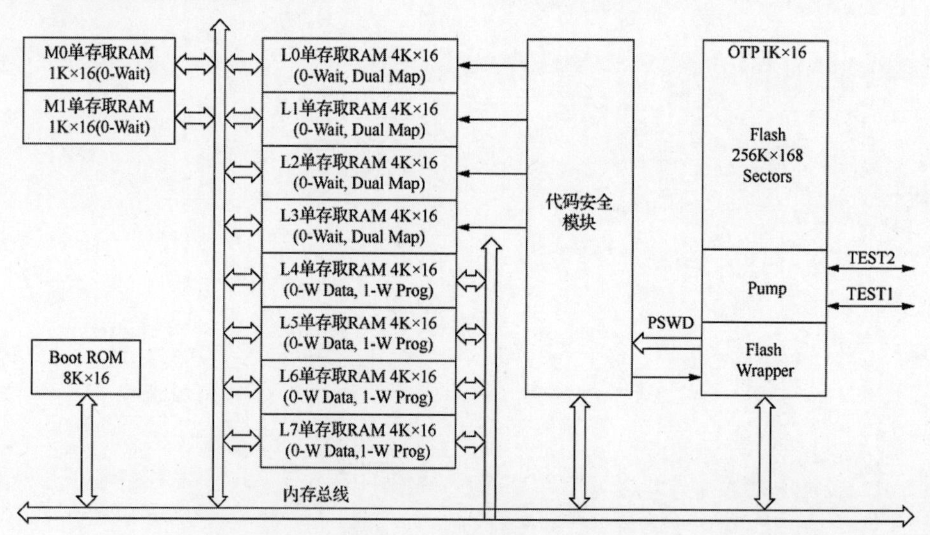

图 3-1　TMS320F28379D 芯片功能方框图（1）

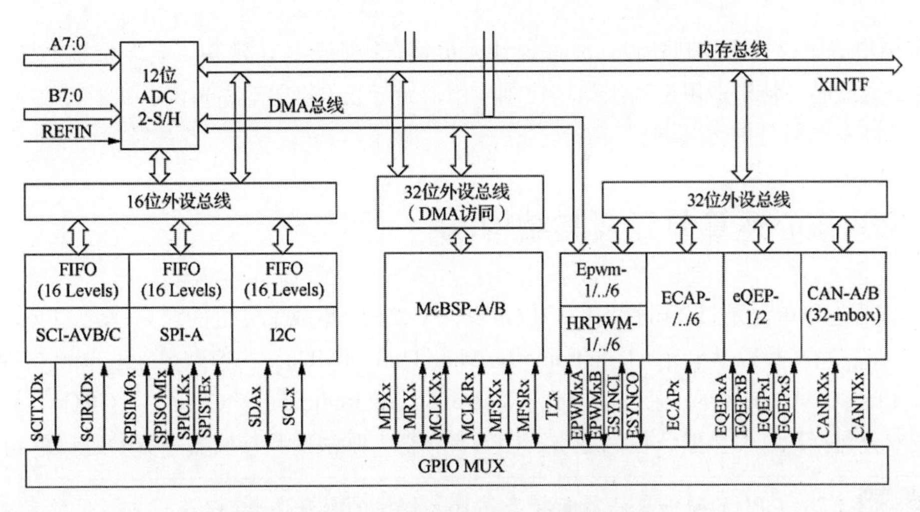

图 3-2　TMS320F28379D 芯片功能方框图（2）

片上的控制总线、数据总线和地址总线共同为外设提供信号传输支持。内存总线采用多总线架构，区别于冯·诺依曼架构，这种多总线结构支持程序和数据的分离存储。该结构也称为哈佛结构，允许实现多级流水线，使得CPU内核能够在一个时钟周期内同时访问数据和程序内存区。

此外，直接存储访问（Direct Memory Access，DMA）允许片上外设，如存储设备、ADC模拟子系统、多通道串口（SCI、SPI）以及增强型外设（如ePWM和HRPWM），直接与内存交换数据，无须CPU内核的控制和干预。这能够实现外设与内存间的高速数据交换，显著减轻CPU内核的负担。

下面从功能角度总结F28379D芯片的架构：

（1）处理器核心：2组C28x运算核心，主频200MHz，配备FPU、TPU、VCU等专用运算核心，每组C28x拥有6组DMA。

（2）存储：2组512KB闪存、2组102KB SRAM、2组128bit安全区、2组EMIF。

（3）传感：ADC模拟子系统，支持12/16bit量化精度，最高3.5MSPS采样率。

（4）可配置逻辑块：共4组，可灵活配置解码接口。

（5）系统模块：3组32位CPU定时器、看门狗定时器、192组PIE。

（6）控制外设：12组增强型PWM，支持死区；3组12bit DAC模块；6组增强型采集模块eCAP。

（7）通信外设：4组UART、2组IIC、3组SPI、2组CAN、1组USB OTG、1组uPP。

除上述片上资源，F28379D还支持安全应用开发。芯片硬件完整性达到ASIL B和SIL 2级，支持第三方开发双区安全区域，且片上存储器自带唯一识别号。此外，上述功能支持芯片用作安全等级更高的应用开发。

TMS320F28379D芯片的特性还包括800MIPS的处理能力、2个CPU、2个CLA、FPU、TMU、1024KB的闪存、CLB、EMIF以及可配置为16位精度的ADC。由于F28379D采用双核C28x架构，系统性能得到了显著提升。

该架构集成了模拟和控制外设，允许设计人员整合控制架构，消除了高端系统中使用多处理器的需求。这款芯片特别适用于高级闭环控制应用，如工业电机驱动、光伏逆变器、数字电源、电动汽车、传感与信号处理等领域。

3.2　C28x核心运算单元及其结构

C28x核心运算单元是TI公司推出的32位定点CPU架构，集成了先进的浮点单元（Floating-Point Unit，FPU）、三角函数数学单元（Trigonometric Math Unit，TMU）、快速整数除法单元（Fast Integer Division，FINTDIV）和循环冗余校验单元（Vector Cyclic Redundancy Check，VCRC）。该架构的主要组成部分包括地址发生器、控制逻辑、CPU寄存器、乘法器和移位器等算术逻辑单元。

提示　C28x CPU的硬件乘法器支持高达16 × 16位的乘法运算，以及32 × 32位的定点加法运算。

此外，C28x架构采用了先进的双核设计，集成了模拟和控制外设，允许设计人员整合控制架构，从而消除了在高端系统中使用多处理器的需求。

3.2.1　C28x+FPU架构介绍

F28379D的运算核心采用双核C28x + FPU架构，其中C28x是32位定点处理器，它与FPU、TMU、VCU等专用运算核心一起组成F28379D芯片的中央处理器CPU。该架构结合了数字信号处理的优点，采用精简指令集计算机（Reduced Instruction Set Computer，RISC）架构，该微控制器架构支持丰富的固件和工具集。

CPU的特性包含修改后的哈佛架构和循环寻址。RISC特性包括单周期指令执行、寄存器到寄存器操作和修改后的哈佛架构。

微控制器的特性则通过直观的指令集、字节打包和解包以及位操作来实现易用性。修改后的哈佛架构使得指令和数据的获取能够并行执行，CPU可以在同一时刻读取指令和数据，并写入数据，以保持整个流水线中的单周期指令的执行。此外，CPU通过6条独立的地址/数据总线完成这一操作。

对于CPU中的浮点运算处理器FPU，　C28x+FPU处理器通过增加支持IEEE单精度浮点运算的寄存器和指令，扩展了C28x定点CPU的功能，具有C28x+FPU的器件不仅包含标准的C28x寄存器集，还增加了一组浮点单元寄存器，额外增加的这组浮点单元寄存器包括：

（1）8个浮点结果寄存器：RnH（其中n=0~7）。

（2）浮点状态寄存器（Floating-Point Status Register，STF）。

（3）重复块（Repeat Block，RB）寄存器。

除了重复块寄存器外，所有浮点寄存器都是隐藏的。这种设计有助于在高优先级中断中快速保存和恢复浮点寄存器的快速上下文。

三角函数加速器（TMU）通过增加指令，扩展了C28x+FPU的功能，从而加速了常见三角函数和表3-1中列出的其他算术运算的执行。

表3-1　TMU支持的指令

指　　令	C等效运算	流水线周期
MPY2PIF32 RaH，RbH	a=b*2π	2/3
DIV2PIF32 RaH，RbH	a=b/2π	2/3
DIVF32 RaH，RbH，RcH	a=b/c	5
SQRTF32 RaH，RbH	a =sqrt(b)	5
SINPUF32 RaH，RbH	a=sin(b*2π)	4
COSPUF32 RaH，RbH	a=cos(b*2π)	4
ATANPUF32 RaH，RbH	a=atan(b)/2π	4
QUADF32 RaH，RbH，RcH，RdH	用于协助计算ATANPU2的运算	5

注意　与F2837xD其他型号相比，F28379D在指令、流水线和内存总线架构上均保持不变。所有TMU指令都使用现有的FPU寄存器集（R0H ~ R7H）执行运算。

VCU-II是C28x CPU的第二代维特比解码、复杂数学运算和CRC扩展。通过增加寄存器和指令，VCU-II扩展了C28x CPU的功能，提升了FFT和通信算法的计算速度。C28x+VCU-II支持以下算法类型。

1. 维特比解码

维特比解码通常用于基带通信应用。该算法包含3个主要部分：分支度量计算、比较－选择（维特比蝶形运算）和回溯运算。表3-2汇总了每个运算的VCU性能。

表3-2　维特比解码性能

维特比运算	VCU周期
分支度量计算（码速率=1/2）	1
分支度量计算（码速率=1/3）	2p
Viterbi蝶形（相加－比较－选择）	2
每阶段回溯	3

注意　C28x CPU完成每个维特比蝶形运算需15个周期，每个回溯阶段需22个周期。

2. 循环冗余校验

循环冗余校验（Cyclic Redundancy Check，CRC）是一种信道编码技术，利用网络数据包或计算机文件等数据产生简短的固定位数校验码。这一技术的主要作用是检测或校验数据在传输或保存过程中可能出现的错误。

CRC码由n位信息码和*k*位校验码组成，k位校验位与n位数据位拼接在一起，n+k为循环冗余校验码的字长，这种校验码也称为（n+k，n）码。该编码的基本思想是将信息表示为一个多项式L，然后用*L*除以预先确定的生成多项式G(X)，得到的余式即为所需的循环冗余校验码。

CRC是一种强大的检错与纠错码，编码与检码电路较简单，常用于串行传输的辅助存储器与主机的数据通信及计算机网络中。理论上，循环冗余校验码能够检测出所有奇数位错、所有双比特的错以及所有小于或等于校验位长度的突发错。如果数据发生错误，可以通过循环左移进行纠正。

在本书介绍的F28379D中，片上中央处理器所包含的运算核心C28x为CRC算法提供了一种简单的方法来验证大型数据块、通信数据包或代码段的数据完整性。C28x+VCU可执行8位、16位、24位和32位的CRC。

例如，VCU可以在10个周期内计算出块长度为10字节的数据块的CRC。CRC结果寄存器包含当前CRC运算状态，并在每次执行CRC指令时更新。

3. 复杂数学运算

VCU（Viterbi Computation Unit，维特比计算单元）是专门用于实现维特比译码算法的硬件模块，广泛应用于软件无线电技术，尤其在信道解码中发挥重要作用。然而，维特比译码算法在DSP上的运行速度有时会限制其在高速实时系统中的应用。

为了优化这一情况，可以利用TMS320C6000系列DSP的并行运算能力，提高译码器的运行效率，显著缩短运算时间。

基于最大似然准则的维特比算法（Viterbi Algorithm，VA）在加性高斯白噪声（Additive White Gaussian Noise，AWGN）信道下性能最佳，是常用的卷积码译码算法。一般来说，通过实现软判决维特比译码可以提高译码性能。维特比运算单元的开发主要集中在算法实现与优化，以提高其在实时系统中的应用性能。

以C语言实现维特比算法时，可以看出该算法涉及大量复杂运算，如大尺寸矩阵乘法和大规模乘加运算等。由于维特比算法包含浮点运算，因此在实际开发中，建议采用含有VCU运算单元的DSP芯片。

【例3-1】维特比算法的实现。

```
// 维特比算法的实现
#include <stdio.h>
#include <string.h>
```

```
// 维特比算法函数，输入为观测序列、状态序列、时间步数T和状态数N
int viterbi(int *obs, int *states, int T, int N) {
int delta[N][T];                    // 状态转移概率矩阵，存储每个状态在每个时间步的最大概率
int phi[N][T];                      // 前向概率矩阵，存储每个状态转移的最优前驱状态
int q[N];                           // 最优路径，用于回溯最优路径
int i, j;                           // 循环变量

for (i=0; i < N; i++) {                             // 初始化前向概率矩阵和状态转移概率矩阵
   delta[i][0]=states[i]; phi[i][0]=0;              // 递推计算
}
for (j=1; j < T; j++) {                             // 递推计算每个时间步的状态转移概率
   for (i=0; i < N; i++) {
      int max_delta=-1;                             // 用于记录最大概率
      int max_index=-1;                             // 用于记录最大概率对应的状态索引

         // 对每个可能的前驱状态进行遍历，找到最大概率的路径
         for (int k=0; k < N; k++) {
         if (delta[k][j-1] + states[i] > max_delta) {
            max_delta=delta[k][j-1] + states[i];    // 更新最大概率
            max_index=k;                            // 更新最优前驱状态的索引
            }
         }
         delta[i][j]=max_delta;                     // 更新当前状态的最大概率
         phi[i][j]=max_index;                       // 记录最优前驱状态的索引
      }
   }

   // 回溯计算最优路径
   q[T-1]=0;                                    // 假设最优路径从最后一个时间步的状态开始
   for (j=T-2; j >= 0; j--) {
      q[j]=phi[q[j+1]][j+1];                    // 通过phi矩阵回溯每个时间步的最优前驱状态
   }
   return q[0];                                 // 返回最优路径的第一个状态
}
```

复杂数学运算广泛应用于许多与数字信号处理算法相关的领域。例如：

（1）快速傅里叶变换（FFT）：复数FFT广泛应用于扩频通信和许多信号处理算法中。

（2）复数滤波器：复数滤波器可以提高数据的可靠性、延长传输距离并提高效率。C28x+VCU能够在单个周期内将复数I和Q分别乘以系数（4倍）。此外，C28x+VCU还可以在单个周期内将16 位复数数据的实部和虚部读/写至片上内存中。

表3-3展示了C28x中复杂运算单元的数学运算性能以及相对应的运算周期（以VCU周期记）。

表3-3　VCU的复杂数学运算性能

复杂数学运算	VCU周期	注　释
加法或减法	1	32位+/−32位=32位（适用于滤波器）
加法或减法	1	16位+/−32位=15位（适用于FFT）
乘法	2p	16位×16位=32位
乘法和累加（MAC）	2p	32位+32位=32位，16位×16位=32位
重复运算MAC	2p+N	重复MAC。第一次运算后的单个周期

3.2.2　复位及复位源

在DSP芯片中，复位是由复位电路实现的，其主要功能是将芯片恢复到初始状态。复位源则是指产生复位信号的来源。复位的主要目的是使电路进入一个能稳定操作的确定状态，特别是在上电时，为了避免进入随机状态而使电路紊乱，此时就需要上电复位。此外，当电路处于错误状态时，也需要进行复位，使其回到正常状态。

复位的类型可以分为硬件复位、软件复位和上电复位。硬件复位是通过硬件给系统复位信号，例如通过在电路板设计一个复位按钮电路。软件复位通常用于模块级别的复位操作。上电复位是在系统上电的瞬间自动执行复位操作，通常包含硬件复位和软件复位的操作。

在数字系统的设计中，我们经常会遇到复位电路的设计，包括同步复位和异步复位。同步复位是指通过时钟信号来控制复位信号的出现和消失。当时钟信号为高电平时，复位信号保持有效，而在时钟信号为低电平时，复位信号无效。

F28379D片上复位信号如表3-4所示。

表3-4　F28379D片上复位信号说明

复　位　源	CPU1内核复位（C28x、TMU、FPU、VCU）	CPU1外设复位	CPU2内核复位（C28x、TMU、FPU、VCU）	CPU2外设复位	CPU2保持复位	JTAG/调试逻辑复位	IOs	XRS输出
POR	Yes	Yes	Yes	Yes	Yes	Yes	Hi-Z	Yes
XRS引脚	Yes	Yes	Yes	Yes	Yes	No	Hi-Z	—
CPU1.WDRS	Yes	Yes	Yes	Yes	Yes	No	Hi-Z	Yes
CPU1.NMIWDRS	Yes	Yes	Yes	Yes	Yes	No	Hi-Z	Yes
CPU1.SYSRS（调试器复位）	Yes	Yes	Yes	Yes	Yes	No	Hi-Z	No
CPU1.SCCRESET	Yes	Yes	Yes	Yes	Yes	No	Hi-Z	No
CPU2.SYSRS（调试器复位）	No	No	Yes	Yes	No	No	—	No
CPU2.WDRS	No	No	Yes	Yes	No	No	—	No
CPU2.NMIWDRS	No	No	Yes	Yes	No	No	—	No
CPU2.SCCRESET	No	No	Yes	Yes	No	No	—	No

（续表）

复　位　源	CPU1内核复位（C28x、TMU、FPU、VCU）	CPU1外设复位	CPU2内核复位（C28x、TMU、FPU、VCU）	CPU2外设复位	CPU2保持复位	JTAG/调试逻辑复位	IOs	XRS输出
HIBRESET	Yes	Yes	Yes	Yes	Yes	Yes	Isolated	No
CPU1.HWBISTRS	Yes	No	No	No	No	No	—	No
CPU2.HWBISTRS	No	No	Yes	No	No	No	—	No
TRST	No	No	No	No	No	Yes	—	No

在F28379D芯片中，复位可以分为以下几组：

（1）芯片级复位（XRS、POR、CPU1.WDRS、CPU1.NMIWDRS）：重置所有或几乎所有设备。

（2）系统级复位（CPU1.SYSRS、CPU1.SCCRESET）：复位大部分设备，但维持一些系统级配置。

（3）CPU子系统复位（CPU2.SYSRS、CPU2.WDRS、CPU2.NMIWDRS、CPU2.SCCRESET）：只复位CPU2及其外设。

（4）特殊复位（HIBRESET、CPU1.HWBISTRS、CPU2.HWBISTRS、TRST）：复位特定设备功能。

每当CPU1子系统进行复位时，CPU2及其外设也会复位，且CPU2会保持复位状态。CPU1可通过写入CPU2RESCTL寄存器使CPU2脱离复位，这通常由引导ROM完成。有关引导过程，我们将在后文详细介绍。

复位后，芯片内部的复位寄存器RESC会被更新。该寄存器中的位信息可通过多次复位保持其状态，但只能通过上电复位（POR）或将1写入寄存器来清零。此外，需要注意的是，每个CPU都有自己的RESC寄存器，分别为CPU1.RESC和CPU2.RESC，并且许多外设模块具有可通过系统控制寄存器访问的单独复位。

警告 在POR、XRS、CPU1.WDRS、CPU1.NMIWDRS、HIBRESET之后，引导ROM将清除两个CPU上的所有系统和消息RAM。在CPU2.WDRS、CPU2.NMIWDRS之后，CPU2的引导ROM将清除所有CPU2上的系统RAM和消息RAM。

除上述复位源外，芯片还包括其他几种复位功能，下面逐一进行介绍。

1）外部复位信号 XRS

外部复位（External Reset，XRS）是器件的主芯片级复位。它复位两个CPU、所有外设和IO引脚配置以及大多数系统控制寄存器。

XRS有一个专用的开漏引脚，该引脚可用于驱动应用中其他IC的复位引脚，并且可以由外部源驱动。XRS在看门狗、NMI和上电复位期间内部驱动。在休眠模式下，切换XRS将产生一个

HIBRESET信号。只要XRS由于任何原因被驱动为低电平，RESC寄存器中的XRSn位将被置1。该位随后由引导ROM清零。

2）上电复位信号POR

上电复位（Power-On Reset，POR）电路在上电期间会在器件中创建一个单独的复位，从而抑制GPIO上的毛刺，并且XRS引脚在POR期间保持低电平。在大多数应用中，XRS保持足够长，足以复位其他系统IC，但某些应用中可能需要较长的脉冲信号，在这种情况下，XRS可以从外部驱动为低电平，以提供正确的复位持续时间。

在POR复位时，XRS引脚执行的所有操作，以及其他涉及的寄存器也会被初始化，例如复位原因寄存器（RESC）、NMI屏蔽标志寄存器（NMISHDFLG）、X1时钟计数寄存器（X1CNT）以及休眠配置相关的寄存器，包括HIBBOOTMODE、IORESTOREADDR和LPMCR.MPM1MODE。

在POR之后，RESC中的POR和XRSn将会置于位置1，随后这些位由引导ROM清零。

3）调试复位信号SYSRS

在开发期间，有时需要重置CPU及其外设，而无须断开调试器或中断系统级配置。为了方便起见，每个CPU都有自己的子系统复位，可以通过在线调试器通过CCS触发。

例如，CPU2的子系统复位（CPU2.SYSRS）可以实现仅复位CPU2及其外设，以及时钟门控和LPM配置。除此之外，该子系统复位并不会保持CPU2在复位状态。

CPU1的子系统复位（CPU1.SYSRS）可以实现仅复位CPU1及其外设，并同时复位许多系统控制寄存器（包括其时钟门控和LPM配置、外设的CPU所有权）以及所有IO引脚配置。

4）看门狗复位信号WDRS

每个CPU都有一个看门狗定时器，可选择触发复位，该复位信号将持续512个INTOSC1周期。CPU1的看门狗复位（CPU1.WDRS）会产生XRS。CPU2的看门狗复位（CPU2.WDRS）会产生CPU2.SYSRS，并在CPU1上触发不可屏蔽中断NMI。看门狗复位后，RESC中的WDRSn位将自动置为1。

5）NMI看门狗复位信号NMIWDRS

每个CPU都有一个不可屏蔽中断NMI模块，用于检测系统中的硬件错误。每个NMI模块都有一个看门狗定时器，如果CPU在用户指定的时间内没有响应错误，则会触发复位。CPU1的NMI看门狗复位（CPU1、NMIWDRS）会产生XRS。CPU2的NMI看门狗复位（CPU2.NMIWDRS）会产生CPU2.SYSRS，并在CPU1上触发NMI。NMI看门狗复位后，RESC中的NMIWDRSn位置将自动置为1。

6）安全代码复制复位信号SCCRESET

代码安全模块（或CSM）是与特定设备融为一体的代码安全特性，在TI公司的DSP芯片C2000系列中最为常用。这种特性的主要作用是防止未授权的用户访问片内存储器，即禁止代码被复制和进行逆向工程操作。进一步来说，双代码安全模块（Dual-Code Security Module，DCSM）是C2000器件中所特有的安全特性，它不仅可以防止未经授权的人员访问和查看片上安全存储器以及其他安全资源，还能避免专有代码被复现和逆向。

值得一提的是，C2000 DCSM安全工具可以通过直观的图形用户界面进行配置，使得用户可以更方便地使用和管理这一安全模块。此外，TI公司还提供了多种安全机制，其最高安全完整性等级可以达到国际标准化组织ISO 26262所定义的ASIL D以及IEC 61508标准所定义的SIL 3，这有助于开发功能安全的合规系统。

在F28379D的架构中，每个CPU都具有双区域代码安全模块（DCSM），用于阻止对闪存的某些区域的读取访问。为了便于CRC检查和CLA复制，TI公司提供了ROM功能以安全地访问那些存储器区域。

为了防止安全漏洞，在调用这些函数之前必须禁用中断。如果在安全复制或CRC函数中发生向量提取操作，则会自动触发复位。CPU1的安全复位（CPU1.SCCRESET）类似于CPU1.SYSRS，而CPU2的安全复位（CPU2.SCCRESET）类似于CPU2.SYSRS。然而，安全重置还会重置调试逻辑，从而拒绝潜在攻击者的访问。安全复位后，RESC中的SCCRESETn位将自动置为1。

7）休眠复位信号 HIBRESET

休眠是一种芯片级低功耗模式，可以为器件的大部分电路提供电源。

从休眠状态唤醒属于特殊复位（HIBRESET）。该复位类似于上文提到的POR复位，唯一不同的是，IO引脚保持隔离且XRS引脚不发生切换（休眠期间的外部XRS触发器将触发HIBRESET）。休眠复位作为特殊引导ROM流程的一部分，在软件中将会禁用IO隔离。

休眠复位后，RESC中的HIBRESETn位将置为1，该位随后由引导ROM清零。

8）硬件复位信号 HWBISTRS

每个CPU都有一个硬件内置自检（HWBIST）模块，用于测试CPU的功能。在测试结束时，它将重置CPU以使其恢复工作状态。此复位（HWBISTRS）仅影响CPU本身。外设和系统控制保持原有配置。CPU状态作为特殊引导ROM流程的一部分将在软件中恢复。

HWBIST复位后，RESC中的HWBISTn位将置为1，该位随后由引导ROM清零。

9）测试复位信号 TRST

ICEPick调试模块和相关的JTAG逻辑具有自己的复位信号（Test Reset，TRST），由专用引脚控制。除非用户将调试器连接到器件，否则该复位通常是有效的。

注意 TRST没有正常的RESC寄存器位，因此在测试复位后在RESC寄存器中保存更改记录。TRSTn_pin_status位将替代RESC寄存器，向设计人员指示测试复位信号的引脚状态。

3.2.3　外设中断及可/不可屏蔽中断

外部/外设中断是一种控制信号，用于通知处理器某个特定事件已经发生，需要CPU暂停当前任务来处理这个事件。这类中断属于外部中断，由外部中断源引起，它与内部中断的关键区别在于处理方式及处理对象的不同。

可屏蔽中断是一种硬件中断，它可以通过CPU的指令被禁用或忽略。当这种类型的中断发生时，CPU可以继续执行当前指令，也可以选择处理中断。具体的处理方式取决于CPU是否设置了中断标志位。

不可屏蔽中断则是不能被CPU指令禁用或忽略的硬件中断。一旦这类中断发生，不论CPU当前正在执行什么指令，都必须立即暂停当前任务来处理这个中断。因此，不可屏蔽中断通常用于处理紧急且重要的事件，如电源故障或硬件错误等，属于中断类别中优先级最高的一类中断请求。

在F28379D的中断架构中，C28x CPU有14个外设中断线。其中两个（INT13和INT14）分别直接连接到CPU定时器1和定时器2，其余12个通过增强型外设中断扩展模块（ePIE或PIE）连接到外设。中断信号PIE将多达16个外设中断复用到每个CPU中断线中。除此之外，CPU中断还扩展了中断向量表，以允许每个中断具有自己的ISR，这一设计使得CPU支持大量具有中断功能的外设。

在DSP芯片中，PIE代表外设中断扩展模块（Peripheral Interrupt Expansion）。这是一种设计用来对中断进行集中化管理的机制，使得每个CPU中断都可以响应多个中断源。

中断路径分为三个阶段：外设、PIE和CPU。每个级都有自己的使能和标志寄存器。该系统允许CPU处理一个中断，而其他中断处于待处理状态，可在软件中实现和优先化嵌套中断，并在某些关键任务期间禁用中断。F28379D设备中断架构如图3-3所示。

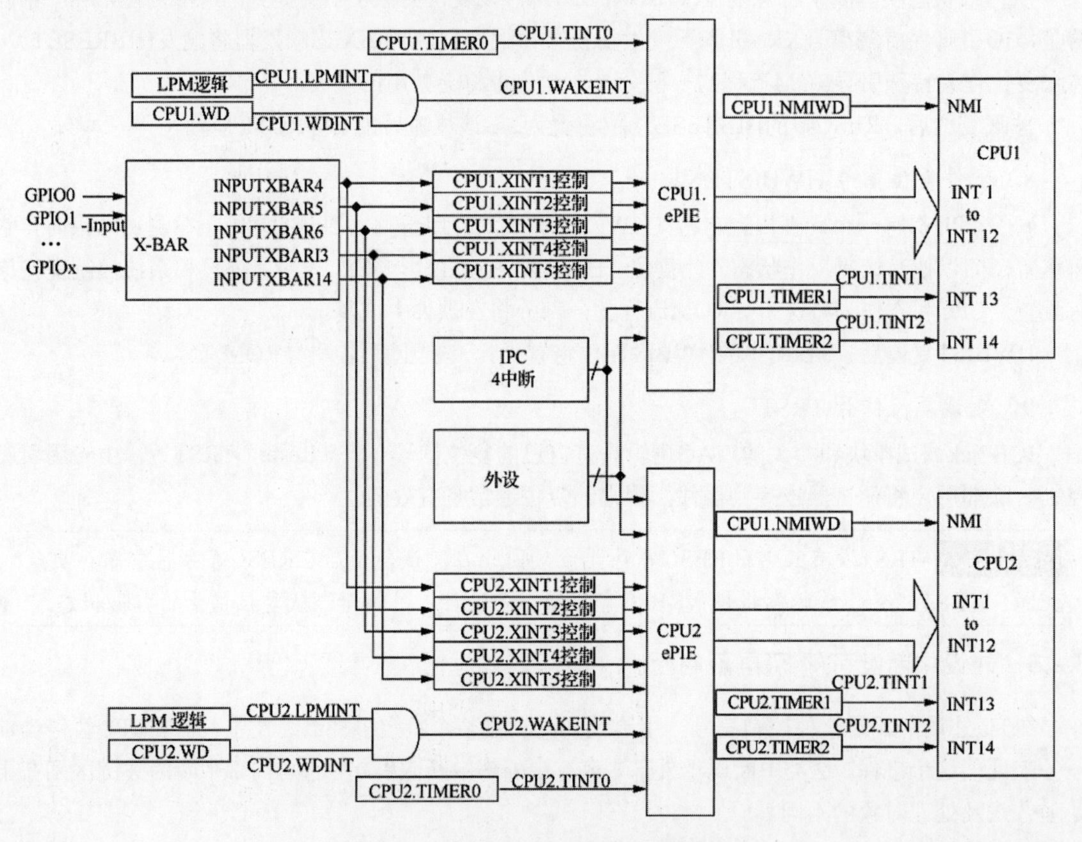

图 3-3　F28379D 芯片中断架构图

在F28379D中，中断管理可以分为三个层次：外设级、PIE级和CPU级。具体而言，外设级中断管理负责控制各种外设中断源的使能与禁止；PIE级中断管理负责对外设级中断进行分组，并根据优先级进行管理；最后，CPU内核级中断管理则处理直接向CPU申请的中断请求。

1）外设阶段

每个外设都有自己独特的中断配置，这在介绍外设的章节中已有说明。有些外设允许多个事件触发相同的中断信号。例如，通信外设可以使用相同的中断来指示数据接收完成或发生传输错误。中断的具体原因可以通过读取外设的状态寄存器来确定。

在开发过程中需要注意，必须在产生另一个中断之前手动清除状态寄存器中的位，否则会与下一次向状态寄存器写入的新位产生冲突。

2）PIE 阶段

PIE为每个外设中断信号提供单独的标志和使能寄存器位，有时简称为PIE通道。这些通道根据其关联的CPU中断进行分组。每个PIE组都有一个16位的使能寄存器（PIEIERx）、一个16位标志寄存器（PIEIFRx）和PIE应答寄存器（PIEACK）中的一位。PIEACK寄存器位用作整个PIE组的公共中断掩码。

当CPU接收到中断时，它从PIE中获取ISR的地址。PIE返回已标记并启用的在向量组中编号最小的通道的向量。当多个中断同时发出中断请求时，PIE将优先处理中断标号较小的中断请求。

如果没有中断被标志和使能，PIE将返回通道1的向量。除非软件在中断传递时改变PIE的状态，否则不会发生这种情况。

3）CPU 阶段

与PIE类似，CPU为其每个中断提供标志位和使能寄存器位。它有一个使能寄存器（Interrupt Enable Register，IER）和一个标志寄存器（Interrupt Flag Register，IFR），两者都是内部CPU寄存器。此外，还有一个全局中断屏蔽，由ST1寄存器中的INTM位控制，可以使用CPU的SETC指令设置和清除该掩码。在C代码中，controlSUITE的DINT和EINT宏可用于此目的。对IER和INTM的写操作是内核操作。除此之外，如果INTM被清零，则流水线中的下一条指令将在中断禁用的情况下继续运行，无须添加额外的延迟。

除上述三个阶段外，还需要强调的是，F28379D芯片的核心架构包括两颗C28x处理器，每颗处理器都有自己的PIE中断，这就需要对两组PIE分别进行配置。

有些中断来自可由任一CPU拥有的共享外设，例如ADC和SPI。这些中断会发送到两个PIE，而不管外设的所有权。因此，如果在其他CPU的PIE中启用了中断，则其中一个CPU所拥有的外设可能会在另一个CPU上产生中断，这种情况被称为双CPU中断处理。

在外设或外部引脚产生中断的情况下，例如SCI或者定时器，一旦满足中断条件，它们通常会有一个中断标志位，该标志位会被置位（通常设置为1）。如果外设中断使能，那么会向PIE寄存器发送中断请求，并且同时将PIE寄存器的PIE IFR寄存器置位。

注意　只有软件才能清除外设的中断标志，一般在中断程序的结尾处进行清除，否则中断标志会一直保持置位状态，并且在中断使能的情况下，持续向PIE发送中断请求。

此外，PIE级的中断管理还涉及CPU内核级中断（INT1～INT14），其中INT1～INT12由PIE模块用于进行中断扩展。例如，在F28379D中，PIE模块包含12组中断，每组有8个中断源。各中断的优先级自上而下、由右到左逐步降低，其中INT1的优先级最高、INT12的优先级最低。

3.2.4 PIE中断向量表

在F28379D芯片中，PIE中断向量表是用于处理和管理中断的机制。该芯片上的每个CPU都有14条中断线，其中INT13和INT14直接连接到TIMER1和TIMER2上，剩下的12条CPU中断线通过ePIE连接到外设上。

PIE中断向量表的主要作用是为多达96个可能产生的中断提供各自独立的32位入口地址。具体来说，PIE将最多16个外设中断复用到每个CPU的中断线上，并扩展中断向量表，以允许每个中断具有独立的ISR（Interrupt Service Routine，中断服务例程）。这种设计使得CPU能够支持大量的外设。

此外，PIE中断向量表的布局方式也十分独特，它存储在SRAM中的连续存储空间中。如果这部分空间不用于PIE模块，则可以用于数据的存储空间。

注意　在芯片复位时，PIE向量表的内容是未定义的，需要用户自行配置。

表3-5为F28379D的PIE中断向量表，列出了PIE中断向量中复用至CPU INT1的中断向量组的具体信息。

表3-5　F28379D PIE中断向量表1

名　称	向量ID	地　址	位宽（x16）	说　明	核心优先级	ePIE组优先级
INT1.1	32	0x00000D40	2	ADCA1中断	5	1（最高）
INT1.2	33	0x00000D42	2	ADCB1中断	5	2
INT1.3	34	0x00000D44	2	ADCC1中断	5	3
INT1.4	35	0x00000D46	2	XINT1中断	5	4
INT1.5	36	0x00000D48	2	XINT2中断	5	5
INT1.6	37	0x00000D4A	2	ADCD1中断	5	6
INT1.7	38	0x00000D4C	2	TIMER0中断	5	7
INT1.8	39	0x00000D4E	2	WAKE中断	5	8
INT1.9	128	0x00000E00	2	保留	5	9
INT1.10	129	0x00000E02	2	保留	5	10
INT1.11	130	0x00000E04	2	保留	5	11
INT1.12	131	0x00000E06	2	保留	5	12
INT1.13	132	0x00000E08	2	IPC1中断	5	13

（续表）

名　称	向量ID	地　址	位宽（x16）	说　明	核心优先级	ePIE组优先级
INT1.14	133	0x00000E₀A	2	IPC2中断	5	14
INT1.15	134	0x00000E0C	2	IPC3中断	5	15
INT1.16	135	0x00000E0E	2	IPC4中断	5	16（最低）

表3-6为F28379D的PIE中断向量表，列出了PIE中断向量中复用至CPU INT2的中断向量组的具体信息。

表3-6　F28379D PIE中断向量表2

名　称	向量ID	地　址	位宽（x16）	说　明	核心优先级	ePIE组优先级
INT2.1	40	0x00000D50	2	EPWM1_TZ中断	6	1（最高）
INT2.2	41	0x00000D52	2	EPWM2_TZ中断	6	2
INT2.3	42	0x00000D54	2	EPWM3_TZ中断	6	3
INT2.4	43	0x00000D56	2	EPWM4_TZ中断	6	4
INT2.5	44	0x00000D58	2	EPWM5_TZ中断	6	5
INT2.6	45	0x00000D5A	2	EPWM6_TZ中断	6	6
INT2.7	46	0x00000D5C	2	EPWM7_TZ中断	6	7
INT2.8	47	0x00000D5E	2	EPWM8_TZ中断	6	8
INT2，9	136	0x00000E10	2	EPWM9_TZ中断	6	9
INT2.10	137	0x00000E12	2	EPWM10_TZ中断	6	10
INT2.11	138	0x00000E14	2	EPWM11_TZ中断	6	11
INT2.12	139	0x00000E16	2	EPWM12_TZ中断	6	12
INT2.13	140	0x00000E18	2	保留	6	13
INT2.14	141	0x00000E1A	2	保留	6	14
INT2.15	142	0x00000E1C	2	保留	6	15
INT2.16	143	0x00000E1E	2	保留	6	16（最低）

表3-7为F28379D的PIE中断向量表，列出了PIE中断向量中复用至CPU INT3的中断向量组的具体信息。

表3-7　F28379D PIE中断向量表3

名　称	向量ID	地　址	位宽（x16）	说　明	核心优先级	ePIE组优先级
INT3.1	48	0x00000D60	2	EPWM1中断	7	1
INT3.2	49	0x00000D62	2	EPWM2中断	7	2
INT3.3	50	0x00000D64	2	EPWM3中断	7	3
INT3.4	51	0x00000D66	2	EPWM4中断	7	4
INT3.5	52	0x00000D68	2	EPWM5中断	7	5

（续表）

名　称	向量ID	地　址	位宽（x16）	说　明	核心优先级	ePIE组优先级
INT3.6	53	0x00000D6A	2	EPWM6中断	7	6
INT3.7	54	0x00000D6C	2	EPWM7中断	7	7
INT3.8	55	0x00000D6E	2	EPWM8中断	7	8
INT3.9	144	0x00000E20	2	EPWM9中断	7	9
INT3.10	145	0x00000E22	2	EPWM10中断	7	10
INT3.11	146	0x00000E24	2	EPWM11中断	7	11
INT3.12	147	0x00000E26	2	EPWM12中断	7	12
INT3.13	148	0x00000E28	2	保留	7	13
INT3.14	149	0x00000E2A	2	保留	7	14
INT3.15	150	0x00000E2C	2	保留	7	15
INT3.16	151	0x00000E2E	2	保留	7	16（最低）

表3-8为F28379D的PIE中断向量表，列出了PIE中断向量中复用至CPU INT4的中断向量组的具体信息。

表3-8　F28379D PIE中断向量表4

名　称	向量ID	地　址	位宽（x16）	说　明	核心优先级	ePIE组优先级
INT4.1	56	0x00000D70	2	ECAP1中断	8	1（最高）
INT4.2	57	0x00000D72	2	ECAP2中断	8	2
INT4.3	58	0x00000D74	2	ECAP3中断	8	3
INT4.4	59	0x00000D76	2	ECAP4中断	8	4
INT4.5	60	0x00000D78	2	ECAP5中断	8	5
INT4.6	61	0x00000D7A	2	ECAP6中断	8	6
INT4.7	62	0x00000D7C	2	保留	8	7
INT4.8	63	0x00000D7E	2	保留	8	8
INT4.9	152	0x00000E30	2	保留	8	9
INT4.10	153	0x00000E32	2	保留	8	10
INT4.11	154	0x00000E34	2	保留	8	11
INT4.12	155	0x00000E36	2	保留	8	12
INT4.13	156	0x00000E38	2	保留	8	13
INT4.14	157	0x00000E3A	2	保留	8	14
INT4.15	158	0x00000E3C	2	保留	8	15
INT4.16	159	0x00000E3E	2	保留	8	16（最低）

表3-9为F28379D的PIE中断向量表，列出了PIE中断向量中复用至CPU INT5的中断向量组的具体信息。

表3-9　F28379D PIE中断向量表5

名　称	向量ID	地　址	位宽（x16）	说　明	核心优先级	ePIE组优先级
INT5.1	64	0x00000D80	2	EQEP1中断	9	1（最高）
INT5.2	65	0x00000D82	2	EQEP2中断	9	2
INT5.3	66	0x00000D84	2	EQEP3中断	9	3
INT5.4	67	0x00000D86	2	保留	9	4
INT5.5	68	0x00000D88	2	保留	9	5
INT5.6	69	0x00000D8A	2	保留	9	6
INT5.7	70	0x00000D8C	2	保留	9	7
INT5.8	71	0x00000D8E	2	保留	9	8
INT5.9	160	0x00000E40	2	SD1中断	9	9
INT5.10	161	0x00000E42	2	SD2中断	9	10
INT5.11	162	0x00000E44	2	保留	9	11
INT5.12	163	0x00000E46	2	保留	9	12
INT5.13	164	0x00000E48	2	保留	9	13
INT5.14	165	0x00000E4A	2	保留	9	14
INT5.15	166	0x00000E4C	2	保留	9	15
INT5.16	167	0x00000E4E	2	保留	9	16（最低）

表3-10为F28379D的PIE中断向量表，列出了PIE中断向量中复用至CPU INT6的中断向量组的具体信息。

表3-10　F28379D PIE中断向量表6

名　称	向量ID	地　址	位宽（x16）	说　明	核心优先级	ePIE组优先级
INT6.1	72	0x00000D90	2	SPIA_RX中断	10	1（最高）
INT6.2	73	0x00000D92	2	SPIA_TX中断	10	2
INT6.3	74	0x00000D94	2	SPIB_RX中断	10	3
INT6.4	75	0x00000D96	2	SPIB_TX中断	10	4
INT6.5	76	0x00000D98	2	MCBSPA_RX中断	10	5
INT6.6	77	0x00000D9A	2	MCBSPA_TX中断	10	6
INT6.7	78	0x00000D9C	2	MCBSPB_RX中断	10	7
INT6.8	79	0x00000D9E	2	MCBSPB_TX中断	10	8
INT6.9	168	0x00000E50	2	SPIC_RX中断	10	9
INT6.10	169	0x00000E52	2	SPIC_TX中断	10	10
INT6.11	170	0x00000E54	2	保留	10	11
INT6.12	171	0x00000E56	2	保留	10	12
INT6.13	172	0x00000E58	2	保留	10	13

（续表）

名　称	向量ID	地　址	位宽（x16）	说　明	核心优先级	ePIE组优先级
INT6.14	173	0x00000E5A	2	保留	10	14
INT6.15	174	0x00000E5C	2	保留	10	15
INT6.16	175	0x00000E5E	2	保留	10	16（最低）

表3-11为F28379D的PIE中断向量表，列出了PIE中断向量中复用至CPU INT7的中断向量组的具体信息。

表3-11　F28379D PIE中断向量表7

名　称	向量ID	地　址	位宽（x16）	说　明	核心优先级	ePIE组优先级
INT7.1	80	0x00000DA0	2	DMA_CH1中断	11	1（最高）
INT7.2	81	0x00000DA2	2	DMA_CH2中断	11	2
INT7.3	82	0x00000DA4	2	DMA_CH3中断	11	3
INT7.4	83	0x00000DA6	2	DMA_CH4中断	11	4
INT7.5	84	0x00000DA8	2	DMA_CH5中断	11	5
INT7.6	85	0x00000DAA	2	DMA_CH6中断	11	6
INT7.7	86	0x00000DAC	2	保留	11	7
INT7.8	87	0x00000DAE	2	保留	11	8
INT7.9	176	0x00000E60	2	保留	11	9
INT7.10	177	0x00000E62	2	保留	11	10
INT7.11	178	0x00000E64	2	保留	11	11
INT7.12	179	0x00000E66	2	保留	11	12
INT7.13	180	0x00000E68	2	保留	11	13
INT7.14	181	0x00000E6A	2	保留	11	14
INT7.15	182	0x00000E6C	2	保留	11	15
INT7.16	183	0x00000E6E	2	保留	11	16（最低）

表3-12为F28379D的PIE中断向量表，列出了PIE中断向量中复用至CPU INT8的中断向量组的具体信息。

表3-12　F28379D PIE中断向量表8

名　称	向量ID	地　址	位宽（x16）	说　明	核心优先级	ePIE组优先级
INT8.1	88	0x00000DB0	2	I2CA中断	12	1（最高）
INT8.2	89	0x00000DB2	2	I2CA_FIFO中断	12	2
INT8.3	90	0x00000DB4	2	I2CB中断	12	3
INT8.4	91	0x00000DB6	2	I2CB_FIFO中断	12	4

（续表）

名　称	向量ID	地　址	位宽（x16）	说　明	核心优先级	ePIE组优先级
INT8.5	92	0x00000DB8	2	SCIC_RX中断	12	5
1NT8.6	93	0x00000DBA	2	SCIC_TX中断	12	6
INT8.7	94	0x00000DBC	2	SCID_RX中断	12	7
INT8.8	95	0x00000DBE	2	SCID_TX中断	12	8
INT8.9	184	0x00000E70	2	保留	12	9
INT8.10	185	0x00000E72	2	保留	12	10
INT8.11	186	0x00000E74	2	保留	12	11
INT8.12	187	0x00000E76	2	保留	12	12
INT8.13	188	0x00000E78	2	保留	12	13
INT8.14	189	0x00000E7A	2	保留	12	14
INT8.15	190	0x00000E7C	2	UPPA中断（只用于CPU1）	12	15
INT8.16	191	0x00000E7E	2	保留	12	16（最低）

表3-13为F28379D的PIE中断向量表，列出了PIE中断向量中复用至CPU INT9的中断向量组的具体信息。

表3-13　F28379D PIE中断向量表9

名　称	向量ID	地　址	位宽（x16）	说　明	核心优先级	ePIE组优先级
INT9.1	96	0x00000DC0	2	SCIA_RX中断	13	1（最高）
INT9.2	97	0x00000DC2	2	SCIA_TX中断	13	2
INT9.3	98	0x00000DC4	2	SCIB_RX中断	13	3
INT9.4	99	0x00000DC6	2	SCIB_TX中断	13	4
INT9.5	100	0x00000DC8	2	DCANA_1中断	13	5
INT9.6	101	0x00000DCA	2	DCANA_2中断	13	6
INT9.7	102	0x00000DCC	2	DCANB_1中断	13	7
INT9.8	103	0x00000DCE	2	DCANB_2中断	13	8
INT9.9	192	0x00000E80	2	保留	13	9
INT9.10	193	0x00000E82	2	保留	13	10
INT9.11	194	0x00000E84	2	保留	13	11
INT9.12	195	0x00000E86	2	保留	13	12
INT9.13	196	0x00000E88	2	保留	13	13
INT9.14	197	0x00000E8A	2	保留	13	14

（续表）

名　称	向量ID	地　址	位宽（x16）	说　明	核心优先级	ePIE组优先级
INT9.15	198	0x00000E8C	2	USBA中断（只用于CPU1）	13	15
INT9.16	199	0x00000E8E	2	保留	13	16（最低）

表3-14为F28379D的PIE中断向量表，列出了PIE中断向量中复用至CPU INT10的中断向量组的具体信息。

表3-14　F28379D PIE中断向量表10

名　称	向量ID	地　址	位宽（x16）	说　明	核心优先级	ePIE组优先级
INT10.1	104	0x00000DD0	2	ADCA_EVT中断	14	1（最高）
INT10.2	105	0x00000DD2	2	ADCA2中断	14	2
INT10.3	106	0x00000DD4	2	ADCA3中断	14	3
INT10.4	107	0x00000DD6	2	ADCA4中断	14	4
INT10.5	108	0x00000DD8	2	ADCB_EVT中断	14	5
INT10.6	109	0x00000DDA	2	ADCB2中断	14	6
INT10.7	110	0x00000DDC	2	ADCB3中断	14	7
INT10.8	111	0x00000DDE	2	ADCB4中断	14	8
INT10.9	200	0x00000E90	2	ADCC_EVT中断	14	9
INT10.10	201	0x00000E92	2	ADCC2中断	14	10
INT10.11	202	0x00000E94	2	ADCC3中断	14	11
INT10.12	203	0x00000E96	2	ADCC4中断	14	12
INT10.13	204	0x00000E98	2	ADCD_EVT中断	14	13
INT10.14	205	0x00000E9A	2	ADCD2中断	14	14
INT10.15	206	0x00000E9C	2	ADCD3中断	14	15
INT10.16	207	0x00000E9F	2	ADCD4中断	14	16（最低）

表3-15为F28379D的PIE中断向量表，列出了PIE中断向量中复用至CPU INT11的中断向量组的具体信息。

表3-15　F28379D PIE中断向量表11

名　称	向量ID	地　址	位宽（x16）	说　明	核心优先级	ePIE组优先级
INT11.1	112	0x00000DE0	2	CLA1_1中断	15	1（最高）
INT11.2	113	0x00000DE2	2	CLA1_2中断	15	2
INT11.3	114	0x00000DE4	2	CLA1_3中断	15	3

（续表）

名　称	向量ID	地　址	位宽（x16）	说　明	核心优先级	ePIE组优先级
INT11.4	115	0x00000DE6	2	CLA1_4中断	15	4
INT11.5	116	0x00000DE8	2	CLA1_5中断	15	5
INT11.6	117	0x00000DEA	2	CLA1_6中断	15	6
INT11.7	118	0x00000DEC	2	CLA1_7中断	15	7
INT11.8	119	0x00000DEE	2	CLA1_8中断	15	8
INT11.9	208	0x00000EA0	2	保留	15	9
INT11.10	209	0x00000EA2	2	保留	15	10
INT11.11	210	0x00000EA4	2	保留	15	11
INT11.12	211	0x00000EA6	2	保留	15	12
INT11.13	212	0x00000EA8	2	保留	15	13
INT11.14	213	0x00000EAA	2	保留	15	14
INT11.15	214	0x00000EAC	2	保留	15	15
INT11.16	215	0x00000EAE	2	保留	15	16（最低）

表3-16为F28379D的PIE中断向量表，列出了PIE中断向量中复用至CPU INT12的中断向量组的具体信息。

表3-16　F28379D PIE中断向量表12

名　称	向量ID	地　址	位宽（x16）	说　明	核心优先级	ePIE组优先级
INT12.1	120	0x00000DF0	2	XINT3中断	16	1（最高）
INT12.2	121	0x00000DF2	2	XINT4中断	16	2
INT12.3	122	0x00000DF4	2	XINT5中断	16	3
INT12.4	123	0x00000DF6	2	保留	16	4
INT12.5	124	0x00000DF8	2	保留	16	5
INT12.6	125	0x00000DFA	2	VCU中断	16	6
INT12.7	126	0x00000DFC	2	FPU_OVERFLOW中断	16	7
INT12.8	127	0x00000DFE	2	FPU_UNDERFLOW中断	16	8
INT12.9	216	0x00000EB0	2	FPU_UNDERFLOW中断	16	9
INT12.10	217	0x00000EB2	2	FPU_UNDERFLOW中断	16	10
INT12.11	218	0x00000EB4	2	FPU_UNDERFLOW中断	16	11
INT12.12	219	0x00000EB6	2	FPU_UNDERFLOW中断	16	12
INT12.13	220	0x00000EB8	2	FPU_UNDERFLOW中断	16	13
INT12.14	221	0x00000EBA	2	FPU_UNDERFLOW中断	16	14
INT12.15	222	0x00000EBC	2	FPU_UNDERFLOW中断	16	15
INT12.16	223	0x00000EBE	2	FPU_UNDERFLOW中断	16	16（最低）

TMS320F28379D芯片的PIE中断向量表使用步骤主要包括使能PIE中断、修改PIE向量表以及使能对应的PIE和CPU中断。下面简要说明PIE的配置步骤。

设计人员需要先使能PIE，然后修改PIE向量寄存器，以满足具体应用场景的需求。

注意　这里需要确保对应的PIE和CPU中断已被启用。

除此之外，每个外设都有自己的中断配置，有些设备支持多个事件触发相同的中断信号，因此在下一个中断信号产生之前，设计人员必须清除中断标志位。当CPU收到中断时，它会从该组的ePIE获得ISR的地址，而PIE将返回组中编号最小的通道向量，编号越小代表中断优先级越高。CPU为每个CPU级的中断提供一个标志寄存器（IFR）和一个使能寄存器（IER）。

此外，还有一组全局中断屏蔽，可以通过宏定义DINT、EINT关闭或打开全局中断。

3.2.5　CPU中断向量表

F28379D的CPU中断向量表由96个地址组成，每个地址对应一个特定的CPU中断服务例程（ISR）。当中断事件发生时，相应的ISR会被执行。这种设计使得该芯片能够快速且高效地处理大量不同的中断事件。

具体来说，F28379D有两个CPU，每个CPU有14个外设中断线。其中，INT13和INT14直接连接到CPU定时器1和定时器2，剩下的12个通过增强型外设中断扩展模块（Peripheral Interrupt Expansion，PIE）连接到外设中断信号。

PIE可以将多达16个外设中断复用到每个CPU中断线上，并扩展向量表，允许每个中断都有自己的ISR，从而使CPU能够支持大量的外设。

为了管理中断，每个CPU都有标志寄存器（Interrupt Flag Register，IFR）和使能寄存器（Interrupt Enable Register，IER），它们都是内部CPU寄存器。此外，当中断信号到达CPU时，CPU会从称为向量表的列表中提取正确的ISR地址，然后执行相应的中断服务程序。

F28379D的CPU中断向量表如表3-17所示，表中包含中断向量的名称、ID、地址、位宽、优先级以及中断向量的具体功能。

表3-17　F28379D CPU中断向量表

名　称	向量ID	地　址	位　宽	说　明	核心优先级	ePIE组优先级
Reset	0	0x00000D00	2	复位总是从引导ROM中的0x003F_FFC0位置获取	1（最高）	—
INT1	1	0x00000D02	2	不使用。查看PIE组1	5	—
INT2	2	0x00000D04	2	不使用。查看PIE组2	6	—
INT3	3	0x00000D06	2	不使用。查看PIE组3	7	—
INT4	4	0x00000D08	2	不使用。查看PIE组4	8	—
INT5	5	0x00000D0A	2	不使用。查看PIE组5	9	—

（续表）

名　称	向量ID	地　址	位　宽	说　明	核心优先级	ePIE组优先级
INT6	6	0x00000D0C	2	不使用。查看PIE组6	10	—
INT7	7	0x00000D0E	2	不使用。查看PIE组7	11	—
INT8	8	0x00000D10	2	不使用。查看PIE组8	12	—
INT9	9	0x00000D12	2	不使用。查看PIE组9	13	—
NT10	10	0x00000D14	2	不使用。查看PIE组10	14	—
NT11	11	0x00000D16	2	不使用。查看PIE组11	15	—
NT12	12	0x00000D18	2	不使用。查看PIE组12	16	—
NT13	13	0x00000D1A	2	CPU TIMER1中断	17	—
NT14	14	0x00000D1C	2	CPU TIMER2中断（用于TVRTOS）	18	—
DATALOG	15	0x00000D1E	2	CPU数据记录中断	19（最低）	—
RTOSINT	16	0x00000D20	2	CPU实时操作系统中断	4	—
EMUINT	17	0x00000D22	2	CPU仿真中断	2	—
NMI	18	0x00000D24	2	不可屏蔽中断	3	—
ILLEGAL	19	0x00000D26	2	非法指令（ITRAP）	—	—
USER 1	20	0x00000D28	2	用户定义的限制	—	—
USER 2	21	0x00000D2A	2	用户定义的限制	—	—
USER 3	22	0x00000D2C	2	用户定义的限制	—	—
USER 4	23	0x00000D2F	2	用户定义的限制	—	—
USER 5	24	0x00000D30	2	用户定义的限制	—	—
USER 6	25	0x00000D32	2	用户定义的限制	—	—
USER7	26	0x00000D34	2	用户定义的限制	—	—
USER 8	27	0x00000D36	2	用户定义的限制	—	—
USER 9	28	0x00000D38	2	用户定义的限制	—	—
USER 10	29	0x00000D3A	2	用户定义的限制	—	—
USER 11	30	0x00000D3C	2	用户定义的限制	—	—
USER 12	31	0x00000D3E	2	用户定义的限制	—	—

由于F28379D的CPU中断向量表是硬件相关的，因此无法直接通过编程访问。不过，可以通过编写中断服务程序（ISR）来实现对特定中断的处理。以下是一个简单实例，展示了如何编写一个ISR来处理INT13中断：

```
#include <stdint.h>
// 定义中断服务例程（ISR）
void INT13_Handler(void)
{
    // 在这里编写处理INT13中断的代码
}
// 初始化中断向量表
void InitInterruptVectorTable(void)
```

```
{
    // 设置INT13中断的向量地址
    INT13_Handler IER |= (1 << 13);                          // 启用INT13中断
    EIE |= (1 << 13);                                        // 使能全局中断
    PIE |= (1 << 13);                                        // 使能外设中断
    PIR |= (1 << 13);                                        // 清除INT13中断标志位
    PDR |= (1 << 13);                                        // 允许INT13中断
    // 设置其他中断的向量地址为默认值
}
int main(void) {
    InitInterruptVectorTable();                              // 初始化中断向量表
    // 主循环
    while (1)  {
    // 在这里编写应用程序代码
    }
}
```

3.2.6　芯片安全特性

F28379D芯片提供多种安全保护机制，包括寄存器写保护和EALLOW保护等。其中，寄存器写保护是一项用于防止误写或恶意篡改寄存器值的措施，能够有效保障芯片的正常运行和数据的安全性。EALLOW保护是一种存储器访问控制机制，用于限制或允许对特定内存区域的访问，从而防止因程序错误或恶意攻击导致的数据泄露或破坏。

此外，F28379D芯片还具有缺失时钟检测功能，可用于检测系统时钟的稳定性。一旦检测到时钟信号丢失或不稳定，芯片将自动采取相应措施，例如停止相关操作或触发错误中断，从而确保系统的稳定运行。

同时，F28379D芯片还支持CPU矢量地址有效性检查功能，能够检测CPU中断向量地址的正确性，以防止因地址错误引发的异常或故障。这些安全特性和保护机制相辅相成，共同提升了F28379D芯片的可靠性和安全性。

本小节将详细介绍上述几种安全机制。

1. 寄存器写保护

寄存器写保护通过在定义寄存器时采用位定义及声明寄存器结构体的方式，来配置相应的寄存器。这种保护机制有效防止误写或恶意篡改寄存器值，从而保障芯片的正常运行和数据的安全性。

例如，在进行ADC数模转换的寄存器配置时，设计人员可以查看相关寄存器的存放地址及每一位的功能说明。此外，当GPIO被配置为输出口并正常工作时，至少需要配置以下寄存器：GPxDIR、GPxMUX1或GPxMUX2、GPxGMUX1或GPxGMUX2、GPxPUD。

在F28379D中，可通过EALLOW保护机制，保护几个控制寄存器免受虚假CPU写入。其中，状态寄存器ST1中的EALLOW位用于启用或禁止此保护，其保护状态如表3-18所示。

表3-18　F28379D访问EALLOW保护的寄存器

EALLOW位	CPU写入	CPU读取	JTAG写入	JTAG读取
0	忽略	允许	允许	允许
1	允许	允许	允许	允许

在复位时，EALLOW位默认清零，即启用EALLOW保护机制。在保护状态下，CPU对所有受保护的寄存器的写操作都会被忽略，只允许CPU读操作、JTAG读操作和JTAG写操作。

如果该位置1，则通过执行EALLOW指令，CPU允许自由写入受保护的寄存器。修改寄存器后，可以再次通过执行EDIS指令来清除EALLOW位。

2. 时钟缺失保护

F28379D芯片的丢失时钟逻辑检测（Missing Clock Detection，MCD）功能使用INTOSC1作为参考时钟源，用于检测主时钟OSCCLK是否完全丢失。需要注意的是，该电路仅对时钟丢失进行检测，而不处理OSCCLK上的频率漂移问题。

该电路通过使用INTOSC1提供的10MHz时钟作为参考时钟，用以监视OSCLK主时钟的状态。时钟丢失检测电路的功能如下。

（1）主时钟计数：主时钟（OSCCLK）使用一个7位计数器（名为MCDPCNT）进行计数。该计数器通过异步复位信号XRS复位。

（2）辅助时钟计数：辅助时钟（INTOSC1）使用一个13位计数器（名为MCDSCNT）进行计数。同样，该计数器通过异步复位信号XRS复位。

（3）计数器联动机制：每当MCDPCNT溢出时，MCDSCNT计数器会自动复位。如果OSCCLK存在，或比INTOSC1滞后的速率小于64倍，MCDSCNT计数器将不会溢出。

（4）时钟丢失检测：如果OSCCLK由于某种原因停止，或者其速率比INTOSC1慢至少64倍，则MCDSCNT计数器会溢出，从而检测到OSCCLK主时钟丢失。

（5）逻辑使能条件：只有在上述检查需全部满足的情况下，时钟丢失逻辑才会被激活（使能为1）；否则，可以通过设置MCDCR寄存器中的MCLKOFF位为1，禁用时钟丢失检测功能。

（6）如果电路检测到缺少OSCCLK，将会发生以下情况：

- MCDSTS寄存器的标志会被置位。
- MCDSCNT计数器被冻结，以防止重复进行时钟丢失检测。
- CLOCKFAIL信号变为高电平，同时向PWM模块发送TRIP事件，并将NMI触发信号发送到CPU1.NMIWD和CPU2.NMIWD。
- 锁相环（PLL）被强制关闭，OSCCLK切换到INTOSC1（经过PLLSYSCLK分频器后）。此时，PLLMULT寄存器将自动清零。
- 当MCDSTS置位为1时，OSCCLKSRCSEL位不起作用，OSCCLK被强制连接到INTOSC1。

- 系统中的PLLRAWCLK将自动切换到INTOSC1。

（7）如果MCLKCLR位被写入（这是一个W=1的位），则MCDSTS位将被清零，OSCCLK的源将由OsCCLKSRCSEL位决定。

注意　写入MCLKCLR还会清除MCDPCNT和MCDSCNT计数器，以允许电路重新评估时钟缺失检测。如果设计人员在时钟缺失检测后希望重新锁定PLL，需先通过使用OSCCLKSRCSEL寄存器将时钟源切换到INTOSC1，然后执行MCLKCLR操作并重新锁定PLL。

（8）上电时需使能MCD。如果从设备的INTOSC2上电失败，则系统将无法支持时钟缺失检测。

F28379D的时钟丢失检测电路逻辑原理如图3-4所示。

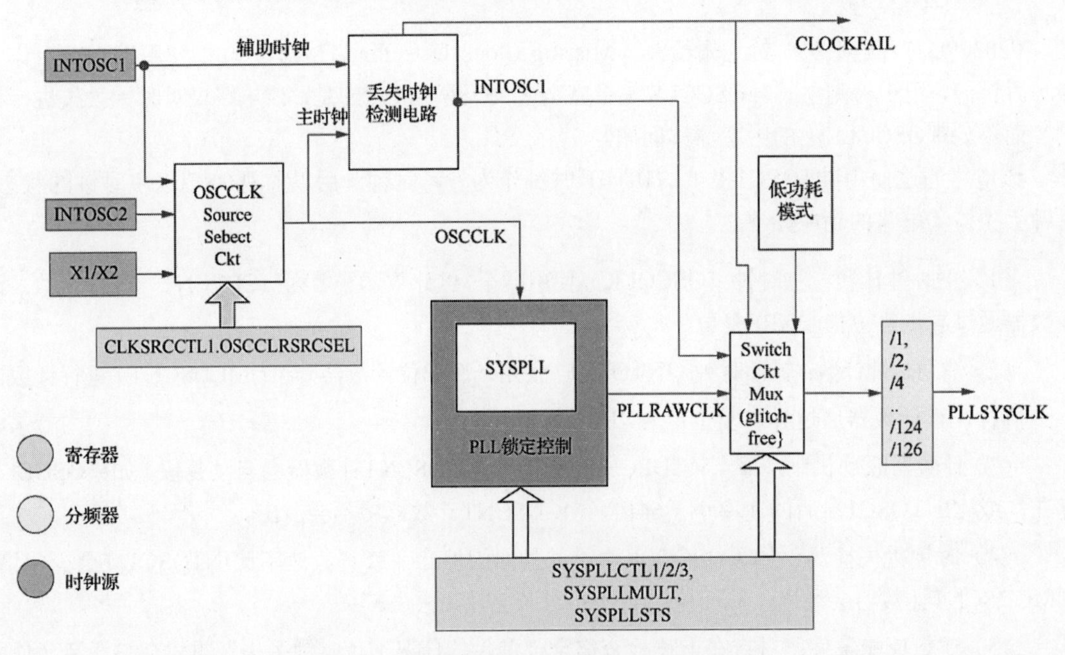

图 3-4　F28379D 时钟丢失检测电路逻辑图

3. PLL检测

F28379D芯片的PLL检测是一个关键的安全性检查组件。PLL的主要功能是产生芯片的主频时钟，该时钟信号被称为PLLSYSCLK，其计算公式为：PLLSYSCLK=(clock_source) * (IMULT + FMULT) / (divsel)。

外部晶振通过F28379D的PLL模块倍频后，可产生CPU的系统时钟SYSCLK。随后，SYSCLK通过低速时钟预定标器输出低速外设时钟LSPCLK，以供SCI等外设模块使用。PLL时钟的正确性对于确保芯片的正常和稳定运行至关重要。

F28379D芯片的PLL SLIP检测能检测到PLL在锁定状态下的参考时钟是否出现过快或过慢的情

况。若发生参考时钟未对齐，会触发两个CPU的中断，具体可参考PIE中断向量表。此外，当检测到SLIP事件时，PLL状态寄存器中的PLLSTS.SLIP位会被设置，供用户进行软件检查和启用错误处理。

注意　SLIP检测功能可用于SYSPLL和AUXPLL。

4. CPU向量地址有效性检查

在每个CPU上，PIE中断向量表均包含CPU向量地址的有效性检查功能，它的主要目的是确保确保芯片程序执行的正确性和稳定性。

在程序运行过程中，CPU会根据预设的向量地址表跳转到对应的程序段进行执行。如果向量地址无效，可能会导致程序运行错误或系统崩溃。因此，CPU向量地址的有效性进行检查尤为重要。通过这一机制，能够及时发现并处理无效向量地址，从而避免由此引发的各种问题，确保DSP芯片的正常运行和稳定性。具体检查方案及范围如下：

- 在C28x存储器空间中从0xD00映射到0xEFF的主PIE中断向量表。
- 在C28x存储器空间中从0x1000D00映射到0x1000EFF的从PIE中断向量表。

以下是对PIE存储器访问行为的说明。

- 数据写入主向量表：写入两个存储器。
- 数据写入从向量表：仅写入从向量表。
- 向量地址的提取：比较来自主从两个向量表的数据。
- 数据读取：可以分别读取主向量表和从向量表的数据。

每次对PIE中断向量表执行向量提取时，会比较两个向量表的输出结果。如果两个向量表的输出结果不匹配，将发生以下情况之一：

- 如果PIEVERRADDR寄存器（默认值为0x3FFFFF）未初始化，将执行地址0x3FFFBE处的默认错误处理程序。

注意　当PIEVERRADDR寄存器初始化为用户定义的例程地址时，将执行用户定义的程序，而不是默认的错误处理程序。此外，每个CPU都有自己的PIE向量提取错误处理程序寄存器（CPU1.PIEVERRADDR和CPU2.PIEVERRADDR）的副本。

- 硬件产生由ePWM发出的跳变信号，使用TRIPIN15产生PWM输出。
- 如果向量地址提取期间发生结果不匹配，将向另一个CPU发出中断请求（NMI）。例如，对于CPU2发生的NMI向量提取错误，会同时触发CPU1.NMIWD中断。

如果未发生失配，CPU会将正确的向量地址压入C28x程序控制器的堆栈，并继续执行后续程序。

5. 共享RAM保护

DSP芯片的RAM保护是一项重要的安全机制，旨在确保数据的安全性和完整性。在运行过程中，RAM中的数据可能会受到诸如电源故障、电磁干扰、温度变化等因素的威胁，从而导致数据丢失或损坏。

通过RAM保护机制，可以有效防止这些不利因素对RAM中数据的影响，从而提高数据的可靠性和稳定性。此外，在执行大数据量的算法（如FFT算法、小波算法等）时，内部RAM空间可能不足。为了解决此问题，可以采取适当的措施，例如利用双口RAM实现DSP与PC机的并行接口，从而实现高速数据通信。

每个CPU子系统包含多个RAM块，其中部分RAM块启用了ECC校验，其他RAM块启用奇偶校验。在启用ECC校验的RAM中，所有单比特（即单个二进制位，后简称为单个位）传输错误均可自动纠正，并在检测到单个位错误时递增错误计数器。

当错误计数器达到用户自定义的限制时，RAM块会向对应的CPU发送中断请求。若发生不可修正的错误（如奇偶校验中发生了双比特错误），RAM块会触发NMI请求并发送给对应的CPU。

6. ERRORSTS引脚

ERRORSTS引脚被定义为“始终输出”引脚，默认保持低电平，直到在芯片内检测到错误。当发生错误时，ERRORSTS引脚变为高电平，直到该错误源的内部错误状态标志被清除。图3-5所示为ERRORSTS引脚的功能以及判断逻辑示意图。

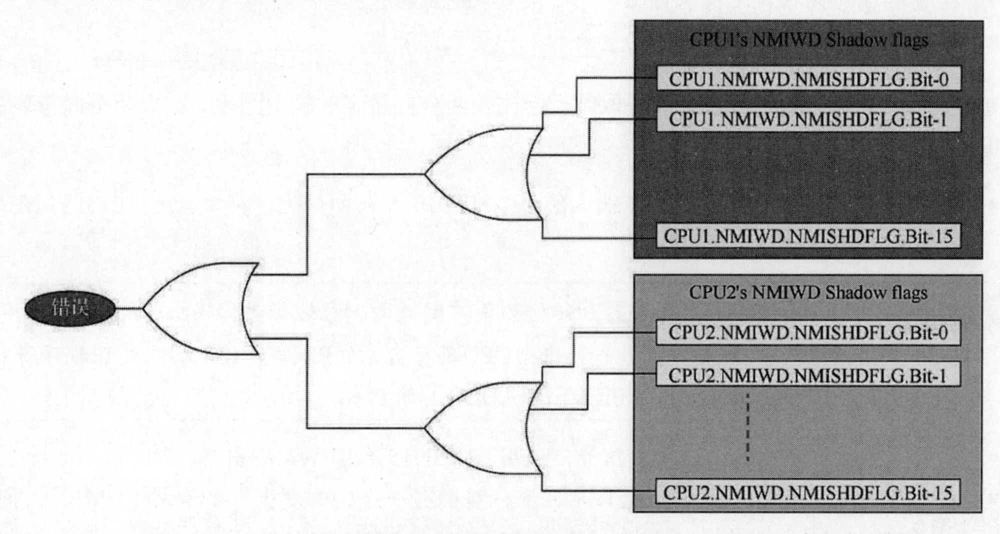

图3-5　ERRORSTS引脚功能图

由于ERRORSTS引脚为高电平有效，设计人员应在上电时连接外部下拉电阻，以便观测引脚的输出状态。

3.3　片上RAM及其结构

DSP芯片内部采用程序和数据分开的哈佛结构，配备专用的硬件乘法器，并广泛采用流水线操作，提供特殊的DSP指令，以满足快速实现各种数字信号处理算法的需求。

在DSP芯片中，片上存储结构主要由以下几部分组成：

（1）Flash存储器：用于存储执行代码和数据。

（2）RAM：为变量和堆栈提供临时存储空间。

（3）EEPROM：用于非易失性数据存储。

（4）外部存储器接口：可以扩展外部存储器，如SRAM、Flash、SD卡等。

本节将重点讲解片上存储结构中较为复杂且用途广泛的RAM存储器。根据功能及作用区域，可将它划分为3类：专用RAM、共享RAM和消息RAM。

3.3.1　专用RAM

DSP芯片的片上专用RAM旨在满足实时快速实现各种数字信号处理算法的需求，例如数字滤波、卷积和快速傅里叶变换（Fast Fourier Transform，FFT）等特定的DSP运算。

这种内存空间在物理和逻辑上被单独划分，用于存储数据和程序。其特性是在一个指令周期内完成一次乘法和一次加法，并且支持低开销或无开销的循环及跳转操作。

此外，DSP芯片通常具备快速的中断处理和硬件I/O，使得取指、译码和执行等操作可以重叠执行，从而提升处理效率。这些特性使得专用RAM在数字信号处理中发挥了重要作用。

在F28379D芯片中，CPU子系统有4个支持ECC功能的专用RAM模块，分别为MO、M1、D0和D1。

MO/M1存储器是与CPU紧密耦合的小型非安全块（仅CPU可访问）。而DO/D1存储器是安全块，具有访问保护功能（包括CPU写入和CPU读出保护）。

3.3.2　局部共享RAM

DSP芯片的共享RAM存储是指在DSP芯片内部有一块RAM存储器，它被多个部件或模块共享，而不是由某个特定部件或模块独占。这种共享的RAM存储器在DSP芯片设计中发挥着关键作用，因为它能高效地实现数据的读取和写入。

在DSP系统中，由于需要处理大量的数据，因此对存储器的读写速度有严格要求。共享RAM存储器提供了一种有效的解决方案，它不仅可作为程序代码和数据的存储空间，还能作为中间计算结果的临时存储空间。此外，根据不同应用需求，这块RAM存储器可以映射到数据空间或程序空间。

注意　虽然这块RAM存储器是共享的，但在任意时刻，只能有一个部件或模块对其进行读写操作，以确保数据的一致性和完整性。同时，如何提高共享RAM存储器的访问速度和解决访问竞争问题，是DSP芯片设计中需要考虑的重要因素。

在F28379D芯片中，专用于每个子系统且仅对其CPU和CLA进行访问的RAM块被称为局部共享RAM（LSx RAM），或称为本地共享RAM。

所有局部共享RAM块均具有奇偶校验功能。从安全角度来看，这些存储器满足安全特性要求，且具备访问保护（包括CPU写入和CPU读出）功能。

默认情况下，这些存储器仅供CPU使用，用户可以通过适当配置局部共享RAM寄存器中的MSEL_LSx位字段，选择将这些存储器与CLA共享。

表3-19列出了本地共享RAM的主访问方式。

表3-19　F28379D访问EALLOW保护的寄存器

MSEL_LSx	CLAPGM_LSx	CPU允许访问	CLA允许访问	注　释
00	X	全部	—	LSx存储器被配置为CPU专用RAM
01	0	全部	数据读取	—
数据写入	LSx存储器在CPU和CLA1之间共享	—	—	—
01	1	仿真读取	—	—
仿真写入	仅获取	LSx存储器是CLA1程序存储器	—	—

3.3.3　全局共享RAM

DSP芯片的全局共享RAM是DSP芯片内部的一种非专用存储器，设计为可以被芯片内多个部件或模块共享，而非由某个特定部件或模块独占。这种设计使得全局共享RAM在需要处理大量数据的DSP系统中发挥重要作用，因为它可以高效地实现数据的读取和写入。

此外，全局共享RAM还具有临时存储的功能，既可作为程序代码和数据的存储空间，也可作为中间计算结果的临时存储空间。在某些应用中，这块RAM可以映射到数据空间或程序空间。

全局共享RAM和局部共享RAM的主要区别在于使用方式和范围。全局共享RAM是DSP芯片内全部可访问的存储器，由芯片内多个部件或模块共享使用；相比之下，局部共享RAM则由本地部件或模块独占，并不全局共享使用。

全局共享RAM的特点是容量大，可以存储大量的数据，但它的读写速度相对较慢。而局部共享RAM虽然容量较小，但它的读写速度要快得多。此外，这两种RAM都可以用作程序代码和数据的存储空间，以及作为中间计算结果的临时存储空间。

在F28379D芯片中，可由CPU和DMA访问的RAM块被称为全局共享RAM（GSx RAM）。根据GSxMSEL寄存器中各个位的配置，任何一个CPU子系统都可以拥有每个全局共享RAM块，且所有这些全局共享RAM块都具备奇偶校验功能。

当CPU子系统拥有GSx RAM块时，CPUx和CPUx.DMA将拥有对该RAM块的完全访问权限，而CPUy和CPUy.DMA则仅拥有读取访问权限（无获取和写入访问权限）。

表3-20为F28379D对全局共享RAM的主访问方式。

表3-20　F28379D访问EALLOW保护的寄存器

GSxMSEL	CPU	指令获取	读　取	写　入	CPUx.DMA读取	CPUx.DMA写入
0	CPU1	是	是	是	是	是
	CPU2	—	是	—	是	—
1	CPU1	—	是	—	是	—
	CPU2	是	是	是	是	是

注意　GSx RAM具有访问保护（CPU写/读、DMA写入）。

3.3.4　CPU消息RAM

DSP芯片的CPU消息RAM，即CPU内部的消息随机访问存储器（RAM），用于暂存和交换数据。在DSP芯片中，CPU消息RAM起着关键作用，连接不同模块以实现高效的数据传输和处理。这种设计优化了DSP芯片的性能，使其能够快速执行数字信号处理运算。

消息RAM块可用于在CPU1和CPU2之间共享数据。由于这些RAM用于处理器间的通信，因此也被称为IPC RAM。

注意　CPU MSGRAM具有源自其自身CPU子系统的CPU/DMA读取/写入访问权限，以及源自其他子系统的CPU/DMA只读权限。

CPU消息RAM同样具备奇偶校验功能。

3.3.5　CLA消息RAM

CLA消息RAM是Control Law Accelerator（控制律加速器）内部的一块存储空间，用于存放程序和数据。这种存储区分为3种类型：程序RAM、数据RAM和信号RAM。

程序RAM中存放的是CLA的程序，这些程序被复制到RAM中以便快速执行。

注意　一旦LSx RAM被映射为CLA的程序RAM，CPU将无法访问这块内存，只有CLA可以从中读取指令。数据RAM则可以任选一个LSx RAM作为CLA的存储区，其映射过程非常灵活。信号RAM主要用于暂存和交换数据。

CLA作为DSP芯片上的独立可编程协处理器，具备32位浮点运算能力，广泛应用于加速DSP芯片中算法的运行。因此，如何有效利用和管理CLA消息RAM，直接影响DSP芯片的性能和效率。

这些RAM块可用于在CPU和CLA之间共享数据。CLA具有对“CLA到CPU MSGRAM”的读写访问权限。而CPU则具有对“CPU到CLA MSGRAM”的读写访问权限。CPU和CLA都具有对这两个MSGRAM的读取权限，CLA消息RAM同样具备奇偶校验功能。

3.4 ROM引导及外设引导

DSP芯片上的ROM引导和外设引导负责在系统上电复位后，将程序数据从指定接口（如CAN）加载到固定区域。具体来说，该过程包括两个阶段：一次Bootloader和二次Bootloader。

一次Bootloader是在DSP上电复位后触发系统的RESET中断，该中断指向固化在片内ROM中的引导程序代码。这是出厂固化的引导程序，它的功能包括查询Bootloader模式、初始化接口，并从该接口中读取“固定大小”的程序数据，并将其搬移到RAM中执行。

注意　此时的Bootloader不会初始化与模式无关的外设。

二次Bootloader是用户获得系统访问权限后进入的阶段，它能进一步读取和查看受安全代码保护的区域，复制未授权的DSP片上Flash、L0~L3、OTP等受保护的代码或数据。此外，二次Bootloader还支持两阶段引导过程，以满足需要额外定制的应用功能，或者ROM引导加载程序中未包含的功能。

总的来说，DSP芯片上的ROM引导和外设引导的设计是为了实现高效的程序运行和数据处理，同时确保系统的安全性和灵活性。

3.4.1 引导ROM和外设引导

F28379D的两个CPU各自配备独立的引导ROM，其中包含引导加载程序的相关软件。

CPU1的引导ROM在CPU2复位完成之前负责系统初始化。每次器件退出复位时，都会执行器件引导ROM。用户可以将器件配置为引导至闪存（使用获取模式），或通过设置引导模式的GPIO引脚选择通过某个引导外设之一来引导器件。

CPU1引导ROM作为主控单元，负责引导模式GPIO和引导配置的管理。CPU2的引导ROM可以引导至闪存（如果用户通过DCSM OTP配置了该选项），或者在配置OTP的情况下进入等待引导模式。在等待引导模式下，CPU1应用程序通过IPC命令向CPU2引导ROM发送指令，以选择支持的引导模式并完成进一步引导。

表3-21列出了该器件支持的引导模式。默认的引导模式引脚为GPIO72（引导模式引脚1）和GPIO84（引导模式引脚0）。

表3-21　F28379D访问EALLOW保护的寄存器

模式编号	CPU1引导模式	CPU2引导模式	TRST	GPIO72 （引导模式引脚1）	GPIO84 （引导模式引脚0）
0	并行I/O	从主控引导	0	0	0
1	SCI模式	从主控引导	0	0	1
2	等待引导模式	从主控引导	0	1	0
3	获取模式	从主控引导	0	1	1
4～7	EMU引导模式（已连接JTAG调试探针）	从主控引导	1	X	X

如果用户在这些引脚上同时连接了外设，可以将引导模式引脚设置为弱上拉模式，以减少潜在的过驱动风险。此外，用户还可以通过对DCSM OTP位置进行编程更改出厂默认的引导模式引脚。

注意　只有当出厂默认的引导模式引脚不适合用户设计时，才建议对DCSM OTP进行修改。

注意　获取模式的默认行为是引导至闪存。在未编程的器件上，使用获取模式可能导致看门狗反复复位，从而使JTAG连接请求和器件初始化无法正常进行。此时，可以考虑对未编程的器件使用等待模式或其他引导模式，以避免该问题。

有些复位源由器件内部驱动。在这些情况下，用户必须确保用于引导模式的引脚不会被系统中的其他器件主动驱动，并且引导配置规定允许更改OTP中的引导引脚。

除上述引导方式外，F28379D片上还有几种特殊的引导方式，下面将逐一介绍。

1）EMU 引导或仿真引导

当CPU检测到TRST引脚为高电平时（即连接了JTAG调试探针/调试器时），器件将进入该引导模式。在此模式下，用户可以对EMU_BOOTCTRL控制字（位于0xD00位置）进行编程，以指定器件的引导方式。如果EMU_BOOTCTRL位置的内容无效，器件将默认为等待引导模式。仿真引导允许用户在将引导模式编程到OTP之前验证器件的引导功能。

注意　EMU_BOOTCTRL实际上并不是寄存器，而是指向RAM（PIE RAM）中的一个位置。PIE RAM从0 × D00地址开始，但为了保留这些引导ROM变量，前几个位置会被预留（在应用代码中初始化PIE矢量表时）。

2）等待引导模式

处于此引导模式的器件会在引导ROM中循环运行。如果用户希望将调试器连接到安全器件，或暂时不希望器件在闪存中执行应用程序，则可以选择加载此模式。

3）获取模式

获取模式的默认行为是将启动程序引导至闪存。通过在用户可配置DCSM OTP中对Zx-OTPBOOTCTRL位置进行编程，可以更改该行为。

在该器件上，DCSM OTP分为两个安全区域：Z1和Z2。引导ROM中的获取模式功能，首先检查Z1区域中是否已编程有效的OTPBOOTCTRL值。如果该值有效，则器件将根据Z1-OTPBOOTCTRL位置进行引导。仅当Z1-OTPBOOTCTRL无效或未编程时，器件才会读取Z2-OTPBOOTCTRL位置并进行解码。

如果任意一个Zx-OTPBOOTCTRL位置未编程，则器件会恢复到出厂默认操作：在引导模式引脚设置为获取模式的情况下，使用出厂默认引导模式引脚引导至闪存。此外，用户还可以通过将适当的值编程到DCSM OTP中来选择引导器件，例如SPI、I2C、CAN和USB等。

4）引导加载器所使用的外设引脚

引导加载器所使用的外设引脚如表3-22所示。

表3-22　F28379D访问EALLOW保护的寄存器

引导加载器	GPIO引脚	注　释
SCI-Boot0	SCITXDA:GPIO84 SCIRXDA:GPIO85	SCIA引导I/O选项1 （通过引导模式GPIO选择默认SCI选项）
SCI-Boot1	SCIRXDA:GPIO28 SCITXDA:GPIO29	SCIA引导选项2－具有备用OO
并行引导	D0-GPIO65 D1-GPIO64 D2-GPIO58 D3-GPIO59 D4-GPIO60 D5-GPIO61 D6-GPIO62 D7-GPIO63 HOST_CTRL-GPIO70 DSP_CTRL-GPIO69	—
CAN-Boot0	CANRXA:GPIO70 CANTXA:GPIO71	CAN-A引导－I/O选项1
CAN-Boot1	CANRXA:GPIO62 CANTXA:GPIO63	CAN-A引导－I/O选项2
I2C-Boot0	SDAA:GPIO91 SCLA:GPIO92	I2CA引导－I/O选项1

（续表）

引导加载器	GPIO引脚	注　释
I2C-Boot1	SDAA:GPIO32 SCLA:GPIO33	I2CA引导－I/O选项2
SPI-Boot0	SPISIMOA-GPIO58 SPISOMIA-GPIO59 SPICLKA-GPIO60 SPISTEA-GPIO61	SPIA引导－I/O选项1
SPI-Boot1	SPISIMOA-GPIO16 SPISOMIA-GPIO17 SPICLKA-GPIO18 SPISTEA-GPIO19	SPIA引导－I/O选项2
USB引导	USB0DM-GPIO42 USB0DP-GPIO43	USB引导加载程序将时钟源切换到外部晶体振荡器（X1和X2引脚）。 如果选择了这种引导模式，电路板上应当有20MHz的晶体

3.4.2　双代码安全模块

DSP芯片的双代码安全模块（DCSM）是德州仪器（TI）C2000系列器件中内置的一种安全特性，主要用于保护片上存储器的数据安全，防止未经授权的访问和查看。该模块增强了系统的抗风险能力，通过防止未经授权的更新来保障数据的完整性。

为了进一步提升安全性，开发者可以在芯片的指定位置刷入DCSM密码，使得芯片内部的固件不被非安全外设器件（如JTAG调试器、BOOTROM等）读取。同时，C2000 DCSM安全工具还提供了直观的图形用户界面，使用户能够更方便地配置DCSM模块。此外，双代码安全模块还可以防止对专有代码进行复现和反向工程。

总的来说，DSP芯片的双代码安全模块是一种有效的安全解决方案，不仅能够保护芯片内部的数据安全，还能防止代码被窃取或篡改，确保系统的安全性和可靠性。

具体到F28379D芯片上，双代码安全模块（Dual-Code Security Module，DCSM）同样可以防止对片上安全内存的非安全访问。术语“安全”指的是阻止对具有较高数据安全级别的存储器和资源进行读写访问，而“非安全”则表示允许访问。

代码安全机制划分为两个区域，即区域1（Z1）和区域2（Z2），这两个区域分别为代码安全提供保护。这两个区域的安全实现方式实际上相同。每个区域都有自身的专用安全资源（OTP存储器和安全ROM）以及分配的安全资源（CLA、LSx RAM和闪存扇区）。每个区域的安全性由128位密码（CSM密码）来确保。

每个区域的密码根据区域专用链接指针存储在OTP存储器中。可以更改链接指针值，从而在OTP中配置不同的安全设置（包括密码）。

注意　F28379D所包含的代码安全模块（Code Security Module，CSM）旨在对存储在相关存储器中的数据进行密码保护，并由TI公司根据标准条款制定了适合本器件的保修期规范。然而，TI公司并不保证或承诺CSM不会受到损坏或破坏，也不保证或承诺存储在相关存储器中的数据不能通过其他方式访问。

3.5　看门狗及可配置逻辑块

看门狗是一个独立于CPU的计数器单元，其工作原理是：在系统启动后，看门狗自动开始计数。如果在预定的时间内没有对看门狗进行清零操作，看门狗计数器将溢出，触发看门狗中断，从而导致系统复位。

看门狗不仅可以防止系统崩溃（即俗称的"跑飞"），而且在大多数情况下，还可以清除DSP芯片可能出现的短暂混乱，以及CPU可能发生的不正确操作，重新进行初始化，从而提高CPU的可靠性，确保系统的稳定性。

DSP芯片的可配置逻辑块（Configurable Logic Block，CLB）是一个用于实现用户自定义逻辑的功能单元。它提供了一种灵活且可重构的平台，使设计人员可以根据需要对其内部逻辑进行配置和编程，满足不同的应用需求。以下是有关可配置逻辑块的一些具体的使用案例。

（1）增强现有外围设备的功能：通过CLB的一组X-bar，可以增强现有的增强型外围设备，如ePWM、eCAP、eQEP等。

（2）设计和测试定制的数字逻辑系统：设计人员可以利用CLB集合进行软件互连，实施特定的定制数字逻辑功能。在实际应用中，甚至可以设计并测试一个完整的定制数字逻辑系统。

（3）FPGA设计：在更广义的数字逻辑设计中，CLB作为FPGA的底层元件之一，可以像拼接机器人一样，将多个CLB连接起来，构建出复杂的数字系统。

本节将重点介绍CPU计时器、看门狗计时器、带有看门狗计时器功能的可屏蔽中断、可配置逻辑块以及系统的一些功能安全特性。

3.5.1　CPU计时器简介

DSP芯片的CPU计时器是一种用于精确控制时间的硬件设备。在F29379D中，它主要由Timer0、Timer1和Timer2三个定时器构成，其中Timer1和Timer2通常为操作系统DSP/BIOS所保留；如果未移植操作系统，则这两个定时器可作为普通定时器使用。

这三个定时器的中断信号分别为TINT0、TINT1和TINT2，分别对应中断向量INT1、INT13和INT14。它们的主要功能通过配置相关寄存器来实现，包括：TCR（定时器控制寄存器，启动定时器）、TDDR（分频寄存器）、PRD（周期寄存器）和TIM（当前计时值寄存器）等。

此外，定时器的输入时钟可以是内部时钟源，也可以是外部时钟源，具有很高的灵活性。例如，用户可以通过设置相关寄存器来配置CPU定时器的时钟频率，以实现每50ms触发一次中断。

在F28379D中，CPU计时器Timer0、Timer1和Timer2是完全相同的3组32位计时器，具有可预设定周期和16位时钟预分频功能。此外，每个计时器都具有一个32位递减计数寄存器，该寄存器在计数器递减到0时会触发一次中断。计数器的递减以CPU时钟频率除以预分频值的方式进行。当计数器递减到0时，寄存器会自动重新加载32位的周期初值。

- CPU计时器0：用于普通用途，并连接至PIE（中断处理引擎）块。
- CPU计时器1：也用于普通用途，并连接至CPU的INT13。
- CPU计时器2：为Tl-RTOS保留，用于RTOS系统，连接至CPU的INT14。如果未使用Tl-RTOS，则CPU计时器2也可用于普通用途。

CPU计时器2可由下列任一器件启动计时：

- 系统时钟（SYSCLK，默认时钟源）。
- 内部零引脚振荡器1（INTOSC1）。
- 内部零引脚振荡器2（INTOSC2）。
- 晶体振荡器X1（XTAL）。
- 辅助相位锁定环时钟（AUXPLLCLK）。

3.5.2　带有看门狗计时器的非可屏蔽中断

在DSP芯片中，带有看门狗计时器的非可屏蔽中断（NMIWD）是一种高效的错误检测和恢复机制。看门狗（WatchDog Timer，WDT）是一种定时器电路，其工作原理是通过监测系统运行时间和检测系统状态来触发系统中断，执行中断服务程序，并执行重启操作。

当CPU出现死机、跑飞或运行到未知程序漏洞时，看门狗能够通过计时器溢出检测到这种状况，并产生中断或复位信号。复位信号将使CPU复位，重新开始运行；而中断信号则使CPU进入中断服务子程序，执行必要的恢复操作。此外，看门狗还能够定期向控制器发送问题中断请求，以进行维护。

带有可屏蔽中断的看门狗计时器为DSP芯片增加了系统的可靠性，确保系统的完整性。当软件进入不正确的循环或CPU出现暂时性混乱时，看门狗定时器将溢出，从而触发系统复位。

在F28379D芯片中，带有看门狗计时器的非可屏蔽中断（简称为NMIWD）用于处理系统级错误。每个CPU都有一个NMIWD模块。该模块的监测条件如下：

- 由于振荡器故障导致系统时钟丢失。

- CPU访问闪存时出现不可纠正的ECC错误。
- CPU、CLA或DMA访问RAM时出现不可纠正的ECC错误。
- 另一个CPU上的向量地址获取错误。
- 仅CPU1：看门狗或NMI看门狗在CPU2上触发复位。

如果CPU未对寄存器中的错误条件做出响应，NMI看门狗将在一个可编程的时间间隔后触发复位，这一时间通常默认为65536个SYSCLK周期。

3.5.3 看门狗

下面给出一段在F28379D上配置看门狗模块的代码实例。在该实例中，InitWatchdog()函数用于初始化看门狗计时器，FeedWatchdog()函数用于“喂狗”。在main()函数的循环体中执行任务代码，并在每次循环结束后调用FeedWatchdog()函数来“喂狗”。

```
#include "F28x_Project.h"
void InitWatchdog(void) {
    InitSysCtrl();                                          // 初始化系统控制寄存器
    EALLOW;                                                 // 允许访问保护寄存器
    // 设置看门狗时钟源为系统时钟
    PClkDiv4Bits.PCLKCLKDIV=PCLK_MOR_CLOCK_DIV4;
    EDIS;                                                   // 禁止访问保护寄存器
    // 初始化看门狗计时器
    SysCtrlRegs.WDOGCTL.all=0x00000000;                     // 清空看门狗控制寄存器
    SysCtrlRegs.WDOGTO.all=0x0000BB80;
    // 设置看门狗超时时间为1秒（65536 * 10^-6秒）
    SysCtrlRegs.WDOGCNTCLR.bit.CNTINT=1;                    // 清除看门狗计数器
    SysCtrlRegs.WDOGSTDCLR.bit.STD=1;                       // 清除看门狗标准计数器
    SysCtrlRegs.WDOGCNTENSET.bit.ENABLE=1;                  // 使能看门狗计时器
void FeedWatchdog(void) {
    SysCtrlRegs.WDOGCNTCLR.bit.CNTINT=1;                    // 清除看门狗计数器
}
int main(void) {
    InitSysCtrl();                                          // 初始化系统控制寄存器
    InitGpio();                                             // 初始化GPIO
    InitUart();                                             // 初始化UART
    InitWatchdog();                                         // 初始化看门狗
    EALLOW;                                                 // 允许访问保护寄存器
    // 配置GPIO引脚功能
    GpioCtrlRegs.GPAMUX1.bit.GPIO1=1;                       // 将GPIO1配置为复用功能
    GpioCtrlRegs.GPADIR.bit.GPIO1=0;                        // 将GPIO1配置为输出模式
    EDIS;                                                   // 禁止访问保护寄存器
    while (1) {
        // 执行任务代码
        GpioDataRegs.GPATOGGLE.bit.GPIO1=1;                 // 切换GPIO1的状态
        delay(1000);                                        // 延时1秒
```

```
        FeedWatchdog();                                     // 喂狗
    }
}
```

与TI公司上一系列的C2000系列DSP芯片相比，F28379D的看门狗模块与之前的TMS320C2000系列的模块相同，但提供了一个可配置的下限阈值，允许设计人员配置软件复位之间的时间。这样，F28379D的看门狗模块在功能上完全向后兼容。

03

当看门狗生成复位或中断信号时，它会通过分频器和内部振荡器进行计时。看门狗模块功能结构如图3-6所示。

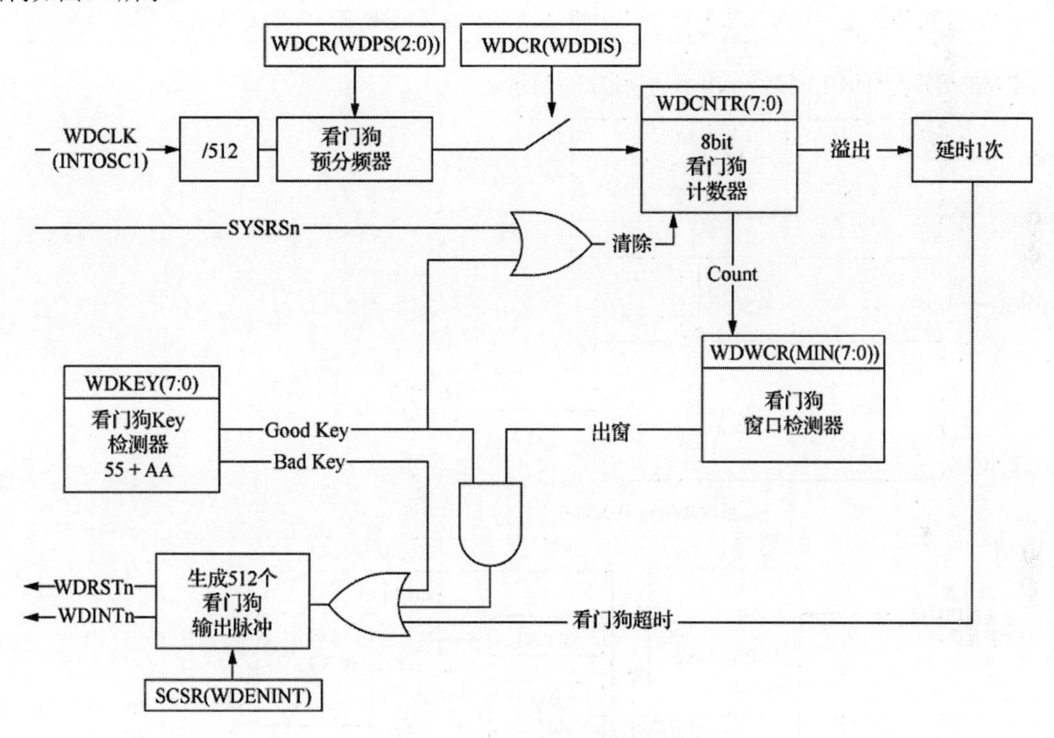

图 3-6　看门狗模块功能结构图

3.5.4　可配置逻辑块

C2000的可配置逻辑块（CLB）是一组模块的集合，这些模块使用软件进行互连，以实现自定义数字逻辑功能或增强现有的片上外设。

CLB通过一组交叉开关互连（XBAR）来增强现有外设，为现有的控制外设（如增强型脉宽调制器ePWM、增强型采集模块eCAP和增强型正交编码器脉冲模块eQEP）提供高度连接性。交叉开关还允许将CLB连接到外部GPIO引脚。

通过这种方式，CLB可以配置为与器件外设交互，执行小型逻辑功能（如比较器），或实现自定义串行数据交换协议。CLB的引入使得原本需要外部逻辑器件实现的功能可在芯片内部实现。

注意 CLB外设一般通过CLB相关工具进行配置，设计人员可以根据设计需求定制数字逻辑功能。CLB的配置步骤如下。

（1）设置输入信号选择器：选择进入CLB逻辑块的8个信号。
（2）配置CLB逻辑块：配置CLB内部的逻辑功能，包括组合逻辑和时序逻辑等。
（3）设定外设信号多路复用器：分配CLB逻辑块的8个输出。
（4）设定匹配值：通常用于表示特定触发条件，如在SR PWM中设置匹配值以表示所需的关断延迟。
（5）通过软件互连：将各个配置好的CLB模块通过软件互连起来，实现复杂的数字逻辑功能。

F28379D片上的CLB模块及其互连如图3-7所示。

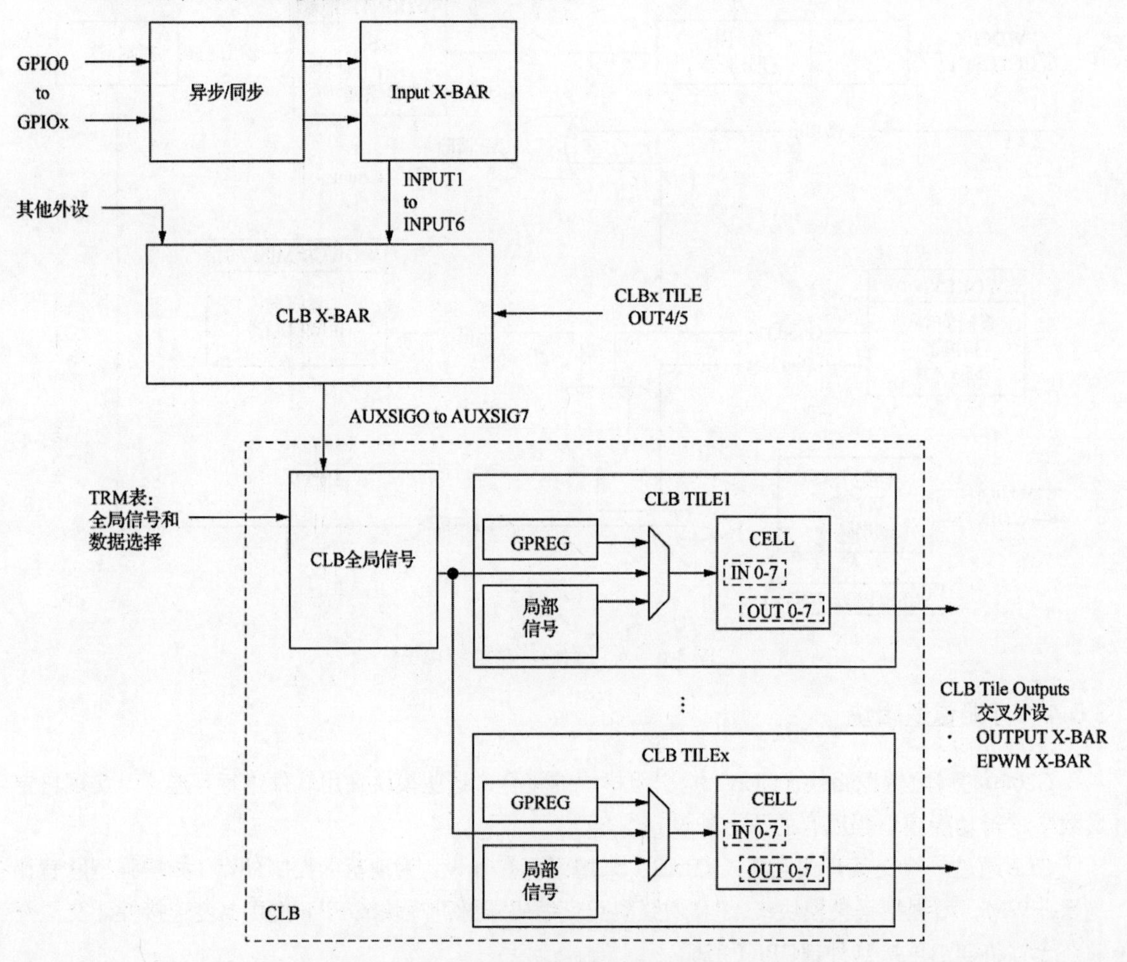

图 3-7　CLB 模块功能结构图

3.5.5　功能安全

TMS320C2000 MCU配备有基于TI发布验证的C28x和CLA编译器认证套件（CQ-Kit），该套件可通过TI官网免费下载，相关许可证可在编译器套件认证网页上申请。

此外，C2000 MCU还支持MathWorks公司的Embedded Coder（嵌入式编码器）工具，该工具与TI C2000兼容，便于设计人员从Simulink模型中生成C2000的优化代码。Simulink是一种基于模型的系统设计方法，能够通过与芯片相关的认证工具简化系统设计流程，包含Embedded Coder（嵌入式编码器）、Simulink模型验证、Polyspace代码验证工具，并支持符合ISO 26262和IEC 61508标准的IEC认证套件。功能安全合规的安全机制包括：

- 功能安全手册。
- 详细、可调且定量的故障模式、影响分析和诊断分析（Failure Modes, Effects, and Diagnostic Analysis，FMEDA）。
- 软件诊断库，有助于缩短实现各种软件安全机制的时间。
- 针对功能安全系统开发的应用报告集合。

C2000诊断软件库是一个旨在检测故障的安全机制集合，针对不同的元器件，包括C28x内核、控制律加速器（Control Law Accelerator，CLA）、系统控制、静态随机存取存储器（Static Random-Access Memory，SRAM）、闪存及通信和控制外设。这些软件安全机制利用现有的硬件安全功能，例如C28x硬件内置自检（Hardware Built-In Self-Test，HWBIST）、存储器错误检测和纠正功能、并行签名分析电路、时钟检测逻辑缺失、看门狗计数器和硬件冗余。

此外，软件库还提供软件功能安全手册、用户指南、实例项目和源代码，帮助用户缩短系统设计时间。设计人员可以根据TI公司提供的相关功能安全指南，进一步增强数字系统的安全冗余和合规性。

3.6　控制律加速器、直接存储器访问以及核间通信

DSP芯片的控制律加速器（Control Law Accelerator，CLA）是一个独立且完全可编程的32位浮点运算处理器，主要用于C28x系列器件。作为硬件加速器，CLA在核心处理器的帮助下执行数学运算，并与主C28x CPU并行处理实时控制算法，从而大幅提升C2000器件的计算性能。

此外，CLA具有低中断延迟特性，能够即时读取模拟子系统和传感器等的采样信息，如ADC采样或I/Q两路输入的数字信号。这一特性显著降低了采样到输出的延时，从而实现更快的系统响应和更高频率的信号处理能力。因此，CLA广泛应用于需要实时响应和高频率控制的应用场合，如电机控制和电源管理等领域。

DSP芯片中的直接存储器访问（Direct Memory Access，DMA）是一种关键的数据传输技术，

能够在不通过CPU内核控制的情况下，实现内存与外设或其他内存之间的高速数据传输。这不仅减轻了CPU的负担，还显著提高了数据传输的效率和速度。

在DMA传输中，有几个重要的概念：

- Burst（突发传输）：一次DMA传输中的最小触发单元，每当DMA通道被触发时，数据就会传输。每次传输最多可达到32个字，这个数量称为Burst数量。
- Transfer（传输）：完整的DMA数据传输，由多个Burst组成，所包含的Burst数量称为Transfer数量。
- Wrap（环绕模式）：当传输的数据量超过设定的内存区域时，会自动切换到另一个内存区域继续传输。

DSP芯片处理器间通信是指在多核或多处理器系统中，各个处理器之间进行信息交互的过程。通信的方式有多种，其中包括共享数据空间、硬件中断和任务中断。

共享数据空间是一种常用的通信方式，两个处理器可以访问相同的内存空间，提供交换信息来传递数据和状态。然而，该方式通常需要逐个核进行查询，因此在对实时性要求较高的场合可能不太适用。

硬件中断方式是另一种常见的通信方式，它通过硬件中断来通知状态。这种方式实时性最高，可以实时响应中断。然而，如果存在多个任务，核间中断可能会打断正在运行的较高优先级事件；如果在高级事件中屏蔽中断，那么在多次中断的情况下，只会响应最后一次中断，导致前面的中断丢失。

为了解决这些问题，多核处理器一般会采用任务中断方式来实现核间信息交互。在单核软件中，任务是实时运行的进程，通过信号量来触发。一个任务完成后退出，信号量会减1，直到该任务对应的信号量为0；触发一个任务时，会给该任务的信号量加1。

此外，DSP部分还可以通过提供完整的HPI驱动程序和通信协议，利用HPI并行接口与主机ARM进行数据交换，广泛应用于各种实时处理和控制领域。这种通信方式使DSP和ARM可以作为独立的系统使用，各自拥有完整的子系统软件。子系统之间的核心联系是DSP器件本身带有的HPI接口。

3.6.1　控制律加速器

F28379D片上CLA是一款独立的单精度32位FPU处理器，具有自己的总线结构、数据获取机制和流水线结构，可指定8个独立的CLA任务。每个任务均由软件或外设（例如ADC、ePWM、eCAP、eQEP或CPU计时器0）启动。CLA每次执行一个任务，直至完成而不发生中断。当一个任务完成时，主CPU会收到来自PIE的中断请求，而CLA则会自动开始下一个优先级最高的待办任务。

除此之外，CLA可以直接访问ADC模块的结果寄存器、ePWM、eCAP、eQEP、比较器和DAC寄存器。此外，前文提到的专用消息RAM也为CLA模块提供了一种在主CPU和CLA之间传递额外数据的方法。CLA模块功能结构图如图3-8所示。

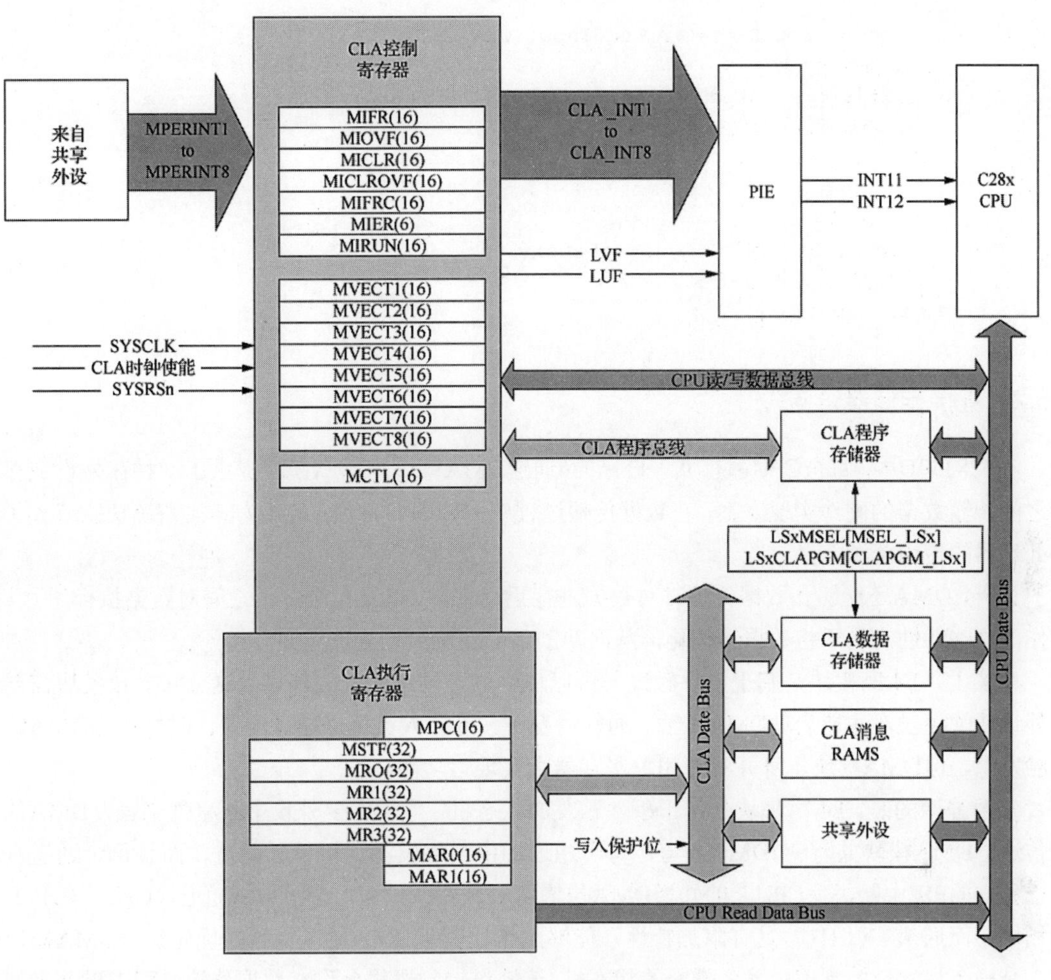

图3-8　CLA模块功能结构图

下面是一个在F28379D器件上使用CLA的代码实例。

```
#include "F28379D.h"
void main(){
    // 初始化CLA器件
    CLA_Init();
    // 配置CLA器件的输入和输出端口
    CLA_ConfigIO(CLA_INPUT0,  CLA_OUTPUT0);
    CLA_ConfigIO(CLA_INPUT1,  CLA_OUTPUT1);
    // 配置CLA器件的操作模式
    CLA_ConfigMode(CLA_MODE0);
    // 启动CLA器件
    CLA_Start();
    while (1){
        // 读取输入数据
```

```
        Uint16 inputData=CLA_ReadInput(CLA_INPUT0);
        // 处理输入数据
        Uint16 processedData=ProcessData(inputData);
        // 将处理后的数据写入输出端口
        CLA_WriteOutput(CLA_OUTPUT0,  processedData);
    }
}
Uint16 ProcessData(Uint16 inputData){
    // 在这里添加数据处理逻辑
    return inputData;
}
```

3.6.2　直接存储器访问

在F28379D中，每个CPU都有属于自己的6通道DMA模块。DMA模块提供了一种在外设或存储器之间传输数据的硬件实现方案，在数据传输过程中无须CPU干预，从而为其他系统功能节省了核心处理器的使用资源。

此外，DMA还能够在数据传输时对数据进行正交重排，以及在缓冲区之间对数据执行“乒乓”操作。这些特性有利于将数据结构化，从而帮助CPU实现最佳处理方案。

事实上，DMA模块是基于事件触发（可以理解成一种中断）的外设，这意味着该模块需要借助外设或软件触发才能启动DMA传输。通常情况下，设计人员可以通过配置计时器作为DMA的中断触发源，但DMA模块本身并没有相关寄存器来实现该功能。

需要强调的是，DMA模块是基于事件触发的状态机。通常需要外设中断事件来触发DMA的数据传送。DMA模块共有6个DMA通道，每个通道的中断触发源均可单独配置，而且每个通道具有自己独立的PIE中断，使CPU能够知道DMA传输何时开始或结束。5个DMA通道（CH2～CH6）功能相同，而通道1（CH1）具有附加特性，能够配置比其他DMA通道更高的优先级。DMA模块的核心是一个与地址控制逻辑紧密耦合的状态机。该地址控制逻辑允许在数据传输过程中以及多缓冲区乒乓传输过程中，对数据块进行重新排列，以确保数据按照预期顺序或格式进行处理和传递。

在F28379D芯片上，6个DMA通道中的每个通道的中断触发源都可以单独配置，每个通道都有独立的PIE中断，使CPU能够知道DMA传输何时开始、何时完成。

注意　在DMA的6个通道中，有5个通道功能完全相同，只有通道1的优先级能够配置为高于其他通道的优先模式。

F28379D的DMA特性包括：

- 支持6个独立的PIE中断通道。
- 外设中断触发源包括：ADC中断、EVT信号、多通道缓冲串行端口（McBSP）的发送和接收、外部中断、CPU计时器、EPWMxSOC信号、SPI的发送和接收、SDFM事件以及软件触发。

- 数据源和目标涵盖：GSx RAM、CPU消息RAM（IPC RAM）、ADC结果寄存器、ePWMx、SPI、McBSP以及EMIF。
- 数据字大小支持16位或32位（SPI和McBSP限制为16位）。
- 吞吐量为每字4个周期（无仲裁延迟）。

下面给出一种DSP芯片片上DMA的配置实例，该实例使用一个DMA通道将数据从RAM-GS-0中的缓冲区传输到RAM-GS-1中的缓冲区。该实例设置DMA通道PERINTFRC位，直到完成16个突发（每个突发为8个16位字）的传输。

当整个传输完成后，系统将触发DMA中断。

【例3-2】 基于F28379D的DMA配置实例。

```
// 头文件包含
#include "driverlib.h"
#include "device.h"
// DMA数据段
#pragma DATA_SECTION(sData, "ramgs0");              // 将TX数据映射至存储
#pragma DATA_SECTION(rData, "ramgs1");              // 将RX数据映射至存储
// 宏定义
#define BURST       8                               // 突发传输位宽为8
#define TRANSFER    16                              // [(MEM_BUFFER_SIZE/(BURST)]
// 全局变量定义
uint16_t sData[128];                                // 发送数据缓冲区
uint16_t rData[128];                                // 接收数据缓冲区
volatile uint16_t done;
// 函数原型定义
__interrupt void dmaCh6ISR(void);
void initDMA(void);
void error();
// 主函数
void main(void){
    uint16_t i;
    // 设备初始化
    Device_init();
    // 设备GPIO初始化
    // Device_initGPIO();                                   // 本例跳过
    // 初始化PIE寄存器
    Interrupt_initModule();
    // 初始化PIE中断向量表
    Interrupt_initVectorTable();
    // 配置中断寄存器
    Interrupt_register(INT_DMA_CH6, &dmaCh6ISR);
    // 初始化外围器件
    initDMA(); // set up the dma
    // 允许DMA连接外部第2帧器件
    SysCtl_selectSecMaster(0, SYSCTL_SEC_MASTER_DMA);
```

```
    for(i=0; i < 128; i++){
        sData[i]=i;
        rData[i]=0;
    }
    Interrupt_enable(INT_DMA_CH6);
    EINT;
    DMA_startChannel(DMA_CH6_BASE);
    done=0;
    while(!done)    {
       DMA_forceTrigger(DMA_CH6_BASE);
       DEVICE_DELAY_US(1000);
    }
    ESTOP0;
}
// 调试错误
void error(void){
    ESTOP0;
    for (;;);
}
// DMA初始化
void initDMA(){
    DMA_initController();
    const void *destAddr;
    const void *srcAddr;
    srcAddr=(const void *)sData;
    destAddr=(const void *)rData;
    DMA_configAddresses(DMA_CH6_BASE, destAddr, srcAddr);
    DMA_configBurst(DMA_CH6_BASE, BURST, 1, 1);
    DMA_configTransfer(DMA_CH6_BASE, TRANSFER, 1, 1);
    DMA_configMode(DMA_CH6_BASE, DMA_TRIGGER_SOFTWARE, DMA_CFG_ONESHOT_DISABLE);
    DMA_setInterruptMode(DMA_CH6_BASE, DMA_INT_AT_END);
    DMA_enableTrigger(DMA_CH6_BASE);
    DMA_enableInterrupt(DMA_CH6_BASE);
}
__interrupt void dmaCh6ISR(void){                             // DMA通道6中断服务程序
    uint16_t i;
    DMA_stopChannel(DMA_CH6_BASE);
    // 应答信号
    EALLOW;
    Interrupt_clearACKGroup(INTERRUPT_ACK_GROUP7);
    EDIS;
    for( i=0; i < 128; i++ ){                                 // 检查接收到的数据
        if (rData[i] != i){
            error();
        }
    }
    done=1;                                                   // 测试完成
    return;
}
```

F28379D芯片具有6个独立的DMA通道，每个通道可以配置为16-bit或32-bit模式，并能够被各种外设触发源触发。这些通道都有独立的PIE中断，可以在数据传输完成或发生错误时触发。此外，F28379D的DMA数据路径和触发源可以灵活选择，用户可以根据需要进行配置调整。

在DMA传输过程中，数据通过两个嵌套循环进行传输。具体来说，每次DMA传输的数据量由BURST_SIZE和TRANSFER_SIZE共同决定。一次DMA传输结束后，传输的总数据量为(BURST_SIZE+1)*(TRANSFER_SIZE+1)。其中，Burst Loop（内循环）负责处理每次数据传输的细节。

F28379D芯片的DMA内部结构非常灵活，能够满足各种复杂的数据传输需求。无论是数据量的大小，还是数据的类型（16-bit或32-bit），都可以通过配置DMA通道来适应。同时，通过精确控制触发源和数据路径，还可以实现对数据传输过程的精细化管理。

F28379D片上DMA器件的功能结构图如图3-9所示。

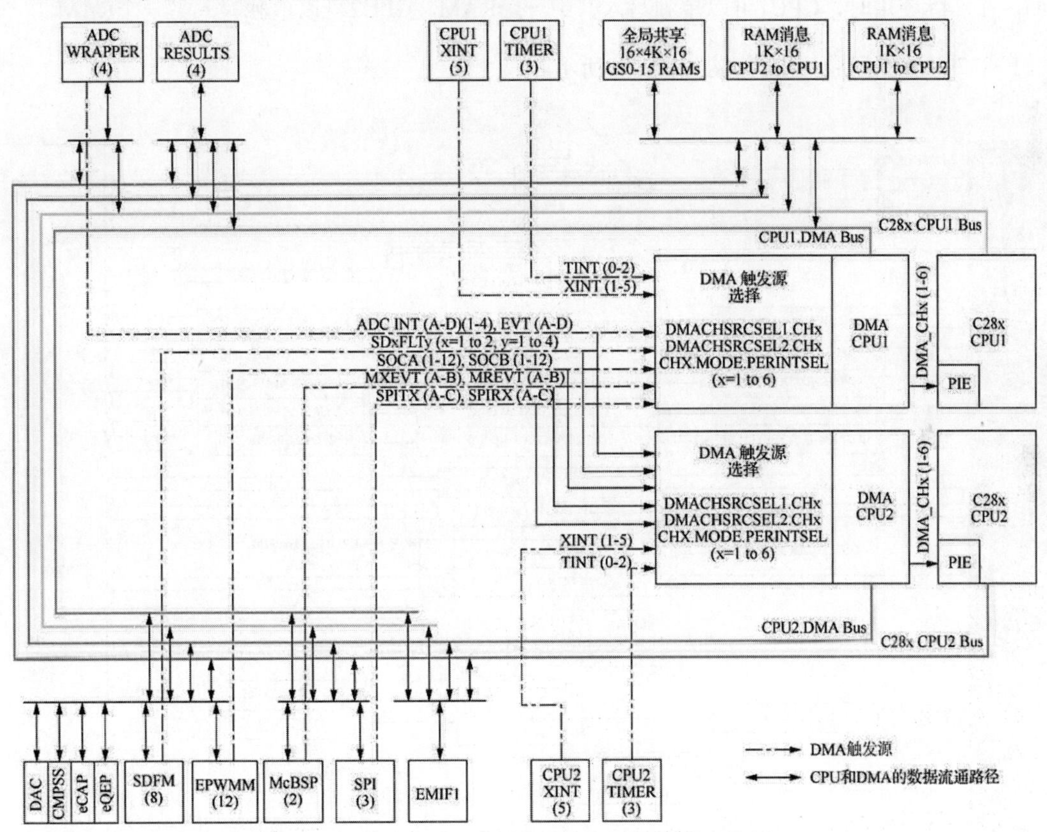

图 3-9　DMA 器件的功能结构图

3.6.3　处理器间通信模块

随着处理器性能的不断提升，尤其是在多核处理器时代，无论是通用处理器还是嵌入式处理器。在多核处理器中，每个核心不能独立工作，需要协同工作才能充分发挥处理器的性能，这就要求有高效的核间通信（Inter-processor Communication，IPC）机制。核间通信的主要目标是充分利用硬件提供的机制来实现高效的核间通信，从而最大限度地发挥SOC（System On Chip）的整体性能。

IPC（Inter-Processor Communication，核间通信）模块支持多种处理器间通信的方法：

（1）每个CPU有32个IPC标志，可通过软件轮询发出事件信号或指示状态，每个CPU还有4个标志可以生成中断。

（2）共享数据寄存器，用于在CPU之间发送命令。

（3）引导模式和状态寄存器，允许CPU1控制CPU2的引导过程。

（4）采用通用64位计数器。

（5）采用两组共享消息RAM，用于传输批处理数据。每个RAM可以由两个CPU单独读取。例如，在实际使用时，CPU1可以单独写入其中一个RAM，CPU2可以单独写入另一个RAM。

F28379D的核间通信IPC架构如图3-10所示。

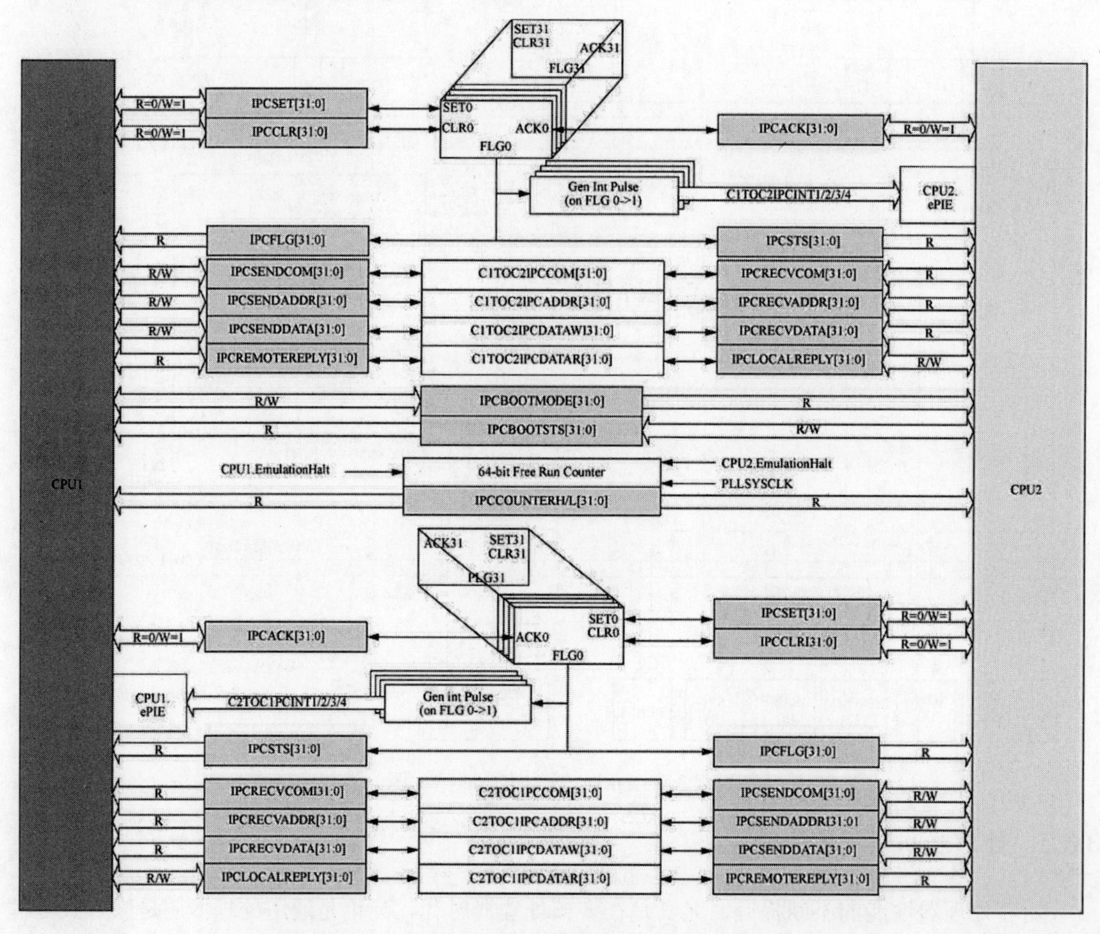

图 3-10　IPC 架构图

由图中可以看出，左右两侧分别为两组需要进行核间通信的中央处理器，中间则为各通信组件的相关寄存器以及信号流向标志符。下面给出在F28379D上进行核间通信的一个工程实例。

【例3-3】基于F28379D的IPC核间通信实例。

```
/*IPC核间通信实例*/
// 包含头文件
#include "driverlib.h"
#include "device.h"
#include "ipc.h"
// 常量/变量定义区
#define ADC_SAMPLE_PERIOD 1999          // 50kHz采样率
uint16_t LedCtr1=0;                     // LED控制位
// 中断服务子程序1
interrupt void ipc1_ISR(void){
   uint32_t cmd, addr, data;
   // 清除中断标志位
   Interrupt_clearACKGroup(INTERRUPT_ACK_GROUP1);
   // 从CPU2获得下一组DAC采样数据
   IPC_readCommand(IPC_CPU1_L_CPU2_R, IPC_FLAG1, false, &cmd, &addr, &data);
   // 确认IPC1标志位
   IPC_ackFlagRtoL(IPC_CPU1_L_CPU2_R, IPC_FLAG1);
   // 在DAC上加载新的采样数据
   DAC_setShadowValue(DACB_BASE, (uint16_t)data);
   if (LedCtr1++ >= 50000) {
      GPIO_togglePin(DEVICE_GPIO_PIN_LED1);
      LedCtr1=0;
   }
}
// 中断服务子程序adcA1
interrupt void adcA1ISR(void){
   uint32_t adcResult;
   // 清除中断标志位
   Interrupt_clearACKGroup(INTERRUPT_ACK_GROUP1);
   ADC_clearInterruptStatus(ADCA_BASE, ADC_INT_NUMBER1);
   // 从ADC读取采样数据
   adcResult=(uint32_t)ADC_readResult(ADCARESULT_BASE, ADC_SOC_NUMBER0);
   // 向CPU2发送
   IPC_sendCommand(IPC_CPU1_L_CPU2_R,PC_FLAG0, false, 0, 0,adcResult);
}
inline void InitDac(void){
   // 设置参考电压
   DAC_setReferenceVoltage(DACB_BASE, DAC_REF_ADC_VREFHI);
   // 将时钟加载模式设置为系统时钟
   DAC_setLoadMode(DACB_BASE, DAC_LOAD_SYSCLK);
   // 设置DAC的输出为0
   DAC_setShadowValue(DACB_BASE, 0);
```

```
    // 使能DAC输出端
    DAC_enableOutput(DACB_BASE);
    // 短暂延迟后，DAC开始工作
    DEVICE_DELAY_US(10);
}
// 内敛函数ePWM初始化
inline void InitEPwm(void){
    // 关闭所有ePWM的时钟
    SysCtl_disablePeripheral(SYSCTL_PERIPH_CLK_TBCLKSYNC);
    // 重置ePWM2
    SysCtl_resetPeripheral(SYSCTL_PERIPH_RES_EPWM2);
    // 关闭内部计数器
    EPWM_setTimeBaseCounterMode(EPWM2_BASE, EPWM_COUNTER_MODE_STOP_FREEZE);
    // 设置时钟计时器
    EPWM_setClockPrescaler(EPWM2_BASE, EPWM_CLOCK_DIVIDER_1,
                           EPWM_HSCLOCK_DIVIDER_1);
    // 设置周期计数，使用全周期向上计数模式
    EPWM_setTimeBasePeriod(EPWM2_BASE, ADC_SAMPLE_PERIOD);
    // 使用寄存器加载周期计数
    EPWM_setPeriodLoadMode(EPWM2_BASE, EPWM_PERIOD_SHADOW_LOAD);
    // 设置相移参数
    EPWM_setPhaseShift(EPWM2_BASE, 0);
    // 使能ADC SOCA触发器
    EPWM_enableADCTrigger(EPWM2_BASE, EPWM_SOC_A);
    // 设置ADC触发源
    EPWM_setADCTriggerSource(EPWM2_BASE, EPWM_SOC_A, EPWM_SOC_TBCTR_PERIOD);
    // 生产SOCA
    EPWM_setADCTriggerEventPrescale(EPWM2_BASE, EPWM_SOC_A, 1);
    // 启动上行计数器模式
    EPWM_setTimeBaseCounterMode(EPWM2_BASE, EPWM_COUNTER_MODE_UP);
    // 使能所有ePWM计数器
    SysCtl_enablePeripheral(SYSCTL_PERIPH_CLK_TBCLKSYNC);
}
inline void InitAdc(void){                        // 内联函数：初始化ADC
    // 重置ADC
    SysCtl_resetPeripheral(SYSCTL_PERIPH_RES_ADCA);
    ADC_disableConverter(ADCA_BASE);
    ADC_setPrescaler(ADCA_BASE, ADC_CLK_DIV_4_0);
    ADC_setInterruptPulseMode(ADCA_BASE, ADC_PULSE_END_OF_CONV);
    ADC_setupSOC(ADCA_BASE, ADC_SOC_NUMBER0, ADC_TRIGGER_EPWM2_SOCA,
                 ADC_CH_ADCIN0, 8);
    ADC_setInterruptSOCTrigger(ADCA_BASE, ADC_SOC_NUMBER0,
                               ADC_INT_SOC_TRIGGER_NONE);
    ADC_setSOCPriority(ADCA_BASE, ADC_PRI_ALL_ROUND_ROBIN);
    ADC_enableContinuousMode(ADCA_BASE, ADC_INT_NUMBER1);
    ADC_setInterruptSource(ADCA_BASE, ADC_INT_NUMBER1, ADC_SOC_NUMBER0);
    // 使能ADC中断
    ADC_enableInterrupt(ADCA_BASE, ADC_INT_NUMBER1);
```

```
    Interrupt_register(INT_ADCA1, &adcA1ISR);
    // 使能ADCA的PIE中断
    Interrupt_enable(INT_ADCA1);
#ifdef USE_ADC_REFERENCE_INTERNAL
    // 设置参考电压
    ADC_setVREF(ADCA_BASE, ADC_REFERENCE_INTERNAL, ADC_REFERENCE_3_3V);
#endif
    ADC_enableConverter(ADCA_BASE);
    // 上电后等待1毫秒
    DEVICE_DELAY_US(1000);
}
inline void InitGpio(void){
    // 初始化GPIO
    Device_initGPIO();
    // 配置GPIO使LED灯闪烁
    GPIO_setPinConfig(DEVICE_GPIO_CFG_LED1);
    GPIO_setPadConfig(DEVICE_GPIO_PIN_LED1, GPIO_PIN_TYPE_STD);
    GPIO_setDirectionMode(DEVICE_GPIO_PIN_LED1, GPIO_DIR_MODE_OUT);
    GPIO_writePin(DEVICE_GPIO_PIN_LED1, 1);
    GPIO_setMasterCore(DEVICE_GPIO_PIN_LED1, GPIO_CORE_CPU1);
    // 配置GPIO
    GPIO_setPinConfig(DEVICE_GPIO_CFG_LED2);
    GPIO_setPadConfig(DEVICE_GPIO_PIN_LED2, GPIO_PIN_TYPE_STD);
    GPIO_setDirectionMode(DEVICE_GPIO_PIN_LED2, GPIO_DIR_MODE_OUT);
    GPIO_writePin(DEVICE_GPIO_PIN_LED2, 0);
    GPIO_setMasterCore(DEVICE_GPIO_PIN_LED2, GPIO_CORE_CPU2);
}
void main(void){
    // 配置系统时钟和锁相环，使能外围器件，配置Flash
    Device_init();
#ifdef _STANDALONE
#ifdef _FLASH
    Device_bootCPU2(BOOTMODE_BOOT_TO_FLASH_SECTOR0);
#else
    Device_bootCPU2(BOOTMODE_BOOT_TO_M0RAM);
#endif
#endif
    // 初始化PIE中断模式，并初始化中断向量表
    Interrupt_initModule();
    Interrupt_initVectorTable();
    // 初始化并配置外围器件
    InitGpio();
    InitAdc();
    InitDac();
    InitEPwm();
    // 寄存器IPC1中断，加载DAC采样数据
    IPC_registerInterrupt(IPC_CPU1_L_CPU2_R, IPC_INT1, ipc1_ISR);
    // 清空IPC标志位
```

```
    IPC_clearFlagLtoR(IPC_CPU1_L_CPU2_R, IPC_FLAG_ALL);
    // 开启双核心模式
    IPC_sync(IPC_CPU1_L_CPU2_R, IPC_FLAG17);
    // 使能全局中断
    EINT;
    // 使能实时调试器
    ERTM;
    for (;;) {
        NOP;
    }
}
```

3.7　本章小结

本章主要介绍了TMS320F28379D芯片的概述，以及其内部核心运算单元、片上RAM、看门狗计时器、控制律加速器和DMA等模块的结构与功能。在本章中，首先对TMS320F28379D芯片进行了简要介绍，阐述了其特点和应用；然后，介绍了TMS320F28379D芯片内部片上RAM和看门狗计时器的使用方法；最后，详细讲解了控制律加速器和DMA的工作原理与使用方法，并通过实例演示了如何使用这些功能提升系统性能。通过本章的学习，读者可以深入了解TMS320F28379D芯片的内部结构和功能，为后续的开发工作打下坚实的基础。

3.8　习题

（1）DSP的总线结构有什么特点?

（2）F28379D芯片有哪些片上资源可供使用？

（3）某存储区域共有32条地址线，该区域的寻址空间为多少？

（4）XSR复位与POR复位有何区别？

（5）CPU响应中断时，内部寄存器INT标志位发生了什么变化？中断返回后该标志位如何变化？

（6）F28379D芯片执行中断服务程序后，EALLOW标志位如何变化？

（7）在芯片运行过程中，F28379D中哪些外设模块必须初始化？

（8）XINTF与外部外设时序匹配的原则是什么?

（9）F28379D的控制类外设模块有哪些?它们主要针对哪些被控对象?

（10）GPIO模块与外设功能引脚复用的原理是什么?

（11）CPU定时器的定时原理是什么?有什么显著特点?

（12）PIE级中断管理与CPU级中断管理有何不同?

（13）外设级中断管理与PIE级中断管理有何不同?

（14）SCI模块与标准UART相比，增强的功能主要体现在哪些方面?
（15）SCI的字符格式由哪些部分组成?
（16）简述ePWM模块生成PWM波形的工作原理。
（17）简述eCAP模块测量脉冲周期和脉宽的工作原理。
（18）简述eQEP模块测量电机转速和转向的工作原理。
（19）eCAN模块与标准CAN控制器相比，其增强功能主要体现在哪些方面？
（20）简述ADC模块自动转换排序器的工作原理。
（21）ADC模块的同步采样模式和顺序采样模式有什么区别？
（22）简述F28379D的DMA通道数量和特点。
（23）F28379D的双核架构如何提高系统性能？
（24）解释F28379D中DMA的传输方式和传输模式，并说明OneShot Mode的作用。
（25）结合F28379D的硬件特点，分析其如何满足高级闭环控制应用的需求。
（26）F28379D的DMA系统有何特点？详述其传输方式和工作模式。
（27）F28379D如何支持实时控制应用，尤其是在多反馈输入处理和模拟信号管理方面？

第 4 章

DSP开发基础

DSP软件开发基础涵盖许多设计人员必备的开发技能，包括汇编语言编程、C语言编程、硬件原理图以及软件开发工具的使用，有时还包括嵌入式系统设计等。此外，理解并掌握DSP芯片的常用外设和具体应用也是一项重要内容。在编程方面，开发者需要熟练掌握汇编语言和C语言，这些编程语言是进行DSP软件开发的基础，通过它们可以实现对DSP芯片各种功能的控制。

在硬件开发工具的使用方面，主要包括在线硬件仿真器和系统开发板等工具，这些工具可以帮助开发者进行硬件的调试和验证，以确保软件与硬件的正常运行。在了解DSP芯片基本原理的同时，开发者还需要熟悉其广泛的应用。例如，TI公司C2000系列DSP芯片广泛应用于电机控制、汽车电子、电源管理以及机器人控制算法等领域。

本章将介绍有关DSP开发相关的基础内容，例如文件格式和工程目录结构等。此外，还将涵盖TI公司集成开发环境CCS的使用方法、软件开发套件C2000Ware以及一些可供读者快速上手的开发实例。

4.1 CCS常用目标文件格式

在过去的软件开发中，以C语言为例，普遍的流程是程序员先编辑.c源文件，随后对源文件进行预编译。此时，源文件中的注释被删除，宏定义被展开，且源文件中包含的头文件也会被完整地包含进源文件中。这一步编译器只对源文件进行了简单的文本处理。

接下来，对经过预编译的源文件进行正式编译，编译器将C语言代码转换为汇编语言，生成由汇编代码编写的汇编程序文件。

然后，对汇编程序进行汇编，得到原始的机器指令文件，此时该文件被称为目标文件（.obj）。最后，调用链接器将目标文件和相关的库文件进行链接，从而生成可执行文件。

其中，目标文件（.obj）是源代码经过编译过程生成的中间二进制文件，包含源程序的编译信息，但尚未完成所有的链接工作。在编程过程中，目标文件通常由编译器生成，作为将源代码转换为机器语言过程的一部分。

目标文件与可执行文件的内容和结构非常相似，它们都包含二进制代码、数据以及调试信息等。其主要的区别在于，目标文件只给出了程序的相对地址，尚未分配完全的绝对地址。因此，为了使计算机能够正确读取和运行，目标文件需要通过链接器与相应的库文件和资源文件链接，生成可在特定操作系统上运行的可执行文件。

注意　在不同的操作系统中，目标文件的扩展名可能会有所不同。例如，在Windows环境下，目标文件通常以.obj作为扩展名；而在Linux环境下，目标文件则通常以.o作为扩展名。

在DSP的开发中，.obj目标文件采用的是通用目标文件格式（Common Object File Format，COFF）。通用目标文件格式并没有统一的行业标准，它首次出现在早期的UNIX系统中，TI公司采纳了UNIX系统的COFF格式，并定制了适合DSP的目标文件格式。TI和Microsoft都使用COFF格式，但它们的目标文件之间并不具有兼容性。

DSP的C语言编译器在汇编和链接阶段以COFF格式创建.obj目标文件。该COFF格式为管理代码段和目标系统内存提供了强大而灵活的方法。

综上所述，.obj是一种目标文件格式，是编译或汇编后生成的目标文件，用于后续链接，最终生成可执行程序；而COFF则是.obj文件的一种格式。

COFF格式允许在链接阶段定义系统内存，这使得C/C++语言编写的代码和数据对象可链接到指定的内存空间。此外，COFF格式还支持源代码级调试，文件中的元素可用来描述文件的段和符号调试等信息。这些元素包括文件头、可选文件头信息、段头表、每个初始化段的原始数据、每个初始化段的重定位信息、符号表和字符串表。COFF文件结构如图4-1所示。

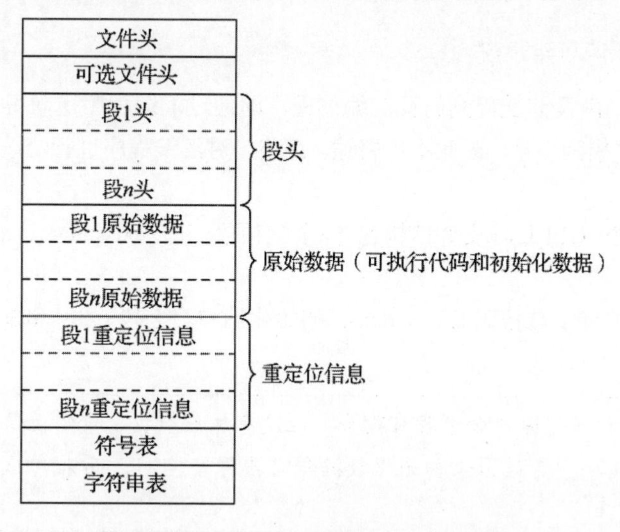

图 4-1　采用 COFF 格式的目标文件的结构

若想查看编写好的源文件对应的汇编程序，可通过编译器直接编译/汇编源文件。若想通过.obj查看源程序，则需要使用相关的反汇编软件或在线反汇编工具。例如，可以通过编译器查看下面一段程序的编译结果（汇编文件）：

```
/*test.c
利用C语言编写一段求圆面积的程序*/
#define pi 3.14
int circleArea(int radius) {
   return pi*radius*radius;
}
```

通过编译器完成编译后，可得到下面一段汇编程序：

```
/*test.c的编译结果*/
circleArea(int):
        push    rbp
        mov     rbp, rsp
        mov     DWORD PTR [rbp-4], edi
        pxor    xmm1, xmm1
        cvtsi2sd        xmm1, DWORD PTR [rbp-4]
        movsd   xmm0, QWORD PTR .LC0[rip]
        mulsd   xmm1, xmm0
        pxor    xmm0, xmm0
        cvtsi2sd        xmm0, DWORD PTR [rbp-4]
        mulsd   xmm0, xmm1
        cvttsd2si       eax, xmm0
        pop     rbp
        ret
.LC0:
        .long   1374389535
        .long   1074339512
```

若想逆向查看，则涉及前文提到的反汇编过程，即通过汇编程序逆向得到test.c的过程。这一操作在DSP实际开发中极为少见，因此不再赘述。最终，对汇编程序进行汇编即可得到二进制的目标文件.obj。

通常情况下，一个COFF目标文件结构包含3个默认段，即.text、.data、.bss，以及多个用户自定义段，如图4-2所示。

在默认条件下，编译工具按照.text、.data、初始化用户命名段、.bss和未初始化用户命名段的次序放置这些段。

注意 虽然未初始化用户命名段有段头，但没有原始数据、重定位信息或行号项。这是因为.bss、.usect伪指令会直接为未初始化数据命名段保留空间，而未初始化数据命名段不包含实际的代码。

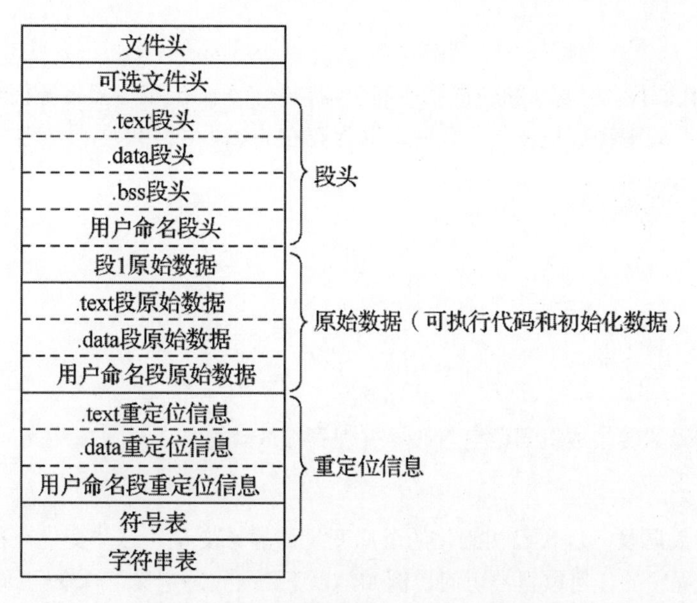

图 4-2　采用 COFF 格式的目标文件的结构

在实际开发中，目标文件中的段也被称为最小单元，是一组代码或数据。这些代码或数据最终将在存储器中占据一块连续的空间。一个典型的目标文件通常包含上述三组默认段：.text段、.data段和.bss段。.text段一般包含可执行代码，而.data段则包含已初始化的数据。

所谓的重定位项，是指在链接器将各个段组合成一个完整程序时，需要对某些符号进行重新定位。这个过程主要依赖于目标文件中的一种数据结构，即重定位实体（Relocation Entries）。伪指令则是一种特殊的指令，它不会生成机器代码，而是在编译过程中起到指导作用。例如，伪指令可以指导编译器在特定的地址范围内生成代码或数据。

在DSP中，C++编译器创建的初始化段和非初始化段是两个基本的段。

初始化段包含代码和常数等必须在数字信号处理器（Digital Signal Processor，DSP）上电后有效的数据。因此，初始化块必须保存在如片内Flash等非易失性存储器中。这些主要包括.text段（所有可以执行的代码）、.cinit段（全局变量和静态变量的C初始化记录）以及.const段（包含字符串常量和初始化的全局变量和静态变量）等。

对于.bss中全局变量的初始化过程，可以通过编译选项选择不同的初始化方式，分别是选项-c和-cr。-c为运行时初始化，-cr为加载时初始化。如果选择-c选项，那么C初始化函数将读取.cinit段中的记录信息，并分别初始化.bss段中的全局变量和静态变量。如果选择-cr选项，那么全局变量和静态变量的初始化工作由loader程序完成，而不是C的初始化函数。

非初始化段中包含在程序运行过程中动态写入数据的变量。因此，非初始化段必须链接到RAM等易失性存储器中。当程序运行时，操作系统会根据需要将这些变量加载到内存中。下面举例说明这三种默认段之间的具体区别。

1）.text段

.text段是程序代码段，包含可执行的指令和机器语言代码。当编译器将源代码编译成目标文件时，会将函数、指令等编译成机器语言代码，并保存在.text段中。例如，一个C++程序中的main()的函数可能有如下语句：

```
int main() {
    int a=10;
    int b=20;
    int c=a + b;
    return c;
}
```

该函数会被编译器转换成机器语言代码，并保存在.text段中。

2）.data段

.data段是程序数据段，包含已初始化的全局变量和静态变量。这些变量在程序运行期间始终存在，并且可以在程序的任何位置被访问。例如，以下C++代码定义了一个全局变量：

```
int global_var=100;
```

这个变量会在程序启动时被初始化为100，并保存在.data段中。

3）.bss段

.bss段是程序数据段，包含未初始化的全局变量和静态变量。这些变量在程序运行期间需要被初始化，但它们的初始值通常是任意的。例如，以下C++代码定义了一个全局变量：

```
int global_var;
```

这个变量会在程序运行时被初始化为一个随机值，并保存在.bss段中。

总的来说，.text段是程序的代码段，包含可执行的指令和机器语言代码；.data段是程序数据段，包含已初始化的全局变量和静态变量；.bss段是程序数据段，包含未初始化的全局变量和静态变量。

4.2 CCS工程文件结构

在CCS软件开发过程中，一个完整项目的顶层文件就是工程文件，DSP的工程文件扩展名为pjt，它是一个特殊的文本文件。该文件由CCS集成开发环境通过执行创建工程文件命令自动生成，通常不需要用户编辑和修改。工程文件是一个DSP应用软件开发的容器或框架，它以树形结构的文件管理器窗口的形式呈现给用户，包含include、source和library子目录，分别用于存放头文件、源程序文件和库文件，而链接器命令文件则存放在工程文件的根目录下。这些不同类型的文件共同构成一个完整的工程文件。通过CCS集成开发环境，工程文件经过汇编、编译和链接后，最终生成DSP可执行文件。然后，借助DSP仿真器的JTAG接口与DSP用户板上的JTAG接口连接，DSP可执行文件被下载到DSP

用户板上的仿真RAM中进行运行调试，或烧写到DSP片上的Flash中，脱离DSP仿真器独立运行。

TI提供了F2833x系统的外设头文件、外设源例程文件和外设模块基本功能例程的工程文件模板，使得构建F28335工程文件和编写DSP C/C++代码变得更加简捷和高效。这些外设源例程文件既可作为学习工具，也可作为当前用户按需开发的基础平台。它们演示了如何初始化DSP片上的外设以及如何使用芯片外设资源所需的软件开发步骤。提供的外设例程可以在CCS平台上直接复制和修改，从而帮助用户快速完成不同外设的软件配置。这些工程文件模板还可通过简单修改链接器命令文件中的内存分配，移植到其他外设的应用软件开发中。

F2837xD系列的外设头文件.h模板为F2837xD片上所有外设寄存器提供了位域变量结构体类型的定义，这些外设寄存器一般包括控制与状态寄存器、数据寄存器等。

- 外设例程的源文件.c模板为F2837xD芯片上的所有外设寄存器提供了以下内容:
  - 位域变量结构体类型的变量分配，用于用户自定义命名段。
  - 预编译处理语句，确保代码的可移植性和配置灵活性。
  - 外设寄存器初始化函数的原型定义，方便进行寄存器初始化设置。
  - 中断服务函数的原型定义，用于配置和处理外设中断。

该模板旨在简化外设的初始化与配置过程，提高开发效率。

F2837xD的链接器命令文件.cmd模板为C/C++语言编译器产生的系统默认段和#pragma预编译处理语句提供支持，并为外设寄存器组创建的命名数据段在DSP片上的存储器空间中指定实际物理地址。F2837xD的库文件.lib模板提供了CCS所需的库文件和F2837xD的浮点运算支持库等。

这些外设头文件模板、外设例程源文件模板、链接器命令文件模板和库文件模板共同构成了F2837xD的工程文件开发模板。利用TI的工程文件开发模板，用户可以快速开发DSP应用程序，开发周期比传统开发方法大大缩短。

以F28379D为例，开发时的工程文件结构如图4-3所示。

图4-3中的工程实例是F2837xD系列的F28379D芯片，该芯片具有两颗相同的C28x计算核心，因此在工程文件中会包含两份子工程，分别为xxx_CPU1和xxx_CPU2。除此之外，还有一些工程文件夹和文件对应上述文件结构。下面结合这一具体实例逐个说明这些文件的具体作用。

1）Binaries 文件夹

Binaries文件夹主要用于存放编译后的可执行文件和库文件，这些文件是源代码经过编译器处理后生成的，包括机器可以理解和执行的指令。此外，这些库文件会被编译器用于链接目标代码，将程序中的函数调用与库文件中的相应函数关联起来，从而使程序能够正常运行。

2）Includes 文件夹

Includes文件夹用于存放头文件，这些头文件中定义了程序中需要调用的函数、变量等，属于源代码中的外部依赖。在C语言编程中，通常使用.h文件作为头文件扩展名。当编写程序时，会将这些头文件包含在对应的.c文件中，这样在源文件中就可以调用这些在头文件中定义的函数和变量。

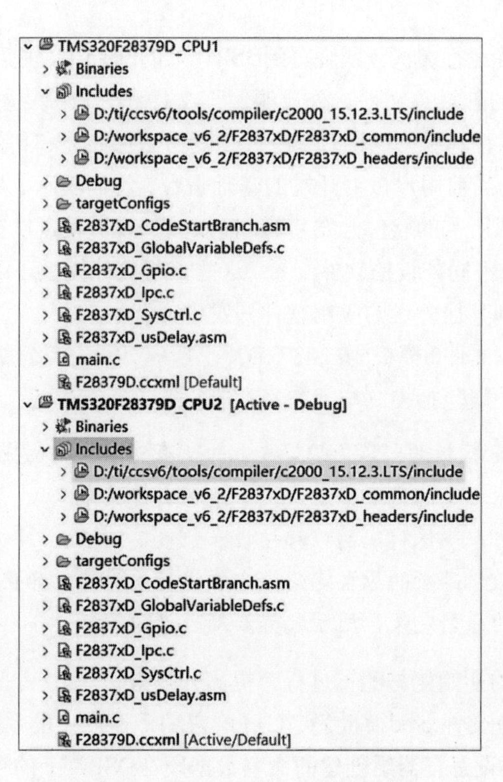

图 4-3　F28379D 的工程目录结构

3）Debug 文件夹

Debug文件夹主要用于存放调试信息和编译后的符号表信息，供设计人员在调试过程中使用。此外，该文件夹还存放编译后生成的可执行文件和库文件，这些文件在仿真调试时起着重要作用。

在实际开发中，为了进行调试，必须将仿真器与目标DSP开发板连接，并为开发板供电。然后，通过正确配置仿真器和目标设备配置，可以下载程序并进行调试。

此外，CCS软件还具有一个特色功能：在仿真调试时，开发人员可以实时修改代码中的变量值。这样，开发人员可以根据变量和寄存器的实时变化来优化和调整代码的运行。

4）targetConfigs 文件夹

targetConfigs文件夹用于存放目标配置文件，这些文件主要定义了与仿真器和目标设备（例如本书所讲的F28379D芯片）相关的设置。例如，设计人员需要在这里指定所使用的仿真器类型和开发的硬件设备类型。此外，设计人员还可以在targetConfigs文件夹中进行一些更高级的配置，如时钟频率等。如果需要修改这些配置，可以直接打开对应的配置文件进行修改，并在调试之前保存。这种高度的自定义能力使得CCS软件能够适应各种不同的开发环境和设备需求。

5）.asm 文件

.asm文件是汇编源文件，项目管理器会对该文件进行汇编和链接。这是开发人员用汇编语言编写的程序源代码，可能包含一些基本的汇编指令库和实例代码。在进行工程项目的构建时，需要对这些.asm文件进行汇编处理，生成目标设备能够执行的机器代码或目标文件。此外，根据CCS软件的不同版本，即使是相同的器件，也可能会有不同的.asm文件。

例如，当我们需要定义一个中断向量表（Interrupt Vector Table，IVT），用于存储不同中断号对应的中断处理函数入口地址时，可以采用汇编语言实现，代码如下：

```
 /*TMS320F28379D的中断向量表地址定义，由汇编语言实现*/
.sect ".vecs"
 .align 1024

_intcVectorTable:
_vector0:   VEC_ENTRY _c_int00    ;RESET
_vector1:   VEC_ENTRY _vec_dummy  ;NMI
_vector2:   VEC_ENTRY _vec_dummy  ;RSVD
_vector3:   VEC_ENTRY _vec_dummy
_vector4:   VEC_ENTRY _vec_dummy
_vector5:   VEC_ENTRY _vec_dummy
_vector6:   VEC_ENTRY _vec_dummy   ;_isrIps
_vector7:   VEC_ENTRY _vec_dummy
_vector8:   VEC_ENTRY _isrAdda
_vector9:   VEC_ENTRY _isrUart
_vector10:  VEC_ENTRY _vec_dummy
_vector11:  VEC_ENTRY _vec_dummy
_vector12:  VEC_ENTRY _vec_dummy
_vector13:  VEC_ENTRY _vec_dummy
_vector14:  VEC_ENTRY _vec_dummy
_vector15:  VEC_ENTRY _vec_dummy
```

在这段代码中，_intcVectorTable是中断向量表的名称，每个中断号对应一个向量项，如_vector0、_vector1等。每个向量项使用VEC_ENTRY指令指定中断处理函数的入口地址，例如_c_int00表示重置中断的处理函数入口地址。

此外，还有一些向量项被标记为RSVD（Reserved）或_isrIps，这些向量可能预留给特定的中断服务例程或指令处理系统（Instruction Processing System，IPS）相关的中断处理程序。

6）.c 文件

.c文件是C语言源代码文件。这些文件主要由开发人员用C语言编写，用于实现复杂的算法和逻辑控制。在进行工程项目构建时，需要对这些.c文件进行编译，生成目标设备能够执行的机器代码或目标文件。

注意　根据使用的CCS软件版本不同，可能会存在不同类型的.c文件。例如，有些版本的CCS软件可能支持同时处理C和C++两种语言编写的源代码文件，即支持混合编程。

7）.ccxml 文件

.ccxml文件是一个目标配置文件，它负责配置仿真器、目标芯片等相关信息。在DSP开发过程中，这种文件起着非常重要的作用。如果一个工程中没有.ccxml文件，设计人员需要在烧写程序之前向工程中添加一个。如果在导入CCS项目后没有.ccxml文件，则可以采用以下方式重新创建：选择该项目并右击，依次选择New→Target Configuration File菜单选项，命名.ccxml文件；然后配置该.ccxml文件；选择相应的仿真器和芯片型号后保存。

8）.obj 文件

.obj文件是源代码经过编译和汇编后生成的目标文件。这种文件是由编译器将对应的源代码文件（例如.c文件）编译生成的。一个源文件通常会产生一个相应的目标文件，然后项目管理器会对这些目标文件进行链接，以生成可以由目标设备执行的代码。

9）.out 文件

out文件是由编译器生成的二进制文件，常用于将编译好的程序文件烧录到目标设备。该过程无须将.out文件转换为其他格式（例如过去开发MCU时常见的.hex文件等），而是可以直接使用。

此外，CCS还提供了多种格式转换工具，可以将.out文件转换成其他常见的格式，例如二进制文件（.bin）、可执行文件（.exe）或可加载模块（.elf）。

10）.elf 文件

.elf文件是一种可执行文件格式，代表程序的二进制镜像。这种文件是由编译器将源代码编译并链接生成的，是可以直接在目标设备上运行的文件。一个源文件在编译过程中通常会生成一个对应的.elf文件。

11）.cmd 文件

.cmd文件是一种链接命令文件，在编译、链接过程中由链接器使用。链接器的核心工作包括符号表解析和重定位，而链接命令文件则使得编程人员可以给链接器提供必要的指导和辅助信息，以此来指导链接器按照指定的方式对之前编译得到的结果进行链接。与数十年前的命令文件相比，现在的命令文件已经变得非常简洁。因此，理解.cmd文件的内容，可以帮助开发者更好地理解程序的运行环境，并且在调试过程中遇到的问题也更容易解决。

.cmd文件一般由三部分组成：输入输出定义、MEMORY命令和SECTION命令。

其中，输入输出命令可以通过CCS的Build Option菜单进行设置，无须在.cmd件中定义。MEMORY命令用来描述系统实际的硬件资源，SECTION命令用来描述文件中的“段”如何定位。

注意　此处使用的是SECTIONS，而非SECTION。

例如，当设计人员需要配置DSP芯片工程中的编译和链接过程时，应在.cmd文件中指定链接的库文件，设置堆栈和堆的大小、定义内存段，并指定各部分应该放置在哪个内存段中。下面是一段.cmd文件的代码实例，有助于读者更好地理解段定义和链接过程的本质。

```
-l rts67plus.lib
-l dsp67x.lib
-l evmomapl137bsl.lib
-stack          0x00001000     /* Stack Size */
-heap           0x00001000     /* Heap Size */
MEMORY {
   AIS:            o=0x11800000  l=0x00005000
   DSPRAM: o=0x11805000  l=0x00035000
}
SECTIONS {
   .vecs    >   DSPRAM   /* 中断向量表 */
   .bss     >   DSPRAM   /* 全局变量和静态变量 */
   .cinit   >   DSPRAM   /* 变量初值表 */
   .cio     >   DSPRAM   /* 用于stdio函数 */
   .const   >   DSPRAM   /* 常数和字符串 */
   .stack   >   DSPRAM   /* 堆栈 */
   .system >    DSPRAM   /* 用动态分配内存，有malloc等函数才会出现 */
   .text    >   DSPRAM  /* 程序代码 */
   .switch >    DSPRAM   /* 用于大型switch语句跳转表 */
   .far     >   DSPRAM   /* 以far声明的全局变量和静态变量 */
   .my_data >AIS
}
```

下面是对代码的详细解释：

- -l rts67plus.lib、-l dsp67x.lib和-l evmomapl137bsl.lib是链接器指令，用于指定要链接的库文件。这些库文件包含一些通用的函数和变量定义。
- -stack 0x00001000和-heap 0x00001000是堆栈和堆的大小设置。这两个指令分别指定了程序的堆栈大小和堆内存大小。在这个例子中，堆栈大小为0x1000字节（4KB），堆内存大小为0x1000字节（4KB）。
- MEMORY指令定义了程序的内存段。在这个例子中，有两个内存段：AIS和DSPRAM。
- AIS段的起始地址为0x11800000，长度为0x00005000字节（2KB）。DSPRAM段的起始地址为0x11805000，长度为0x00035000字节（14KB）。
- SECTIONS指令定义了程序的各个部分应该放在哪个内存段中。在这个例子中，有以下部分：中断向量表（.vecs）放在DSPRAM段中；全局变量和静态变量（.bss）放在DSPRAM段中；变量初值表（.cinit）放在DSPRAM段中；用于stdio函数的内存区域（.cio）放在DSPRAM段中；常数和字符串（.const）放在DSPRAM段中；堆栈（.stack）放在DSPRAM段中；动态分配内存的区域（.system）放在DSPRAM段中；程序代码（.text）放在DSPRAM段中；用于大型switch语句的跳转表（.switch）放在DSPRAM段中；以far声明的全局变量和静态变量（.far）放在DSPRAM段中；自定义数据段（.my_data）放在AIS段中。

事实上，设计人员也可以使用CCS软件来定义程序的入口地址，即CPU启动或复位后开始执行的程序地址。一般情况下，程序入口有3种默认选项：地址0000、_c_int00和_main。其中，_c_int00定义在rtsxxx.lib库中，c_int00()函数负责完成堆栈指针和页指针的初始化，初始化全局变量，最后调用main()函数。此外，设计人员还可以自行设置入口地址，具体设置方式如图4-4所示。

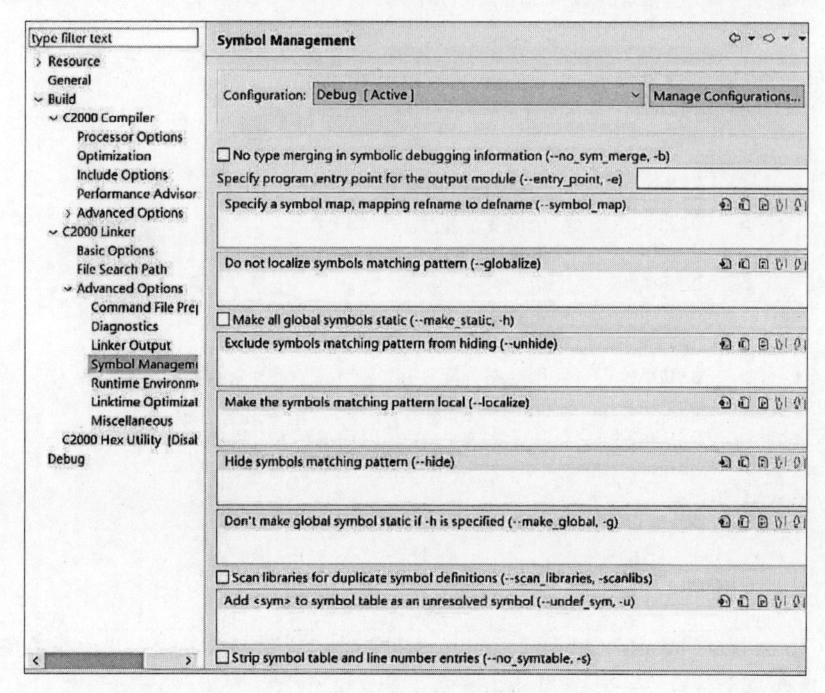

图4-4　CPU程序入口配置

4.3　CCS 10.3开发基础

CCS（Code Composer Studio）是由TI公司推出的一套用于开发和调试嵌入式应用的工具，它包含适用于每个TI器件系列的编译器、源码编辑器、项目构建环境、调试器、描述器、仿真器以及多种其他功能。

CCS软件的不同版本之间的区别主要体现在功能更新、性能优化以及对新器件的支持等方面。例如，本书所采用的版本CCS 10.3.1在库函数和支持包管理方面做得更好，并且相比目前的新版本更加稳定，支持资料也更加全面。此外，10.3版本对TI系列所有型号器件的开发都予以支持，用户可以在IDE中稳定地下载新支持包。因此，我们选择CCS 10.3版本作为本书的实例软件版本，用于向读者演示DSP的开发过程。

4.3.1　常见术语表与缩写词解释

本节主要提供一些常用的术语以及缩写词，方便在后文中更高效地讲解软件开发基础知识。

1. 术语定义

- 集成开发环境（IDE）：一组用于编辑、编译和调试应用的工具。
- 调试探针：用于将主机计算机连接到开发板的物理调试接口，可实现对器件的调试控制。
- 仿真器：TI从前用于表示调试探针的术语。
- 代码生成工具（CGT）：通常用于描述包含编译器、链接器、汇编器和相关工具的工具包。
- 软件开发套件（SDK）：包含用于针对给定器件开发软件应用的软件、库和实例。

2. 常见缩写词

- CCS（Code Composer Studio）。
- IDE（Integrated Development Environment，集成开发环境）。
- CGT（Code Generation Tools，代码生成工具）。
- SDK（Software Development Kit，软件开发套件）。

4.3.2 CCS软件概述

针对CCS 10.3版本，首先需要说明该版本软件的使用配置要求，如表4-1所示，同时介绍针对TMS320F2837xD系列进行开发的可安装版本。

表4-1 CCS 10.3配置要求

要 求	存 储 器	磁盘空间	处 理 器
最小值	4GB	2.5GB	2.0GHz单核
建议	8GB	5.0GB	2.4GHz多核

注意 CCS 10.3是64位应用，无法在32位操作系统上运行。此外，由于CCS是基于Eclipse开源软件框架开发的，因此了解Eclipse的一些基本概念有助于更好地理解Code Composer Studio。以下将介绍一些常用的有关Eclipse的基本概念。

1）工作台

工作台是指Code Composer Studio的主要用户界面，包含开发时使用的所有视图和资源。启动工作台后，第一个对话框会提示工作区的位置。选择工作区位置后，将显示单个工作台窗口。工作台窗口可提供一个或多个透视图。

依次选择Window→New Window菜单选项，可以打开多个工作台窗口。虽然每个工作台窗口的外观可能不同（如视图、工具栏等内容的排列方式），但所有窗口均指向同一工作区以及相同的Code Composer Studio运行实例。如果从某个工作台中打开某个工程，该工程将在所有工作台窗口中显示。

2）工作区

工作区是Code Composer Studio的主要工作文件夹。工作区存储所有工程的引用（即使工程本身并不位于工作区文件夹中）。新工程的默认位置将在工作区文件夹中。将一个工程添加到工作区后，该工程将出现在Project Explorer视图中。启动Code Composer Studio时，应用会提示工作区文件夹的位置，并且可以指定所选文件夹作为默认文件夹，以避免在未来出现此提示。

此外，工作区文件夹还用于存储用户信息，例如用户界面首选项和设置。

注意 工作区是用户专属的，通常不会在用户之间共享。用户不应将工作区提交至源代码控制系统来与其他团队成员分享，而应将完成的工程文件提交至源代码控制系统，每个用户应拥有自己的工作区，并引用该工程。

在实际开发中，可以有多个工作区。虽然在Code Composer Studio中一次只能激活一个工作区，但可以依次选择File→Switch Workspace菜单选项来切换工作区。

3）透视图

透视图用于定义工作台窗口中的视图、菜单和工具栏的布局，每个透视图均可提供一组功能。例如，CCS Edit透视图包含代码开发时常用的一些视图，如Project Explorer、Editor和Problems视图。调试开始后，Code Composer Studio将自动切换到CCS Debug透视图。

注意 默认情况下，该透视图仅包含与调试相关的视图。

此外，可以使用工作台右上角的透视图按钮手动切换透视图，或依次选择Window→Perspective菜单选项进行切换。对透视图所做的任何改动将保留至下次透视图打开时。若需要将透视图恢复为默认布局，可依次选择Window→Perspective→Reset Perspective菜单选项。依次选择Window→Perspective→Save Perspective As菜单选项将当前透视图另存为新名称，即可新建一个透视图。

CCS Simple透视图也可通过Getting Started视图访问。此透视图用于编辑和调试，仅展示基本的功能，帮助熟悉简单环境的用户更为轻松地使用。

4）视图

视图是主工作台窗口中的子窗口，用于提供信息或数据的直观表示。工作台窗口主要包含编辑器和一组视图。视图实例包括Debug、Problems、Memory Browser、Disassembly等。

5）资源

资源是描述工作区中的工程、文件夹或文件的一种集合性术语。

6）工程

工程通常包含文件夹和文件。与工作区类似，工程也对应文件系统中的一个实际文件夹。创建新工程时，默认位置在工作区文件夹的子文件夹（以工程名称命名），但也可以选择工作区之外的文件夹。创建的工程将在工作区中引用，之后可以在工作台中使用，并且可以在Project Explorer中找到。

注意 工程可以打开或关闭，关闭后的工程仍属于工作区的一部分，但无法在工作台中进行修改，已关闭工程的资源将不会显示在工作台中，但仍会保留在本地文件系统中。关闭工程会减少所需的内存，并且在常规活动期间不会被扫描。因此，关闭不需要的工程可提升Code Composer Studio的性能，但已关闭的工程仍会出现在Project Explorer中，且可在需要时轻松打开。除关闭工程外，也可以在工作区中新建工程，或将已有工程导入工作区，使其成为工作区的一部分。

Project Explorer中显示所有属于活动工作区的工程，该视图实际上是工程文件夹文件系统的展示。因此，在Project Explorer中创建子文件夹，并将文件移动到该子文件夹，实际的文件系统也会发生变化。与此类似，对文件系统的改动也会反映到Project Explorer中。

注意 并非所有出现在该视图中的文件均存在于文件系统中，反之亦然。链接的文件会出现在该视图中，但它们只是引用内容，并不是真实存储在文件夹中的文件，因此不会出现在实际的文件系统中。Project Explorer中的Includes文件夹用于显示工程中所有与包含路径相关的设置，并不代表真实的物理文件夹。

7）文件

可以将文件添加或链接到工程中。当将文件添加到工程中时，该文件会复制到工程文件夹的根位置。此外，还提供将文件“链接”到工程的选项。这时工程只会创建对文件的引用，而不会将文件复制到工程文件夹。

8）关于 IDE

集成开发环境（IDE）指一个汇集了开发软件所需工具的环境，通常包括编辑器、编译系统和调试器。这样，开发人员在进行软件开发时，无须频繁在工具之间切换。

Code Composer Studio中的编辑器包含许多实际开发中实用的功能，使设计人员的开发过程更加轻松。此外，IDE还提供一些标准功能，包括可定制的代码高亮和代码补全，以及本地历史记录等特别功能。本地历史记录跟踪源代码的改动，允许将当前源代码与历史记录中的版本进行比较或替换。

工程管理系统支持使用TI编译器或GCC编译工程，并与标准源代码控制软件（例如Git）集成。此外，集成的调试器也支持调试在TI嵌入式器件上运行的应用。

9）编译器

每个指令集均提供C/C++编译器。大多数情况下，这是TI专有编译器；对于Cortex A系列器件，指令集提供GCC编译器，但通常建议使用器件的SDK中绑定的编译器。对于基于MSP430和Cortex M的MCU，提供TI专有编译器和GCC编译器。需要注意的是，GCC是开源的GNU编译器。

10）调试探针

调试探针是一种在调试过程中，用于读取主机文件中数据并将其存入inp_buffer区域的探针。这种探针是CCS提供的强大工具，允许开发者在仿真调试时实时修改代码中变量的值。

此外，调试探针支持C/C++和汇编语言，并集成了CodeWright编辑器，拥有RTDX快速模拟、连接/断开连接的调试功能，包括实时分析、编译器分析、回卷分析与调优功能。通过这些特性，用户可以更高效地进行硬件调试和软件开发。

在F28379D的开发中，TI提供了多种调试探针，以支持基于TI嵌入式处理器的软件开发。这些调试探针的设计旨在满足不同功能和预算的需求，每种探针均与Code Composer Studio兼容。

在实际开发中，设计人员通常需要将生成的程序下载到嵌入式处理器中进行板级调试，而调试探针主要负责在主机计算机和嵌入式处理器之间提供调试通信通道，从而实现程序下载和处理器控制，帮助设计人员快速启动调试。

4.3.3　CCS软件入门

本小节主要介绍安装Code Composer Studio（CCS）之后的后续步骤，旨在帮助读者快速上手进行首次开发。

首次使用CCS时，启动后首先会看到Getting Started界面。Getting Started界面是选择工作区后，进入CCS的第一个界面，如图4-5所示。可以依次选择View→Getting Started菜单选项打开界面。Getting Started界面提供了快速访问常用操作的入口，特别是一些与首次使用CCS相关的操作，例如浏览官方实例或创建新工程等。

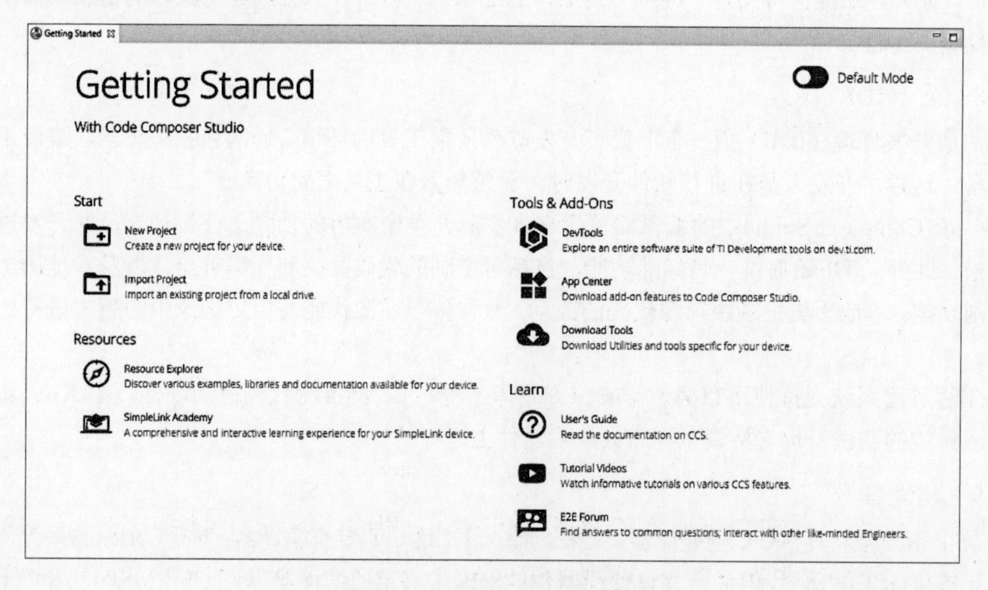

图4-5　Getting Started 界面

然后打开Resource Explorer，如图4-6所示。该选项帮助设计人员查找适用于所选平台的最新实例、库、开发实例以及数据表等资源。

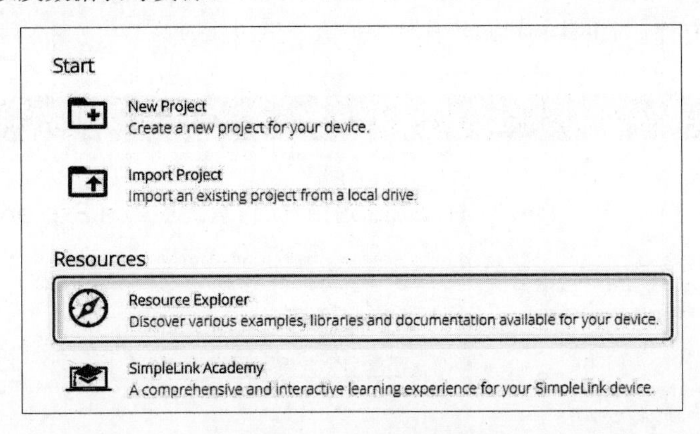

图 4-6　单击 Resource Explorer

Resource Explorer可以通过Getting Started视图中的Resource Explorer按钮打开，打开后界面如图4-7所示；也可以依次选择View→Resource Explorer菜单选项打开。

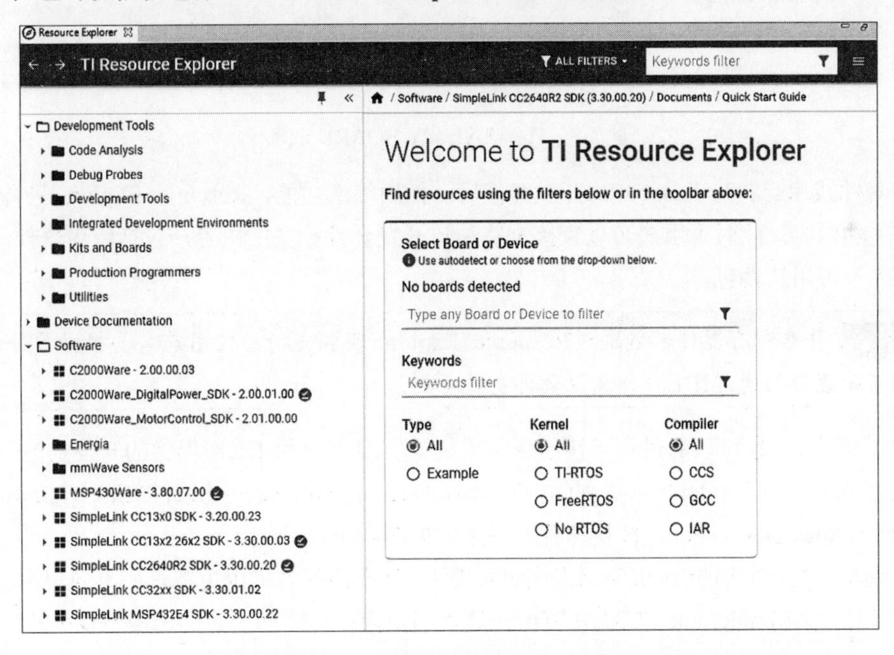

图 4-7　TI Resource Explorer 界面

此界面可以按器件或TI LaunchPad套件进行筛选，因此用户能够筛选出仅与所选平台相关的内容。用户还可以使用Select Board or Device筛选功能进行搜索并选择所使用的器件。例如，如果使用TMS320F28379D LaunchPad，则可以在搜索字段中输入F28379D进行筛选，从而轻松找到对应的器件。

也可以将有效的TI套件（例如LaunchPad开发套件）连接到开发人员的计算机。上述提到的Resource Explorer会自动检测到该套件，自动检测成功后，用户可以选择USE MY BOARD选项来指定当前连接的板卡套件，如图4-8所示。

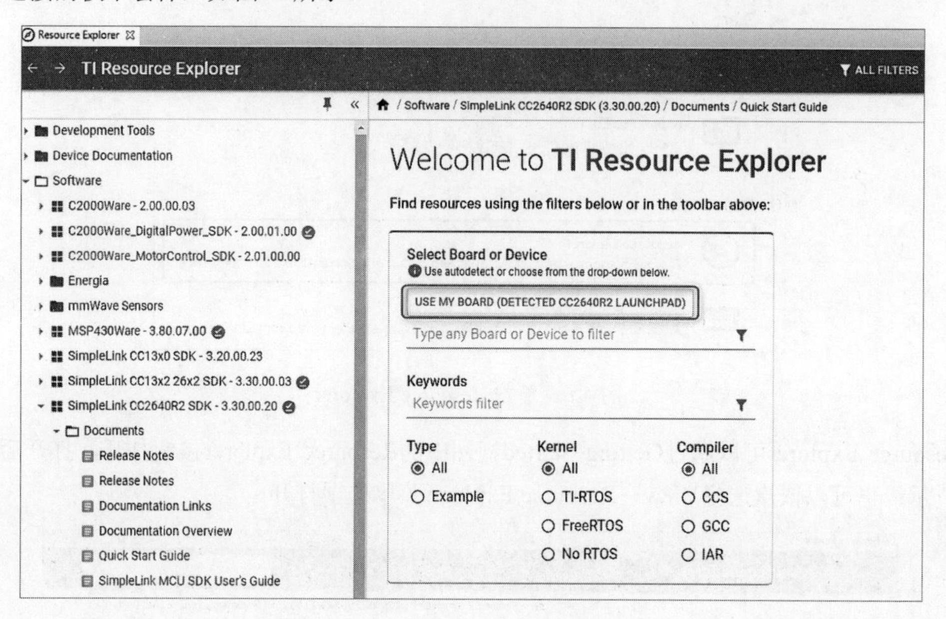

图4-8　选择USE MY BOARD选项

选中器件或相应的TI LaunchPad开发套件后，使用筛选功能，Resource Explorer只会显示与筛选选项相关的内容。此时，用户可以直接浏览与该开发套件相关的内容，包括所用器件、电路板、相关工具以及可用软件包。

注意　并非所有器件都能通过Resource Explorer获取支持，使用前需要根据器件的特定信息判断是否能够通过IDE内部获取全部支持资料。

在实际开发中，也可以通过调用快速指南来快速实现CCS中SDK所提供的开发实例。按照以下路径可以在Resource Explorer中找到Quick Start Guide：Software→SimpleLink [family] SDK→Documents→Quick Start Guide，即快速开发指南，如图4-9所示。

SDK版本不同，对应的Quick Start指南也可能不同，指南的名称也可能有所不同。例如，CC3220 SDK的指南名称为SimpleLink CC3220 SDK快速入门指南，而本书所讲的F28379D则仍然为快速开发指南。

接下来将讲解如何使用CCS的工程实例。CCS工程必须先导入当前CCS工作区，才能使用。导入CCS实例工程最简便的方式是通过Resource Explorer导入，如前文所述。

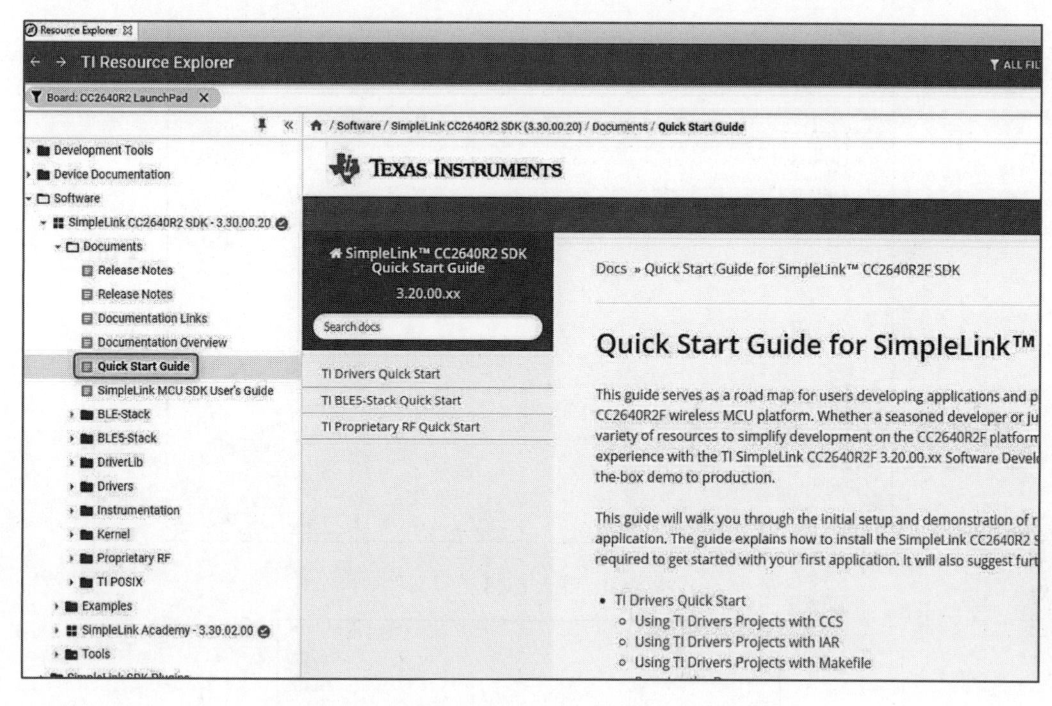

图 4-9　通过资源浏览器找到 DSP 的快速开发指南

如果Resource Explorer中不提供实例工程，则可以使用Import CCS Eclipse Projects向导手动导入工程，步骤如下：

01 依次选择Project→Import CCS Projects菜单选项。

02 单击Select search-directory旁的Browse，浏览至工程所在位置；如果工程已存档，则选择Select archive file并单击Browse，浏览至存档位置。

03 在Discovered projects列表中勾选所需的工程。

04 如需将工程复制到工作区，则选中Copy projects into workspace复选框；否则取消对该复选框的勾选。取消勾选该复选框时，工程将保留在原始位置，所有对该工程进行的所有修改或操作将保存在原始位置。

如图4-10所示，如果勾选Copy projects into workspace复选框，则工程文件夹中的所有内容都将复制到工作区中。这些内容包括工程文件和工程文件夹中的所有源文件。如果原始工程有链接的资源，这些资源不会复制到工作区中。在编辑资源之前，请确保检查工程是否引用了其他位置的链接资源。

从头开始创建CCS工程时，需要事先了解所使用的器件。因此，建议从现有的CCS实例工程入手。当通过处理现有实例积累了一些经验后，可以考虑从头开始创建CCS工程。在极少数情况下，可能没有针对某些器件的CCS实例，这时也需要从新建CCS工程开始，如图4-11所示。

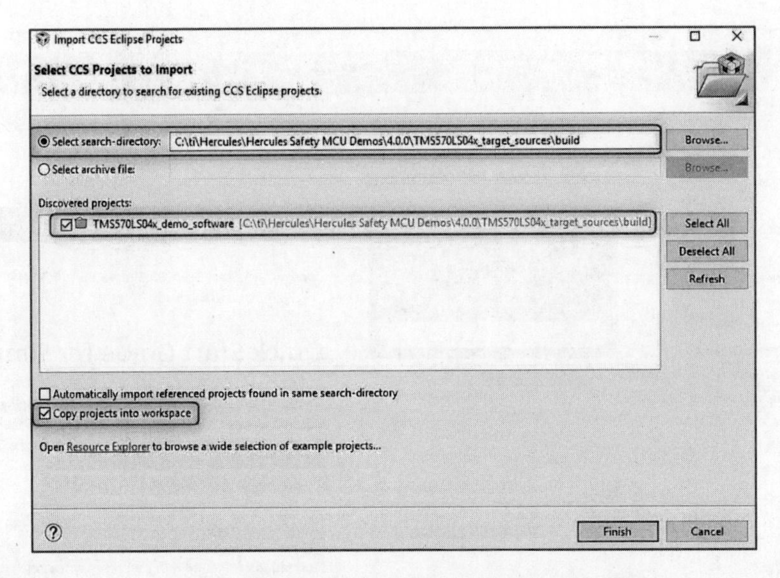

图 4-10　导入 CCS 工程文件

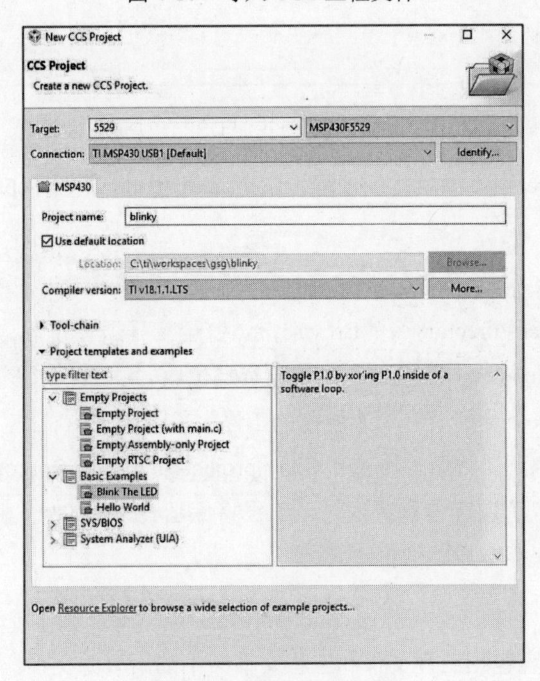

图 4-11　新建 CCS 工程

若要新建CCS工程，可以参考以下步骤：

01 依次选择Project → New CCS Project...菜单选项或依次选择File→New→CCS Project菜单选项。

02 在New CCS Project向导中：

- 在 Target 中输入或选择器件。
- 如未自动填写（或自动填写的信息不正确），则可选择 Connection 类型。
- 在 Project name 中输入工程名称。
- 可取消选中 Use default location 复选框，并设置工程存储位置。默认情况下，工程将在工作区目录中创建。
- Compiler version 默认为 CCS 为该器件系列提供的新编译器工具版本，如果下拉列表中有多个版本，可以更改 Compiler version。
- Tool-chain 包含工程根据所选的 Target 器件提供的一些默认设置，其中包括 Output type（默认为 Executable）。可以在创建 Executable 工程、Static Library 工程或 System 工程之间进行选择。Executable 工程会生成可在目标器件上加载并执行的可执行文件（.out）。Static Library 工程会生成目标模块库。
- System 工程是一种特殊类型的工程，主要目的是简化与多核器件内各独立内核相关联的多个工程的管理。
- 最后，选择一个工程模板或实例作为起点，然后单击 Finish 按钮。另外，还可以打开 Resource Explorer 浏览并导入实例 CCS 工程。

新工程将出现在Project Explorer中，并被设置为当前活动的工程，如图4-12所示。

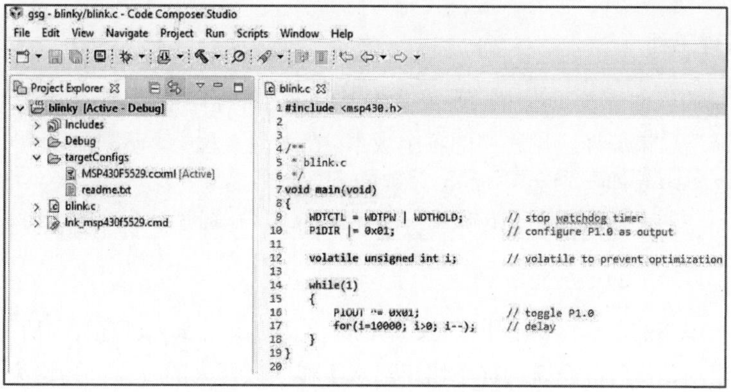

```
gsg - blinky/blink.c - Code Composer Studio
File Edit View Navigate Project Run Scripts Window Help

Project Explorer                      blink.c
v blinky [Active - Debug]             1 #include <msp430.h>
  > Includes                          2
  > Debug                             3
  v targetConfigs                     4 /**
      MSP430F5529.ccxml [Active]      5  * blink.c
      readme.txt                      6  */
  > blink.c                           7 void main(void)
  > lnk_msp430f5529.cmd               8 {
                                      9     WDTCTL = WDTPW | WDTHOLD;       // stop watchdog timer
                                     10     P1DIR |= 0x01;                  // configure P1.0 as output
                                     11
                                     12     volatile unsigned int i;        // volatile to prevent optimization
                                     13
                                     14     while(1)
                                     15     {
                                     16         P1OUT ^= 0x01;              // toggle P1.0
                                     17         for(i=10000; i>0; i--);     // delay
                                     18     }
                                     19 }
                                     20
```

图 4-12 查看已新建的 CCS 工程

默认情况下，一些源文件会根据所选模板自动添加到工程中，以简化程序编译和烧写程序的流程。用户也可以在工程中添加自定义源文件，并使用Project Properties选项进一步进行自定义。

创建新工程后，还可以将其他源文件添加或链接到该工程。

完成工程创建或导入必要的手动更改后，接下来可编译该工程并烧写到目标器件进行执行/调试。可使用Run→Debug按钮轻松完成上述所有操作。事实上，在编译器内部，此按键将自动执行以下操作：

- 提示保存源文件。
- 编译工程。
- 启动调试器（CCS将切换至CCS Debug界面）。
- 将CCS连接到目标。
- 在目标上烧写程序代码。
- 运行至main。

最终编译结果如图4-13所示。

```
**** Build of configuration CPU1_RAM for project blinky_cpu01 ****

"C:\\CCStudio_10.0.0.00002\\ccs\\utils\\bin\\gmake" -k all

Building file:
"C:/ti/C2000Ware_2_00_00_02_Software/device_support/f2837xd/common/source/F2837xD_CodeStartBranch.asm"
Invoking: C2000 Compiler
"C:/CCStudio_10.0.0.00002/ccs/tools/compiler/ti-cgt-c2000_20.2.0B1/bin/cl2000" -v28 -ml -mt
--vcu_support=vcu2 --tmu_support=tmu0 --cla_support=cla1 --float_support=fpu32
--include_path="C:/CCStudio_10.0.0.00002/ccs/tools/compiler/ti-cgt-c2000_20.2.0B1/include"
--include_path="C:/ti/C2000Ware_2_00_00_02_Software/device_support/f2837xd/headers/include"
--include_path="C:/ti/C2000Ware_2_00_00_02_Software/device_support/f2837xd/common/include" -g
--define=CPU1 --display_error_number --diag_suppress=10063 --diag_warning=225 --preproc_with_compile
--preproc_dependency="F2837xD_CodeStartBranch.d_raw"
"C:/ti/C2000Ware_2_00_00_02_Software/device_support/f2837xd/common/source/F2837xD_CodeStartBranch.asm"
Finished building:
"C:/ti/C2000Ware_2_00_00_02_Software/device_support/f2837xd/common/source/F2837xD_CodeStartBranch.asm"
```

图4-13 编译结果

4.3.4 工程的构建与编译

1. 创建并管理工程

在嵌入式系统的软件开发工程中，通常需要为不同的目标硬件/存储器配置创建单独的工程，并使用不同的编译选项来编译应用程序的各个版本。在大型工程中，还需要以易于多个团队成员查找和维护的结构来组织文件。

本小节主要讨论CCS使用的工程模型，以及如何创建、整理和配置工程，以帮助设计人员处理不同版本的应用。

首先介绍一下CCS的工作区。工作区是CCS的主要工作文件夹，包含管理所有在工作区下定义的工程的信息。启动CCS后，系统会提示用户输入工作区文件夹的位置，为避免之后再出现提示，用户可以选择将所选文件夹设置为默认工作区文件夹。

启动CCS后，即可看到CCS编辑界面。该界面包含一些在代码开发中较常用的视图，例如Project Explorer、Editor和Problems视图。此外，新工程的默认位置将在工作区文件夹中。将一个工程添加到工作区后，该工程将出现在Project Explorer视图中。

工作区文件夹还用于存储用户信息，例如用户的界面偏好选择和设置。

注意 工作区是用户专属的，因此通常不会纳入源代码控制系统，也不会在不同用户之间共享。如果将工程纳入源代码控制系统，每位用户都将拥有自己专属的工作区来引用该工程。

除可以拥有多个工作区外，Code Composer Studio中一次只能激活一个工作区，但可以依次选择File→Switch Workspace菜单选项切换工作区。若要删除工作区，只需从文件系统中删除工作区文件夹，但这也会删除该工作区中包含的所有工程。

在CCS中，工程可以分为几个类型。创建新工程时，可以选择指定工程类型。工程类型将决定编译界面所使用和显示的工具链及相关设置。

- CCS工程：这是最常用的工程类型，适用于使用TI工具链或使用ARM和MSP430（包含在CCSv6及更高版本中）的GCC编译器。在这种类型的工程中，makefile文件会自动生成。如果用户使用TI嵌入式处理器，并希望创建一个工程用于通过JTAG在TI器件/套件上加载和调试，请选择此工程类型。
- C或C++工程：标准的Eclipse C或C++工程，需要外部工具链（如GCC）。工程向导允许选择是否自动生成makefile。例如，如果用户选择“可执行工程，共享库，静态库”类型的工程，makefile会默认自动生成。如果选择Makefile project类型的工程，则不会自动生成makefile。用户还可以创建一个Executable工程，然后通过修改工程属性来选择不自动生成makefile。如果希望创建标准的Eclipse C/C++工程并使用GCC等工具链，请选择此工程类型。
- 带有现有代码的makefile工程：这类工程不会自动创建makefile的空工程，适用于导入、修改和编译现有的基于makefile的代码。如果代码库已有自己的makefile，但用户希望通过GUI界面来编译工程，则应选择这种类型的工程。创建工程时，需要指定代码和makefile所在的位置，以及用于编译的工具链。

完成CCS工程创建后，需要对工程添加相关文件，例如依赖库、源文件等。CCS支持两种将源文件和文件夹添加到工程的方法，可以选择将文件添加到工程或创建文件的链接。

注意 将文件/文件夹添加到工程后，实际上该文件/文件夹会被复制到工程目录的根位置，将文件/文件夹链接到工程后，工程会在文件系统中创建对文件/文件夹的引用，而不会将其复制到工程目录中。链接的文件显示在CCS Project Explorer界面中，并带有特殊图标，如图4-14所示。

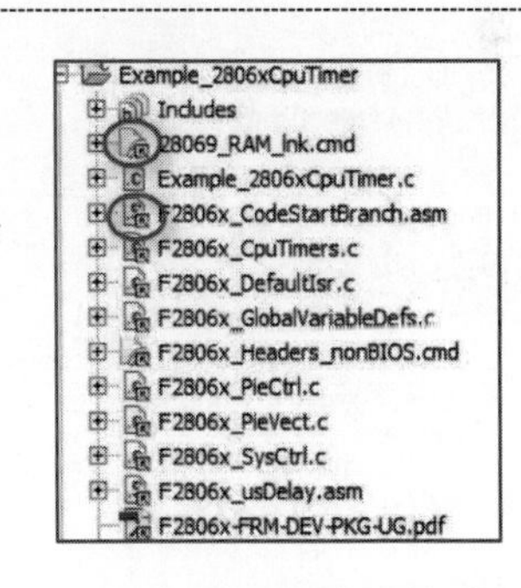

图 4-14　链接后的工程文件

除非明确删除，否则工程中包含的所有文件（无论是复制还是链接的文件）都将包含在工程的编译中。如果设计人员希望在编译过程中排除某些文件，可直接在CCS IDE中进行操作。

若要将文件复制或链接到工程中，可采取以下3种方法中的任意一种：

（1）从工程环境菜单中选择Add Files，浏览并选择待添加的文件。

（2）在系统的文件资源管理器（Windows上为Windows Explorer、macOS上为Finder等）中选择文件，然后将其拖放到Project Explorer界面的工程中。

（3）将文件直接复制到文件系统中的工程目录。

如果使用前两种方法中的任何一种，系统会弹出对话框提示选择Copy files或Link to files，如图4-15所示。

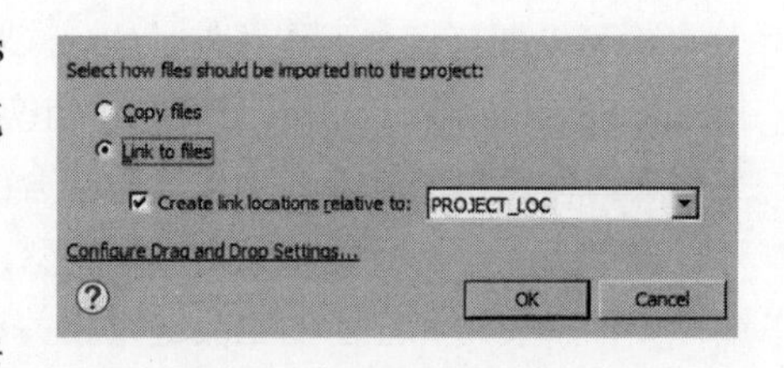

图 4-15　文件的复和/链接

如果选择Copy files，文件将直接复制到工程目录中。如果选择Link to files，文件将被链接到工程，而不会复制到工程目录中。链接的位置可以设置为绝对路径或相对路径变量的路径。

若要将文件夹复制或链接到工程，可以按照以下方法操作：在系统的文件资源管理器（在Windows上为Windows Explorer，在macOS上为Finder）中选择文件夹，然后将其拖放到Project Explorer内的工程中（复制或链接）。如果设计人员希望链接文件夹，可执行以下步骤（见图4-16）：

01 右击工程，然后依次选择New→Folder选项。

02 单击Advanced>>按钮。

03 选中Link to alternate location(Linked Folder)选项。

如图4-17所示，单击Browse浏览要链接的文件夹（或单击Variables使用变量来添加路径）。

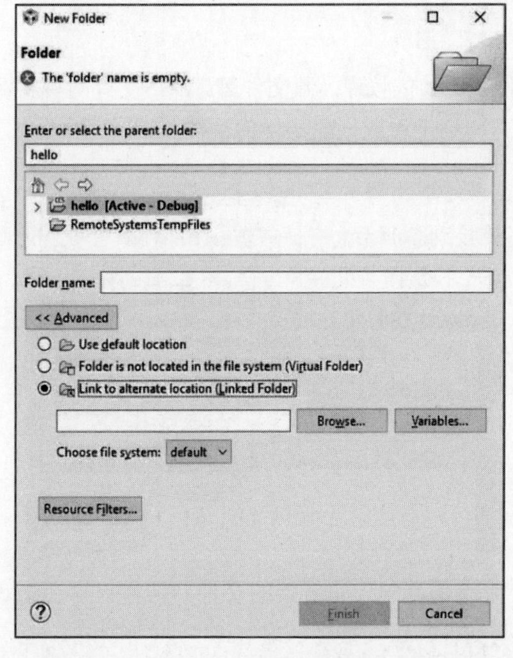

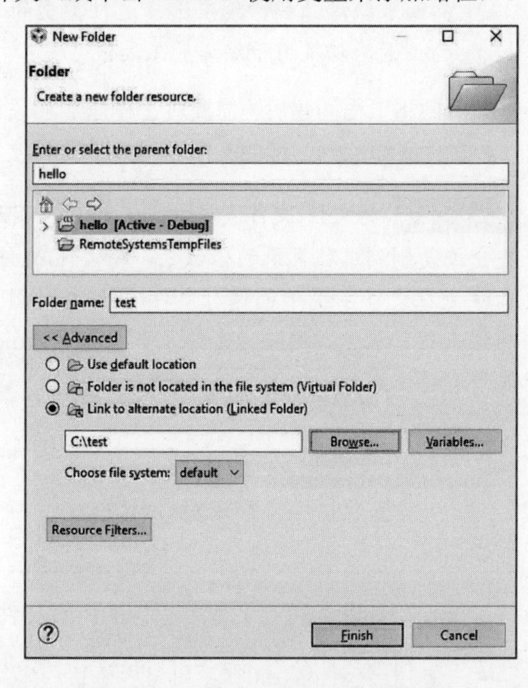

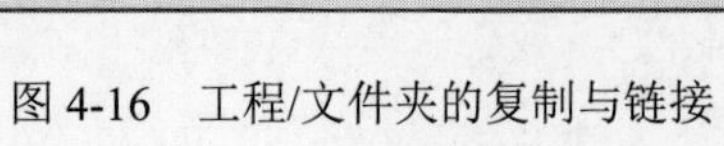

图 4-16　工程/文件夹的复制与链接

图 4-17　工程/文件夹的复制与链接

可以从Project Explorer中看到，此时该文件夹已成功链接到工程，如图4-18所示。

如果发现Link to files未按预期工作（例如文件在选择后未显示在Project Explorer中），则可以考虑检查是否在Drag and Drop Settings中启用了Enable linked resources。请注意，链接的文件实际上位于工程文件夹之外的位置，因此编辑这些文件不仅会修改当前工程的文件，还会修改链接到同一文件的其他工程中的文件，这在多个工程之间共享源文件的TI软件包和SDK时尤为重要。

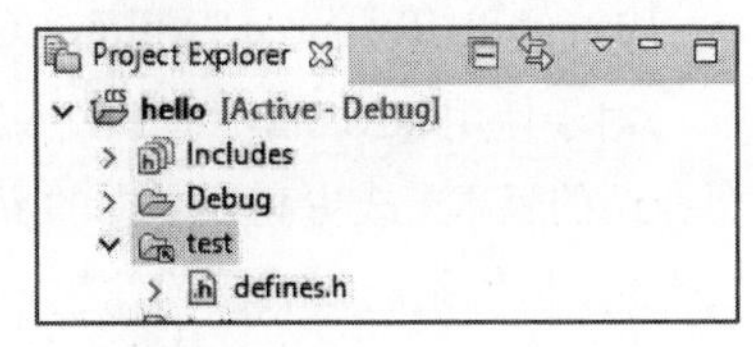

图 4-18　CPU 程序入口配置

接下来，详细介绍如何导入工程。在实际开发中，使用现有工程比新建工程更为常见。导入的工程可以是设计人员或公司自己开发的已有工程，也可以是TI提供的实例工程。

CCS支持导入使用相同版本或更低版本的CCS创建的工程，包括旧版CCSv3工程。需要注意的是，创建工程时使用的CCS版本与导入工程时使用的版本差异越大，导入过程就越容易出错。根据工程的类型和来源，导入工程的方法有以下几种。

1）使用 Resource Explorer 导入 TI 实例工程

使用Resource Explorer导入TI实例工程，如图4-19所示。

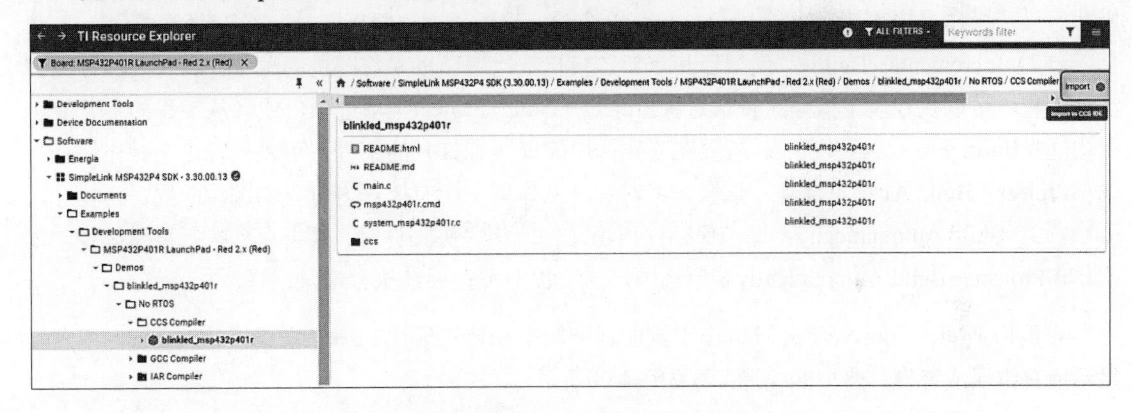

图 4-19　使用资源管理器导入实例工程

Resource Explorer（在CCSv7及更高版本中）可用于浏览所选平台的实例、下载软件包，并通过单个界面导入工程。使用Resource Explorer导入工程本质上是将工程复制到工作区。

若要从Resource Explorer导入工程，请参考以下步骤：

01 从View菜单打开Resource Explorer视图。

02 在Software下展开所选器件的软件包。

03 导航到实例工程并选择该工程。

04 在右侧窗格中单击Import to IDE。

注意　如果已经下载并安装了包含实例的软件包，则可通过上述方法导入该工程，否则会有提示，要求先安装软件包，然后才能导入工程。

2）使用 Resource Explorer Classic（旧版）导入 TI 实例工程

对于使用CCS 5.2+到CCS v6等较早版本中的用户，Resource Explorer界面与CCS 10.3（本书主要介绍的版本）或更高版本中的界面是不同的，在这些早期版本中，设计人员无法通过该界面下载软件包，但如果已安装该软件包，仍可以浏览和导入较旧的软件包（如TI-RTOS、ControlSUITE等）中的实例工程。

该Resource Explorer界面（现在称为Resource Explorer Classic）仍然包含在CCSv7和CCSv8中，但不建议与较新的软件包一起使用。需要注意的是，Resource Explorer Classic在CCSv9和更高版本中已不可用。

2. 编译工程

在开始介绍如何编译工程之前，先介绍一些可用于编译工程的选项。

（1）Full Builds：重新编译并重新链接所有源文件。若要重新编译当前活动工程，可以执行以下操作：从工程的上下文菜单中选择Rebuild Project。若要在工作区中重新编译所有打开的工程，则执行以下操作：依次选择Project→Clean菜单选项，然后依次选择Project→Build菜单选项。

（2）Incremental Builds：仅编译和重新链接自上次编译以来修改过的源文件。若要编译当前活动工程，可以执行以下操作：依次选择Project→Build Project菜单选项，或者从工程的上下文菜单中选择Build Project菜单选项。若要在工作区中编译所有打开的工程，可以执行以下操作：依次选择Project→Build All菜单选项，该操作将对编译工作区中所有工程进行自动编译配置。

（3）Build Automatically：每当保存任何源文件或相关头文件时，都会自动执行增量编译。依次单击Project→Build Automatically菜单选项，该工程即可在后续执行增量编译。

在编译期间，Console将显示编译工具的标准输出和错误输出，编译完成后，Problems视图将显示所有错误或警告。典型的编译工程如图4-20所示。

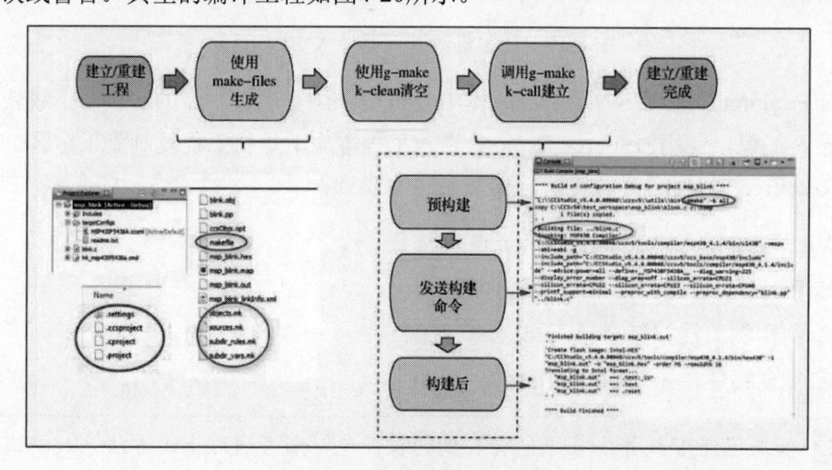

图 4-20　编译工程流程图

CCS自动生成的makefile文件包括一些其他文件，如makefile.init、makefile.defs和makefile.targets。makefile.defs用于为SYS/BIOS工程定义其他make规则，TI编译环境不使用makefile.init和makefile.targets。它们由Eclipse组件（C/C++ Development Tooling，CDT）之一插入makefile文件中，并可用于扩展。

预编译步骤是在进行主工程编译之前执行的步骤，下面将重点介绍什么是主编译。

在CCS中编译工程时，主编译是将编译命令和输入文件传递给编译器工具以及RTSC工具（可选）的步骤。RTSC工具仅针对涉及RTSC组件（如IPC、SYS/BIOS等）的工程进行调用，并且在编译器工具之前调用。从CCS 8.2开始，还支持SysConfig工具，该工具可用于在SimpleLink器件上配置TI驱动程序等组件和特定于器件的组件（如网络栈、EasyLink和Wi-Fi），每个编译工具接受一组输入文件并生成一组输出文件。

图4-21展示了一个典型的软件开发流程，并给出了在CCS中编译工程时所涉及的编译工具和文件的概念。所有这些都由makefile文件在后台处理，但了解编译流程有助于更好地理解出现在CCS编译控制台中的编译输出。

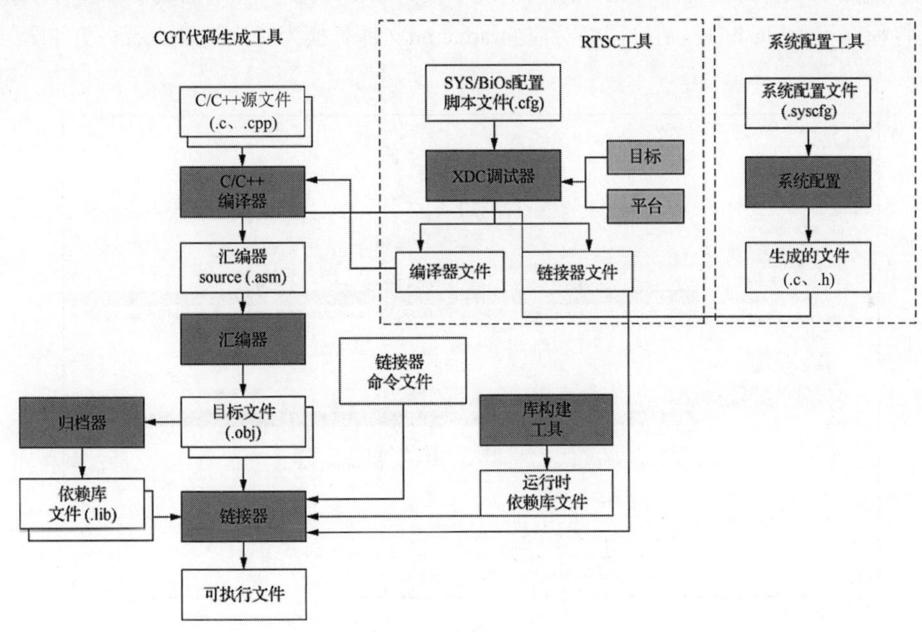

图 4-21　CCS 软件开发流程

编译工具组件以深色突出显示，输入/输出文件以浅色突出显示。RTSC工具和SysConfig工具用虚线标示，表明它们仅在使用RTSC或SysConfig时才起作用。

完成编译后，CCS将弹出Problems窗口，该窗口主要提供在工程编译期间遇到的错误及编译警告。设计人员可以单击具体的报错链接，以获取更多详细的诊断信息。链接内包含如下信息：

● 说明：错误说明。

- 资源：发生错误的资源/文件。
- 路径：生成错误的资源的路径。
- 地点：产生错误的资源中的位置/行。
- 类型：错误类型。

如果Type（类型）列显示为C/C++ Problem，则表明错误来自TI编译工具。如果显示为Semantic Error或Syntax Error，则错误可能来自Eclipse Code Analysis工具，如图4-22所示。

Problems ⊠ | Advice

errors, 2 warnings, 0 others

Description	Resource	Path	Location	Type
Errors (4 items)				
#10010 errors encountered during linking; "Example_2806xAdcTempSensor.out" not built	Example_2806xAdcTempSensor			C/C++ Problem
#10099-D program will not fit into available memory. placement with alignment/blocking fails f	28069_RAM_lnk.cmd	/Example_2806xAdcTempSensor	line 142	C/C++ Problem
gmake: *** [Example_2806xAdcTempSensor.out] Error 1	Example_2806xAdcTempSensor			C/C++ Problem
gmake: Target 'all' not remade because of errors.	Example_2806xAdcTempSensor			C/C++ Problem
Warnings (2 items)				

图4-22　来自Problems的报错信息

注意，完成调试并加载完程序后，默认情况下仅为RAM调试，掉电后板卡中的程序会丢失。如果需要将程序写入Flash中，则只需将对应的ram.cmd文件替换为对应的flash.cmd文件即可，如图4-23所示。

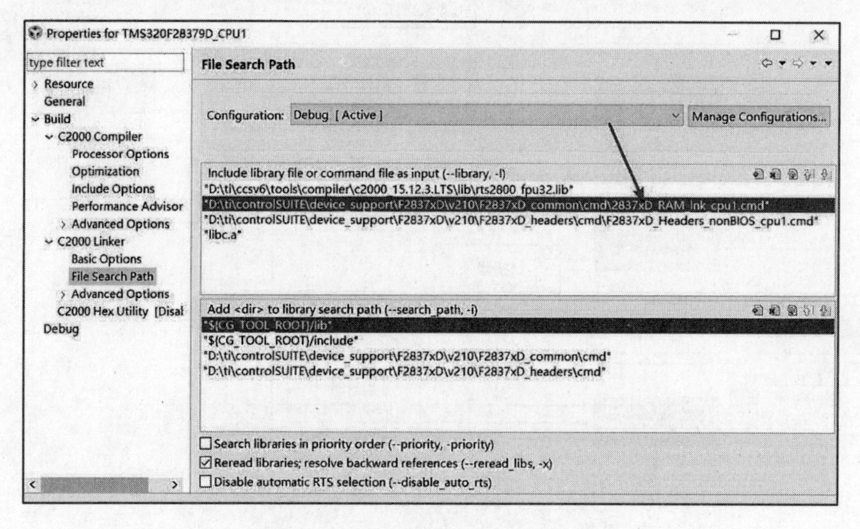

图4-23　更改程序保存区域为Flash

4.3.5　设置目标配置文件与程序调试

本小节将概述CCS调试系统和典型的嵌入式软件程序的调试过程。嵌入式软件的调试是评估置于目标环境中并受不同边界条件制约的应用程序的过程。调试器及其支持的硬件有助于提供对目标系统的严格控制，以及对目标环境中内部属性的可见性，因此可以利用调试器来检测错误或修改应用程序的行为。

在CCS环境中，调试是在工程编译之后执行的。在成功执行汇编、编译和链接过程后，可以将可执行文件加载到目标环境中进行调试。调试也可能发生在已经加载并运行代码的系统中，通常是在产品设计的高级阶段或成品中，这两种方法的基本过程是相同的。

此外，CCS还可以调试操作系统托管的可执行文件，这需要在目标器件或具体的开发板上运行高级操作系统（如常见的是嵌入式系统，如Linux等）。

程序调试的基本构成如图4-24所示。

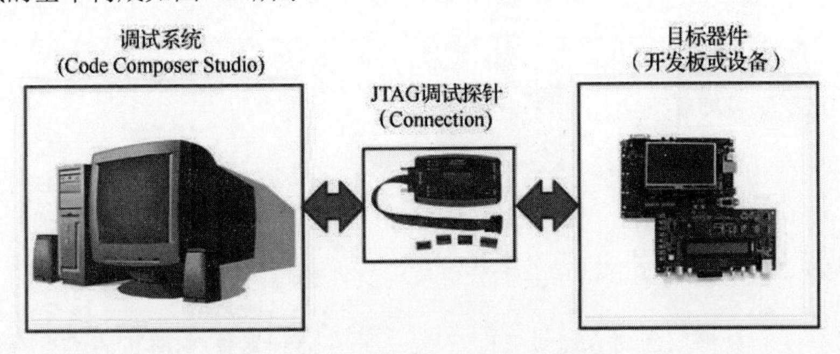

图4-24　程序调试的物理器件构成

04

在实际调试过程中，涉及以下两个主要部件：

（1）接头：是运行CCS的主机PC与即将执行代码的器件或电路板之间的硬件接口。在实际开发中，接头也被称为调试器（Debugger），如常用的XDS110或XDS510等在线调试器。

（2）电路板或器件：是包含可执行文件运行所需的一个或多个器件的硬件。在实际开发中，该硬件也被称为目标。例如，TMS320F28379D就是调试过程中的目标器件。

该设置与CCS一同使用时，主机PC能够与目标进行通信，加载数据和代码，通过断点、观察点控制所加载程序的执行，以及将数据读回到主机PC中，以显示在Expressions、Memory、Disassembly等窗口中。

为了使CCS正确了解调试环境的物理属性，必须创建目标配置文件。该文件包含适用的调试器类型（如XDS、ICDI或MSP-FET）、主机接口（如USB或以太网），以及正在使用的器件或电路板的具体规格。完成目标配置文件的创建并连接所有相应的硬件后，调试器即可启动。

调试子系统的构成如图4-25所示，具体的执行步骤如下：

01 在启动时，CCS会将当前活动的窗口切换至CCS Debug窗口，其中包含许多对调试过程非常有用的部分。

02 CCS解析目标配置文件，创建调试配置，并使用这两个文件中的信息连接到JTAG调试器，与目标中的器件进行通信。

03 建立该通信后，CCS调试器开始通过GEL脚本执行一系列硬件初始化命令（如果在目标配置文件中配置了该脚本）。

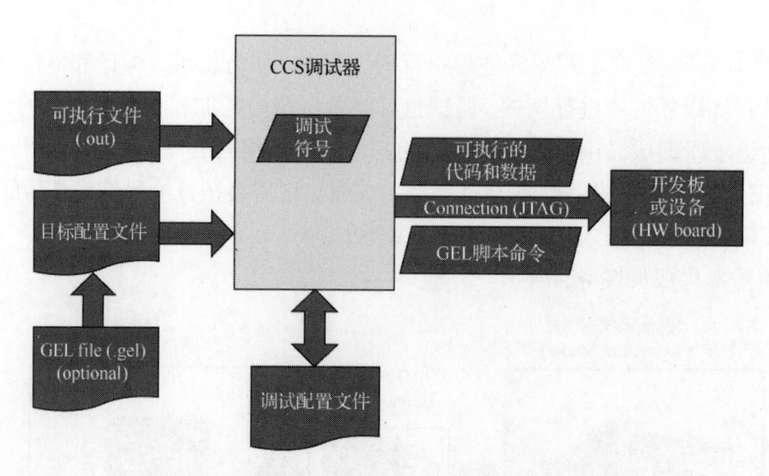

图4-25　调试子系统的构成

04 加载可执行文件，CCS调试器会拆分可执行文件的信息，如下所示：

- 代码段和数据段的内容通过JTAG发送并存储到器件/电路板的适当存储位置，这些代码的放置遵循链接器命令文件中的指令。
- 调试符号保存在主机PC上，从而使器件/电路板的存储器地址与工程的源代码相关联。
- 无论是将代码下载到RAM还是闪存中，该过程都是相同的。对于基于闪存的器件，内置闪存编程器会自动处理烧录过程。

05 CCS调试器执行最后一个步骤：自动在与main()函数相对应的器件存储器地址中设置一个断点并运行器件，直至在该断点处中断。

注意 该步骤不是必须执行的，只有当设计人员在调试配置中设置了断点时，才会执行此步骤。

如上所述，目标配置文件主要负责描述调试环境的物理属性。在实际工程文件中，目标配置文件是一个扩展名为.ccxml的纯文本的XML文件，其中包含调试会话的所有必要信息：调试探针的类型、目标板或器件（甚至多个器件），以及可选GEL（General External Language，通用扩展语言）脚本路径，该脚本负责执行器件或硬件初始化。具体的配置过程如图4-26所示。

如图4-26所示，目标配置文件包含一个或多个连接XML文件（每个内核和JTAG实体一个，但所有文件都与所选的调试探针相关联），以及一个电路板XML文件（其中包含一个器件XML文件和该电路板的GEL脚本），或直接包含一个器件XML文件（该文件可能包含一个GEL脚本，也可能不包含）。器件XML文件包含器件的内部JTAG结构，并且包含多个模块XML文件（可选），这些文件描述器件的外设寄存器。

在实际开发过程中，可以通过两种简单的方法来创建目标配置文件：自动方法和手动方法。接下来将分别介绍这两种方法。

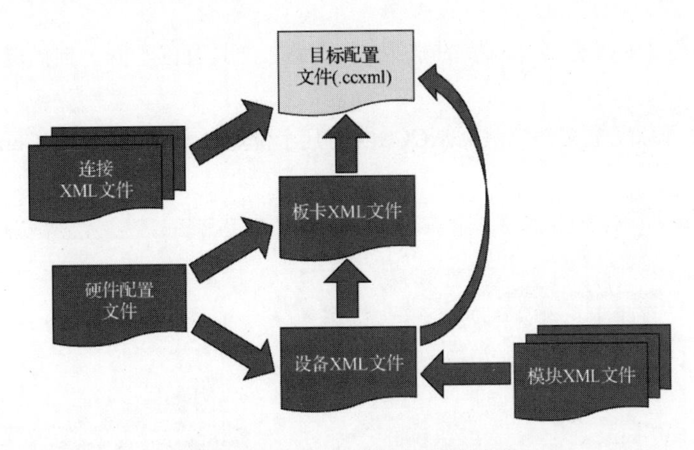

图 4-26　.ccxml 文件的配置过程

1. 自动方法

该方法在创建工程或修改其属性时自动创建目标配置文件。要创建目标配置文件，只需查明硬件使用的调试探针模型（如XDS、ICDI、MSP-FET）和接口（USB、以太网），然后在New Project Wizard或Project settings中的Connection下拉菜单中设置相关参数即可，如图4-27所示。利用该方法设置目标配置文件的特点如下：

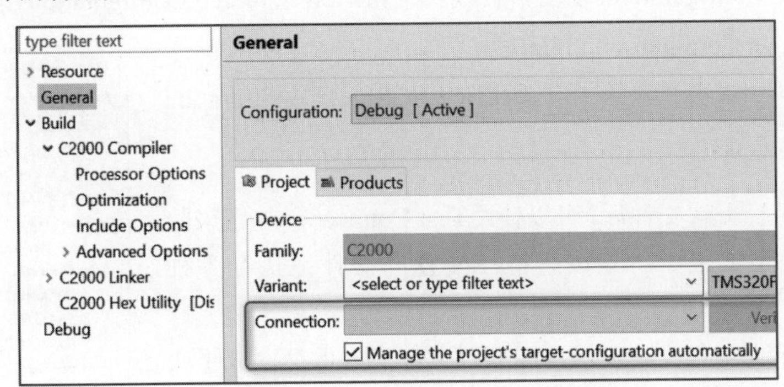

图 4-27　自动方法设置目标配置文件

（1）该文件放置在工程目录下的名为targetConfigs的子目录中。

（2）该方法非常简单，因为它自动分配正确的器件，并将其设置为工程的活动目标配置。

（3）大多实例工程已自动创建了该文件。

（4）可以通过Verify按钮执行测试例程，验证所选配置的正确性。

2. 手动方法

该方法通过手动调用目标配置编辑器来创建目标配置文件。目标配置编辑器是Code Composer Studio中的一个GUI工具，可用于创建和修改目标配置文件。它还可用于配置调试器和目标器件，也可以为复杂的器件（如具有多个内核的器件）和电路板（具有位于同一扫描链中的多个器件的电路板）创建配置。

若要手动创建目标配置文件，只需从CCS内的几个位置之一启动Target Configuration Editor即可，如图4-28所示。

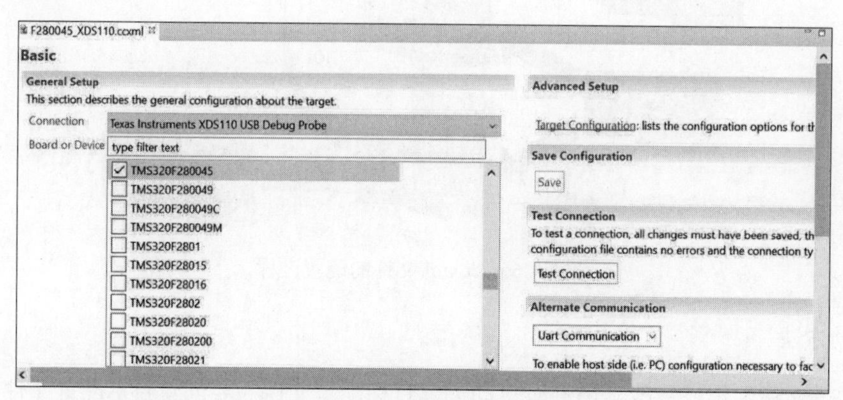

图4-28　手动方法设置目标配置文件

01 依次单击File→New→Target Configuration File菜单选项。

02 在Target Configurations视图中（依次单击View→Target Configurations菜单选项），单击New Target Configuration File按钮。

03 在工程中，右击工程并依次选择New→Target Configuration File菜单选项。

创建并保存目标配置文件后，可以使用Test Connection按钮来验证JTAG连接是否正常工作。该按钮将在配置的器件上执行各种JTAG测试。

如果按钮显示为灰色，则表示目标配置文件尚未保存，或正在使用的连接类型不受支持（例如不基于XDS的连接，如MSP-FET430UIF或J-Link）。

完成上述工作后，即可打开目标配置窗口Target Configuration，该窗口将显示与工作区相关联的所有目标配置文件。可以通过该窗口轻松管理目标配置，包括重命名/打开/删除配置、将配置设置为默认设置（Default）、将配置链接到现有工程等，如图4-29所示。这里以TMS320F28377D为例，该芯片与F28379D同属于F2837xD系列。

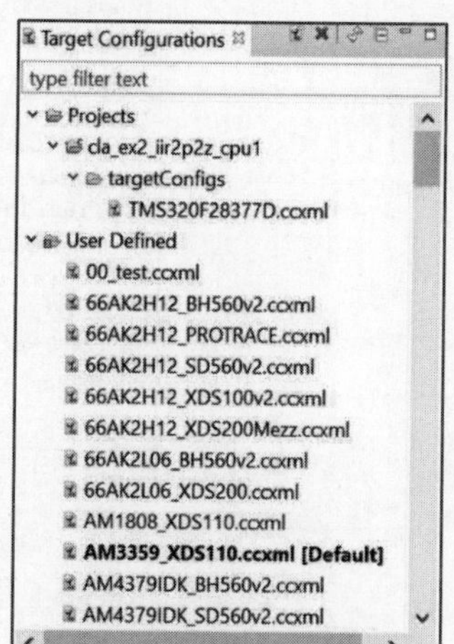

图4-29　对器件完成配置后的工程目录

至此，我们完成了目标配置文件的所有准备工作，接下来将进行调试。首先说明调试前配置的相关内容。调试配置（有时也称为启动配置）是标准Eclipse（以及CCS）描述如何在调试模式下启动程序的方式。

注意　每个工作区的调试配置都是唯一的。调试配置可以通过转至Run→Debug Configurations菜单手动创建，也可以在调试器启动时自动创建。完成创建后，可以缓存调试配置，并在将来供采用相同配置的工程重复使用。此外，调试配置的名称和物理位置由调试器的启动方式决定。

有许多用于定义调试属性的设置，例如Program/Memory Load Options、Auto Run and Launch Options和On-Chip Flash等，可以通过以下方法查看和自定义这些设置：

（1）依次单击Project Properties→Debug菜单选项（如果目标配置文件是工程的一部分）。

（2）在Target Configurations视图中右击目标配置文件，然后选择Properties菜单。

注意　如果使用上面的第一个选项，则需要在工程属性中指定一个Connection，以便填充调试属性。如果未明确指定Connection，系统可能会使用默认目标配置文件并显示该文件的属性，而该文件可能与器件不匹配。因此，在开始调试前，请确保待调试的工程已选择了正确的Connection，如图4-30所示。

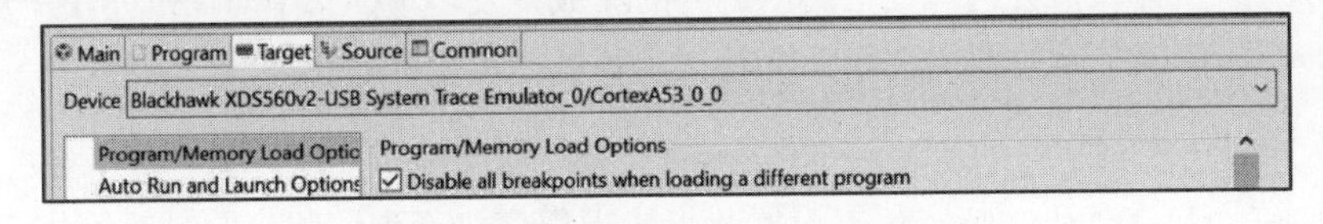

图4-30　调试前确保硬件已正确连接

此外，还需要注意程序和存储器的加载选项。该类别定义了以下相关设置：程序和存储器的加载与验证选项、连接方式、禁用中断的配置，以及加载期间对目标设备的重置或重启操作，如图4-31所示。

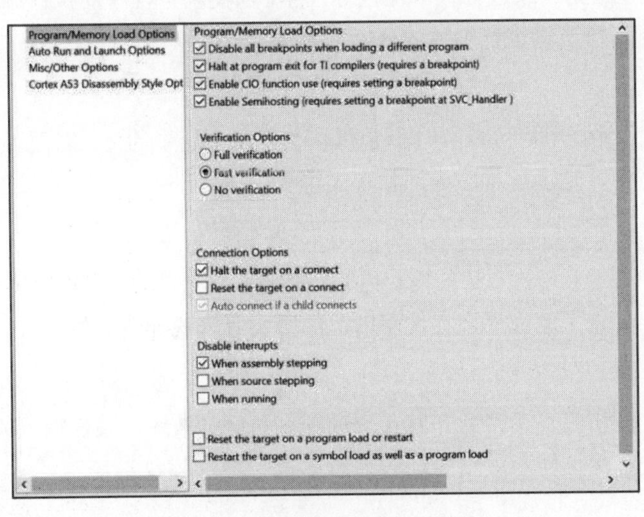

图 4-31　程序/存储器加载选项

此外，调试部分还包括自动运行/启动的选项，该类别用于定义Realtime Options、Auto Run Options和Launch Options，如图4-32所示。

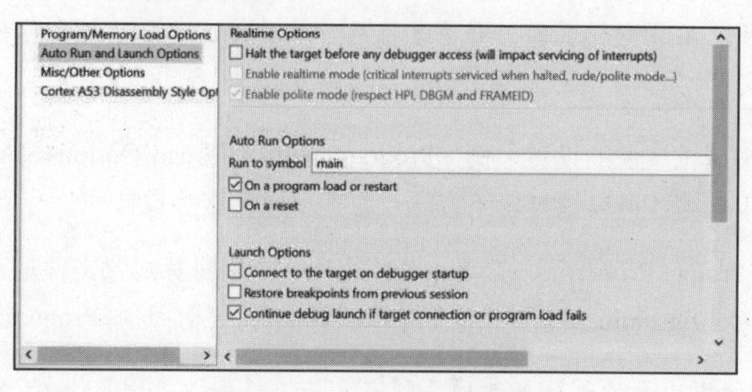

图4-32　自动运行/启动的选项

3. 调试工具和特点分析对比

通常情况下，设计人员会选择在上文所提到的集成开发环境CCS中对DSP进行开发。下面将对CCS软件中涉及的调试工具的特点进行分析对比，并进行配置讲解。

1）断点设置

功能：允许用户在代码的特定位置设置断点，当程序执行到这些位置时暂停执行，以便进行详细的检查和分析。

特点：简单易用，是调试过程中最常用的工具之一。

2）单步执行

功能：允许用户逐条指令或逐行代码地执行程序，以便观察程序的执行流程和变量值的变化。

特点：适用于对程序逻辑进行细致的分析和调试。

3）变量观察

功能：在调试过程中，用户可以实时查看和修改程序中变量的值，以便了解程序的运行状态。

特点：直观、方便，是了解程序内部状态的重要手段。

4）内存查看

功能：允许用户查看和修改DSP的内存内容，包括RAM、ROM和寄存器等。

特点：对于需要深入了解程序内存使用情况的开发者来说非常有用。

5）性能分析

功能：提供性能分析工具，帮助开发者分析程序的执行效率，找出瓶颈所在。

特点：对于优化程序性能至关重要。

此外，CCS还具有一些有助于设计人员进行调试的软件特性，说明如下：

（1）实时性：CCS提供了实时调试功能，允许开发者在程序运行时动态地查看和修改程序状态。

（2）可视化：调试界面友好，提供了丰富的可视化工具，如波形显示、图表分析等，帮助开发者更直观地理解程序行为。

（3）集成性：CCS集成了编译器、调试器、编辑器等多种开发工具，为开发者提供了完整的开发解决方案。

最后需要强调的是，在CCS中配置DSP F28379D的开发环境主要涉及以下几个方面：

1）项目设置

在创建新项目时，需要设置项目的目标DSP型号（如F28379D）、编译器选项、链接器选项等。这些设置将直接影响编译生成的程序代码和调试过程。

2）包含文件路径

需要将DSP F28379D的头文件和库文件路径添加到项目的包含文件路径中，以便编译器能够正确地找到这些文件。

3）调试配置

在调试之前，需要配置调试器选项，如调试器类型（如XDS100、XDS200等）、连接方式（如JTAG、SWD等）和调试参数等。这些配置将决定调试过程的稳定性和效率。

4）性能优化

在项目配置中，还可以设置编译器优化选项，以提高程序的执行效率和减小程序体积。然而，过度优化可能会导致程序难以调试并出现难以预料的问题。

综上所述，CCS为DSP F28379D提供了强大的调试工具和灵活的配置选项。设计人员可以根据项目的具体需求和个人的调试习惯，在CCS中选择合适的调试工具和配置选项，以提高开发效率和程序质量。

4.4　C2000Ware软件开发套件

C2000Ware是由TI公司提供的一套软件开发套件和文档集，旨在最大限度地缩减开发时间。该工具集包括专为C2000系列微控制器优化的各种驱动程序、库文件和应用实例，使开发人员可以在更短的时间内实现硬件控制和管理。

在实际应用中，C2000Ware可用于基于C2000系列微控制器的设备开发，例如数字电源、电机控制和可再生能源等应用领域。例如，开发人员可以通过结合使用C2000Ware和CCS，方便地将实例代码应用到他们的项目中。这样，不仅可以大幅提高开发效率，还能提升设备的运行性能和稳定性。

本节将重点介绍C2000Ware的使用方法及具体的开发流程。

4.4.1　C2000Ware概述

C2000Ware是一套全面的软件和文档集，旨在最大限度地缩短开发时间。它包括特定于器件的驱动程序、库文件和外设实例，涵盖丰富的应用场景，主要包括以下几个方面：

（1）硬件设计资源：包括C2000 controlCARD、controlSTICK、实验套件和LaunchPad的硬件设计原理图、BOM（物料清单）、光绘文件和文档。

（2）器件支持文件：包括特定于器件的支持文件、位字段标头、位字段器件外设实例（包括LaunchPad演示）和器件开发用户指南。

（3）驱动程序和外设实例：特定于器件的驱动程序库和基于驱动程序的外设实例。

（4）数学库和功能库：包括特定于器件的库和核心库，如IQMATH、浮点数学库、实例、CLA数学库、信号生成库、DSP库，以及Veterbi和CRC库（使用硬件加速器）。

（5）数字控制库：包括超过150个控制器、数据日志功能、代码实例和MathWorks Simulink模型的数字控制库。

（6）开发工具：包括闪存编程器、Windows驱动程序和第三方软件等开发实用程序。

与controlSUITE相比，C2000Ware是TI公司推出的新一代软件开发套件和文档集。其功能与controlSUITE类似，在大多数情况下可以互相代替，但对于Piccolo F28004x等系列，C2000Ware是必不可少的工具。C2000Ware的主要特性如下：

- 仅需一个文件包，即可获得所有基础开发配套资料。
- 提供TI云支持。
- 支持Linux和Mac安装。
- 下载/安装文件更小（明显小于controlSUITE）。
- 与controlSUITE具有相同的器件支持。

4.4.2　利用C2000Ware快速上手DSP开发

C2000Ware可帮助设计人员快速进行DSP开发。例如，可以采用DigitalPower系列的C2000Ware套件完成电源开发，从原理图到PCB设计，再到具体的代码实现，C2000Ware基本覆盖了大部分前期工作，如图4-33所示。该图为C2000Ware提供的有关PMP23069C无桥PFC（功率因数校正）的原理图设计文件，设计人员只需要根据具体的应用场景对这些工程进行二次开发即可。

如图4-34所示，该参考设计演示了一种使用C2000 F2837xD和F28004x微控制器控制连续导通模式的图腾柱功率因数校正转换器（Power Factor Correction，PFC）的方法。此PFC还可以在并网（电流控制）模式下用作逆变器，该转换器支持16ARMS的最大输入电流和3.6kW的峰值功率。LMG3522采用GaN器件功率级顶部冷却封装，具有集成驱动器和保护功能，可实现更高的效率、缩小低电源尺寸并降低复杂性。

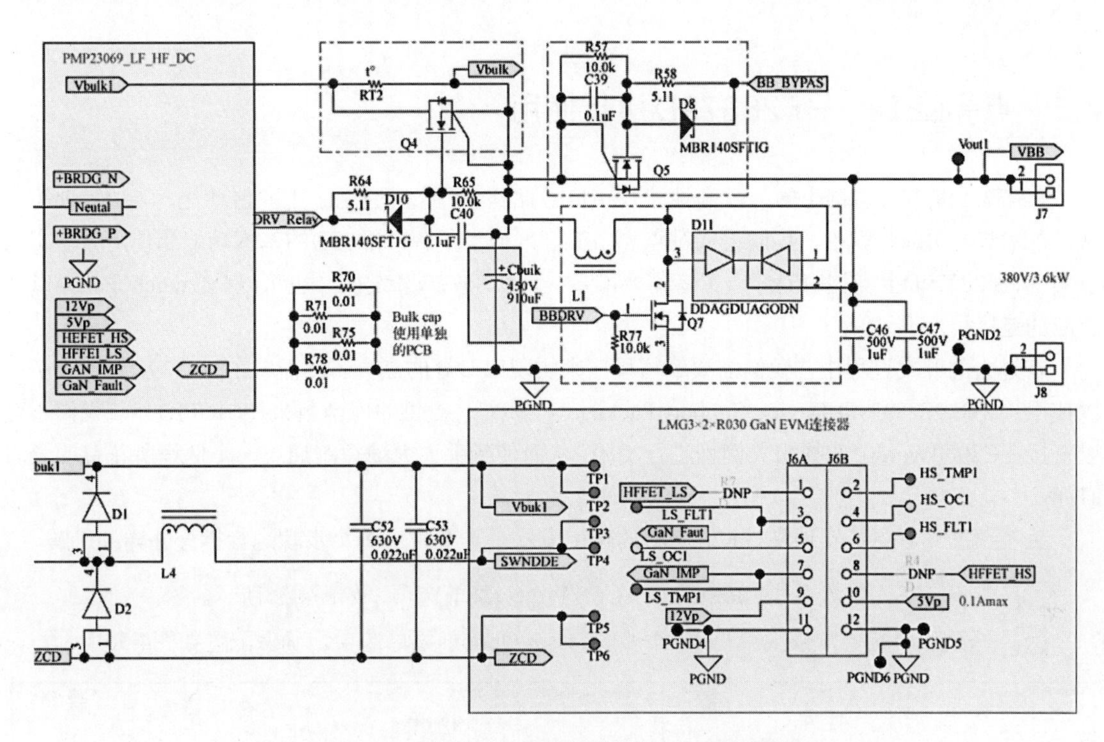

图 4-33　来自 C2000Ware 的无桥 PFC 原理图

图 4-34　来自 C2000Ware 的无桥 PFC 设计实例

基于F28004x或F2837xD的C2000控制器可用于所有高级控制功能，例如快速继电器控制和反向电流保护。该设计通过自适应死区时间提高效率，利用输入电容补偿方案改善轻负载下的功率因数，并借助非线性电压环降低PFC模式下的瞬态电压尖峰。

4.5 点亮LED——F28379D初步使用

F28379D是TI公司推出的一款高性能数字信号控制器，广泛应用于工业自动化、能源管理等领域。在本节的实践教学中，我们将通过点亮LED灯来初步了解F28379D的基本功能和使用方法。为了实现在F28379D上点亮LED灯，读者需要准备一块F28379D开发板（也可以是Launch Pad）以及相应的连接线。

在过去的开发过程中，我们需要编写程序来实现LED灯的点亮。然而，在F28379D中，除了可以使用TMS320F2837xD Device Support Package（DSPC）提供的库函数来控制GPIO外，我们还可以直接在C2000Ware中选择相关例程进行实验，从而使新手大大缩短跑通第一个例程所花费的学习时间。

为了帮助读者更扎实地掌握F28379D的使用方法，本节将对每个步骤进行拆分并详细讲解。

01 打开CCS，依次单击File→New→CCS Project菜单选项，如图4-35所示。

02 修改项目配置，依次单击Build→Processor Options菜单选项，确保配置如图4-36所示。

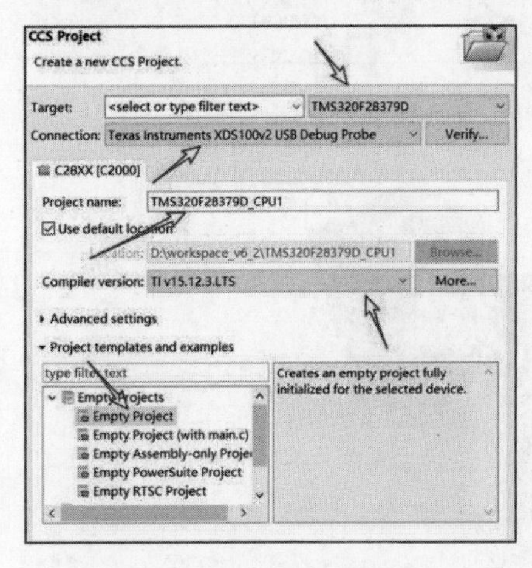

图 4-35　创建新的 CCS 工程

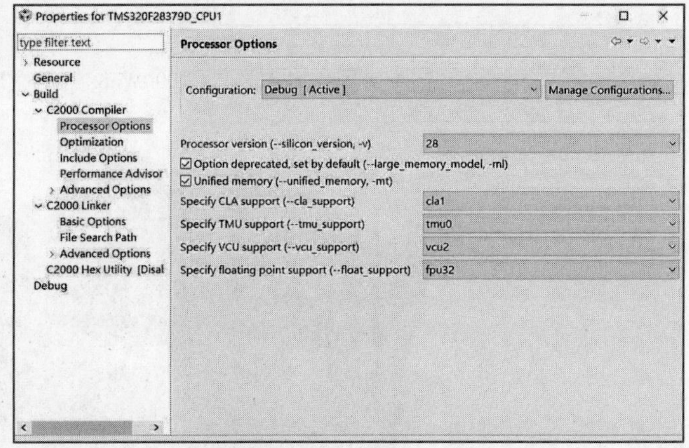

图 4-36　修改工程的具体配置

03 选择C2000 Compiler→Include Options，单击绿色加号来添加包含文件的路径，修改该路径等效于修改工程中的include文件夹，如图4-37和图4-38所示。

04 依次单击C2000 Linker→Advanced Options→Symbol Management菜单选项，添加_c_int00指定程序的入口点，最后单击OK按钮完成配置，如图4-39所示。

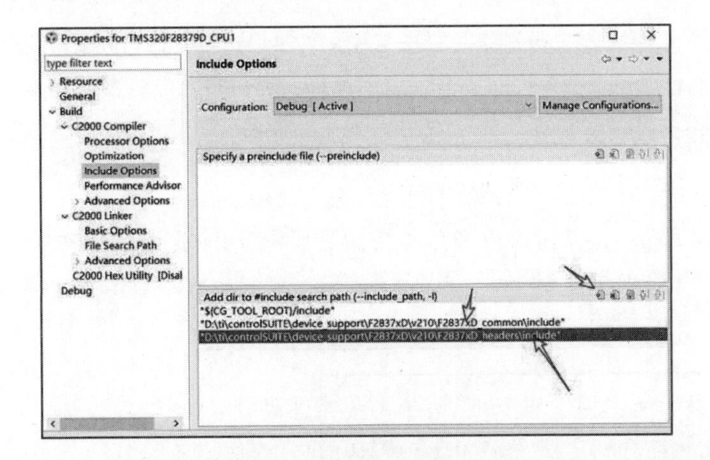

图 4-37　添加相关依赖库文件

图 4-38　完成配置后的工程目录结构

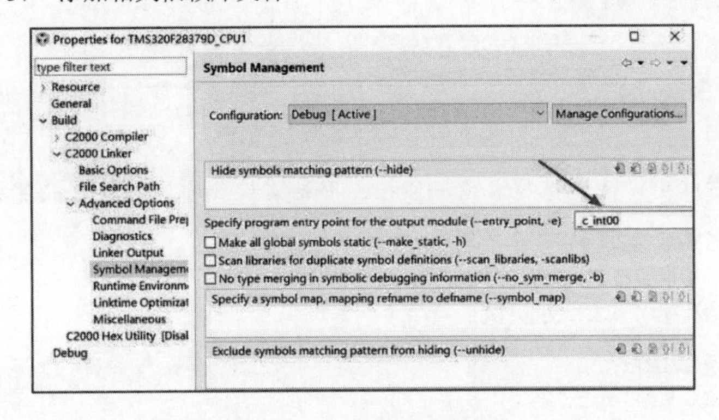

图 4-39　手动指定程序入口

注意　需要将Linker command file改为<none>，否则在后面编译时会报错，因为前一步已经将cmd文件包含进去了，如图4-40所示。

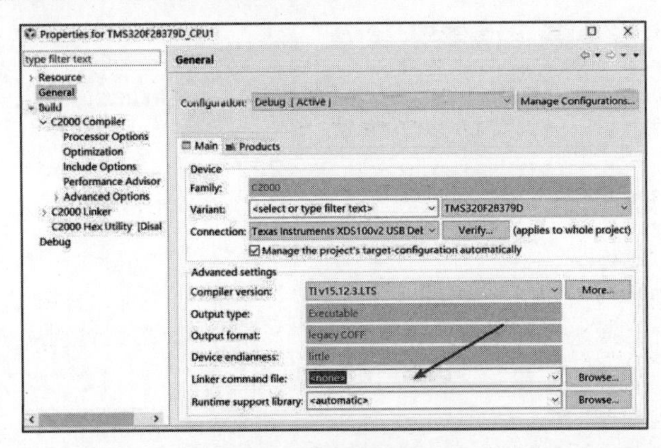

图4-40　修改链接器命令文件

05 接着，在头文件中使用的几个文件需要进行链接。右击工程文件夹，选择Add Files...，然后选择要添加的文件，如图4-41所示。选中Link to files单选按钮，因为TI的代码源文件是项目间共用的，选择Link不会修改这些文件。以下是需要添加的文件：

```
F2837xD_headersn\source\F2837xD_GlobalVariableDefs.c;
F2837xD_common\source\F2837xD_CodeStartBranch.asm;
F2837xD_common\source\F2837xD_usDelay.asm;
F2837xD_common\source\F2837xD_SysCtrl.c;
F2837xD_common\source\F2837xD_Gpio.c;
F2837xD_common\source\F2837xD_Ipc.c;
```

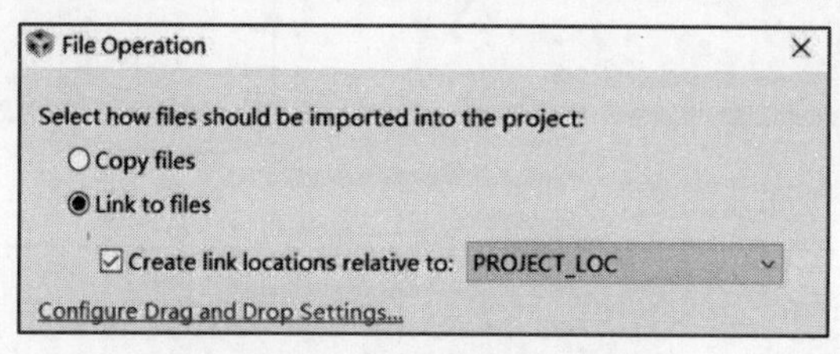

图4-41　选择链接至文件

06 右击工程文件夹，依次选择New→Source File菜单选项，并将其命名为main.c，然后将以下代码复制到新建的文件中，单击“保存”按钮。

【例4-1】 F28379D点亮LED灯实例。

```
/* F28379D点亮LED灯*/
#include "F28x_Project.h"
void main(void){
   uint32_t delay;
   InitSysCtrl();
   // 设置引脚方向
   EALLOW;
   GpioCtrlRegs.GPADIR.bit.GPIO31=1;
   EDIS;
   GPIO_SetupPinOptions(34, GPIO_OUTPUT, GPIO_PUSHPULL);
   GPIO_SetupPinMux(34, GPIO_MUX_CPU2, 0);
   // 关闭LED灯
   GpioDataRegs.GPADAT.bit.GPIO31=1;
   while(1){
        // 打开LED灯
        GpioDataRegs.GPADAT.bit.GPIO31=0;
        // 延时
        for(delay=0; delay < 2000000; delay++)
        {}
        // 关闭LED灯
        GpioDataRegs.GPADAT.bit.GPIO31=1;
        // 延时
```

```
        for(delay=0; delay < 2000000; delay++)
        {}
    }}
```

至此，完成工程主体部分的创建。

07 接下来需要创建一个新的目标配置，依次单击File→New→Target Configuration菜单选项，命名为F2837xD_xds100.ccxml，如图4-42所示。

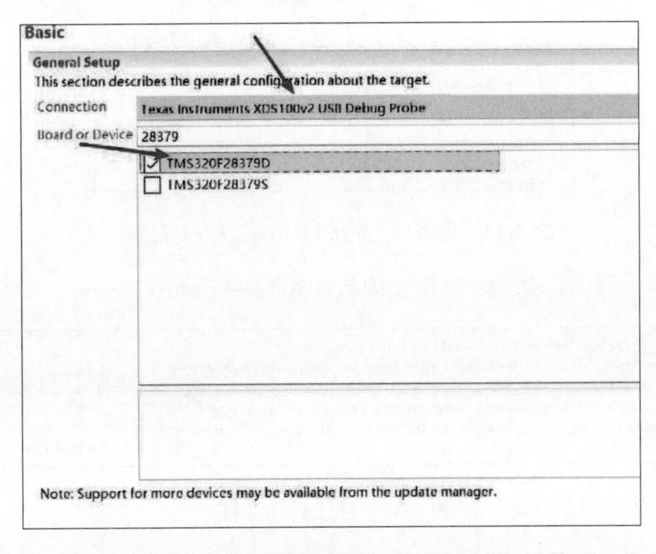

图 4-42　选择目标配置文件所对应的器件类型

08 将工程导入工作区，依次单击File→Import→C/C++→CCS Project菜单选项，如图4-43所示。

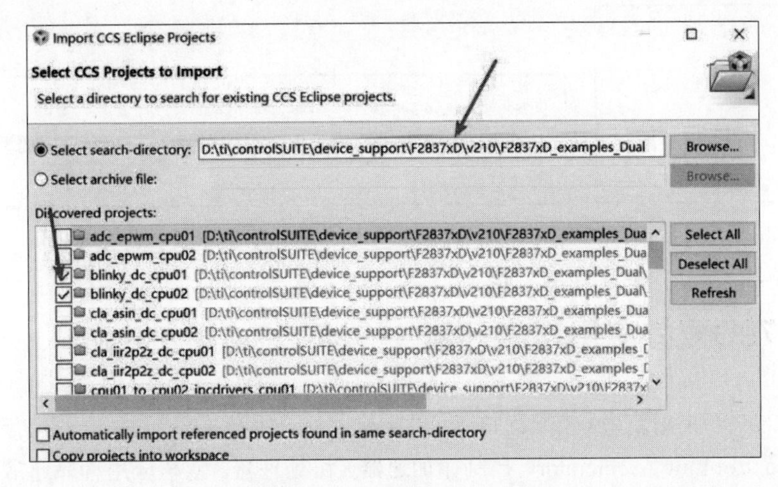

图 4-43　将工程导入工作区

09 连接器件，选择Link，再选择TMS320F28379D_CPU1，单击Launch selected configuration，如图4-44所示。

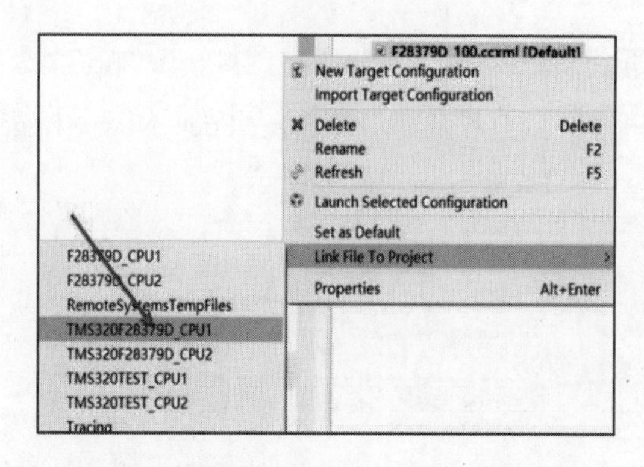

图 4-44　将器件上的 CPU1 与工程进行连接

10 选择连接目标器件，并加载程序至内核，如图4-45所示。

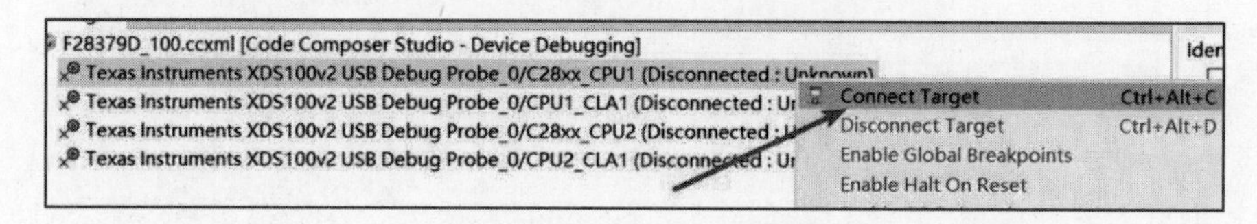

图 4-45　连接目标器件

11 如图4-46所示，选择运行核心为CPU1，此时可在板上观察到LED闪烁的现象。

12 上述程序是写入板载RAM的，若想固化程序，则需要将程序写入板载Flash中，只需要将对应的.cmd文件更换为flash.cmd文件即可，如图4-47所示。

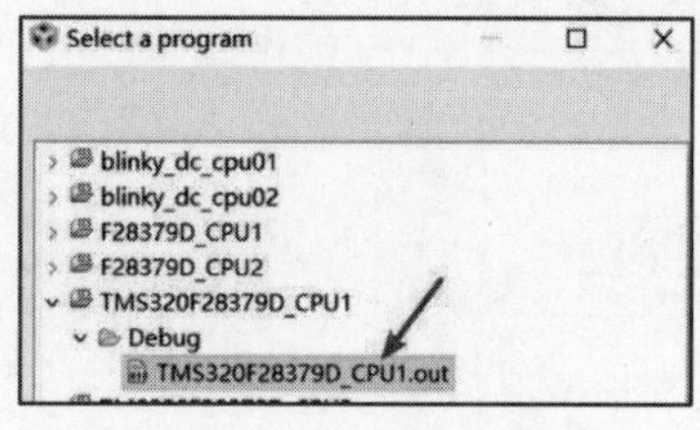

图 4-46　选择 CPU1 可执行文件

图 4-47　选择 flash.cmd 固化程序

4.6　F28379D双核应用程序开发

TMS320F28379D采用新型双核C28x+FPU的架构，每个内核提供200MHz的运行主频，并配有独立的CLA（Control Law Accelerator，控制律加速器）协处理器。双核应用程序通常具有以下两个特性。

- 任务分配：根据系统需求，将任务分配给两个CPU（如F28379D中的CPU1和CPU2）。例如，一个CPU负责高速信号处理与复杂控制，另一个CPU则负责通信、参数记录等任务。
- 数据交换：F28739D的两组CPU之间可通过共享RAM或IPC（Inter-Processor Communication，核间通信）机制进行数据交换，从而实现两组CPU协同工作。在这种情况下，可以将两组CPU看作两个单核DSP，只不过通信互连部分是在片内而非片外。

与前一代单核DSP芯片相比（例如F28335），TMS320F28379D是TI公司C2000系列的一款双核芯片，且其用法与TMS320F28335接近。然而，TMS320F28379D的主频和外设得到了进一步提高和增强，尤其是双核CPU架构大幅增强了其处理能力。本节将详细介绍TMS320F28379D双核的程序编写、仿真与下载。

TMS320F28379D的双核架构中，CPU1和CPU2各自有独立的内核、内存、中断以及相对应的总线，但片上的外设是共享的。两个CPU可以独立运行各自的程序，也可以通过处理器间通信模块（IPC）进行数据交互。因此，TMS320F28379D程序的编写、仿真和下载等操作，实际上分别对CPU1和CPU2进行类似于F28335单核开发的操作。

在开始介绍F28379D的双核开发之前，我们首先了解一下双核应用程序的开发流程，以及双核开发中特有的IPC机制和共享内存机制。双核应用程序的开发流程如下：

01 创建工程。

在 CCS 中分别为 CPU1 和 CPU2 创建两个独立的工程。这两个工程是完全独立的，虽然没有真正连接，但可以通过共享内存或 IPC 机制进行数据交互。随后，根据需要设置工程参数，包括处理器选项、包含路径、预定义符号等，确保工程能够正确编译和运行。

02 编写程序。

为 CPU1 和 CPU2 分别编写独立的程序。在编写程序时，需要考虑双核之间的数据交互和同步问题。在此过程中，设计人员可以使用 TI 提供的库函数和 API 来简化开发过程，如 GPIO 控制、中断管理、定时器配置等。

03 编译与调试。

分别编译 CPU1 和 CPU2 的程序，并生成相应的.out 文件。然后，在 CCS 中连接目标设备，分别加载 CPU1 和 CPU2 的.out 文件进行调试。在调试过程中可以使用 CCS 的调试工具进行断点设置、单步执行、变量观察等操作，以验证程序的正确性和性能。

04 烧录（下载）程序。

这里分为两类：在线烧录和离线烧录。对于在线调试，可以直接在 CCS 中将编译好的程序烧录到目标设备中；对于离线烧录，需要将编译好的.out 文件转换为适合烧录的格式，并使用专用的烧录工具将其烧录到目标芯片的 Flash 中。

此外，读者应在开始双核开发前，了解IPC和共享内存的概念，这将有助于后续进一步学习双核开发。简单来说，TMS320F28379D提供的IPC机制可用于实现双核之间的同步和数据交互。通过IPC机制，CPU1可以控制CPU2的启动和停止，并传递数据和控制命令；另外，双核之间还可以通过共享内存进行数据交互。

注意 由于缓存一致性问题，在访问共享内存时需要采取相应的措施以确保数据的一致性，否则可能会导致内存访问冲突，进而引发数据错乱、死锁等问题，从而影响应用程序的健壮性。

接下来，将详细介绍如何利用TMS320F28379D这款双核DSP芯片进行双核应用程序开发。双核应用程序的开发与单核应用程序开发类似，主要包括两个步骤：一是编写程序，二是编译并下载程序。编写程序部分与单核开发类似，区别主要体现在编译与下载环节，以及程序的下载方式。

在编写程序时，区别于单核开发的地方在于，需要添加一段引导程序，并对CPU2的外设进行配置。在CPU1的程序中，需要在主函数前加入以下程序进行预定义处理。

```
/* CPU1中包含的预定义部分，用于作为引导程序并配置CPU2 */
#ifdef -STANDALONE #ifdef -FLASH
IPCBootCPu2(C1C2-BROM-BOOTMODE-BOOT-FROM-FLASH);
#else
IPCBootCPu2(C1C2-BROM-BOOTMODE-BOOT-FROM-RAM);
#endif #endif
```

这段预定义程序与前面提到的Predefined-Name设置相对应，用于控制引导程序从RAM或Flash中运行。在离线模型下，CPU1用于引导CPU2启动。

需要注意的是，在对F28379D的CPU1和CPU2进行程序下载时，需要在CCS中分别创建两个独立的工程，并为两个CPU编写相应的程序。例如，C2000Ware中提供的双核应用程序开发实例如图4-48所示。

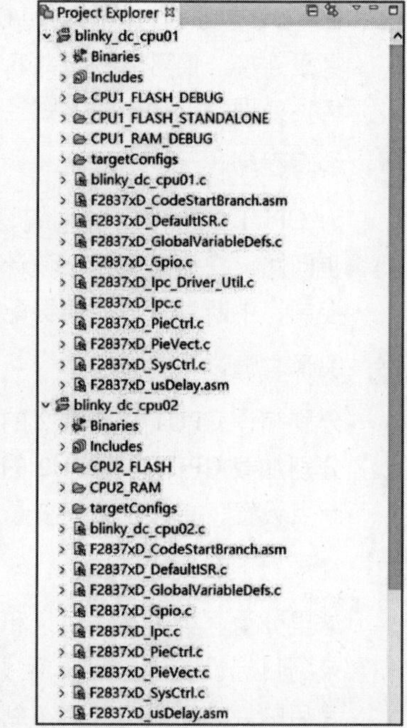

图4-48　双核应用程序开发实例

接下来，将分别介绍在线程序下载和离线程序下载。

4.6.1　在线程序下载

（1）编写CPU1和CPU2程序并进行编译，然后将编译后的结果下载到对应的CPU中。如图4-49所示，以下载至CPU2为例，选中CPU2后，选择已经编译好的.out文件，下载至CPU2中，如图4-50和图4-51所示。

（2）单击Debug选项运行双核程序。注意，此时所选的Debug选项是CPU2，因此运行的实际上是CPU2内的程序。如果需要调试和运行CPU1内部的程序，只需再次单击“运行”按钮即可，如图4-52所示。

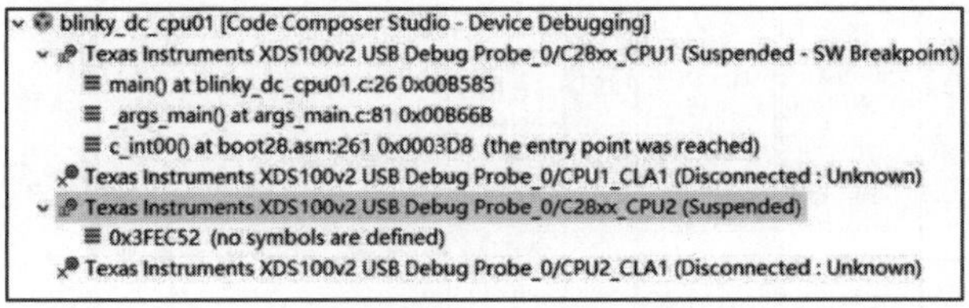

图 4-49 选中 CPU2

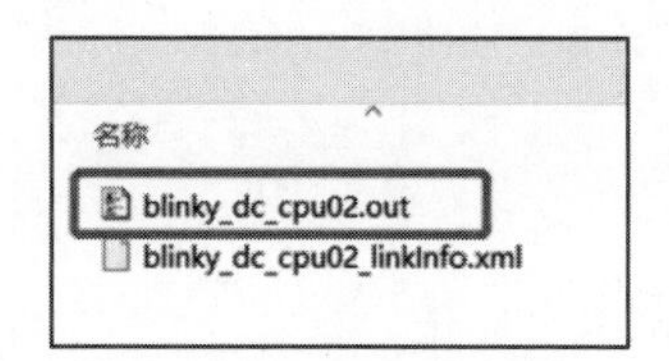

图 4-50 选择需要下载至 CPU2 的编译后的文件

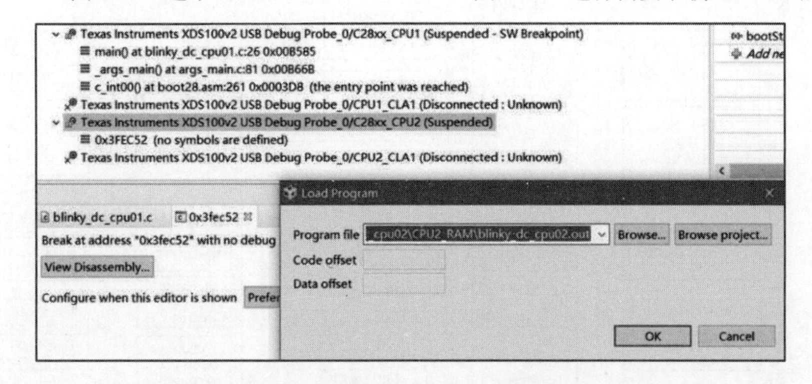

图 4-51 单击 OK 按钮，将.out 文件下载至 CPU2 中

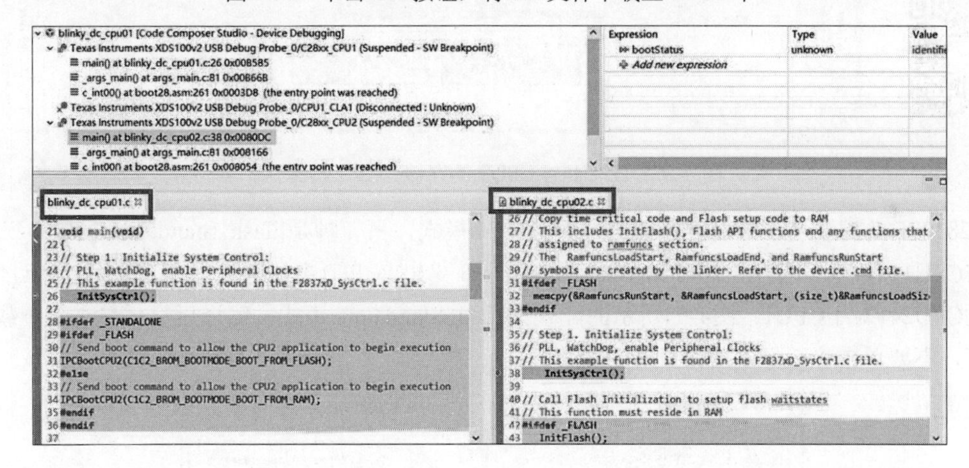

图 4-52 调试/运行 CPU2 内部程序后，再次单击“运行”按钮即可运行 CPU1 内部程序

4.6.2 离线程序下载

离线程序下载涉及对F28379D片上Flash的操作，因此需要更改一些配置。如图4-53所示，该图展示了F28379D片上架构的局部图。从图中可以看出，F28379D的CPU1和CPU2各自配有一套Flash（如紫框所示）和RAM（如红框所示）。在下载程序时，两个核心将分别加载到属于自己的存储区域，且下载程序的区域没有共用部分。双核之间的数据传输通过一个专门的RAM进行数据交换（如蓝框所示）。

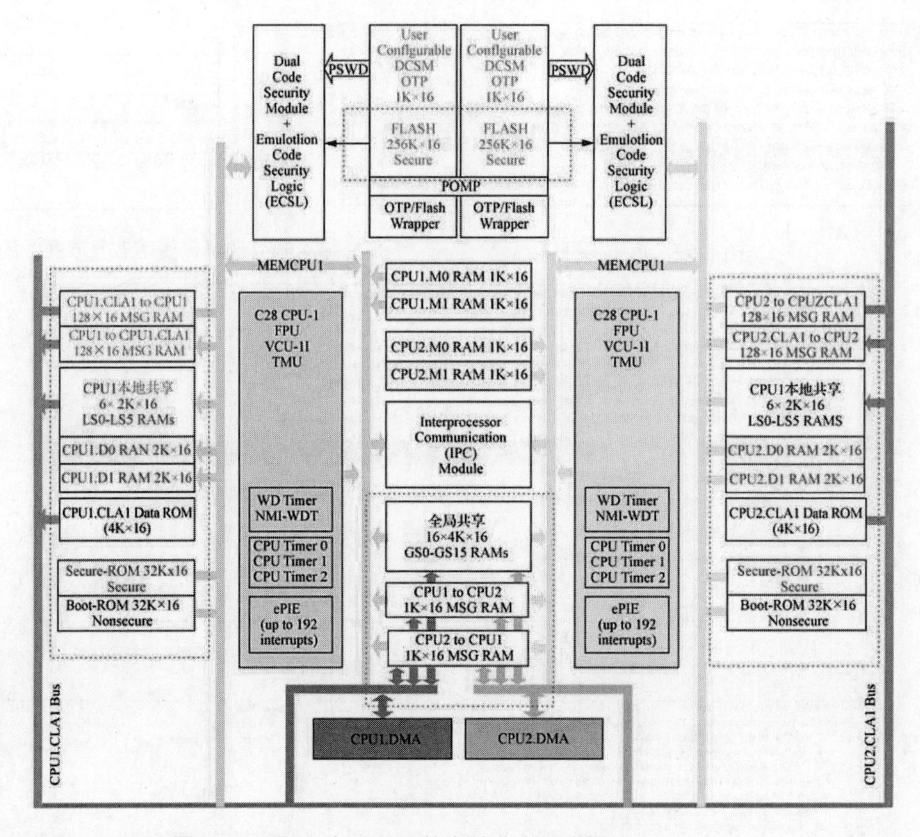

图 4-53　CPU1 与 CPU2 的存储分布（彩图）

F28379D的离线烧录有两种模式：一种是Flash模式，另一种是Flash Standalone模式。Flash模式支持CPU1离线运行程序，而Flash Standone模式不仅支持CPU1离线运行程序，还可以通过IPC控制启动CPU2。对于CPU1，图4-54所示的配置为Flash Standalone模式，编译后只需单击“下载”按钮即可，不要单击“运行”按钮。

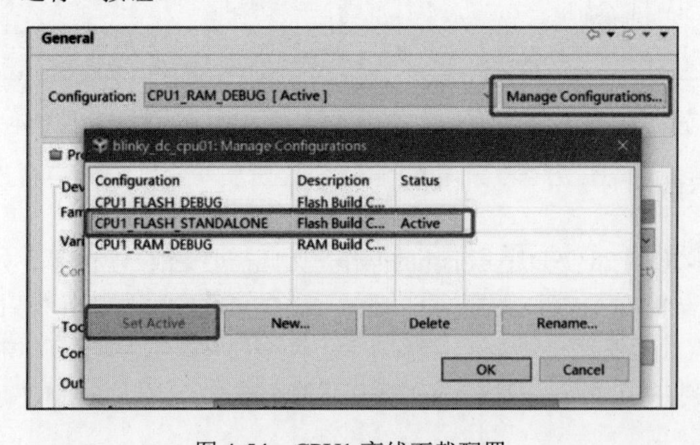

图 4-54　CPU1 离线下载配置

注意 由于是将程序下载至Flash，因此必须确保在下载过程中不要干扰开发板，否则可能导致下载失败并造成Flash锁定。

对CPU1下载到Flash后，切勿立即单击“运行”按钮。此时，将CPU2的程序配置为Flash模式。与CPU1不同，CPU2的Flash只有一种模式，即没有Standalone模式。两者的区别如图4-55所示。

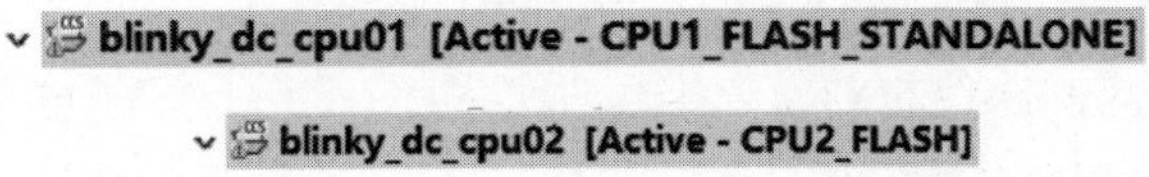

blinky_dc_cpu01 [Active - CPU1_FLASH_STANDALONE]

blinky_dc_cpu02 [Active - CPU2_FLASH]

图 4-55　CPU1 与 CPU2 的 Flash 模式配置

配置完成后，编译生成.out文件，然后仿照在线下载的方式，将CPU2程序的编译结果.out文件下载至开发板。

注意，程序全部下载完成后，不要单击“运行”按钮。正确的操作顺序是：先单击红色按钮断开连接，然后切断开发板的电源。重新上电后，开发板将自动运行双核CPU中已下载的程序。此时，CPU2将通过IPC机制由CPU1控制启动，且开发板的启动模式应为Flash启动。至此，F28379D双核开发的整个流程已完成。

在双核应用程序开发过程中，涉及的主要程序如下：

```
/* CPU1内的程序 */
#include "F28x_Project.h"
#include "F2837xD_Ipc_drivers.h"
void main(void){
  InitSysCtrl();
#ifdef _STANDALONE
#ifdef _FLASH
IPCBootCPU2(C1C2_BROM_BOOTMODE_BOOT_FROM_FLASH); // 从 FLASH 启动 CPU2
#else
IPCBootCPU2(C1C2_BROM_BOOTMODE_BOOT_FROM_RAM);    // 从 RAM 启动 CPU2
#endif
#endif
#ifdef  FLASH
  InitFlash();                                     // 初始化Flash
#endif
   InitGpio();                                     // 初始化GPIO
   EALLOW;
   // 配置GPIO31为输出
   GpioCtrlRegs.GPADIR.bit.GPIO31 = 1;
   GPIO_SetupPinOptions(34, GPIO_OUTPUT, GPIO_PUSHPULL);
   GPIO_SetupPinMux(34, GPIO_MUX_CPU2, 0);
   EDIS;
   GpioDataRegs.GPADAT.bit.GPIO31 = 1;
   DINT;
   InitPieCtrl();                    // 初始化PIE控制寄存器
```

```
    IER = 0x0000;                    // 禁用所有中断
    IFR = 0x0000;                    // 清除中断标志
    InitPieVectTable();              // 初始化PIE向量表
    EINT;                            // 使能全局中断INTM
    ERTM;                            // 使能实时中断DBGM
    for(;;){                         // 主循环
        // 切换GPIO31状态
        GpioDataRegs.GPADAT.bit.GPIO31 = 0;
        DELAY_US(1000 * 500);        // 延时500ms
        GpioDataRegs.GPADAT.bit.GPIO31 = 1;
        DELAY_US(1000 * 500);        // 延时500ms
    }
}

/* CPU2内的程序 */
#include "F28x_Project.h"
#ifdef _FLASH
extern Uint16 RamfuncsLoadStart;
extern Uint16 RamfuncsLoadSize;
extern Uint16 RamfuncsRunStart;
#endif
void main(void){
#ifdef _FLASH
  // 将函数从加载区复制到运行区
  memcpy(&RamfuncsRunStart, &RamfuncsLoadStart, (size_t)&RamfuncsLoadSize);
#endif
    InitSysCtrl();                   // 初始化系统控制寄存器
#ifdef _FLASH
   InitFlash();                      // 初始化Flash
#endif
    EALLOW;
    GPIO_WritePin(34, 1);            // 向GPIO34写入1（高电平）
    DINT;
    InitPieCtrl();                   // 初始化 PIE 控制寄存器
    IER = 0x0000;                    // 禁用所用中断
    IFR = 0x0000;                    // 清除中断标志
    InitPieVectTable();              // 初始化PIE向量表
    EINT;                            // 使能全局中断INTM
    ERTM;                            // 使能实时中断DBGM
    for(;;){                         // 主循环
        // 切换GPIO34状态
        GPIO_WritePin(34, 0);
        DELAY_US(1000 * 250);        // 延时250ms
        GPIO_WritePin(34, 1);
        DELAY_US(1000 * 250);        // 延时250ms
    }
}
```

4.7　本章小结

本章详细介绍了CCS开发基础及其使用方法，涵盖常用目标文件格式、工程文件结构、CCS开发基础知识以及C2000Ware软件开发套件等内容。通过学习，读者了解了不同类型目标文件的格式及其在实际开发中的应用，掌握了CCS中工程文件的结构，并学习了如何创建新工程并配置相关设置。

此外，本章通过一个具体实例，展示了如何使用CCS进行基本开发。通过该实例，读者能够更好地掌握CCS开发环境的使用方法，为进一步深入学习DSP开发打下坚实的基础。

4.8　习题

（1）简述DSP开发的主要步骤。

（2）简述什么是目标文件，什么是通用目标文件。

（3）COFF文件格式有什么优点？内部是如何区分不同区域的代码的？

（4）为什么要进行段定义和段操作？

（5）对DSP的代码进行调试时，有几种调试手段？

（6）软件模块化设计的基础是什么？

（7）在DSP开发中，Eclipse和CCS的关系是什么？

（8）数据段和代码段的功能各是什么？

（9）在链接器命令文件（.cmd文件）中，伪指令MEMORY和SECTIONS的作用是什么？

（10）探针和程序断点有什么区别？哪一个是不能单独独立存在的？

（11）当CCS遇到断点暂停程序执行时，探针点指定的I/O文件与DSP内存之间的传输连接是自动完成的还是需要人工干预？

（12）要求GEL对话框函数名为InitMemory()，第一个参数名为start address，通过第一个输入框输入参数自动赋值，该输入框左边的标签名为start address。第二个参数名为end address，通过第二个输入框输入参数自动赋值，该输入框左边的标签名为end address。试设计这个GEL函数，使对话框中有上述两个输入框。

（13）使用CCS 10.3加载数据文件内建函数GEL_LOAD(filename)作为自定义GEL函数myload()中的调用函数语句，在该文件开头，使用menuitem "Load .out"语句在CCS的GEL菜单栏下添加第一级子菜单Load.out，再用hotmenu前置自定义GEL函数名myload()，在子菜单名Load.out下添加下一级子菜单为myload，用手工加载GEL文件的方式进行试验。

（14）使用menuitem "ramtest"语句在CCS 10.3的GEL菜单栏下添加第一级子菜单ramtest，再用dialog关键词添加下一级对话框子菜单为filldata，对话框传递的对象参数为dataParm，赋值给工程文件全局变量ramdata。用slider关键词添加下一级滑动条菜单size，要求滑动条最小值为1，最大值为100，滑动步距为1，页滑动步距为1，滑动条位置对应值传递的对象参数为lenParm，赋值给工程文件的全局变量名为ramlen。GEL存盘文件名为test14.gel，用手工加载GEL文件的方式进行试验。

（15）工程编译大致分为哪几步？预编译和编译的区别是什么？

（16）简述C2000Ware和controlSUITE的区别。对于F2837xD来说，二者在开发上有什么区别？如何在CCS IDE中导入C2000Ware所提供的工程实例？

（17）假设你正在参与一个基于ARM Cortex-A9的嵌入式系统开发项目，该项目使用了CCS（控制与协调系统）进行软件开发。请详细描述CCS工程文件的基本结构，并解释如何在该结构中管理多个源文件、头文件和库文件。同时，阐述在大型项目中如何有效地组织这些文件以提高开发效率。

（18）在CCS工程中，构建过程通常涉及多个步骤，如预处理、编译、汇编和链接。请详细描述这些步骤，并解释在每个步骤中可能遇到的问题和解决方法。此外，讨论如何优化构建过程以提高编译速度。

（19）在CCS工程中，工程编译是确保代码正确性和一致性的关键步骤。请描述一个完整的工程编译流程，并解释在编译过程中如何设置和优化编译器选项以生成高质量的代码。此外，讨论如何调试编译过程中出现的问题。

（20）在CCS工程中，设置目标配置文件是确保软件能够在目标硬件上正确运行的重要步骤。请描述如何为目标硬件设置配置文件，并解释这些配置文件在软件运行中的作用。同时，讨论如何根据目标硬件的特性调整配置文件以优化性能。

（21）在CCS环境中，目标配置文件（如.ccxml）是如何影响编译和链接过程的？请详细描述如何创建一个新的目标配置文件，并解释其中各个配置项的作用。此外，如果需要在不同的目标硬件上运行相同的代码，通常会如何修改目标配置文件以适应不同的硬件环境？

（22）在CCS环境中，有哪些编译优化选项可以提高嵌入式系统的性能？请列举并解释其中至少三个优化选项的工作原理。同时，请说明这些优化选项可能带来的副作用，并给出在哪种情况下应谨慎使用这些选项的建议。

（23）描述在CCS环境中从创建一个新工程到最终生成可执行文件的全过程。在构建过程中，如果遇到了链接错误（如undefined reference to...），通常如何排查和解决这些问题？请提供一个具体的实例来说明你的解决方案。

第 5 章

片上模拟外设器件及其开发实例

DSP芯片上的常用外设器件包括模拟外设、控制外设和通信外设。本章将重点讲解模拟外设与控制外设，通信外设将在后文与几种常用的串行接口一起讲解。

模拟外设包括ADC（Analog-to-Digital Converter，模数转换器）、DAC（Digital-to-Analog Converter，数模转换器）、PWM（Pulse-Width Modulation，脉宽调制器）等；控制外设包括WDT（Watchdog Timer，看门狗定时器）、eCAP（Enhanced Capture Module，增强型采集模块）、ePWM（Enhanced Pulse-Width Modulation，增强型脉宽调制器）、QEP（Quadrature Encoder Pulse，正交编码脉冲）、eQEP（Enhanced Quadrature Encoder Pulse，增强型正交编码脉冲）、HRPWM（High-Resolution Pulse-Width Modulation，高分辨脉宽调制器）和SDFM（Sigma-Delta Filter Module，滤波器组）等。

一般可以通过程序对寄存器进行设置和修改。然而，部分寄存器具有EALLOW写保护机制，在更改配置前需要先取消写保护。例如，器件仿真寄存器、Flash模块相关寄存器、CSM（Code Security Module，代码安全模块）模块相关寄存器、PIE（Peripheral Interrupt Expansion，外设中断拓展模块）中断向量表、系统控制模块相关寄存器（如PLLSTS等）、ePWM模块相关寄存器（如TZSEL等）、GPIO模块相关寄存器（如GPACTRL、GPIOXINT1SEL等）以及XINTF接口相关寄存器。

此外，需要注意，片内和片外设备是不同的概念。片内指集成电路内部的部分，而片外则是指集成电路芯片外部的设备。

一般来说，集成电路芯片与外部设备的连接需要专门的接口电路和总线的连接，包括控制总线、地址总线和数据总线等。随着集成电路技术的飞速发展，许多芯片在制造时已经能够将部分接口电路和总线集成到芯片内部，这部分电路与传统的接口电路和总线存在区别，被称为片内外设。本章涉及的外设均为片内外设，不涉及外围接口电路以及具体的电压转换协议。

5.1　模数转换器（ADC）

TMS320F28379D芯片具有丰富的片上模拟外设器件，主要包括4组独立的16位ADC（也可通过配置寄存器设置为12位）。这些ADC组能够准确高效地管理多路模拟信号，进而提高系统的吞吐量。

在实际应用中，例如音频信号采集和处理、电源电压的监控以及传感器信号的读取等，都可以使用这些ADC组进行并行操作。在使用ADC时，为了实现较高的信号噪声比（Signal-to-Noise Ratio，SNR），总谐波失真（Total Harmonic Distortion，THD）和较大的信噪比与失真比（Signal to Noise and Distortion Ratio，SINAD），需要根据具体需求对寄存器进行配置，如选择量化精度、采样率等重要参数。

此外，F28379D还包含其他模拟外设，如PWM模块、CAN接口和串行通信接口等。虽然本书中将这几种模块分别归类为控制外设与通信外设，但从模块的工作性质来看，它们仍然属于模拟外设器件。本书的分类主要是依据器件的功能进行的。

这些外设可以满足不同应用的需求。例如，PWM模块可用于生成精确的脉冲宽度调制信号，该信号广泛应用于电机控制和电源管理等领域；CAN接口提供了一种高性能的车辆网络通信解决方案；串行通信接口则实现了设备间的数据交换和通信。

总的来说，F28379D芯片集成了丰富的模拟外设，适用于多种场合，为开发者提供了强大的硬件支持。接下来将分别介绍几种常用的片上模拟外设，主要包括模数转换器（ADC）、比较器子系统和数模转换器（DAC）。

该芯片上模拟外设包括模数字转换器（ADC）、温度传感器、缓冲数模转换器（DAC）和比较器模块（Comparator Subsystem，CMPSS）。

F28379D的片上模拟子系统具有以下特性：

（1）灵活的电压基准：例如，片上ADC可以采用VREFHIx和VREFLOx引脚为基准电压。需要注意的是，VREFHIx引脚电压必须从外部供电。

（2）缓冲DAC基准电压：缓冲DAC以VREFHIx和VSSA为基准电压，但也可以选择VDAC引脚和VSSA作为基准电压。

（3）CMPSS中的DAC基准电压：CMPSS中的DAC以VDDA和VSSA为基准电压，同样，这些DAC也允许以VDAC引脚和VSSA为基准电压。

（4）可灵活配置：缓冲DAC和比较器子系统的功能可以与ADC输入进行多路复用。

（5）偏移自校准功能：所有ADC内部均可连接至VREFLO，实现偏移自校准功能。

（6）与DSP处理器的紧密集成：模拟接口电路与DSP处理器通常紧密集成，形成一个完整的信号处理系统。这种集成方式能够减少信号传输过程中的损耗和失真，显著提升系统的整体性能。

F28379D芯片的片上模拟子系统的结构框图如图5-1和图5-2所示（注意，F28379D片上模拟子系统包括8组相同的比较器子系统，图中展示的是其中一组；ADC子系统则以附带DA缓冲器的子系统为例进行展示）。

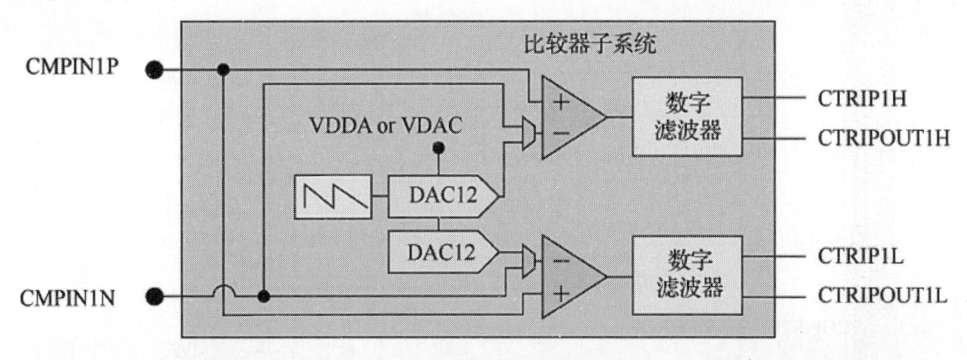

图 5-1　F28379D 芯片 176 引脚-PTP 封装的模拟子系统框图（比较器子系统）

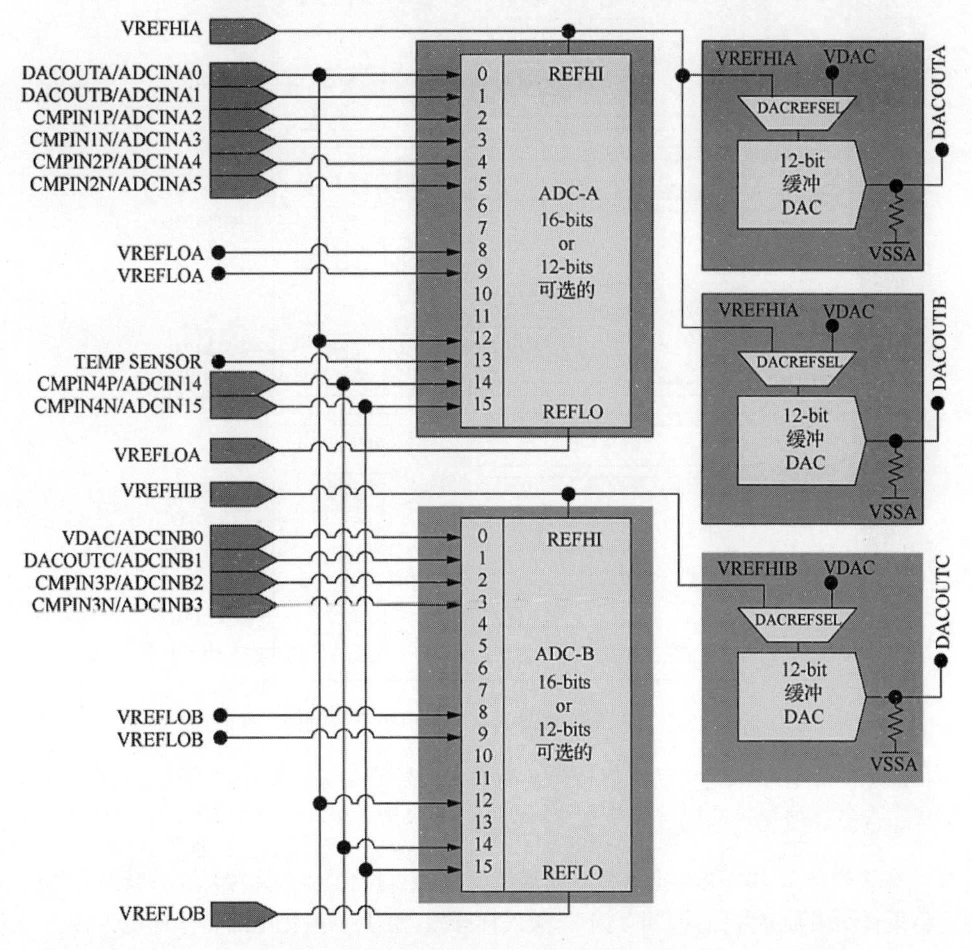

图 5-2　F28379D 芯片 176 引脚-PTP 封装的模拟子系统框图（ADC 子系统）

除176引脚的PTP封装外，F28379D还提供了100引脚的PZP封装。与前者相比，后者的子系统方框图更为简洁，但PZP封装只提供了4组比较器子系统和2组ADC子系统，如图5-3和图5-4所示。

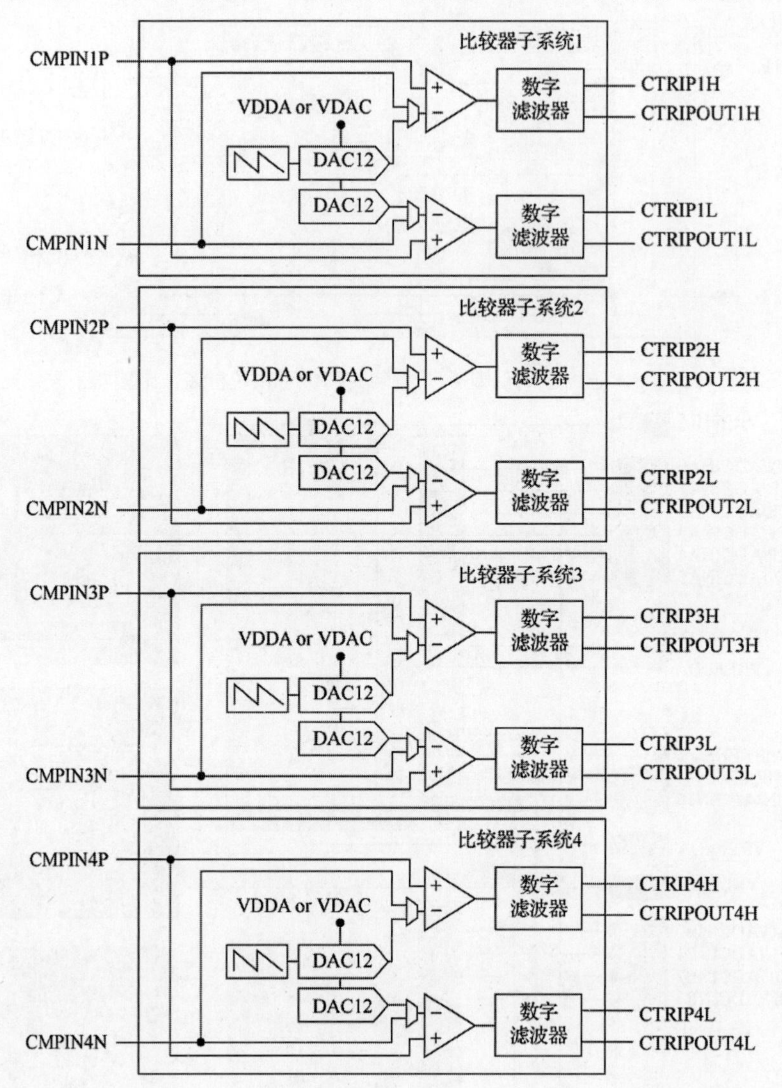

图5-3　F28379D芯片100引脚-PZP封装的模拟子系统框图（比较器子系统）

DSP芯片上的片上ADC是将模拟信号转换为数字信号的关键模块，它的核心功能可以分为4个步骤：采样、保持、量化和编码。

首先，在采样环节中，采样电路将时间连续变化的模拟信号转换为离散的模拟信号；随后，保持电路将采样结果存储并保持，直到下一次采样开始；然后，量化电路将采样电平转换为离散的数字电平；最后，电路上的编码器将量化后的结果按照一定数制表示出来。

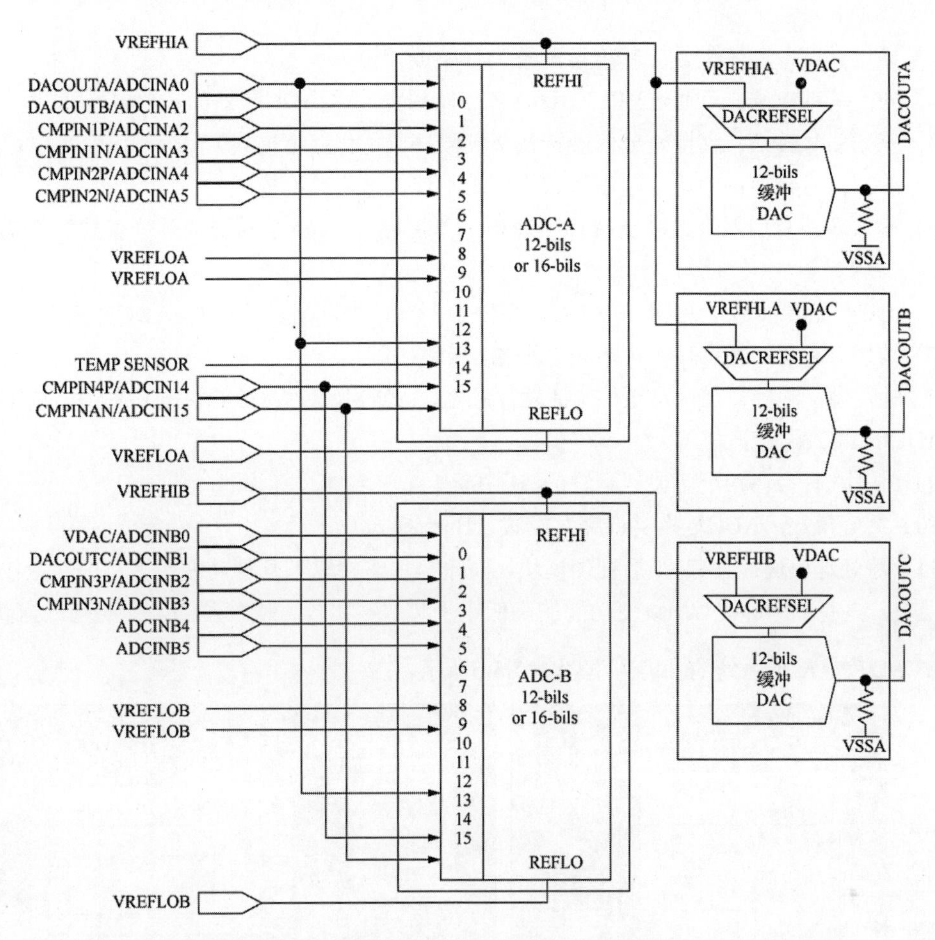

图 5-4　F28379D 芯片 100 引脚-PZP 封装的模拟子系统框图（ADC 子系统）

DSP芯片上的ADC模块通常具有多个输入通道。例如，本书重点介绍的TMS320F2837xD系列芯片拥有多达4个ADC模块，在12位模式下可支持多达24个外部通道。而上一代DSP芯片，如TMS320F28335，则提供16个通道。

在实际应用中，ADC的关键指标包括分辨率和转换速率。分辨率定义为满刻度与量化最大位数的比值，也可以理解为数字信号的位数。分辨率越高，采样精度越高。

转换速率是指AD转换（模数转换）一次所需的时间的倒数，也被称为AD器件的采样率。例如，F28379D的片上AD器件的采样率最高可达3.5MSPS，即每秒最多进行350万次采样，该值的倒数即为模数转换一次所需的时间长度。

5.1.1　F28379D片上ADC子系统及其配置方法

在F28379D芯片中，ADC为逐次逼近型（SAR ADC），量化精度可通过寄存器配置为16位或12位。在模拟子系统中，可存在多个允许同时进行采样的ADC模块。每个ADC具有以下特性：

（1）量化精度：ADC的量化精度可配置为16位或12位。

（2）外部基准电压：可通过VREFHI和VREFLO引脚设置ADC的外部基准电压。

（3）差分信号转换：支持差分信号转换（仅限16位量化精度模式）。

（4）单端信号转换：支持单端信号转换（仅限12位量化精度模式）。

（5）输入多路复用器：最高支持16个通道（单端模式）或8个通道（差分模式）的输入多路复用器。

（6）ADC开始转换信号（SOC）：ADC子系统中拥有16个可配置的SOC（ADC开始转换信号）。

（7）结果寄存器：拥有16个可单独寻址的结果寄存器。

（8）触发源：支持多个触发源，包括软件触发、ePWM触发，GPIO XINT2触发，CPU计时器触发和ADCINT1/2触发等。

（9）PIE中断：具有4个可灵活配置的PIE中断。

（10）突发模式：ADC转换支持突发模式（Burst模式）。

（11）后处理模块：具有4个后处理模块，每个模块支持以下几种功能：饱和偏移量校准、定点计算误差、具有中断和ePWM跳变功能的高低电平和过零比较、从触发到采样的延迟捕获。

F28379D片上ADC系统的功能方框图如图5-5所示。

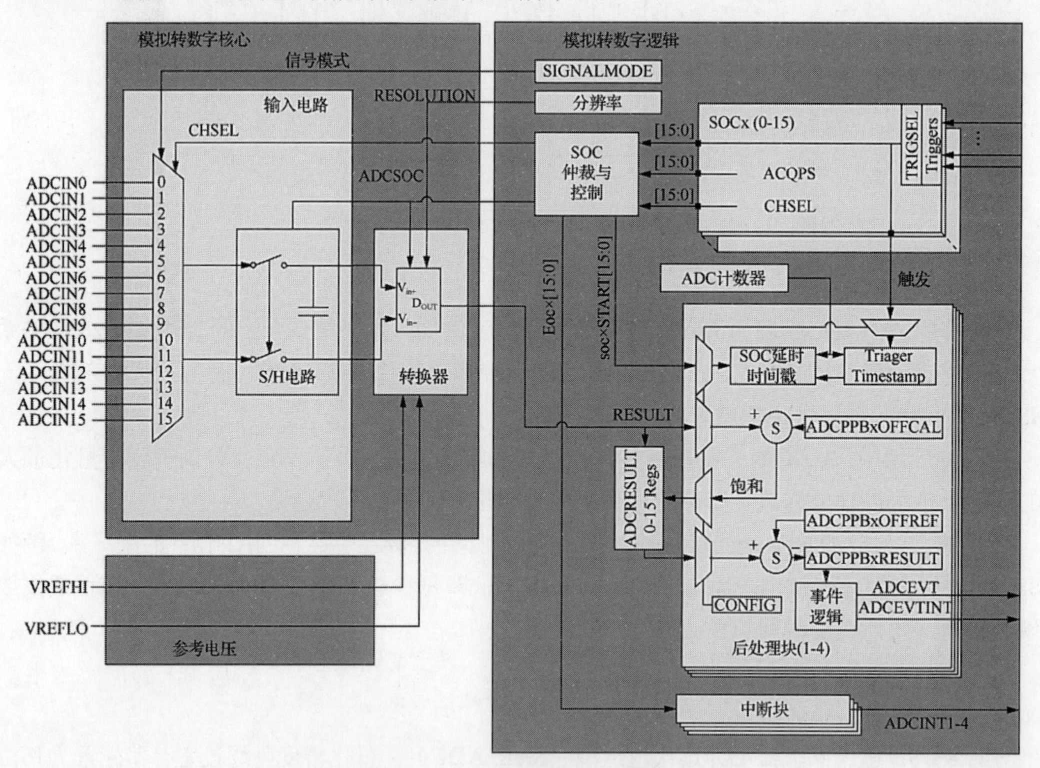

图 5-5　ADC 模块功能方框图

在F28379D上，一些ADC的配置可以由SOC单独配置，而另一些则由ADC模块全局设置。表5-1中汇总了基本的ADC可配置选项以及对应的配置方式。

表5-1　ADC可配置选项及配置方法

选　项	可配置性	选　项	可配置性
时钟	通过模块*	转换后的通道	通过SOC
分辨率	通过模块*	采集窗口持续时间	通过SOC*
信号模式	通过模块	EOC位置	通过模块
基准电压源	不可配置（仅限外部参考）	突发模式	通过模块*
触发源	通过SOC*		

注意　表格中的星号部分，如果这些值以不同的方式写入不同的ADC模块，可能会导致ADC异步工作。在对ADC同步有严格要求的场景中，应特别注意这一细节。

5.1.2　ADC的两种信号模式

根据前文介绍，F28379D的片上ADC支持两种信号模式：单端模式和差分模式。

在单端信号模式中，ADC通过单个引脚ADCINx以VREFLO为基准电压，对转换器的输入电压进行采样。

在差分信号模式中，ADC通过一对输入引脚对转换器的输入电压进行采样，其中一个引脚为正输入引脚（ADCINxP），另一个是负输入引脚（ADCINxN）。实际输入电压是这两个引脚之间的差值，即ADCINxP−ADCINxN。

差分信号与单端信号各有其独特的应用场景和优缺点，因此不可简单地认为差分信号一定优于单端信号。

差分信号由两根信号线组成，信号的振幅相等且相位相反，通过计算两根信号线之间的差异来还原原始信号。其主要优势包括：抗干扰能力强，因为差分走线之间的耦合良好，外界的噪声干几乎同时作用于两条线，接收端仅关心两个信号的差值。

差分信号的总误差比单端信号少，能有效降低EMI噪声和轨道塌陷，并且对返回路径的依赖较小，可以实现远距离差分信号传输。然而，差分信号的传输成本相对较高，需要额外的线路和电路设计。

与差分信号相比，单端信号是通过一根信号线传输的，其中一端作为参考点（通常为地），另一端承载信号。单端信号的主要优点是经济且方便，适用于大多数低频电平信号传输。它仅需要一根信号线和一根共用的地线。然而，单端信号的抗干扰能力较差，主要问题包括地电势差和地一致性，面对高频信号时容易引入噪声，降低信噪比，从而影响有效信号。

在实际应用中，差分输入ADC因其更强的稳定性和抗干扰能力，广泛应用于高速ADC中。对于低频应用或成本敏感的应用，单端信号则更为合适。

二者的具体模式图如图5-6和图5-7所示，图5-6为差分信号模式，图5-7为单端信号模式。

05

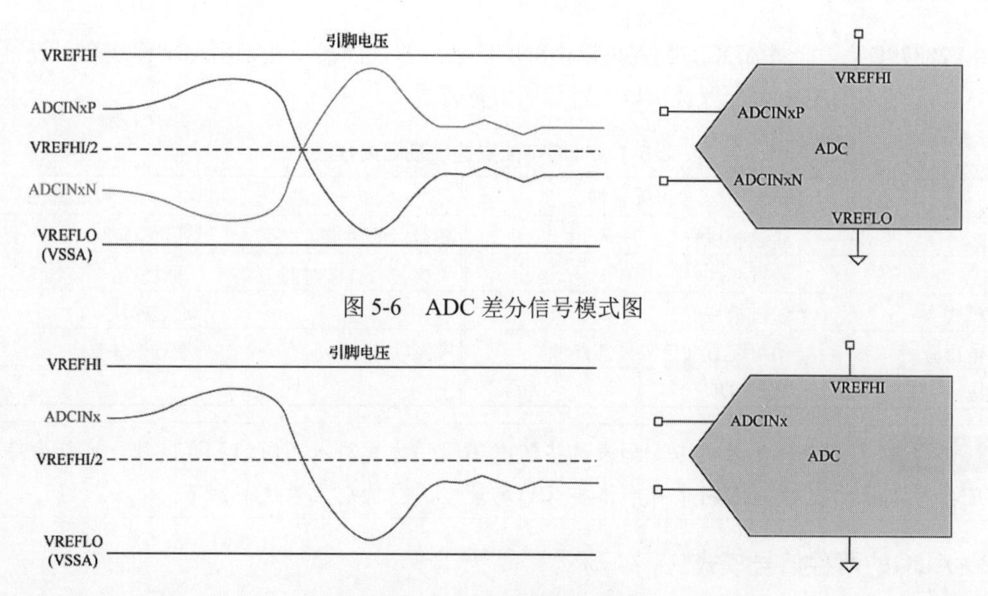

图 5-6　ADC 差分信号模式图

图 5-7　ADC 单端信号模式图

片上ADC除需根据设计人员的开发需求正确配置寄存器外，还需要满足ADC器件的工作条件以及在具体环境下的偏移误差。ADC的工作条件如表5-2所示。

表5-2　ADC工作条件（16位差分模式）

参　数	最 小 值	典 型 值	最 大 值	单　位
ADCCLK	5	—	50	MHz
采样窗口持续时间	320	—	—	ns
VREFHI	2.4	2.5、3.0	VDDA	V
VREFLO	VSSA	0	VSSA	V
VREFHI-VREFLO	2.4	—	VDDA	V
ADC输入转换范围	VREFLO	—	VREFHI	V
ADC输入信号共模电压	VREFCM-50	VREFCM	VREFCM+50	mV

注意 在工作过程中，ADC输入电压应保持低于VDDA+0.3V。如果ADC输入电压超过此限制，器件内部的VREF可能会受到干扰，从而影响其他使用相同VREF的ADC或DAC输入的结果。

此外，VREFHI引脚的电压也必须保持低于VDDA+0.3V，以确保整个AD子系统的正常工作。如果VREFHI引脚电压超过此限制，可能会激活阻塞电路，导致VREFHI的内部电压值浮动至0V，从而影响ADC转换或DAC输出结果的准确性。

5.1.3　不同模式下的ADC工作条件及转换误差表

本小节将提供F28379D片上ADC模块的运行参数误差表。ADC模块的各种误差表主要用于记录和分析ADC在工作过程中可能出现的误差，例如失调误差、增益误差和线性误差等。

在理想状态下，ADC模块的转换方程为Y = X×mi，其中X表示输入计数值，等于输入电压乘以4095除以3；Y表示输出计数值。

然而，在实际应用中，由于硬件限制、环境干扰等因素，ADC转换模块的各种误差是不可避免的。因此，通过误差表来明确这些误差并加以修正，可以有效提高ADC的精度和可靠性。表5-3列出了F28379D芯片上ADC在16位差分模式的误差参数。

表5-3　ADC误差表（16位差分模式）

参　数	测试条件	最 小 值	典 型 值	最 大 值	单　位
ADC转换周期	—	29.6	—	31	ADCCLK
上电时间	—	—	—	500	μs
增益误差	—	-64	±9	64	LSB
偏移误差	—	-16	±9	16	LSB
通道间增益误差	—	—	±6	—	LSB
通道间失调误差	—	—	±3	—	LSB
ADC间增益误差	所有ADC的VREFHI和VREFLO均相同	—	±6	—	LSB
ADC间失调误差	所有ADC的VREFHI和VREFLO均相同	—	±3	—	LSB
DNL（差分非线性）	—	>-1	±0.5	1	LSB
INL（积分非线性）	—	-3	±1.5	3	LSB
SNR（信噪比）	VREFHI=2.5V、fin=10kHz	—	90.2	—	dB
THD（总谐波失真）	VREFHI=2.5V、fin=10kHz	—	-105	—	dB
SFDR（无杂散动态范围）	VREFHI=2.5V、fin=10kHz	—	106	—	dB
SINAD（信号与噪声失真比）	VREFHI=2.5V、fin=10kHz	—	90.0	—	dB
ENOB（有效位数）	VREFHI=2.5V、fin=10kHz				
单个ADC	—	14.65	—	位	
	VREFHI=2.5V、fin=10kHz		—		
同步ADC	—	14.65	—		
	VREFHI=2.5V、fin=10kHz		—		
异步ADC	—	不支持	—		
PSRR（电源纹波抑制比）	VDDA=3.3V、直流+200mV		—		
范围为0Hz～1kHz（正弦波）	—	77	—	dB	
PSRR（电源纹波抑制比）	VDDA=3.3V、直流+200mV				

（续表）

参　　数	测试条件	最 小 值	典 型 值	最 大 值	单　　位
范围为0Hz～800Hz（正弦波）	—	74	—	dB	
CMRR（共模抑制比）	DC到1MHz	—	60	—	dB
VREFHI输入电流	—	—	190	—	μA
ADC间隔离	VREFHI=2.5V、同步ADC	−2	—	2	LSB
	VREFHI=2.5V、异步ADC	—	不支持	—	

在12位单端模式下，ADC的工作条件及误差表如表5-4～表5-6所示。

表5-4　ADC工作条件（12位单端模式）

参　　数	最 小 值	典 型 值	最 大 值	单　　位
ADCCLK	5	—	50	MHz
采样窗口持续时间	75	—	—	ns
VREFHI	2.4	2.5/3.0	VDDA	V
VREFLO	VSSA	0	VSSA	V
VREFHI-VREFLO	2.4	—	VDDA	V
ADC输入转换范围	VREFLO	—	VREFHI	V

注意，在工作过程中，ADC输入电压应始终低于VDDA电压至少0.3V。如果ADC输入电压超过此范围，可能会干扰器件内部的VREF，从而影响使用相同VREF的其他ADC或DAC的转换结果。

此外，VREFHI引脚的电压必须低于VDDA电压至少0.3V，以确保整个AD子系统的正常工作。如果VREFHI引脚超出此电平，可能会激活阻塞电路，导致VREFHI的内部值浮动至0V，从而使ADC转换结果或DAC输出结果不正确。

表5-5　ADC误差表1（12位单端模式）

参　　数	测试条件	最 小 值	典 型 值	最 大 值	单　　位
ADC转换周期	—	10.1	—	11	ADCCLK
上电时间	—	—	—	500	μs
增益误差	—	−5	±3	5	LSB
偏移误差	—	−4	±2	4	LSB
通道间增益误差	—	—	±4	—	LSB
通道间失调误差	—	—	±2	—	LSB
ADC间增益误差	所有ADC的VREFHI和VREFLO均相同	—	±4	—	LSB
ADC间失调误差	所有ADC的VREFHI和VREFLO均相同	—	±2	—	LSB

（续表）

参　数	测试条件	最 小 值	典 型 值	最 大 值	单　位
DNL	—	>−1	±0.5	1	LSB
INL	—	−2	±1.0	2	LSB
SNR	VREFHI=2.5V、fin=100kHz	—	69.1	—	dB
THD	VREFHI=2.5V、fin=100kHz	—	−88	—	dB
SFDR	VREFHI=2.5V、fin=100kHz	—	89	—	dB
SINAD	VREFHI=2.5V、fin=100kHz	—	69.0	—	dB

表5-6　ADC误差表2（12位单端模式）

参　数	测试条件	最 小 值	典 型 值	最 大 值	单　位
ENOB	VREFHI=2.5V、fin=100kHz 单个ADC，所有封装	—	11.2	—	位
	VREFHI=2.5V、fin=100kHz 同步ADC，所有封装	—	11.2	—	
	VREFHI=2.5V、fin=100kHz 异步ADC，100引脚PZP封装	—	不支持	—	
	VREFHI=2.5V、fin=100kHz 异步ADC，176引脚PTP封装	—	9.7	—	
	VREFHI=2.5V、fin=100kHz 异步ADC，337焊球ZWT封装	—	10.9	—	
PSRR	VDDA=3.3V直流+200mV 直流至正弦(1kHz时)	—	60	—	dB
PSRR	VDDA=3.3V直流+200mV 正弦(800kHz时)	—	57	—	dB
ADC间隔离	VREFHI=2.5V 同步ADC，所有封装	−1	—	1	LSB
	VREFHI=2.5V 异步ADC，100引脚PZP封装	—	不支持	—	
	VREFHI=2.5V 异步ADC，176引脚PTP封装	−9	—	9	
	VREFHI=2.5V 异步ADC，337焊球ZWT封装	−2	—	2	
VREFHI输入电流	—	—	130	—	μA

5.1.4　ADC信号模型参数及其时序图

在F28379D中，ADC的输入模型根据输入信号的不同分为以下两类。

（1）差分输入模型：其参数如表5-7所示，模型如图5-8所示。

（2）单端输入模型：其参数如表5-8所示，模型如图5-9所示。

表5-7　差分输入模型参数表

参　数	说　明	值（16位模式）
C_p	寄生输入电容	见表5-9
R_{on}	采样开关电阻	700Ω
C_h	采样电容器	16.5pF
R_s	标称源阻抗	50Ω

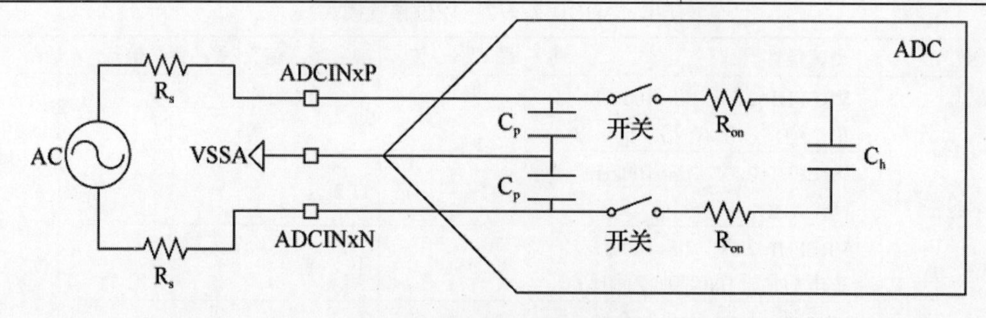

图 5-8　ADC 差分输入模型

表5-8　单端输入模型参数表

参　数	说　明	值（16位模式）
C_p	寄生输入电容	见表5-9
R_{on}	采样开关电阻	425Ω
C_h	采样电容器	14.5pF
R_s	标称源阻抗	50Ω

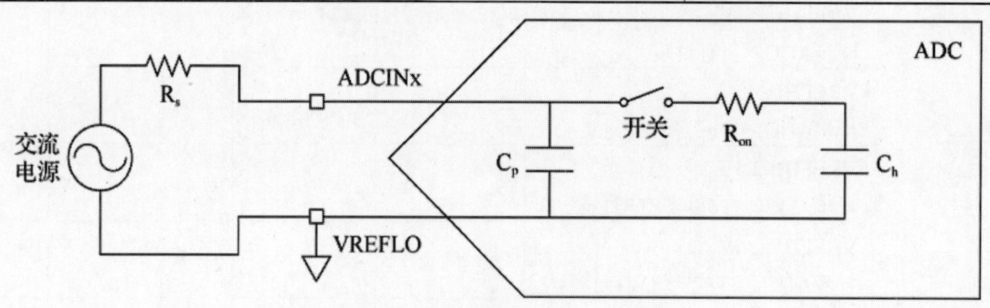

图 5-9　ADC 单端输入模型

在实际开发中，还需考虑ADC的通道寄生电容，即表中的C_p值。F28379D中每个通道的寄生电容如表5-9所示。

表5-9　每通道寄生电容

ADC通道	C_p（pF）		ADC通道	C_p（pF）	
	比较器已禁用	比较器已启用		比较器已启用	比较器已禁用
ADCINA0	12.9	不适用	ADCINC2	5.5	6.9
ADCINA1	10.3	不适用	ADCINC3	5.8	8.3
ADCINA2	5.9	7.3	ADCINC4	5.0	6.4
ADCINA3	6.3	8.8	ADCINC5	5.3	7.8
ADCINA4	5.9	7.3	ADCIND0	5.3	6.7
ADCINA5	6.3	8.8	ADCIND1	5.7	8.2
ADCINB0	117.0	不适用	ADCIND2	5.3	6.7
ADCINB1	10.6	不适用	ADCIND3	5.6	8.1
ADCINB2	5.9	7.3	ADCIND4	4.3	不适用
ADCINB3	6.2	8.7	ADCIND5	4.3	不适用
ADCINB4	5.2	不适用	ADCIN14	8.6	10.0
ADCINB5	5.1	不适用	ADCIN15	9.0	11.5

DSP芯片片上ADC的时序表和时序图用于描述ADC工作过程中各信号之间的时间顺序及相互关系。时序表是一种详细列出了ADC在工作时各个阶段所需时间的表格，帮助设计人员理解和预测ADC的工作过程，从而支持精准的硬件设计和系统调试。

时序图则以图形化方式展示了ADC工作过程中各信号之间的时间顺序和相互关系。通过在图表中标注信号的起伏变化、延时要求等内容，可以更直观地帮助设计人员理解和分析ADC的工作流程，并优化ADC的性能。

这两种工具在硬件设计中是非常重要的参考资源，对于高效利用DSP芯片上的ADC模块具有重要意义。这里以F28379D的片上模拟子系统中的ADC为例，分别介绍12位模式和16位模式下的ADC时序表和时序图。

F28379D器件的片上ADC系统在12位模式下的ADC时序如表5-10所示。

表5-10　12位模式下的ADC时序表

ADCCLK预分频		SYSCLK周期				ADCCLK周期
ADCCTL2 [预分频]	比率 ADCCLK:SYSCLK	tEoc	tLAT	tINT （EARLY）	tINT （LATE）	tEoc
0	1	11	13	1	11	11.0
1	1.5	无效				
2	2	21	23	1	21	10.5
3	2.5	26	28	1	26	10.4
4	3	31	34	1	31	10.3
5	3.5	36	39	1	36	10.3

（续表）

ADCCLK预分频		SYSCLK周期				ADCCLK周期
ADCCTL2 [预分频]	比率 ADCCLK:SYSCLK	tEoc	tLAT	tINT（EARLY）	tINT（LATE）	tEoc
6	4	41	44	1	41	10.3
7	4.5	46	49	1	46	10.2
8	5	51	55	1	51	10.2
9	5.5	56	60	1	56	10.2
10	6	61	65	1	61	10.2
11	6.5	66	70	1	66	10.2
12	7	71	76	1	71	10.1
13	7.5	76	81	1	76	10.1
14	8	81	86	1	81	10.1
15	8.5	86	91	1	86	10.1

12位单端模式的ADC时序图如图5-10所示。

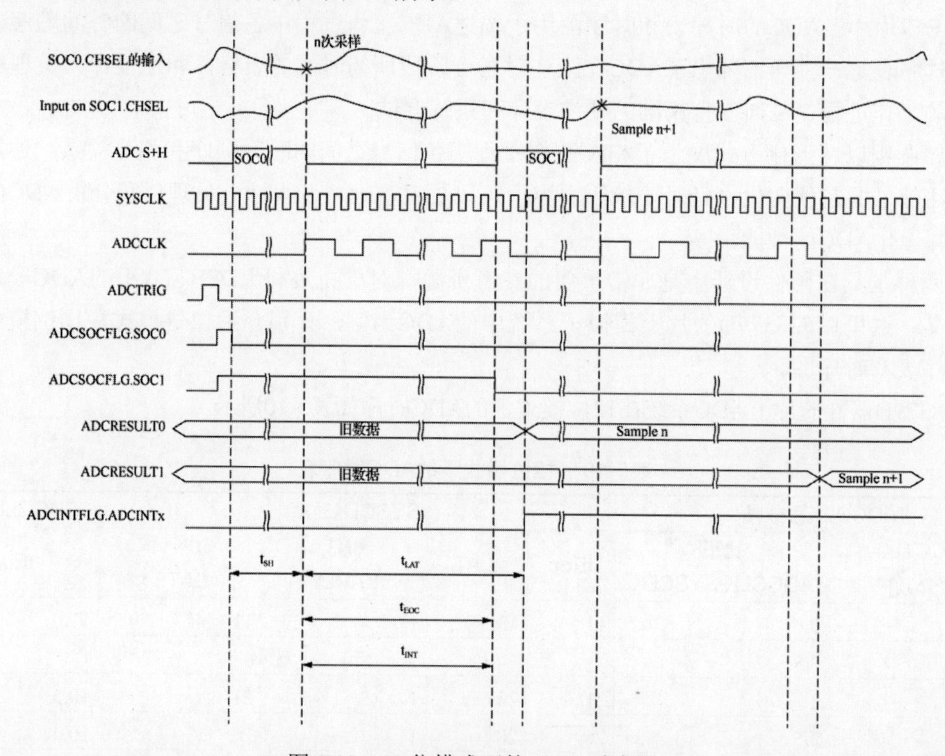

图 5-10　12 位模式下的 ADC 时序图

当ADC工作在16位模式下时，时序表如表5-11所示。

表5-11　16位模式下的ADC时序表

ADCCLK预分频		SYSCLK周期				ADCCLK周期
ADCCTL2 [预分频]	比率 ADCCLK:SYSCLK	tEoc	tLAT(1)	tINT(EARLY)	tINT(LATE)	tEoc
0	1	31	32	1	31	31.0
1	1.5	无效				
2	2	60	61	1	60	30.0
3	2.5	75	75	1	75	30.0
4	3	90	91	1	90	30.0
5	3.5	104	106	1	104	29.7
6	4	119	120	1	119	29.8
7	4.5	134	134	1	134	29.8
8	5	149	150	1	149	29.8
9	5.5	163	165	1	163	29.6
10	6	178	179	1	178	29.7
11	6.5	193	193	1	193	29.7
12	7	208	209	1	208	29.7
13	7.5	222	224	1	222	29.6
14	8	237	238	1	237	29.6
15	8.5	252	252	1	252	29.6

16位差分模式的ADC时序图如图5-11所示。

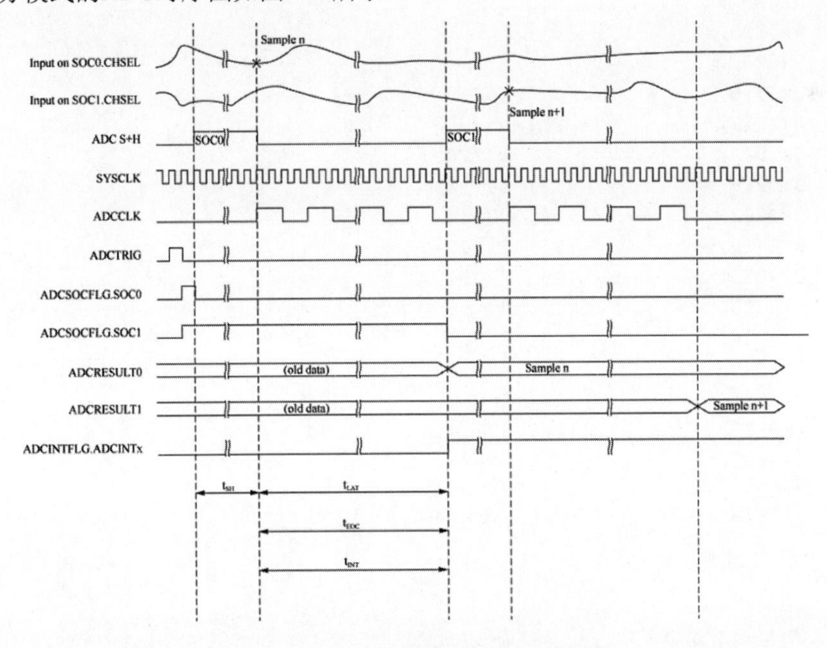

图 5-11　16 位模式下的 ADC 时序图

05

下面是F28379D片上ADC的开发实例。

【例5-1】 基于F28379D的ADC开发实例。

```
/* F28379D ADC配置工程实例 */
// 包含头文件
#include "board.h"
// 全局变量及DEFINE定义
#define ADC_BUF_LEN        50
uint16_t DEBUG_TOGGLE=1;                    // 采用实时模式
uint16_t AdcBuf[ADC_BUF_LEN];               // ADC缓冲区分配
#ifdef DACB_BASE
uint16_t DacOutput;
uint16_t DacOffset;
uint16_t SINE_ENABLE=0;                     // 是否启用正弦波输出

// 正交查找表信息：共包含4个象限的正弦函数数据点
#define SINE_PTS 25
int QuadratureTable[SINE_PTS]={
       0x0000,         // [0]  0.0
       0x1FD4,         // [1]  14.4
       0x3DA9,         // [2]  28.8
       0x579E,         // [3]  43.2
       0x6C12,         // [4]  57.6
       0x79BB,         // [5]  72.0
       0x7FBE,         // [6]  86.4
       0x7DBA,         // [7]  100.8
       0x73D0,         // [8]  115.2
       0x629F,         // [9]  129.6
       0x4B3B,         // [10] 144.0
       0x2F1E,         // [11] 158.4
       0x100A,         // [12] 172.8
       0xEFF6,         // [13] 187.2
       0xD0E2,         // [14] 201.6
       0xB4C5,         // [15] 216.0
       0x9D61,         // [16] 230.4
       0x8C30,         // [17] 244.8
       0x8246,         // [18] 259.2
       0x8042,         // [19] 273.6
       0x8645,         // [20] 288.0
       0x93EE,         // [21] 302.4
       0xA862,         // [22] 316.8
       0xC257,         // [23] 331.2
       0xE02C          // [24] 345.6
       };
#endif
// 函数声明
__interrupt void INT_myADCA_1_ISR(void);
// 主函数部分
```

```
void main(void)
{
    // CPU初始化
    Device_init();
    Interrupt_initModule();
    Interrupt_initVectorTable();
    // 通过SysConfig生成的文件配置GPIOs/ADC/PWM模块
    Board_init();

    // 使能全局中断和实时调试模式
    EINT;
    ERTM;

    // 主循环
    while(1){}
}
// ADC中断函数
interrupt void INT_myADCA_1_ISR(void){
    static uint16_t *AdcBufPtr=AdcBuf;
    uint16_t LED_count=0;

    // 读取ADC结果
    *AdcBufPtr++=ADC_readResult(myADCA_RESULT_BASE, myADCA_SOC0);

    // 强制使用循环缓冲区
    if (AdcBufPtr==(AdcBuf + ADC_BUF_LEN)){
       AdcBufPtr=AdcBuf;
    }
    if(DEBUG_TOGGLE==1){
       GPIO_togglePin(myGPIOToggle);           // 切换调试LED状态
    }

    // 控制板载LED灯闪烁
    if(LED_count++ > 25000){
       GPIO_togglePin(myBoardLED0_GPIO);       // 切换LED状态
       LED_count=0;
    }
#ifdef DACB_BASE
    // 写入DAC-B以创建ADC-A0的输入
    static uint16_t iQuadratureTable=0;        // 正交表索引
    if(SINE_ENABLE==1){
       DacOutput=DacOffset+((QuadratureTable[iQuadratureTable++] ^ 0x8000) >> 5);
    }
    else{
       DacOutput=DacOffset;
    }
    if(iQuadratureTable > (SINE_PTS - 1)){
       iQuadratureTable=0;
    }
    DAC_setShadowValue(myDACB_BASE, DacOutput);
```

```
#endif

    // 清除中断
    Interrupt_clearACKGroup(INT_myADCA_1_INTERRUPT_ACK_GROUP);
    ADC_clearInterruptStatus(myADCA_BASE, ADC_INT_NUMBER1);
```

5.1.5 片上温度传感器

在DSP芯片中，如TMS320F2812，通常内置温度传感器，用于监测芯片的温度。此外，也可以使用数字外部数字温度传感器（如DS18B20）进行温度测量。

在使用这些温度传感器时，需要了解其工作原理和使用方法。例如，DS18B20是一款数字温度传感器，能够通过特定的时序、主程序函数、初始化配置及温度采集与显示过程，精确测量并显示温度。

基于DSP芯片和数字温度传感器的温度控制系统广泛应用于多个领域，无论是在工业自动化、环境监测还是家电产品中，都可以看到它们的身影。因此，对于使用DSP芯片的用户来说，理解并掌握片上温度传感器的使用技巧至关重要。

F28379D的片上温度传感器可用于测量器件的结温。该传感器通过与ADC内部连接直接进行采样，并可通过TI提供的软件将数据转换为具体的温度值。需要注意的是，在对温度传感器进行采样时，ADC的采样时间必须符合表5-12中列出的采集时间要求。

有关温度传感器的电气特征可参考表5-12。

表5-12　温度传感器电气特征及工作条件

参　数	最 小 值	典 型 值	最 大 值	单　位
温度精度	—	±15	—	C
启动时间（TSNSCTL[ENABLE]至采样温度传感器）	—	500	—	μs
ADC采集时间	700	—	—	ns

5.2 比较器子系统

在DSP芯片的模拟子系统中，比较器子系统（CMPSS）是一个关键组成部分，主要负责对输入信号进行预处理和预分析。在信号处理领域，比较器子系统与ADC器件结合使用，能够实现对数据的采样和离散化处理，例如在音频处理、语音识别等应用中广泛应用。

比较器子系统通过接收输入信号，并将其与预设的参考信号（参考电压）进行比较，从而得出两组信号之间的差值信号。这一过程帮助我们提取出输入信号中的关键特征，为后续处理步骤做好准备。

以音频处理应用为例，可以预先设定一个门限值，并将输入音频信号与门限值进行比较。这样，可以过滤掉低于门限值的信号，只保留重要的部分。总的来说，比较器子系统与前文提到的数模转换系统密不可分。在实际应用和学习过程中，二者应当视为同一系统中的两个分系统。

5.2.1　比较器子系统的功能框图与封装

每个CMPSS模块内包含两个比较器、两个内部电压基准DAC、两个数字滤波器和一个斜坡信号发生器。

CMPSS有两个输入端口：CMPINxP和CMPINxN。每个输入端口都将连接到ADCIN引脚。CMPINxP引脚始终连接到CMPSS比较器的正输入，而CMPINxN则可以用来代替CMPSS内部DAC的输出作为比较器的负端输入。因为每组CMPSS内部有两个比较器，所以CMPSS模块实际上有两个输出，它们分别连接到数字滤波器模块的输入，然后传递到比较器TRIP交叉开关和PWM模块，或直接连接到GPIO引脚。

事实上，F28379D的比较器子系统是一个高性能的模块，提供多种比较功能和配置选项，用于实现精确的实时比较操作。该子系统在数字信号处理、控制系统和许多其他应用中发挥着关键作用。比较器模块包含多个独立的比较器通道，每个通道都可以独立配置和使能。每个比较器通道都具有可编程的阈值设置，用于定义比较触发条件。比较器支持上升沿、下降沿或双沿触发，可根据需要灵活配置。

此外，比较器具有高精度、高灵活和低功耗等特点。通过使用高分辨率的阈值设置和精确的触发机制，能够实现微秒级或更小的比较精度。丰富的配置选项和触发源选择使得比较器能根据应用需求进行灵活配置，支持多种输出模式和与其他模块的交互方式，便于实现复杂的控制逻辑。

在176引脚的PTP封装以及337引脚的ZWT封装的F28379D上，CMPSS的系统框图如图5-12所示。

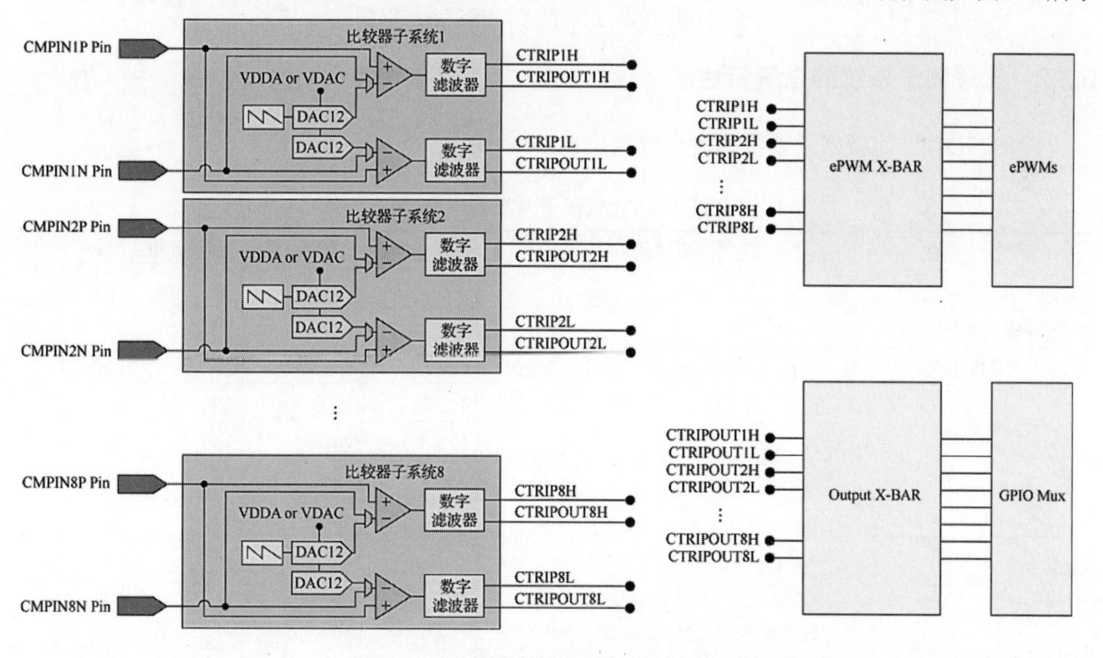

图 5-12　PTP 封装的 CMPSS 系统框图

在100引脚的PZP封装的F28379D上，CMPSS的系统框图如图5-13所示。

05

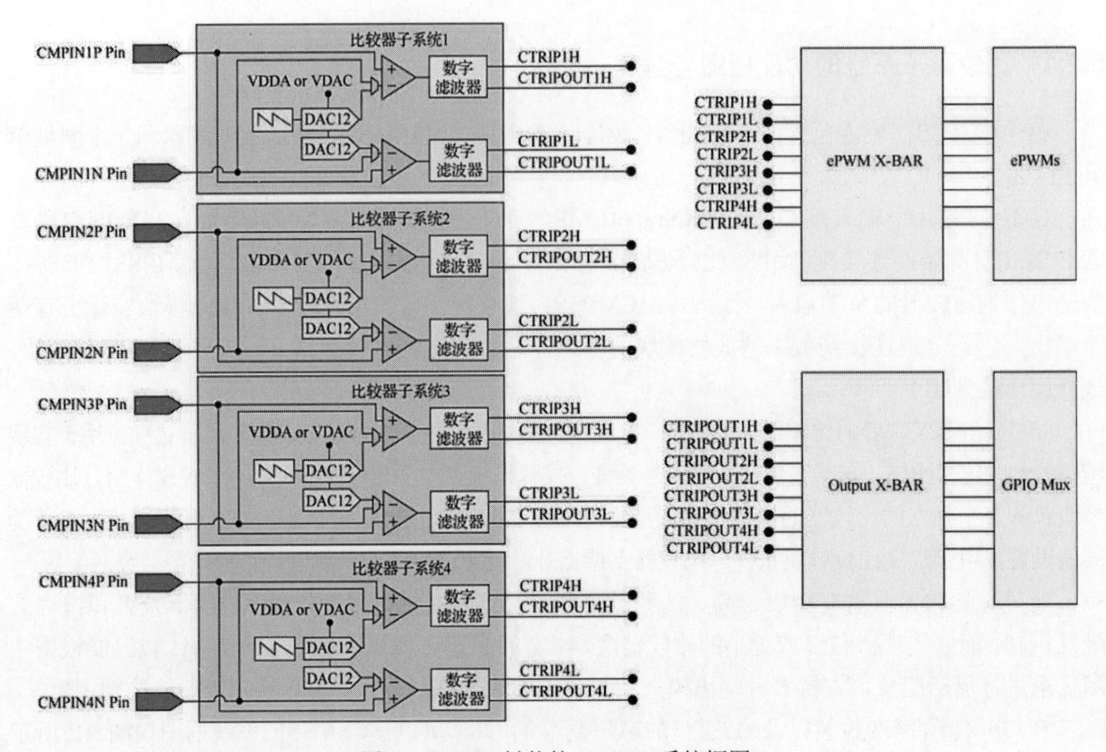

图5-13　PZP封装的CMPSS系统框图

5.2.2　比较器子系统的电气特性

F28379D片上比较器子系统的电气特性如表5-13所示。

表5-13　比较器子系统的电气特性

参　　数	测试条件	最小值	典型值	最大值	单　　位
上电时间	—	—	—	10	μs
比较器输入范围	—	0	—	VDDA	V
以输入为基准的偏移量误差	低共模，反相输入。设置为50mV	-20	—	20	mV
迟滞	1x	4	12	20	CMPSs DAC LSB
	2x	17	24	33	
	3x	25	36	50	
	4x	30	48	67	
响应时间	阶跃响应	—	21	60	ns
	斜坡响应（1.65V/μs）	—	26	—	
	斜坡响应（8.25mV/μs）	—	30	—	
电源抑制比（PSRR）	高达250kHz	—	46	—	dB
共模抑制比（CMRR）	-	40	—	—	dB

注意 CMPSS输入必须保持低于VDDA+0.3V，以确保比较器能正常工作。如果CMPSS输入超过此电平，则内部阻塞电路会将内部比较器与外部引脚隔离，直至外部引脚电压返回VDDA+0.3V以下。

在此期间，内部比较器的输入将始终处于浮动状态，并能在大约0.5μs内衰减至VDDA以下。此后，比较器可能开始输出不正确的结果，具体情况取决于其他比较器输入的值。因此，CMPSS的输入一定必须严格满足与VDDA电压之间的关系。

对于比较器，我们还特别关注它的迟滞特性以及在某一基准下的偏移量。偏移量是指当输入信号为零时，输出信号不为零的值，反映了比较器工作状态的不精确性。迟滞特性表示比较器输出状态改变所需的输入信号变化范围，分为上行迟滞和下行迟滞两种情况。

上行迟滞比较器的特点是，当输入电压从负值向正值增加并越过门限值后，输出才会发生状态翻转。下行迟滞比较器则是在下行输入电压从正值向负值减小并越过门限值后，输出才发生状态翻转。

这种设计使得比较器的输出在两个阈值（上门限U+H和下门限U−L）之间切换，并且存在一个回差（U+H−U−L）。只有当输入电压的变化超过这个回差范围时，输出状态才会发生改变。

在F28379D中，比较器的偏移特性和迟滞特性如图5-14和图5-15所示。

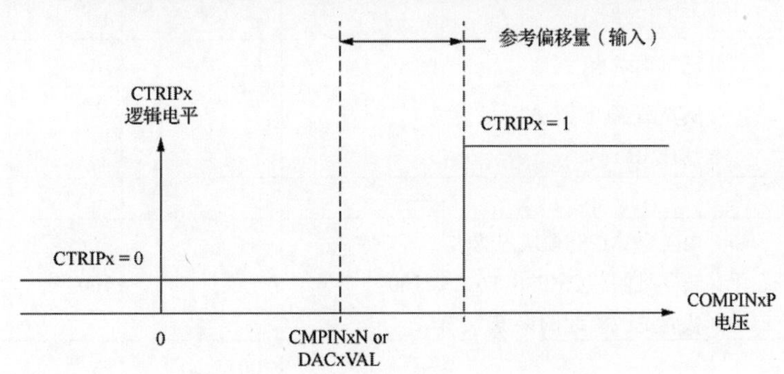

图 5-14　比较器以输入为基准的偏移特性

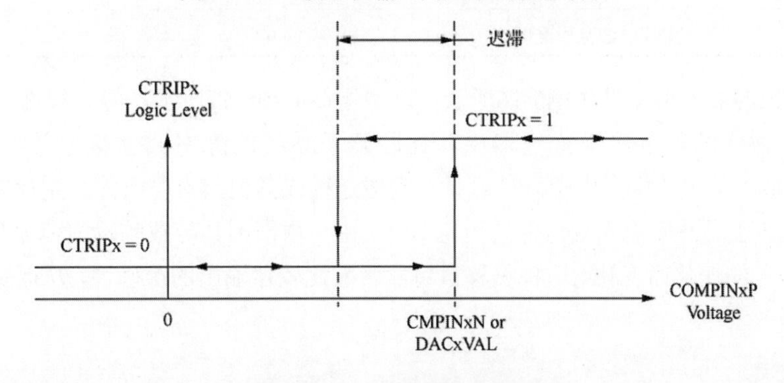

图 5-15　比较器的迟滞特性

上文提到的电气特性主要规定了在传输二进制位时，线路上的信号电压高低、阻抗匹配、传输速率和距离限制等方面的要求，关注的是线路的物理参数及其对数据传输的影响。

而静态电气特性在某些情况下同样重要。静态电气特性描述的是在无输入信号或输入信号保持恒定时，电子器件的输出状态。其主要技术指标包括线性度、量测范围、量程、迟滞、重复性、灵敏度、分辨力、阈值、稳定性、漂移和静态误差。

例如，TTL门电路的静态特性包括其逻辑电平、输入电流和输出电流等参数。简而言之，电气特性与线路的物理传输特性有关，而静态电气特性则与无输入或输入恒定时的输出状态有关。

对于比较器这种关注输入信号差值的器件来说，静态电气特性显然是设计人员需要重点关注的一个指标。F28379D中CMPSS的静态电气特性如表5-14所示。

表5-14　比较器子系统的静态电气特性

参　数	测试条件	最小值	典型值	最大值	单　位
CMPSS DAC输出范围	内部基准	0	—	VDDA	V
	外部基准	0	—	VDAC	
静态偏移量误差	—	−25	—	25	mV
静态增益误差	—	−2	—	2	FSR百分比
静态DNL	已更正端点	>−1	—	4	LSB
静态INL	已更正端点	−16	—	16	LSB
稳定时间	满量程输出变化后稳定到1LSB	—	—	1	μs
分辨率	—	—	12	—	位
CMPSS DAC输出干扰	由同一CMPSS模块内的比较器跳闸或CMPSS DAC代码更改引起的误差	−100	—	100	LSB
CMPSS DAC干扰时间	—	—	200	—	ns
VDAC基准电压	当VDAC为基准时	2.4	2.5/3.0	VDDA	V
VDAC负载	当VDAC为基准时	—	6	—	kΩ

CMPSS DAC的静态偏移量如图5-16所示，静态增益如图5-17所示，静态线性如图5-18所示。

在F28379D这样的数字信号处理器中，比较器子系统的静态偏移量通常指的是在比较器（Comparator）或类似模块中，由于硬件设计、制造过程或其他因素导致的固定偏差或误差。在比较器没有外部输入变化（即输入信号保持恒定）时，由于内部因素导致的输出偏差是固定的，不会不随外部输入信号的变化而变化。这种偏移量可能影响比较器输出的准确性，从而影响整个系统的性能。

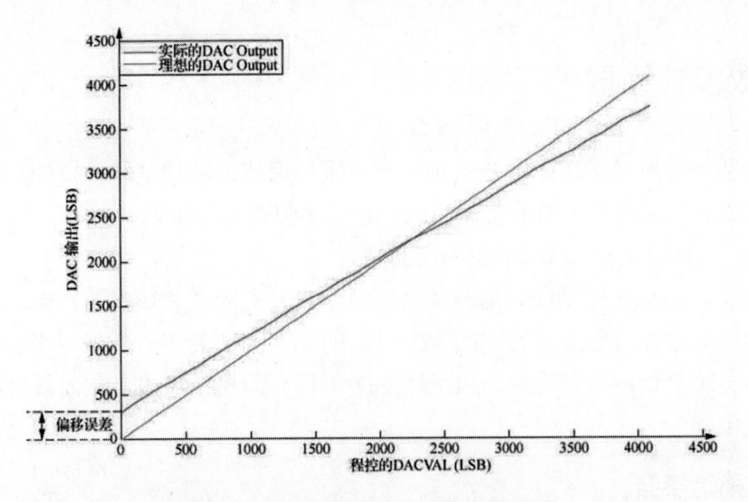

图 5-16　CMPSS DAC 的静态偏移量

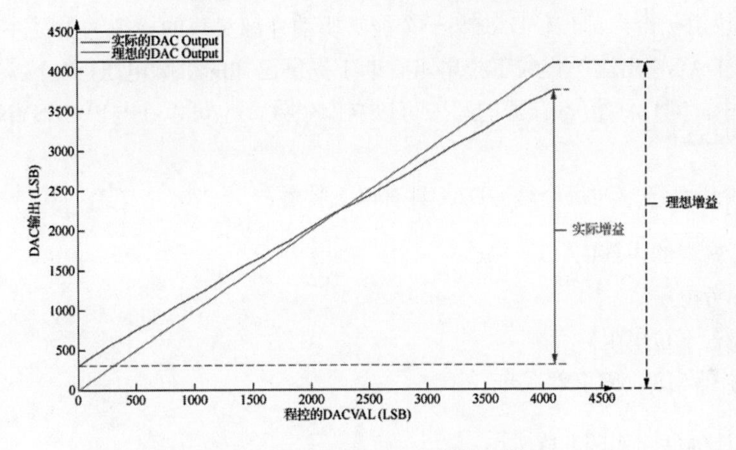

图 5-17　CMPSS DAC 的静态增益

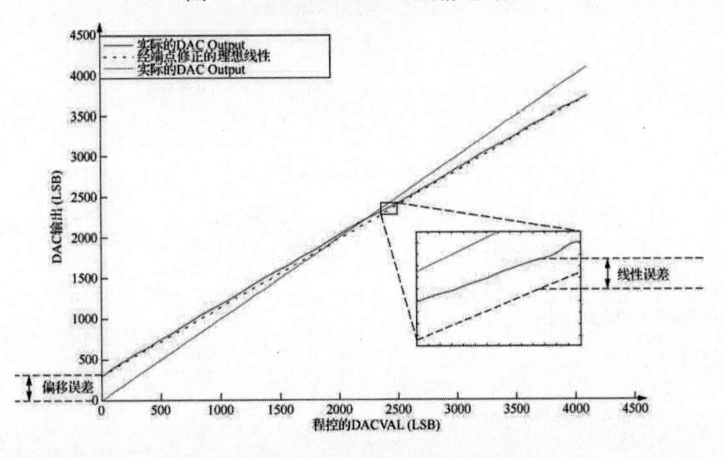

图 5-18　CMPSS DAC 的静态线性

05

5.3　缓冲数模转换器

DSP的缓冲数模转换器（DAC）是一种具有双采样保持器的12位转换内核，支持同步采样模式或顺序采样模式。这种转换器具有多种特性，包括模拟输入电压范围0~3V、快速采样功能（最高可达3.5MSPS）、16通道输入和多路时分复用等。

此外，它还具有自动定序功能，能在单个采样序列内支持多达16次的“自动转换”。该转换器的序列发生器可配置为两个独立的8通道或一个16通道，且支持多种触发源来启动模数转换。同时，设备内包含一个高精度参考设计，用于缓冲DAC信号的模拟输出，从而最大限度地减小系统的积分非线性现象。

5.3.1　缓冲数模转换器

缓冲DAC模块由一个内部12位DAC和一个能够驱动外部负载的模拟输出缓冲器组成。当输出缓冲器被禁用时，DAC输出端的集成下拉电阻有助于提供已知的引脚电压，该下拉电阻不可禁用。

在实际开发中，对DAC值寄存器的写入可以立即生效，也可以在与PWMSYNC事件同步后再生效。

F28379D模拟子系统中的每个缓冲DAC具有以下特性：

（1）12位可编程的内部DAC。

（2）可选参考电压。

（3）输出端有下拉电阻。

（4）能够与PWMSYNC事件同步。

缓冲DAC的系统框图如图5-19所示。

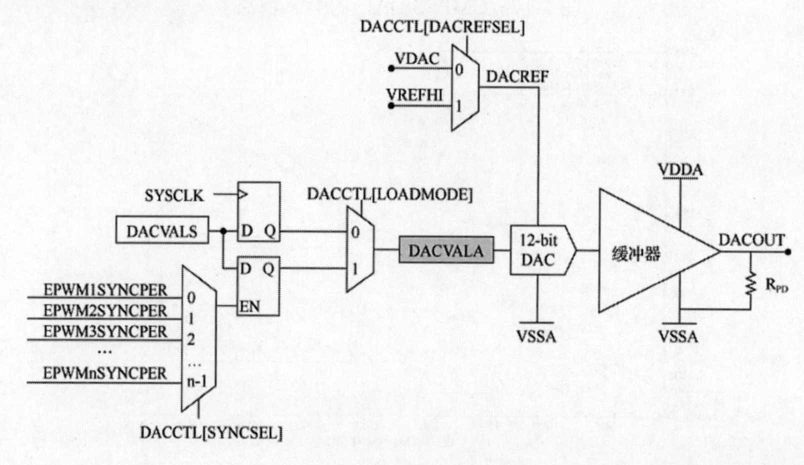

图 5-19　DAC 系统框图

5.3.2　缓冲数模转换器的电气特性

在实际开发中，设计人员需要关注缓冲DAC的电气特性，包括各种误差量以及DAC本身的参数。缓冲DAC的电气特性如表5-15所示。

表5-15　缓冲DAC的电气特性

参　数	测试条件	最 小 值	典 型 值	最 大 值	单　位
上电时间	—	—	—	10	μs
偏移误差	中点	−10	—	10	mV
增益误差	—	−2.5	—	2.5	FSR百分比
DNL	已更正端点	>−1	±0.4	1	LSB
INL	已更正端点	−5	±2	5	LSB
DACOUTx趋稳时间	在0.3V至3V切换后稳定到2LSB	—	2	—	μs
分辨率	—	—	12	—	
电压输出范围	—	0.3	—	VDDA-0.3	V
容性负载	输出驱动能力	—	—	100	pF
阻性负载	输出驱动能力	5	—	—	kQ
RPD下拉电阻器	—	—	50	—	kQ
基准电压	VDAC或VREFHI	2.4	2.5或3.0	VDDA	V
参考负载	VDAC或VREFHI	—	170	—	kΩ
输出噪声	从100Hz到100kHz的积分噪声	—	500	—	μVrms
	10kHz时的噪声密度	—	711	—	nVrms/Hz
短时脉冲波干扰能量	—	—	1.5	—	V-ns
PSRR	0~1kHz	—	70	—	dB
	100kHz	—	30	—	
SNR	1020Hz	—	67	—	dB
THD	1020Hz	—	−63	—	dB
SFDR	1020Hz（包括谐波和杂散）	—	66	—	dBc
	1020Hz（仅包括杂散）	—	104	—	

注意　VDAC引脚必须保持低于VDDA+0.3V才能确保DAC正常工作。如果VDAC引脚超过此电平，可能会激活阻塞电路，导致VDAC内部电压值可能会变化至0V，从而使DAC输出结果错误。

同样，VREFHI引脚也必须保持低于VDDA+0.3V，才确保DAC正常工作。如果VREFHI引脚超过此电平，可能会激活阻塞电路，导致VREFHI内部电压值可能会变化至0V，从而使ADC转换或DAC输出结果错误。

此外，还应关注缓冲DAC的失调电压等特性，如偏移、增益等。

缓冲DAC的偏移特性主要描述DAC输出信号与理想输出信号之间的差异，这种差异主要来源于DAC内部的偏置电流或偏置电压。

增益变化图则描述DAC的输出电压与其输入电压增益之间的关系，通常以对数或线性的形式展现。

线性度图则用来显示DAC的输出电压与输入电压之间的线性关系。如果图像接近直线，则说明该DAC的线性度较好。在实际应用中，偏移、增益和线性度将直接影响DAC的精度和数模转换性能。

有关缓冲DAC的偏移特性、增益变化和线性度，可参见图5-20～图5-22。

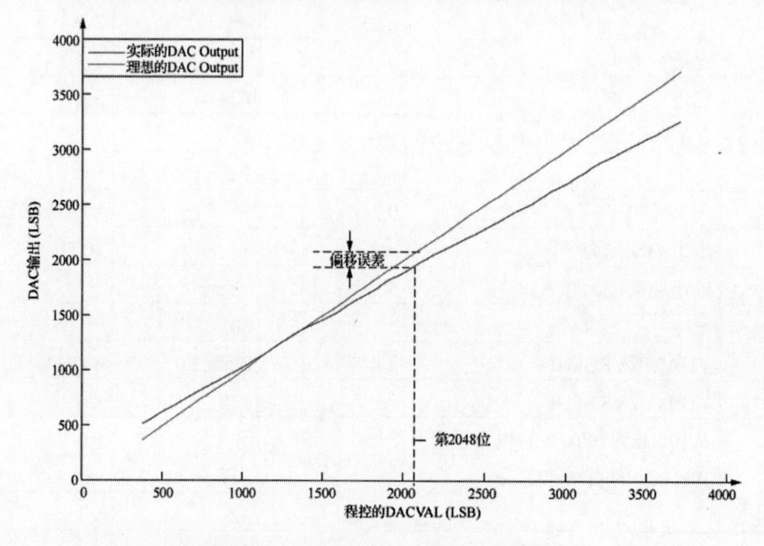

图 5-20　缓冲 DAC 的偏移特性图

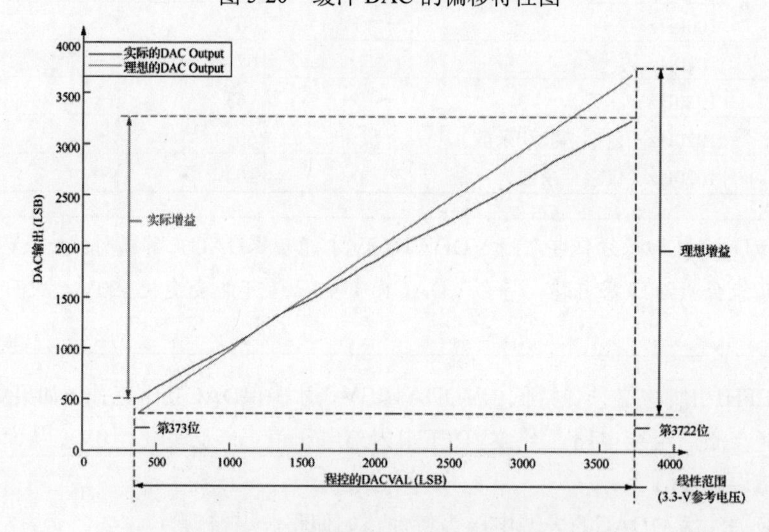

图 5-21　缓冲 DAC 的增益变化图

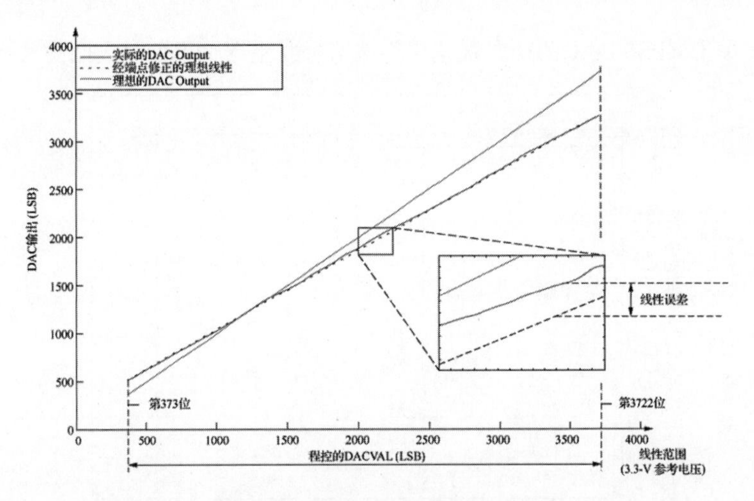

图 5-22　缓冲 DAC 的线性度图

5.3.3　CMPSS DAC的动态误差

DSP芯片上比较器子系统的DAC的动态误差是指在DAC的输出信号产生变化时，其输出信号的最大变化范围与输入信号变化范围之比。这个比值通常以分贝（dB）为单位表示。

动态误差是评估DAC性能的重要参数之一，它直接影响DAC对输入信号变化的响应速度和精确度。动态误差较小，DAC对输入信号变化的响应速度就越快，精确度也就越高。这对于需要快速响应和高精度的应用场合，如音频处理、图像处理等，尤其重要。

在F28379D芯片中，当使用斜坡发生器控制内部DAC时，信号的阶跃幅度值可以根据应用需求进行调整。由于DAC的阶跃幅度通常小于满量程转换阈值，因此，DAC转换的稳定时间会比CMPSS DAC静态电气特性表中列出的电气规格有所改善。

下面的公式和图5-23展示了在不同的RAMPxDECVALA值下，DAC输出电压误差与预期理想值之间的关系。

动态误差计算公式：

$$\text{DYNAMICERROR}=(m\times \text{RAMPxDECVALA})+b$$

其中，最大动态误差项（参数m和参数b）的选取可参考表5-16。

表5-16　DAC最大动态误差项

公式参数	最小值（LSB）	最大值（LSB）
m	0.167	0.30
b	3.7	5.6

注意，上述误差项的确定是基于目标器件的最大系统时钟SYSCLK。如果在最大SYSCLK之下运行，则误差项m应做出相应调整。

在F28379D中，CMPSS DAC的动态误差和斜坡信号发生器输出信号之间的关系如图5-23所示。

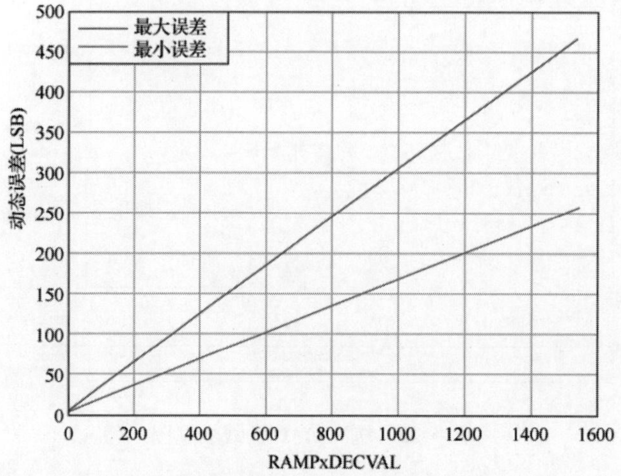

图 5-23　CMPSS DAC 的动态误差表现

5.4　ADC常用寄存器地址及其功能

本节主要介绍F28379D片上ADC中常用的设备寄存器、对应的基地址表以及访问类型代码。读者在完成本章前半部分的学习后，可以根据实际需求，结合本节提供的寄存器详细信息，快速完成相关应用的开发。

5.4.1　ADC基地址

F28379D片上ADC的基地址表如表5-17所示。

表5-17　ADC基地址表

设备寄存器	寄存器（缩略词）	开始地址	结束地址
AdcaResultRegs	ADC_RESULT_REGS	0x0000_0B00	0x0000_0B1F
AdcbResultRegs	ADC_RESULT_REGS	0x0000_0B20	0x0000_0B3F
AdccResultRegs	ADC_RESULT_REGS	0x0000_0B40	0x0000_0B5F
AdcdResultRegs	ADC_RESULT_REGS	0x0000_0B60	0x0000_0B7F
AdcaRegs	ADC_REGS	0x0000_7400	0x0000_747F
AdcbRegs	ADC_REGS	0x0000_7480	0x0000_74FF
AdccRegs	ADC_REGS	0x0000_7500	0x0000_757F
AdcdRegs	ADC_REGS	0x0000_7580	0x0000_75FF

5.4.2　ADC_REGS寄存器映射

F28379D片上ADC寄存器的映射如表5-18～表5-20所示。

表5-18　ADC_REGS寄存器映射表1

地址偏移量	缩　略　词	寄存器名称	写　保　护
Oh	ADCCTL1	ADC控制1寄存器	EALLOW
1h	ADCCTL2	ADC控制2寄存器	EALLOW
2h	ADCBURSTCTL	ADC Burst控制寄存器	EALLOW
3h	ADCINTFLG	ADC中断标志寄存器	—
4h	ADCINTFLGCLR	ADC中断标志清除寄存器	—
5h	ADCINTOVF	ADC中断溢出寄存器	—
6h	ADCINTOVFCLR	ADC中断溢出清除寄存器	—
7h	ADCINTSEL1N2	ADC中断1和2选择寄存器	EALLOW
8h	ADCINTSEL3N4	ADC中断3和4选择寄存器	EALLOW
9h	ADCSOCPRICTL	ADC SOC优先级控制寄存器	EALLOW
Ah	ADCINTSOCSEL1	ADC中断SOC选择1寄存器	EALLOW
Bh	ADCINTSOCSEL2	ADC中断SOC选择2寄存器	EALLOW
Ch	ADCSOCFLG1	ADC SOC标志1寄存器	—
Dh	ADCSOCFRC1	ADC SOC强制1寄存器	—
Eh	ADCSOCOVF1	ADC SOC溢出1寄存器	—
Fh	ADCSOCOVFCLR1	ADC SOC溢出清除1寄存器	—
10h	ADCSOC0CTL	ADC SOC0控制寄存器	EALLOW
12h	ADCSOC1CTL	ADC SOC1控制寄存器	EALLOW
14h	ADCSOC2CTL	ADC SOC2控制寄存器	EALLOW
16h	ADCSOC3CTL	ADC SOC3控制寄存器	EALLOW
18h	ADCSOC4CTL	ADC SOC4控制寄存器	EALLOW
1Ah	ADCSOC5CTL	ADC SOC5控制寄存器	EALLOW
1Ch	ADCSOC6CTL	ADC SOC6控制寄存器	EALLOW
1Eh	ADCSOC7CTL	ADC SOC7控制寄存器	EALLOW

表5-19　ADC_REGS寄存器映射表2

地址偏移量	缩　略　词	寄存器名称	写　保　护
20h	ADCSOC8CTL	ADC SOC8控制寄存器	EALLOW
22h	ADCSOC9CTL	ADC SOC9控制寄存器	EALLOW
24h	ADCSOC10CTL	ADC SOC10控制寄存器	EALLOW
26h	ADCSO011CTL	ADC SOC11控制寄存器	EALLOW

（续表）

地址偏移量	缩　略　词	寄存器名称	写　保　护
28h	ADCSOC12CTL	ADC SOC12控制寄存器	EALLOW
2Ah	ADCSOC13CTL	ADC SOC13控制寄存器	EALLOW
2Ch	ADCSOC14CTL	ADC SOC14控制寄存器	EALLOW
2Eh	ADCSOC15CTL	ADC SOC15控制寄存器	EALLOW
30h	ADCEVTSTAT	ADC事件状态寄存器	—
32h	ADCEVTCLR	ADC事件清除寄存器	—
34h	ADCEVTSEL	ADC事件选择寄存器	EALLOW
36h	ADCEVTINTSEL	ADC事件中断选择寄存器	EALLOW
39h	ADCCOUNTER	ADC计数器寄存器	—
3Ah	ADCREV	ADC修订寄存器	—
3Bh	ADCOFFTRIM	ADC偏移微调寄存器	EALLOW
40h	ADCPPB1CONFIG	ADC PPB1控制寄存器	EALLOW
41h	ADCPPB1STAMP	ADC PPB1采样延迟时间戳寄存器	—
42h	ADCPPB1OFFCAL	ADC PPB1偏移校准寄存器	EALLOW
43h	ADCPPB1OFFREF	ADC PPB1偏移参考寄存器	—

表5-20　ADC_REGS寄存器映射表3

地址偏移量	缩　略　词	寄存器名称	写　保　护
44h	ADCPPB1TRIPHI	ADC PPB1跳变高电平寄存器	EALLOW
46h	ADCPPB1TRIPLO	ADC PPB1跳变低/触发时间戳寄存器	EALLOW
48h	ADCPPB2CONFIG	ADC PPB2控制寄存器	EALLOW
49h	ADCPPB2STAMP	ADC PPB2采样延迟时间戳寄存器	—
4Ah	ADCPPB2OFFCAL	ADC PPB2偏移校准寄存器	EALLOW
4Bh	ADCPPB2OFFREF	ADC PPB2偏移参考寄存器	—
4Ch	ADCPPB2TRIPHI	ADC PPB2跳变高电平寄存器	EALLOW
4Eh	ADCPPB2TRIPLO	ADC PPB2跳变低/触发时间戳寄存器	EALLOW
50h	ADCPPB3CONFIG	ADC PPB3控制寄存器	EALLOW
51h	ADCPPB3STAMP	ADC PPB3采样延迟时间戳寄存器	—
52h	ADCPPB30FFCAL	ADC PPB3偏移校准寄存器	EALLOW
53h	ADCPPB30FFREF	ADC PPB3偏移参考寄存器	—
54h	ADCPPB3TRIPHI	ADC PPB3跳变高电平寄存器	EALLOW
56h	ADCPPB3TRIPLO	ADC PPB3跳变低/触发时间戳寄存器	EALLOW
58h	ADCPPB4CONFIG	ADC PPB4控制寄存器	EALLOW
59h	ADCPPB4STAMP	ADC PPB4采样延迟时间戳寄存器	—
5Ah	ADCPPB4OFFCAL	ADC PPB4偏移校准寄存器	EALLOW
5Bh	ADCPPB4OFFREF	ADC PPB4偏移参考寄存器	—

（续表）

地址偏移量	缩　略　词	寄存器名称	写　保　护
5Ch	ADCPPB4TRIPHI	ADC PPB4跳变高电平寄存器	EALLOW
5Eh	ADCPPB4TRIPLO	ADC PPB4跳变低/触发时间戳寄存器	EALLOW
70h	ADCINLTRIM1	ADC线性微调1寄存器	EALLOW
72h	ADCINLTRIM2	ADC线性微调2寄存器	EALLOW
74h	ADCINLTRIM3	ADC线性微调3寄存器	EALLOW
76h	ADCINLTRIM4	ADC线性微调4寄存器	EALLOW
78h	ADCINLTRIM5	ADC线性微调5寄存器	EALLOW
7Ah	ADCINLTRIM6	ADC线性微调6寄存器	EALLOW

5.4.3 ADC_REGS访问类型代码

F28379D片上ADC寄存器访问类型代码如表5-21所示。

表5-21　ADC_REGS访问类型代码

访问类型	代　码	说　明
	读类型	
R	R	Read
R=0	R	Read
	写类型	
W	W	Write
W=1	W	Write
	重置或默认值	
-n		复位后的值或默认值

5.4.4 ADC关键寄存器的字段定义

F28379D片上ADC关键寄存器的字段定义如表5-22～表5-24所示。

表5-22　ADCCTL寄存器字段说明

位	字　段	类　型	复　位	说　明
15-14	保留	R	0h	保留
13	ADCBSY	R	0h	ADC忙。在产生ADC SOC时置1，硬件在S/H脉冲下降沿后4个ADC时钟清零 若为0，则表明ADC不忙 若为1，则表明ADC正忙，不能对另一个通道采样
12	保留	R	0h	保留

（续表）

位	字　段	类　型	复　位	说　明
11-8	ADCBSYCHN	R	0h	ADC忙通道。在产生电流通道的ADC SOC时置1 当ADCBSY=0时，保持最后转换的通道的值 当ADCBSY=1时，反映当前正在处理的通道 0h ADCIN0当前正在处理或最后一次通道转换 1h ADCIN1当前正在处理或最后一次通道转换 2h ADCIN2当前正在处理或最后一次通道转换 3h ADCIN3当前正在处理或最后一次通道转换 4h ADCIN4当前正在处理或最后一次通道转换 5h ADCIN5当前正在处理或最后一次通道转换 6h ADCIN6当前正在处理或最后一次通道转换 7h ADCIN7当前正在处理或最后一次通道转换 8h ADCIN8当前正在处理或最后一次通道转换 9h ADCIN9当前正在处理或最后一次通道转换 Ah ADCIN10当前正在处理或最后一次通道转换 Bh ADCIN11当前正在处理或最后一次通道转换
7	ADCPWDNZ	R/W	0h	ADC掉电（低电平有效）。该位控制模拟内核内所有模拟电路的上电和掉电 0内核中的所有模拟电路都断电 1内核中的所有模拟电路都通电
6-3	保留	R	0h	保留
2	INTPULSEPOS	R/W	0h	ADC中断脉冲位置 0中断脉冲产生发生在获取窗口的末尾 1中断脉冲产生发生在转换结束时，在ADC结果锁存到其结果寄存器之前的1个周期
1-00	保留	R	0h	保留

表5-23　ADCBURSTCTL寄存器字段说明

位	字　段	类　型	复　位	说　明
15	BURSTEN	R/W	0h	SOC突发模式使能。该位使能SOC突发模式操作 0突发模式被禁用 1突发模式已启用
14-12	保留	R	0h	保留
11-8	BURSTSIZE	R/W	0h	SOC突发大小选择。该位字段确定在突发转换序列开始时转换多少SOC。第一个SOC转换由循环指针定义，其随着每个SOC被转换而前进 0h 1 SOC转换 1h 2 SOC转换

（续表）

位	字　段	类　型	复　位	说　明
11-8	BURSTSIZE	R/W	0h	2h 3 SOC转换 3h 4 SOC转换 4h 5 SOC转换 5h 6 SOC转换 6h 7 SOC转换 7h 8 SOC转换 8h 9 SOC转换 9h 10 SOC转换 Ah 11 SOC转换 Bh 12 SOC转换 Ch 13 SOC转换 Dh 14 SOC转换 Eh 15 SOC转换 Fh 16 SOC转换
7-6	保留	R	0h	保留
5-0	BURSTTRIGSEL	R/W	0h	SOC突发触发源选择。配置哪个触发将启动相应的突发转换序列 00h BURSTTRIG0-Software only 01h BURSTTRIG1-CPU1 Timer 0, TINTOn 02h BURSTTRIG2-CPU1 Timer 1, TINT1n 03h BURSTTRIG3-CPU1 Timer 2, TINT2n 04h BURSTTRIG4 -GPIO, Input X-Bar INPUT5 05h BURSTTRIG5-ePWM1, ADCSOCA 06h BURSTTRIG6-ePWM1, ADCSOCB 07h BURSTTRIG7-ePWM2, ADCSOCA 08h BURSTTRIG8-ePWM2, ADCSOCB
5-0	BURSTTRIGSEL	R/W	0h	09h BURSTTRIG9-ePWM3, ADCSOCA 0Ah BURSTTRIG10-ePWM3, ADCSOCB 0Bh BURSTTRIG11-ePWM4, ADCSOCA 0Ch BURSTTRIG12-ePWM4, ADCSOCB 0Dh BURSTTRIG13-ePWM5, ADCSOCA 0Eh BURSTTRIG14-ePWM5, ADCSOCB 0Fh BURSTTRIG15-ePWM6, ADCSOCA 10h BURSTTRIG16-ePWM6, ADCSOCB 11h BURSTTRIG17-ePWM7, ADCSOCA 12h BURSTTRIG18-ePWM7, ADCSOCB 13h BURSTTRIG19 -ePWM8, ADCSOCA

（续表）

位	字　段	类　型	复　位	说　明
5-0	BURSTTRIGSEL	R/W	0h	14h BURSTTRIG20-ePWM8, ADCSOCB 15h BURSTTRIG21-ePWM9, ADCSOCA 16h BURSTTRIG22 -ePWM9, ADCSOCB 17h BURSTTRIG23-ePWM10, ADCSOCA 18h BURSTTRIG24 -ePWM10, ADCSOCB 19h BURSTTRIG25-ePWM11, ADCSOCA 1Ah BURSTTRIG26-ePWM11, ADCSOCB 1Bh BURSTTRIG27-ePWM12, ADCSOCA 1Ch BURSTTRIG28-ePWM12, ADCSOCB 1Dh BURSTTRIG29-CPU2 Timer 0, TINTOn 1Eh BURSTTRIG30-CPU2 Timer 1, TINT1n 1Fh BURSTTRIG31-CPU2 Timer 2, TINT2n

表5-24　ADCINTFLG寄存器字段说明

位	字　段	类　型	复　位	说　明
15~4	保留	R	0h	保留
3	ADCINT4	R	0h	ADC中断4标志。读取这些标志表示自上次清零以来是否生成了相关的ADCINT脉冲 ① 0：没有产生ADC中断脉冲 ② 1：ADC产生中断脉冲 如果ADC中断处于连续模式（INTSELxNy寄存器），则即使标志位置1，只要发生选择的EOC事件，就会产生其他中断脉冲 如果连续模式未使能，则在用户使用ADCINFLGCLR寄存器清除该标志位之前不会产生其他中断脉冲
3	ADCINT4	R	0h	相反，在ADCINTOVF寄存器中发生ADC中断溢出事件
2	ADCINT3	R	0h	ADC中断3标志。读取这些标志表示自上次清零以来是否生成了相关的ADCINT脉冲 ① 0：没有产生ADC中断脉冲 ② 1：ADC产生中断脉冲 如果ADC中断处于连续模式（INTSELxNy寄存器），则即使标志位置1，只要发生选择的EOC事件，就会产生其他中断脉冲 如果连续模式未使能，则在用户使用ADCINFLGCLR寄存器清除该标志位之前不会产生其他中断脉冲 相反，ADCINTOVF寄存器中发生ADC中断溢出事件

（续表）

位	字　段	类　型	复　位	说　明
1	ADCINT2	R	0h	ADC中断2标志。读取这些标志表示自上次清零以来是否生成了相关的ADCINT脉冲 ① 0：没有产生ADC中断脉冲 ② 1：ADC产生中断脉冲 如果ADC中断处于连续模式（INTSELxNy寄存器），则即使标志位置1，只要发生选择的EOC事件，就会产生其他中断脉冲 如果连续模式未使能，则在用户使用ADCINFLGCLR寄存器清除该标志位之前不会产生其他中断脉冲 相反，在ADCINTOVF寄存器中发生ADC中断溢出事件
0	ADCINT1	R	Oh	ADC中断1标志。读取这些标志表示自上次清零以来是否生成了相关的ADCINT脉冲 ① 0：没有产生ADC中断脉冲 ② 1：ADC产生中断脉冲 如果ADC中断处于连续模式（INTSELxNy寄存器），则即使标志位置1，只要发生选择的EOC事件，就会产生其他中断脉冲 如果连续模式未使能，则在用户使用ADCINFLGCLR寄存器清除该标志位之前不会产生其他中断脉冲 相反，在ADCINTOVF寄存器中发生ADC中断溢出事件

5.5　本章小结

本章主要介绍了TMS320F28379D芯片中模拟外设器件的配置方法，包括片上增强型外设及相应寄存器的配置方法等内容，并提供了大量代码实现供读者参考。

此外，本章还探讨了在F28379D中缓冲数模转换器的动态误差问题，帮助读者更好地理解DAC的工作原理及其在实际工程中的应用。最后，本章详细介绍了DSP芯片的比较器子系统的作用，并阐述了比较器在ADC或传感等技术中的具体实现方式。

5.6　习题

（1）F28379D芯片的模拟外设器件包括哪些？

（2）ADC采样可以分为哪4步？每一步的作用是什么？

（3）片上ADC有哪两种输入信号模式，各自有什么优缺点？

（4）简述模拟子系统中片上温度传感器的使用方法。

（5）比较器子系统有哪些封装类型。

（6）简述什么是动态误差。

（7）简述DAC的线性度和失调电压。

（8）如何配置DAC？请给出代码框架。

（9）在F28379D微控制器上，ADC（模数转换器）被用于精确测量外部模拟信号。考虑到ADC的精度对于系统性能至关重要，设计一个高精度ADC校准方案，该方案需要包括以下几点：

- 阐述ADC的基本原理，包括输入电压范围、分辨率、量化误差等。设计一个电路，该电路能够产生已知精度的模拟电压，用于ADC的校准。
- 编写程序，控制ADC的采样频率和采样时间，并存储和显示校准结果。分析并讨论校准过程中可能遇到的误差源，以及如何通过硬件和软件手段来减少这些误差。
- 假设ADC存在非线性误差，提出一种非线性误差校正方法，并说明其原理和实现步骤。

要求：提交完整的电路图、程序代码和校准结果分析报告。在报告中详细解释每一步的原理和实现细节，分析和讨论校准方法的准确性和可靠性。

（10）F28379D的CMPSS（比较器子系统）被用于处理复杂的模拟波形信号。设计一个CMPSS应用，实现以下功能：

- 设计一个CMPSS电路，能够检测并识别出多种不同的模拟波形信号（如正弦波、方波、三角波等）。
- 编写程序，配置CMPSS的参数（如阈值、窗口大小等），并实时处理输入的模拟信号。实现一种算法，该算法能够分析CMPSS的输出，并准确地识别出输入信号的波形类型。
- 考虑噪声和其他干扰因素对信号识别的影响，提出相应的解决方案。分析并讨论该设计在实时信号处理系统中的潜在应用和优势。

要求：提交完整的CMPSS电路设计图、程序代码和波形识别算法分析报告。在报告中详细解释波形识别算法的原理和实现细节，分析并讨论设计的健壮性和可扩展性。

（11）F28379D的DAC（数模转换器）被用于将数字信号转换为模拟信号输出。设计一个基于DAC的高精度输出控制系统，实现以下功能：输出幅值和频率可调的正弦波形。

第6章 片上控制外设器件及其开发实例

DSP芯片的控制外设主要包括I2C、EMIF、I2S和AIC23等。此外，还包括本节要讲的增强型外设器件。这些外设各具特色，具有不同的应用。例如，I2C总线是一种由PHILIPS公司开发的两线式串行总线，用于连接和控制外部设备，而DSP控制器则适用于控制系统，如TMS320C2000系列DSP。

在实际应用中，DSP芯片的应用范围十分广泛。以TI公司的C2000系列DSP为例，可以设计出包括存储器译码电路、DAC转换电路和CAN总线通信电路等外围扩展电路，构成一个高性能的运动控制器。该控制器能够高速完成各类复杂的运动控制算法和控制策略，并与控制计算机实现高速通信，具有较高的实用性。同时，TMS320F28379D数字信号处理器（DSP）的I^2C模块还能实现与外部存储器AT24C02（一种串行EEPROM）的通信。

F28379D在传统常用控制接口的基础上新增了增强型控制外设，其中包含多个ePWM通道，并且具有高分辨率功能的8个通道（即HRPWM）。此外，它还集成了死区支持和硬件触发区，并配备了增强型捕捉eCAP模块。这些特性使得TMS320F28379D在需要高精度的应用场合表现出色，例如电机控制、电源管理等。

6.1 增强型采集模块

增强型采集模块（eCAP）是TMS320F28379D数字信号处理器中的一个重要组成部分。它是一个功能强大的定时器单元，可实现复杂定时和脉冲信号处理。

在实际应用中，增强型采集模块eCAP适用于需要准确计时并对外部事件做出及时响应的系统中。eCAP的应用包含：

- 旋转机械机构的速度测量（例如，通过霍尔传感器接收来自齿状链轮的位置信号）。
- 测量位置传感器发出的脉冲之间的持续时间。
- 测量脉冲序列信号的周期和占空比。

- 解码电流/电压传感器的编码信号，从而获得传感器的电流或电压的振幅。

此外，eCAP模块还具备以下特性：

- 4组事件寄存器（每个32位）。
- 边缘极性可配置，最多支持4个序列时间戳采集事件。
- 可灵活地对4组事件中的任何一个事件配置中断请求。
- 单次采集最高多达4个事件时间戳。
- 支持在4组深循环缓冲器中以连续模式采集时间戳。
- 支持绝对时间戳采集。
- 支持差分模式时间戳采集。
- 上述所有资源都有单个专用输入引脚。
- 当未配置采集模式时，eCAP模块可被配置为单通道PWM输出（APWM）。

在F28379D中，eCAP模块的系统方框图如图6-1所示。

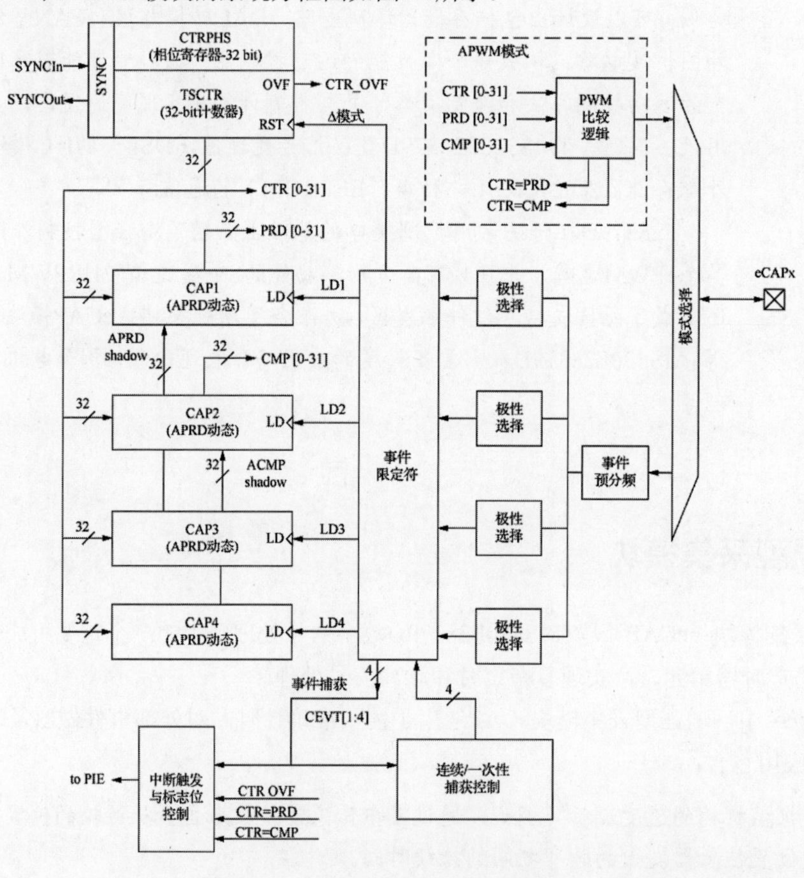

图 6-1 eCAP 模块的系统方框图

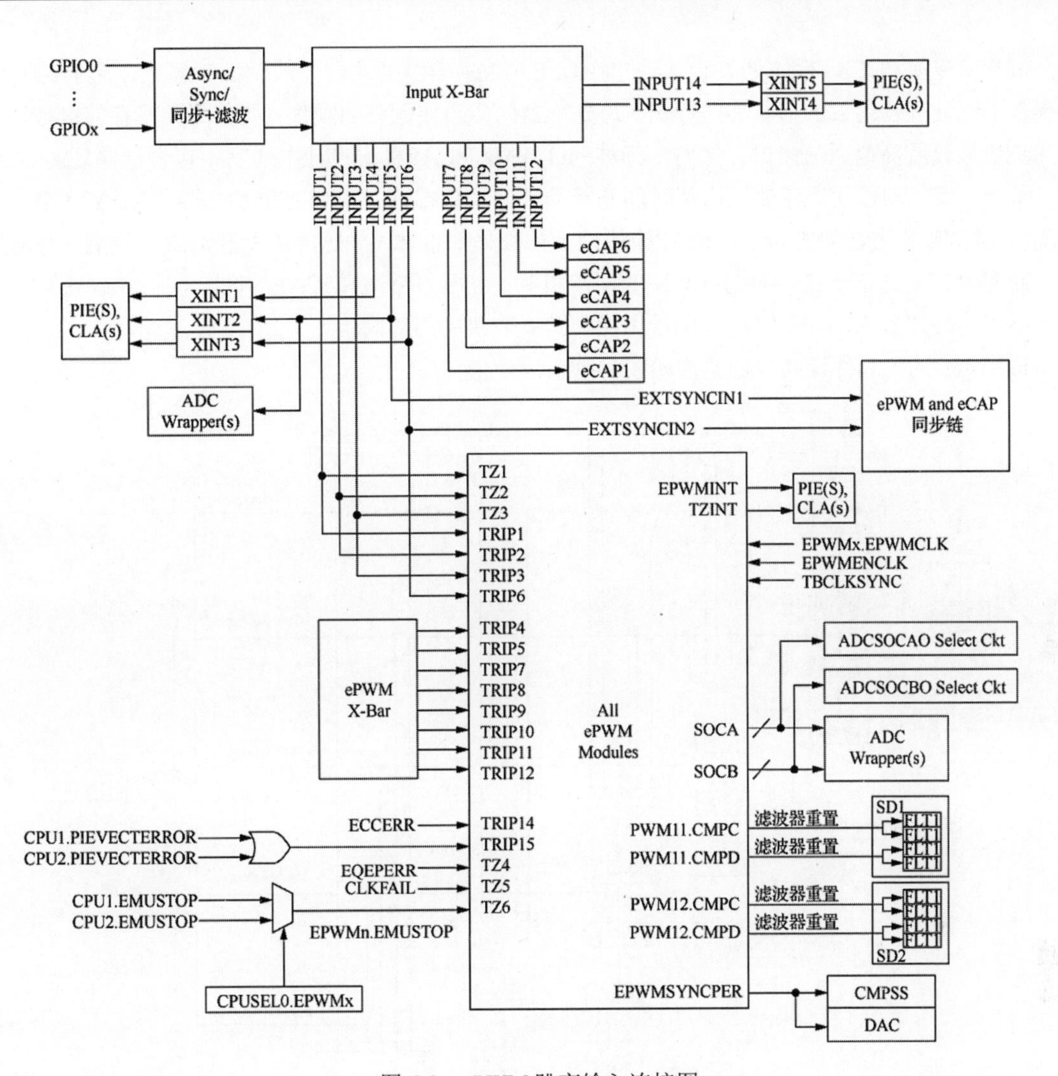

图 6-3　ePWM 跳变输入连接图

ePWM的信号互连图是一种图形化表示，用于显示芯片内部各模块之间的连接关系。该图详细描绘了ePWM内部各个模块之间的连接交互情况，包括比较器、事件触发管理、中断管理器、片上ADC、上下行计数器等。

器件上的ePWM和eCAP同步链可在CPU1和CPU2之间灵活地进行划分，并且ePWM和eCAP模块允许在属于同一CPU的模块内进行局部同步。与其他外设一样，需要使用CPUSELx寄存器对ePWM和eCAP模块进行分区。

注意　ePWM模块和eCAP模块不能跨处理器进行局部同步，主要是因为硬件架构的限制以及同步机制方面的问题。

ePWM模块和eCAP模块通常设计在单个DSP（数字信号处理器）或微控制器上，它们的同步机制基于该处理器内部的信号和寄存器。跨处理器同步需要额外的硬件支持，如共享存储区域、专门同步信号线或高速通信接口。然而，标准的ePWM和eCAP模块设计中通常不包含这些功能。

此外，ePWM模块通常使用内部时间基准计数器（TBCTR）和特定同步信号（如SYNCO）来实现多个PWM通道之间的同步；eCAP模块用于捕获外部事件，如脉冲的上升沿或下降沿，并测量其时间间隔，它通常不直接参与ePWM的同步机制。由于ePWM和eCAP的同步机制各自独立，且基于不同的硬件资源，因此它们之间难以实现跨处理器的局部同步。

F28379D的控制外设同步链架构如图6-4所示。

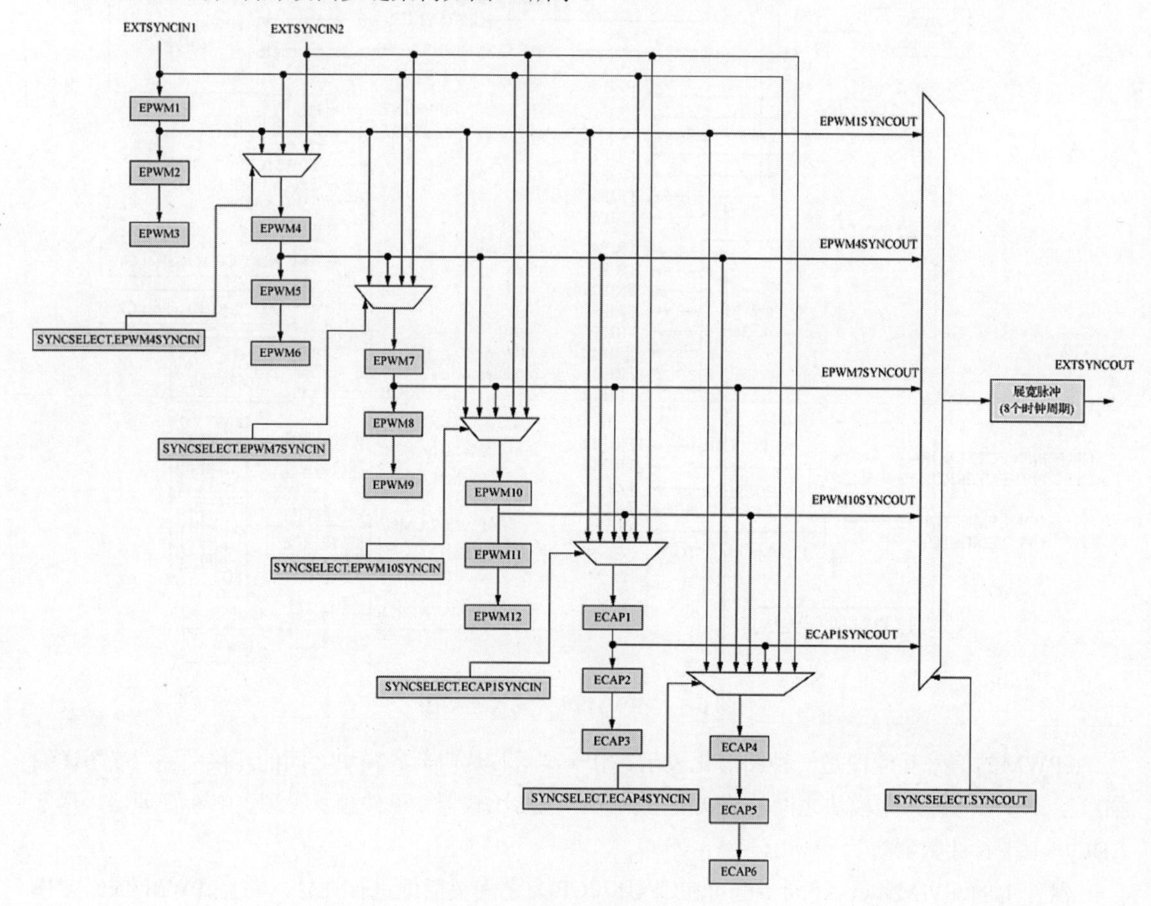

图6-4　同步链架构

此外，在实际开发中，设计人员通常还需要关注ePWM的电气特性和时序要求，对于PWM，跳变区的输入时序要求特别注意。关于F29379D的时序要求和开关特征，可参考表6-3和表6-4。

表6-3 ePWM的时序要求

参 数		最 小 值	最 大 值	单 位
f(EPWM)		—	100	MHz
$t_{w(SYNCIN)}$	异步	$2t_{c(EPWMCLK)}$	—	周期
	同步	$2t_{c(EPWMCLK)}$	—	周期
	带输入限定符	$1t_{c(EPWMCLK)}+t_{w(IQSw)}$	—	周期

表6-4 ePWM的开关特征

参 数	最 小 值	最 大 值	单 位
脉冲持续时间，PWMx输出高电平/低电平	20	—	ns
同步输出脉冲宽度	$8t_{c(SYSCLK)}$	—	周期
延迟时间，跳变输入激活到PWM强制高电平 延迟时间，跳变输入激活到PWM强制低电平 延迟时间，跳变输入激活到PWM高阻抗	—	25	ns

ePWM的跳变区输入时序要求以及PWM的Hi-Z特性如表6-5和图6-5所示。

表6-5 跳变区输入时序要求

参 数		最 小 值	最 大 值	单 位
$t_{w(TZ)}$脉冲持续时间 TZx输入低电平	异步	$1t_{c(EPWMCLK)}$	—	周期
	同步	$2t_{c(EPWMCLK)}$	—	周期
	带输入限定符	$1t_{c(EPWMCLK)}+t_{w(IQSW)}$	—	周期

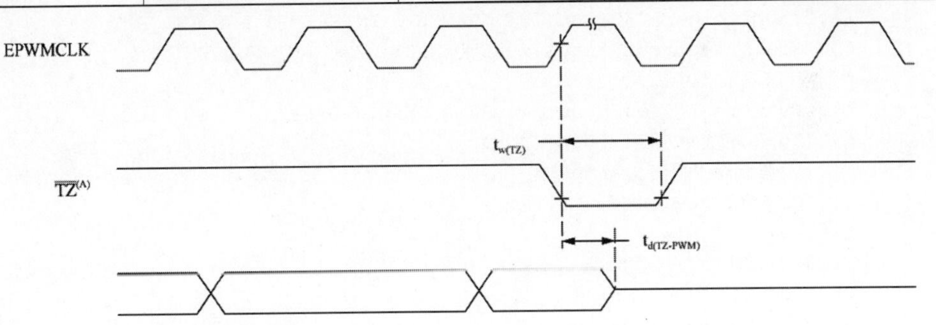

A. $\overline{TZ}$: $\overline{TZ1}$、$\overline{TZ2}$、$\overline{TZ3}$、TRIP1至TRIP12

B. PWM是指器件内的所有PWM引脚，$\overline{TZ}$置于高电平后PWM引脚的状态取决于PWM恢复软件。

图 6-5 PWM 的 Hi-Z 特性

表6-6所示为ePWM外部ADC转换启动的开关特征。

表6-6 ADC转换启动的开关特征

参 数	最 小 值	最 大 值	单 位
$t_{w(ADCSOCL)}$	脉冲持续时间，ADCSOCxO低电平	$32t_{c(SYSCLK)}$	周期

下面为F28379D片上ePWM外设的工程实例。

【例6-2】ePWM模块配置实例。

```
/* F28379D中ePWM模块的使用实例 */
// 导入头文件
#include "driverlib.h"
#include "device.h"
#include "board.h"
// 变量定义
uint32_t ePwm_TimeBase;
uint32_t ePwm_MinDuty;
uint32_t ePwm_MaxDuty;
uint32_t ePwm_curDuty;
uint16_t AdcBuf[50];                    // 存储ADC的采样数据
uint16_t *AdcBufPtr=AdcBuf;             // 指向ADC采样缓冲区的指针
uint16_t LedCtr=0;                      // LED计数器
uint16_t DutyModOn=0;                   // 空周期模式标志位
uint16_t DutyModDir=0;                  // 空周期方向标志位
uint16_t DutyModCtr=0;                  // 是否减慢速率控制位
int32_t eCapPwmDuty;
// 计算Percent值的方法：Percent=(eCapPwmDuty/eCapPwmPeriod)*100
int32_t eCapPwmPeriod;  // Frequency=DEVICE_SYSCLK_FREQ/eCapPwmPeriod.

// ADC中断服务程序
__interrupt void adcA1ISR(void){
    // 清空中断标志位
    Interrupt_clearACKGroup(INT_myADC0_1_INTERRUPT_ACK_GROUP);
    ADC_clearInterruptStatus(myADC0_BASE, ADC_INT_NUMBER1);
    // 向ADC寄存器中写入内容
    *AdcBufPtr=ADC_readResult(myADC0_RESULT_BASE, myADC0_SOC0);
    if (AdcBufPtr==(AdcBuf + 49)){
        // 强制缓冲区转为wrap模式
        AdcBufPtr=AdcBuf;
    } else {
        AdcBufPtr += 1;}
    if (LedCtr >= 49999) {
        // 分频
        GPIO_togglePin(myBoardLED0_GPIO);
        LedCtr=0;
    } else {
        LedCtr += 1;}
    if (DutyModOn) {
        // 分频
        if (DutyModCtr >= 15) {
            if (DutyModDir==0) {                // 减少占空比
                if (ePwm_curDuty >= ePwm_MinDuty) {
                    DutyModDir=1;
```

```
                } else {
                    ePwm_curDuty += 1;}
            } else {                              // 增加占空比
                if (ePwm_curDuty <= ePwm_MaxDuty) {
                    DutyModDir=0;
                } else {
                    ePwm_curDuty -= 1;
                }
            }
            DutyModCtr=0;
        } else {
            DutyModCtr += 1;}}
    // 配置计数器的值
    EPWM_setCounterCompareValue(myEPWM0_BASE, EPWM_COUNTER_COMPARE_A,
                                ePwm_curDuty);
}

// eCAP中断服务程序
__interrupt void ecap1ISR(void)
{
    Interrupt_clearACKGroup(INT_myECAP0_INTERRUPT_ACK_GROUP);
    ECAP_clearGlobalInterrupt(myECAP0_BASE);
    ECAP_clearInterrupt(myECAP0_BASE, ECAP_ISR_SOURCE_CAPTURE_EVENT_3);
    eCapPwmDuty=(int32_t)ECAP_getEventTimeStamp(myECAP0_BASE, ECAP_EVENT_2)
              (int32_t)ECAP_getEventTimeStamp(myECAP0_BASE, ECAP_EVENT_1);
    eCapPwmPeriod=(int32_t)ECAP_getEventTimeStamp(myECAP0_BASE, ECAP_EVENT_3)-
                (int32_t)ECAP_getEventTimeStamp(myECAP0_BASE, ECAP_EVENT_1);
}
// 主函数部分
void main(void){
    Device_init();
    Interrupt_initModule();
    Interrupt_initVectorTable();
    Board_init();
    // 初始化ePWM占空比的值
    ePwm_TimeBase=EPWM_getTimeBasePeriod(myEPWM0_BASE);
    ePwm_MinDuty=(uint32_t)(0.95f * (float)ePwm_TimeBase);
    ePwm_MaxDuty=(uint32_t)(0.05f * (float)ePwm_TimeBase);
    ePwm_curDuty=EPWM_getCounterCompareValue(myEPWM0_BASE,
                                             EPWM_COUNTER_COMPARE_A);
    EINT;
    ERTM;
    for (;;) {
        NOP;}
}
```

6.3　增强型正交编码脉冲（eQEP）

增强型正交编码脉冲（Enhanced Quadrature Encoder Pulse，eQEP）模块在芯片内部直接与线性编码器或旋转编码器相连，从高速复杂运动或位置控制系统中使用的旋转部件输出的信号中获得位置、方向和速度等信息。每个eQEP外设都包含5个主要功能模块：

- 正交采集单元（Quadrature Capture Unit，QCAP）。
- 位置计数器/控制单元（Position Counter/Control Unit，PCCU）。
- 正交解码器单元（Quadrature Decoder Unit，QDU）。
- 用于速度和频率测量的计时器（Universal Timer for Speed and Frequency Measurement，UTIME）。
- 用于检测系统是否正常运行的看门狗计时器（Quadrature Watchdog Timer，QWDOG）。

eQEP模块的时钟源通常由系统时钟（SYSCLK）提供。图6-6所示为eQEP的系统方框图。

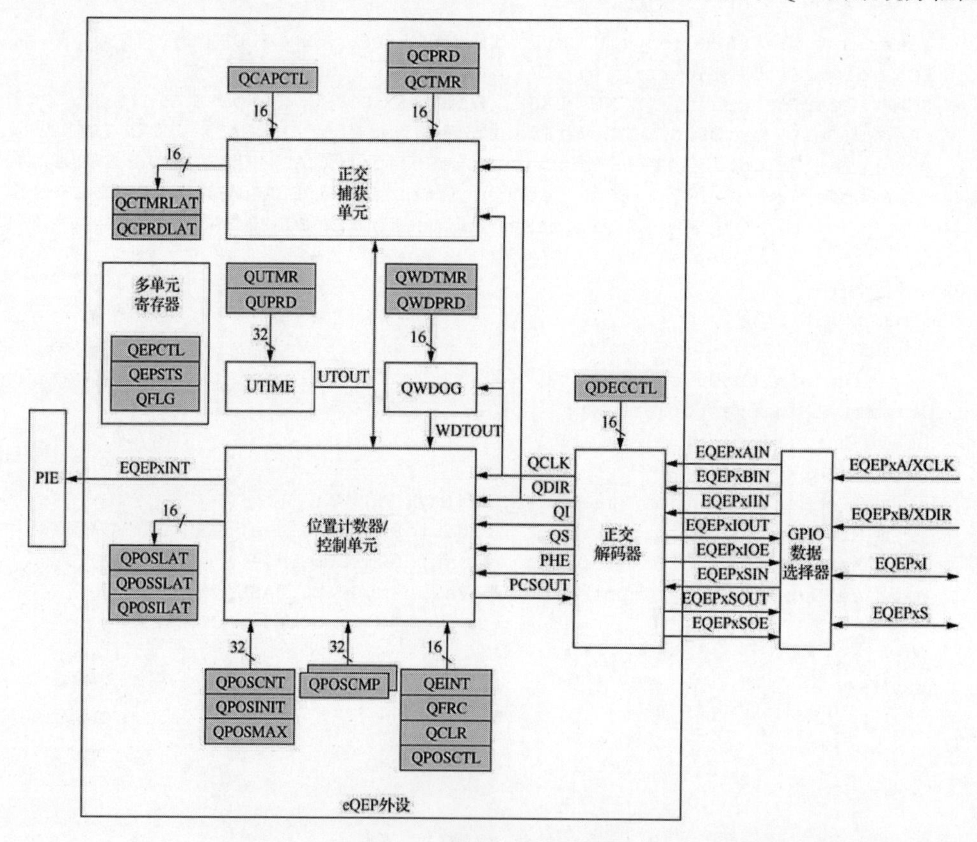

图 6-6　eQEP 系统方框图

在实际开发中，设计人员需仔细参阅eQEP的时序要求及电气特性等数据，eQEP的时序要求如表6-7所示，开关特征如表6-8所示。

表6-7　eQEP的时序要求

参　数			最 小 值	单　位
$t_{w(QEPP)}$	QEP输入周期	异步/同步	$2t_{c(SYSCLK)}$	周期
		带输入限定器	$2[1t_{c(SYSCLK)}+t_{w(IQSW)}]$	周期
$t_{w(INDEXH)}$	QEP索引输入高电平时间	异步/同步	$2t_{c(SYSCLK)}$	周期
		带输入限定器	$2t_{c(sYSCLK)}+t_{w(IQSW)}$	周期
$t_{w(INDEXL)}$	QEP索引输入低电平时间	异步/同步	$2t_{c(SYSCLK)}$	周期
		带输入限定器	$2t_{c(SYSCLK)}+t_{w(IQSW)}$	周期
$t_{w(STROBH)}$	QEP选通高电平时间	异步/同步	$2t_{c(SYSCLK)}$	周期
		带输入限定器	$2t_{c(SYSCLK)}+t_{w(IQSW)}$	周期
$t_{w(STROBL)}$	QEP选通输入低电平时间	异步/同步	$2t_{c(SYSCLK)}$	周期
		带输入限定器	$2t_{c(SYSCLK)}+t_{w(IQSW)}$	周期

表6-8　eQEP的开关特征

参　数		最 小 值	最 大 值	单　位
$t_{a(CNTR)xin}$	延迟时间，外部时钟到计数器的增量	—	$4t_{c(SYSCLK)}$	周期
$t_{a(PCS-OUT)QEP}$	延迟时间，比较器的同步端输出	—	$6t_{c(SYSCLK)}$	周期

有关eQEP的开发实例可参考以下代码。

【例6-3】eQEP开发实例。

```
/* F28379D eQEP开发实例 */
// 包含头文件
#include "driverlib.h"
#include "device.h"
#include "board.h"
// 宏定义
#define ENCODER_SLOTS   1000U         // 编码器槽位数
#define UNIT_PERIOD    10000U         // 单位周期（用于频率计算）

// 全局变量定义
uint32_t oldCount=0;                  // 上一次计数器的值
uint32_t newCount=0;                  // 为进行频率计算，这里存储一组新的计数值
uint32_t currentEncoderPosition=0;    // 存储当前编码位置
int32_t frequency=0;                  // 电机正交信号的频率
float32_t speed=0.0f;                 // 电机速度
int32_t direction=0;                  // 电机的旋转方向
// 主函数
void main(void){
```

```
    // 初始化设备时钟以及外围器件
    Device_init();
    // 初始化GPIO
    Device_initGPIO();
    // 初始化PIE中断并清空PIE寄存器的值
    Interrupt_initModule();
    // 初始化PIE中断向量表
    Interrupt_initVectorTable();
    Board_init();
    // 使能全局中断，请启用实时调试器
    EINT;
    ERTM;
    while(1){
        DEVICE_DELAY_US(400000L);              // 延时400ms
        GPIO_writePin(myBoardLED0_GPIO, 1);    // 点亮LED
        DEVICE_DELAY_US(200L);                 // 延时200us
        GPIO_writePin(myBoardLED0_GPIO, 0);    // 熄灭LED
    }
}

// eQEP中断服务程序
__interrupt void INT_myEQEP1_ISR(void){
    // 存储当前编码器的位置信息
    currentEncoderPosition=EQEP_getPosition(myEQEP1_BASE);
    // 获得位置计数器的值
    newCount=EQEP_getPositionLatch(myEQEP1_BASE);
    // 获得电机旋转角度
    direction=EQEP_getDirection(myEQEP1_BASE);
    // 根据方向计算单位时间内的位置偏移量
    if (direction > 0 ){      // 顺时针旋转
        if (newCount >= oldCount)
            newCount=newCount - oldCount;      // 正常计数
        else
            // 跨越零点时的处理
            newCount=((4 * ENCODER_SLOTS - 1) - oldCount) + newCount;
        }
    else {  // 逆时针旋转
        if (newCount <= oldCount)
            newCount=oldCount - newCount;      // 正常计数
        else
            // 跨越零点时的处理
            newCount=((4 * ENCODER_SLOTS - 1) - newCount) + oldCount;
        }
    oldCount=currentEncoderPosition;
    // 计算频率和速度
    frequency=(newCount * (uint32_t)1000000U) / ((uint32_t)UNIT_PERIOD);
    speed=(frequency * 60) / ((float)(4 * ENCODER_SLOTS));
    // 清空中断标志位
```

```
    EQEP_clearInterruptStatus(myEQEP1_BASE,
                             EQEP_INT_UNIT_TIME_OUT|EQEP_INT_GLOBAL);
    Interrupt_clearACKGroup(INT_myEQEP1_INTERRUPT_ACK_GROUP);
}
```

6.4 高分辨脉宽调制模块

通过使用专用的校准延迟线路，高分辨脉宽调制模块（High-Resolution Pulse-Width Modulation，HRPWM）在单个模块和简化的校准系统内，结合多条延迟线路所给出的输出值进行脉宽调制输出。

在F28379D芯片上，每个ePWM模块都支持两个HR高分辨率输出：

（1）通道A上的HR占空比和死区控制。

（2）通道B上的HR占空比和死区控制。

与传统的PWM方法相比，HRPWM模块提供了更高的时间分辨率（时间粒度），这一分辨率显著优于传统数字PWM方法所能达到的分辨率。

HRPWM模块的关键特点包括：

（1）提升了传统数字PWM的时间分辨率能力。

（2）支持单边沿控制（占空比和相移控制）和双边沿控制两种方案，以实现频率/相位调制。

（3）可通过对ePWM模块的相位、频率和死区寄存器的扩展，精确控制高分辨率的时间定位或边沿定位。

需要注意的是，HRPWM允许的最小HRPWMCLK频率为60MHz。

在设计过程中，应特别关注HRPWM的时序要求以及PWM的定位步长，具体参数可参考表6-9和表6-10。

表6-9　HRPWM的时序要求

参　数		最 小 值	最 大 值	单　位
f(EPWM)	频率EPWMCLK	100	—	MHz
f(HRPWM)	频率HRPWMCLK	60	100	MHz

表6-10　HRPWM的步长参数

参　数	典 型 值	最 大 值	单　位
微边沿定位（MEP）步长	150	310	ps

HRPWM的使用方法可参考以下代码实例。

【例6-4】HRPWM模块配置实例。

```
// 头文件
#include "driverlib.h"                    // 引入DriverLib驱动库
#include "device.h"                       // 引入设备相关的头文件
#include "board.h"                        // 引入板级初始化文件
#include "SFO_V8.h"                       // 引入SFO校准相关的头文件
// 宏定义
#define EPWM_TIMER_TBPRD            100UL       // 定义EPWM定时器周期，单位为时钟周期
// 定义最小HRPWM占空比
#define MIN_HRPWM_DUTY_PERCENT      4.0/((float32_t)EPWM_TIMER_TBPRD)*100.0
#define LAST_EPWM_INDEX_FOR_EXAMPLE    5        // 定义EPWM模块索引的最大值，用于实例
// 全局变量定义
float32_t dutyFine=MIN_HRPWM_DUTY_PERCENT;     // 设置初始占空比为最小HRPWM占空比
uint16_t status;                               // 状态变量，用于存储SFO函数的返回状态
// 全局变量定义
int MEP_ScaleFactor;
volatile uint32_t ePWM[] =
{0, myEPWM1_BASE, myEPWM2_BASE, myEPWM3_BASE, myEPWM4_BASE};
// 函数声明
void initHRPWM(uint32_t period);               // 初始化HRPWM模块的函数声明
void error(void);                              // 错误处理函数声明
// 主函数
void main(void)
{
    uint16_t i=0;
    // 初始化设备和外围模块
    Device_init();                             // 初始化设备
    Device_initGPIO();                         // 初始化GPIO引脚
    Interrupt_initModule();                    // 初始化中断模块
    Interrupt_initVectorTable();               // 初始化中断向量表
    // 中断注册，注释掉的代码是为了注册EPWM的中断处理函数
    // Interrupt_register(INT_EPWM1, &epwm1ISR);
    // Interrupt_register(INT_EPWM2, &epwm2ISR);
    // Interrupt_register(INT_EPWM3, &epwm3ISR);
    // Interrupt_register(INT_EPWM4, &epwm4ISR);
    Board_init();                              // 初始化板级硬件
    // 调用SFO()函数，使用校准过的MEP_ScaleFactor来更新hrrmstep寄存器
    while(status==SFO_INCOMPLETE){             // 当SFO未完成时，继续调用
        status=SFO();                          // 调用SFO函数
        if(status==SFO_ERROR)                  // 如果SFO返回错误
        {
            error();                           // 调用错误处理函数
        }
    }
    // 禁用TBCLK同步时钟
    SysCtl_disablePeripheral(SYSCTL_PERIPH_CLK_TBCLKSYNC);
```

```
    // 初始化HRPWM模块
    initHRPWM(EPWM_TIMER_TBPRD);
    // 重新启用TBCLK同步时钟
    SysCtl_enablePeripheral(SYSCTL_PERIPH_CLK_TBCLKSYNC);

    // 使能全局中断和实时调试
    EINT;
    ERTM;
    for(;;) // 无限循环，持续进行HRPWM配置
    {
        // 逐步增加占空比，从最小值到99.9%
        for(dutyFine=MIN_HRPWM_DUTY_PERCENT; dutyFine < 99.9; dutyFine += 0.01)
        {
            DEVICE_DELAY_US(1000);                    // 延时1000微秒
            // 配置多个EPWM模块的占空比
            for(i=1; i<LAST_EPWM_INDEX_FOR_EXAMPLE; i++)
            {
              // 计算占空比对应的计数值
              float32_t count=(dutyFine * (float32_t)
                                 (EPWM_TIMER_TBPRD <<   8))/100;
                uint32_t compCount=(count);         // 将计算出的计数值赋给compCount
                // 设置HRPWM模块的比较计数值
                HRPWM_setCounterCompareValue(ePWM[i], HRPWM_COUNTER_COMPARE_A,
                                                compCount);   // 设置A边沿的比较值
                HRPWM_setCounterCompareValue(ePWM[i], HRPWM_COUNTER_COMPARE_B,
                                                 compCount);  // 设置B边沿的比较值
            }
            // 调用SFO函数，不断更新MEP_ScaleFactor的值
            status=SFO();                // MEP校准模块下不断更新MEP_ScaleFactor的值
            if (status==SFO_ERROR)       // 如果SFO函数返回错误
            {
                error();        // 若发生错误，则SFO函数返回一个值，其初始值为2，最大值为255
            }
        }
    }
```

6.5 Σ-Δ滤波器组

Σ-Δ滤波器组（Sigma-Delta Filter Module，SDFM）是一种4通道数字滤波器，专为电机控制应用中的电流/电压测量和旋转编码器的位置解算而设计。每个通道都可以接收独立的调制信号，同时，调制信号可由4个独立的可编程数字滤波器进行处理。

该滤波器组包括快速比较器，可用于过流和欠流监测，并进行实时数值比较。图6-7展示了SDFM的系统方框图。

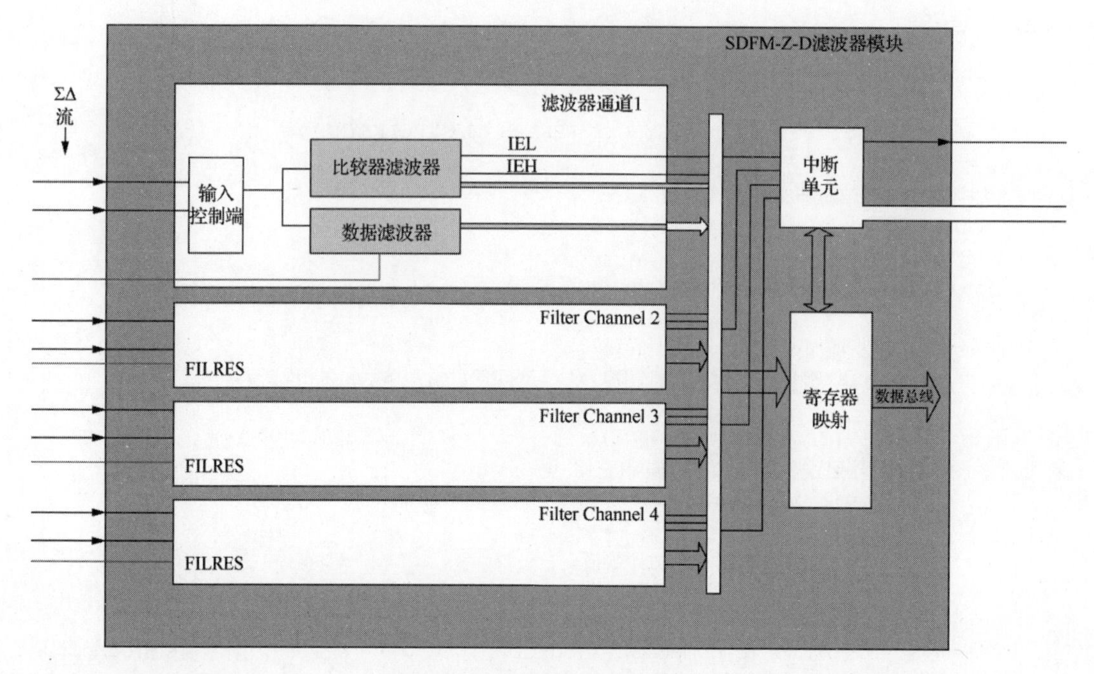

图 6-7　SDFM 的系统方框图

SDFM的特性如下。

（1）每个SDFM模块具有8个外部引脚：每个SDFM模块具有4个Σ-Δ数据输入引脚（SDx_Dy，其中x=1~2，y=1~4）；除此之外，每个SDFM模块还具有4个Σ-Δ时钟输入引脚（SDx_Cy，其中x=1~2，y=1~4）。

（2）支持4种不同的时钟模式，分别是：调制器时钟速率等于调制器数据速率；调制器时钟速率为调制器数据速率的一半；调制器采用曼彻斯特编码，且不需要调制器时钟；调制器时钟速率为调制器数据速率的两倍。

（3）4个独立的可配置比较器单元：提供4个不同的滤波器类型供设计人员选择，能够检测超值和低值条件。比较器的过采样率COSR值可从1至32进行编程。

（4）4个独立的可配置数据过滤器：提供4个不同的滤波器类型供设计人员选择；数据过滤单元的过采样率（DOSR）可从1至256编程；可以能够启用或禁用独立的滤波器模块，也可以通过主滤波器使能（MFE位）或使用PWM信号同步SDFM模块中的所有独立滤波器。

（5）过滤后的数据可以以16位或32位形式表示。

（6）PWM可用于为Σ-Δ调制器生成调制器时钟。

SDFM模块支持两种模式：

- 异步GPIO模式：在此模式下，SDFM模块通过异步GPIO引脚接收输入信号。此模式适用于不要求严格同步的应用场景，允许更灵活的信号采样和处理。

- 限定GPIO模式：在此模式下，SDFM模块使用特定的GPIO引脚，这些引脚通常经过优化以支持高性能的信号采样和处理。这种模式要求信号输入严格遵循时序要求，以确保系统的稳定性和准确性。

6.5.1　使用ASYNC异步模式下的SDFM的电气特性及时序要求

设计人员可通过设置GPyQSELn=0b11来定义具有异步GPIO的SDFM操作。具体的电气特性及时序要求可参考表6-11。

表6-11　使用异步GPIO模式时SDFM的时序要求

参　数		最 小 值	最 大 值	单　位
		模式0		
$t_{c(SDC)M0}$	周期时间，SDx_Cy	40	256个SY SCLK周期	ns
$t_{w(SDCH)M0}$	脉冲持续时间，SDx_Cy高电平	10	$t_{e(sDC)M0}$-10	ns
$t_{su(SDDV-SDCH)M0}$	SDx_Cy变为高电平之前，SDx_Dy有效的设置时间	5	—	ns
$t_{h(SDCH-SDD)M0}$	SDx_Cy变为高电平之后，SDx_Dy等待的保持时间	5	—	ns
		模式1		
$t_{e(sDC)M1}$	周期时间，SDx_Cy	80	256个SYSCLK周期	ns
$t_{w(SDCH)M1}$	脉冲持续时间，SDx_Cy高电平	10	$t_{c(SDC)M1}$-10	ns
$t_{su(SDDV-SDCL)M1}$	SDx_Cy 变 为 低 电 平 之 前，SDx_Dy有效的设置时间	5	—	ns
$t_{su(SDDV-SDCH)M1}$	SDx_Cy 变 为 高 电 平 之 前，SDx_Dy有效的设置时间	5	—	ns
$t_{h(SDCL-SDD)M1}$	SDx_Cy 变 为 低 电 平 之 后，SDx_Dy等待的保持时间	5	—	ns
$t_{h(SDCH-SDD)M1}$	SDx_Cy 变 为 高 电 平 之 后，SDx_Dy等待的保持时间	5	—	ns
		模式2		
$t_{c(SDD)M2}$	周期时间，SDx_Dy	8个$t_{c(SYSCLK)}$	20个$t_{c(SYSCLK)}$	ns
$t_{w(SDDH)M2}$	脉冲持续时间，SDx_Dy高电平	10	—	ns

06

（续表）

参数		最小值	最大值	单位
$t_{w(sDD\_LONG\_KEEPOUT)M2}$	SDx_Dy长脉冲持续保留时间，其中长脉冲不得落入所列出的最小值或最大值内 长脉冲被定义为高或低脉冲，其是曼彻斯特位时钟周期的完整宽度。对于8～20的任何整数，都必须满足此要求	$(N*t_{c(SYSCLK)})-0.5$	$(N*t_{c(SYSCLK)})+0.5$	ns
$t_{w(SDD\_SHORT)M2}$	用于高、低脉冲的SDx_Dy短脉冲持续时间（SDD_SHORT_H或SDD_SHORT_L）。短脉冲定义为高或低脉冲，其是曼彻斯特位时钟周期的 一半宽度	—	—	ns
$t_{w(SDD\_LONG\_DUTY)M2}$	SDx_Dy长脉冲变化（SDD_LONG_H-SDD_LONG_L）	$-t_{c(SYSCLK)}$	$t_{c(SYSCLK)}$	ns
$t_{w(SDD\_SHORT\_DUTY)M2}$	SDx_Dy短脉冲变化（SDD_SHORT_H-SDD_SHORT_L）	$-t_{c(SYSCLK)}$	$t_{c(SYSCLK)}$	ns
模式3				
$t_{c(SDC)M3}$	周期时间，SDx_Cy	40	256个SY SCLK周期	ns
$t_{w(SDCH)M3}$	脉冲持续时间，SDx_Cy高电平	10	$t_{c(SDC)M3}-5$	ns
$t_{su(SDDV-SDCH)M3}$	SDx_Cy变为高电平之前，SDx_Dy有效的设置时间	5	—	ns
$t_{h(SDCH-SDD)M3}$	SDx_Cy变为高电平之后，SDx_Dy等待的保持时间	5	—	ns

注意 当没有GPIO输入同步时，SDFM的时钟输入（即SDx_Cy引脚）将直接驱动SDFM模块的计时。这些输入端的任何干扰或噪声都会破坏SDFM模块的正常运行。因此，必须采取特殊措施来确保信号干净且无噪声，以满足SDFM时序表中的要求。

建议的措施包括：对时钟信号源中可能存在的阻抗不匹配进行串联阻抗匹配，或将信号走线与其他可能存在噪声的信号线隔离开。

SDFM在不同模式下的时序图如图6-8～图6-11所示。

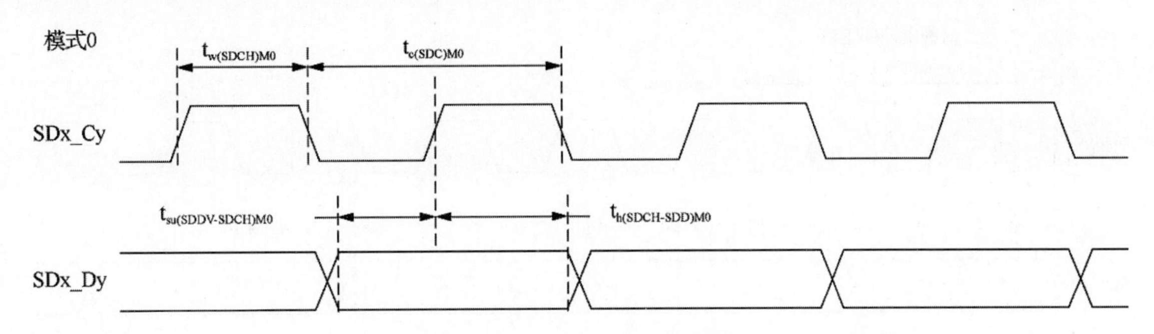

图 6-8　SDFM 时序图—模式 0

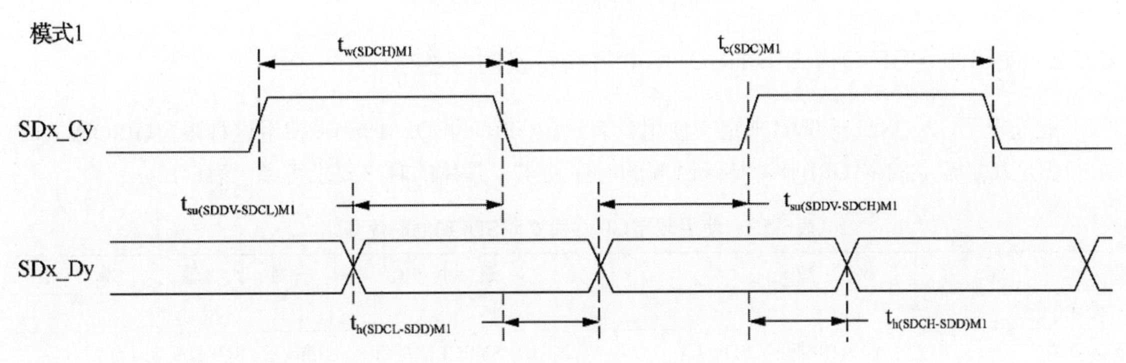

图 6-9　SDFM 时序图—模式 1

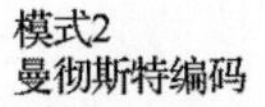

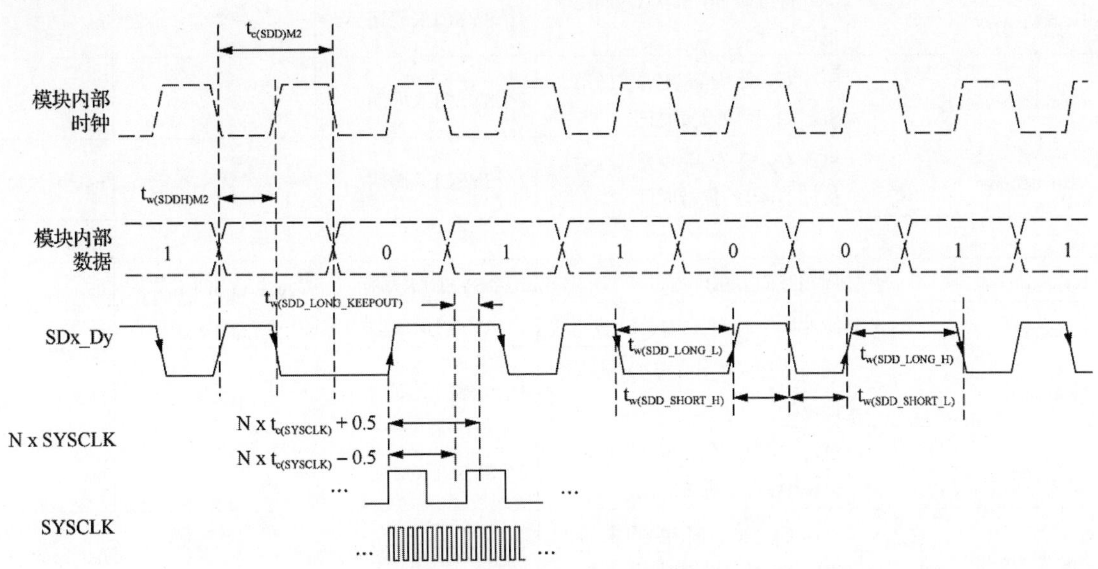

图 6-10　SDFM 时序图—模式 2

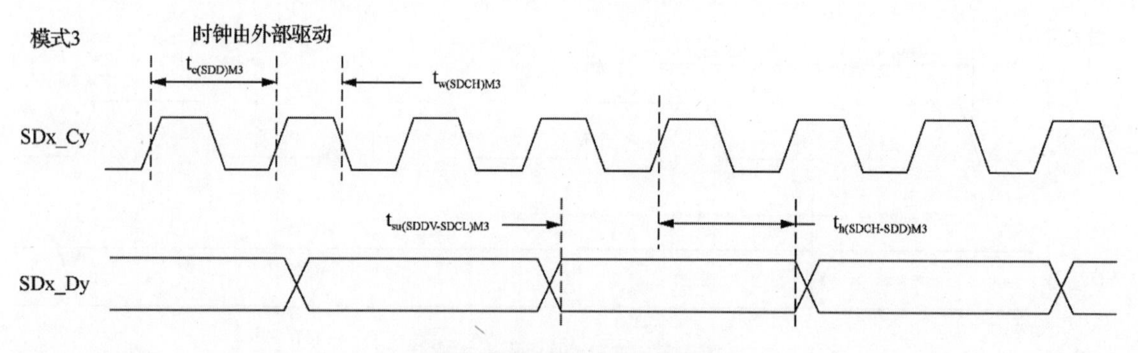

图6-11　SDFM时序图－模式3

6.5.2　使用限定GPIO模式下的SDFM电气特性及时序要求

通过设置GPyQSELn=0b01来定义使用具有限定GPIO的SDFM操作。使用这种限定GPIO模式时，必须满足$2t_{c(SYSCLK)}$的tw(GPI)脉冲持续时间的时序要求。具体的时序要求可参考表6-12。

表6-12　使用限定GPIO模式时SDFM的时序要求

参　　数		最小值	最大值	单　位
模式0				
$t_{c(SDC)M0}$	周期时间，SDx_Cy	10个SYSCLK周期	256个SYSCLK周期	ns
$t_{w(SDCHL)M0}$	脉冲持续时间，SDx_Cy高电平/低电平	4个SYSCLK周期	6个SYSCLK周期	ns
$t_{w(SDDHL)M0=0}$	脉冲持续时间，SDx_Dy高电平/低电平	4个SYSCLK周期	—	ns
$t_{su(SDDV-SDCH)M0}$	SDx_Cy变为高电平之前，SDx_Dy有效设置时间	2个SYSCLK周期	—	ns
$t_{h(SDCH-SDD)M0}$	SDx_Cy变为高电平之后，SDx_Dy等待保持时间	2个SYSCLK周期	—	ns
模式1				
$t_{c(SDC)M1}$	周期时间，SDx_Cy	20个SYSCLK周期	256个SYSCLK周期	ns
$t_{w(SDCH)M1}$	脉冲持续时间，SDx_Cy高电平	4个SYSCLK周期	6个SYSCLK周期	ns
$t_{w(SDDHL)M1}$	脉冲持续时间，SDx_Dy高电平/低电平	4个SYSCLK周期	—	ns
$t_{su(SDDV-SDCL)M1}$	SDx_Cy变为低电平之前，SDx_Dy有效设置时间	2个SYSCLK周期	—	ns
$t_{su(SDDV-SDCH)M1}$	SDx_Cy变为高电平之前，SDx_Dy有效设置时间	2个SYSCLK周期	—	ns

（续表）

参数		最小值	最大值	单位
$t_{h(SDCL-SDD)M1}$	SDx_Cy变为低电平之后，SDx_Dy等待保持时间	2个SYSCLK周期	—	ns
$t_{h(SDCH-SDD)M1}$	SDx_Cy变为高电平之后，SDx_Dy等待保持时间	2个SYSCLK周期	—	ns
模式2				
$t_{c(SDD)M2}$	周期时间，SDx_Dy	选项不可用		—
$t_{w(SDDH)M2}$	脉冲持续时间，SDx_Dy高电平			
模式3				
$t_{c(SDC)M3}$	周期时间，SDx_Cy	10个SYSCLK周期	256个SYSCLK周期	ns
$t_{w(SDCHL)M3}$	脉冲持续时间，SDx_Cy高电平	4个SYSCLK周期	6个SYSCLK周期	ns
$t_{w(SDDHL)M3}$	脉冲持续时间，SDx_Dy高电平/低电平	4个SYSCLK周期	—	ns
$t_{su(SDDV-SDCH)M3}$	SDx_Cy变为高电平之前，Dx_Dy有效设置时间	2个SYSCLK周期	—	ns
$t_{h(SDCH-SDD)M3}$	SDx_Cy变为高电平之后，Dx_Dy等待保持时间	2个SYSCLK周期	—	ns

注意 在SDFM的限定GPIO模式下，需要注意防止SDFM模块因SDx_Cy引脚上偶尔出现的随机噪声干扰而损坏。此外，这些噪声也可能导致SDFM的比较器误跳变或滤波器产生错误输出。

下面给出一个在F28379D上使用SDFM的代码实例。

在本例中，SDFM滤波器的数据由CPU读取，SDFM的配置为：使用片上的SDFM组中的SDFM1，选择输入控制模式为MODE0；在比较器中，滤波器选择Sinc3滤波器，过采样率（Over Sampling Ratio，OSR）设为32，高阈值（High Level Threshold，HLT）设为0x7FFF，低阈值（Low Level Threshold，LLT）设为0x0000。数据滤波器配置为：开启全部4个滤波器模块，选择Sinc3滤波器，OSR设为128，使用主滤波器使能位（Master Filter Enable，MFE）同步所有4个滤波器，滤波器输出为16位格式。

此外，由于OSR为128的Sinc3滤波器输出的是25位数据，为了转换为16位格式，用户需要将数据右移8位。SDFM滤波器的中断模块设置为：禁用所有高阈值比较器中断，禁用所有低阈值比较器中断，关闭所有调制器故障中断。

【例6-5】片上SDFM配置代码实现。

```
/* F28379D片上SDFM配置实例 */
// 包含的头文件
# include "driverlib.h"
```

```
# include "device.h"
# include < stdio.h>
// 宏定义
#define MAX_SAMPLES 1024
#define SDFM_PIN_MUX_OPTION1
#define SDFM_PIN_MUX_OPTION2
#define SDFM_PIN_MUX_OPTION3
// 全局变量定义
uint16_t peripheralNumber;
int16_t filter1Result [MAX_SAMPLES];
int16_t filter2Result [MAX_SAMPLES];
int16_t filter3Result [MAX_SAMPLES];
int16_t filter4Result [MAX_SAMPLES];
#pragma DATA_SECTION(filter1Result, "Filter1_RegsFile");
#pragma DATA_SECTION(filter2Result, "Filter2_RegsFile");
#pragma DATA_SECTION(filter3Result, "Filter3_RegsFile");
#pragma DATA_SECTION(filter4Result, "Filter4_RegsFile");
#define SDFM_FILTER_ENABLE 0x2U
// 函数声明
void configureSDFMPins (uint16_t);
__interrupt void (void);
__interrupt void (void);
void setPinConfig1(void);
void setPinConfig2(void);
void setPinConfig3(void);
// 主函数
void main(void)
{
uint16_t pinMuxOption;
Uint16_t;
// 初始化设备时钟和外设
Device_init ();
// 禁用引脚锁定设置GPIO
Device_initGPIO ();
// 初始化PIE并清除PIE寄存器，禁用CPU中断
Interrupt_initModule ();
// 初始化带有指向shell Interrupt指针的PIE向量表以及中断服务程序(ISR)
Interrupt_initVectorTable ();
Interrupt_clearACKGroup (INTERRUPT_ACK_GROUP5);
Interrupt_register (INT_SD1 sdfm1ISR);
Interrupt_register (INT_SD2 sdfm2ISR);
// 启用SDFM1和SDFM2中断
Interrupt_enable (INT_SD1);
Interrupt_enable (INT_SD2);
# ifdef CPU1
pinMuxOption=SDFM_PIN_MUX_OPTION1;
// 配置GPIO引脚为SDFM引脚
configureSDFMPins (pinMuxOption);
```

```
# endif
// 配置输入控制单元的参数:选择调制器时钟速率等于调制器数据速率
SDFM_setupModulatorClock (SDFM1_BASE SDFM_FILTER_1,
SDFM_MODULATOR_CLK_EQUAL_DATA_RATE);
SDFM_setupModulatorClock (SDFM1_BASE SDFM_FILTER_2,
SDFM_MODULATOR_CLK_EQUAL_DATA_RATE);
SDFM_setupModulatorClock (SDFM1_BASE SDFM_FILTER_3,
SDFM_MODULATOR_CLK_EQUAL_DATA_RATE);

SDFM_setupModulatorClock (SDFM1_BASE SDFM_FILTER_4,
SDFM_MODULATOR_CLK_EQUAL_DATA_RATE);
// 比较器，分别对上限阈值和下限阈值进行设置
hlt=0x7FFF;
LLT=0x0000;

// 配置比较器单元的滤波器类型和比较器的OSR值、上限阈值、下限阈值
SDFM_configComparator (SDFM1_BASE
(sdfm_filter_1 | sdfm_filter_sinc_3 | sdfm_set_osr (32)),
(SDFM_GET_LOW_THRESHOLD(llt) | SDFM_GET_HIGH_THRESHOLD(hlt));
SDFM_configComparator (SDFM1_BASE
(sdfm_filter_2 | sdfm_filter_sinc_3 | sdfm_set_osr (32)),
(SDFM_GET_LOW_THRESHOLD(llt) | SDFM_GET_HIGH_THRESHOLD(hlt));
SDFM_configComparator (SDFM1_BASE
(sdfm_filter_3 | sdfm_filter_sinc_3 | sdfm_set_osr (32)),
(SDFM_GET_LOW_THRESHOLD(llt) | SDFM_GET_HIGH_THRESHOLD(hlt));
SDFM_configComparator (SDFM1_BASE
(sdfm_filter_4 | sdfm_filter_sinc_3 | sdfm_set_osr (32)),
(SDFM_GET_LOW_THRESHOLD(llt) | SDFM_GET_HIGH_THRESHOLD(hlt));
// 滤波器单元配置
// 配置滤波器单元-滤波类型、OSR值以及是否启用/禁用数据过滤
SDFM_configDataFilter(SDFM1_BASE, (SDFM_FILTER_1 | SDFM_FILTER_SINC_3)
Sdfm_set_osr (128)), (sdfm_data_format_16_bit | sdfm_filter_enable |
SDFM_SHIFT_VALUE (0 x0008)));
SDFM_configDataFilter(SDFM1_BASE, (SDFM_FILTER_2 | SDFM_FILTER_SINC_3 |)
Sdfm_set_osr (128)), (sdfm_data_format_16_bit | sdfm_filter_enable |
SDFM_SHIFT_VALUE (0 x0008)));
SDFM_configDataFilter(SDFM1_BASE, (SDFM_FILTER_3 | SDFM_FILTER_SINC_3)
Sdfm_set_osr (128)), (sdfm_data_format_16_bit | sdfm_filter_enable |
SDFM_SHIFT_VALUE (0 x0008)));
SDFM_configDataFilter(SDFM1_BASE, (SDFM_FILTER_4 | SDFM_FILTER_SINC_3 |)
Sdfm_set_osr (128)), (sdfm_data_format_16_bit | sdfm_filter_enable |
SDFM_SHIFT_VALUE (0 x0008)))
// 主过滤位：除非人为配置此位，否则其他过滤模块都不启用
SDFM_enableMasterFilter (SDFM1_BASE);
void done(void){
    asm("ESTOP0");
    for(;;);
}
```

06

```
// setPinConfig1，设置引脚16-31的引脚配置，下同
void setPinConfig1(){
    GPIO_setPinConfig(GPIO_16_SD1_D1);
    GPIO_setPinConfig(GPIO_17_SD1_C1);
    GPIO_setPinConfig(GPIO_18_SD1_D2);
    GPIO_setPinConfig(GPIO_19_SD1_C2);
    GPIO_setPinConfig(GPIO_20_SD1_D3);
    GPIO_setPinConfig(GPIO_21_SD1_C3);
    GPIO_setPinConfig(GPIO_22_SD1_D4);
    GPIO_setPinConfig(GPIO_23_SD1_C4);
    GPIO_setPinConfig(GPIO_24_SD2_D1);
    GPIO_setPinConfig(GPIO_25_SD2_C1);
    GPIO_setPinConfig(GPIO_26_SD2_D2);
    GPIO_setPinConfig(GPIO_27_SD2_C2);
    GPIO_setPinConfig(GPIO_28_SD2_D3);
    GPIO_setPinConfig(GPIO_29_SD2_C3);
    GPIO_setPinConfig(GPIO_30_SD2_D4);
    GPIO_setPinConfig(GPIO_31_SD2_C4);
}
void setPinConfig2(){
    GPIO_setPinConfig(GPIO_48_SD1_D1);
    GPIO_setPinConfig(GPIO_49_SD1_C1);
    GPIO_setPinConfig(GPIO_50_SD1_D2);
    GPIO_setPinConfig(GPIO_51_SD1_C2);
    GPIO_setPinConfig(GPIO_52_SD1_D3);
    GPIO_setPinConfig(GPIO_53_SD1_C3);
    GPIO_setPinConfig(GPIO_54_SD1_D4);
    GPIO_setPinConfig(GPIO_55_SD1_C4);
    GPIO_setPinConfig(GPIO_56_SD2_D1);
    GPIO_setPinConfig(GPIO_57_SD2_C1);
    GPIO_setPinConfig(GPIO_58_SD2_D2);
    GPIO_setPinConfig(GPIO_59_SD2_C2);
    GPIO_setPinConfig(GPIO_60_SD2_D3);
    GPIO_setPinConfig(GPIO_61_SD2_C3);
    GPIO_setPinConfig(GPIO_62_SD2_D4);
    GPIO_setPinConfig(GPIO_63_SD2_C4);
}
void setPinConfig3()
{
    GPIO_setPinConfig(GPIO_122_SD1_D1);
    GPIO_setPinConfig(GPIO_123_SD1_C1);
    GPIO_setPinConfig(GPIO_124_SD1_D2);
    GPIO_setPinConfig(GPIO_125_SD1_C2);
    GPIO_setPinConfig(GPIO_126_SD1_D3);
    GPIO_setPinConfig(GPIO_127_SD1_C3);
    GPIO_setPinConfig(GPIO_128_SD1_D4);
    GPIO_setPinConfig(GPIO_129_SD1_C4);
    GPIO_setPinConfig(GPIO_130_SD2_D1);
```

```
    GPIO_setPinConfig(GPIO_131_SD2_C1);
    GPIO_setPinConfig(GPIO_132_SD2_D2);
    GPIO_setPinConfig(GPIO_133_SD2_C2);
    GPIO_setPinConfig(GPIO_134_SD2_D3);
    GPIO_setPinConfig(GPIO_135_SD2_C3);
    GPIO_setPinConfig(GPIO_136_SD2_D4);
    GPIO_setPinConfig(GPIO_137_SD2_C4);
}
```

6.6　总线架构及外设连接

本节主要介绍F28379D芯片的类型识别以及总线与外设之间的连接访问问题。

芯片的识别主要通过厂家配置好的器件识别寄存器来实现。DSP芯片的器件识别寄存器是一种用于确定芯片类型和芯片ID的记录型寄存器，它有助于系统更好地进行配置和控制。

总线主设备对外设的访问则涉及主设备如何与外部设备进行通信。具体来说，当主设备需要读取或写入外设数据时，它会发出相应的指令，然后等待外设返回响应。这一过程包括地址译码、数据传输等步骤，以确保信息的正确传递。

6.6.1　器件识别寄存器

F28379D芯片的器件识别主要通过芯片内部已配置好的器件类型寄存器来实现。表6-13给出了TI公司各类型器件的识别号，以及相应的寄存器的名称和地址。器件识别寄存器有利于设计人员在开发中准确地与特定外围器件或协处理器进行通信。表6-13同样也给出了有关唯一识别号的说明。

表6-13　DSP芯片器件识别寄存器

名　称	地　址	大　小	说　明	
PARTIDH	0x0005D00A(CPU1) 0x00070202(CPU2)	2	器件型号识别号	
			TMS320F28379D	0x**F90300
			TMS320F28378D	0x**FA0300
			TMS320F28377D	0x**FF0300
			TMS320F28376D	0x**FE0300
			TMS320F28375D	0x**FD0300
			TMS320F28374D	0x**FC0300
REVID	0x0005D00C	2	器件修订版本号	
			修订版0	0x00000000
			修订版A	0x00000000
			修订版B	0x00000002
			修订版C	0x00000003

（续表）

名　称	地　址	大　小	说　明
UID_UNIQUE	0x000703CC	2	唯一识别号，此编号在具有相同PARTIDH的每个单独器件上是不同的
CPU ID	0x0007026D	1	CPU识别号 CPU1　0xXX01 CPU2　0xXX02
JTAG ID	不适用	不适用	JTAG器件ID　0x0B99 C02F

6.6.2 总线主设备对外设的访问

表6-14和表6-15显示了每个总线主控访问外设和配置寄存器的所有访问方式。外设可以单独分配给CPU1或CPU2子系统。例如，ePWM可以分配给CPU1，eQEP可以分配给CPU2。

此外，外设帧1或帧2内的外设也将作为一个整体被映射到各自的二级主控。例如，如果SPI分配给CPUx.DMA，则McBSP也会分配给CPUx.DMA。

表6-14　总线主设备对外设的访问1

外设（按总线访问类型）	CPU1.DMA	CPU1.CLA1	CPU1	CPU2	CPU2.CLA1	CPU2.DMA
可分配给CPU1或CPU2且具有通用可选二级主控的外设						
外设帧1：ePWM，SDFM，eCAP，eQEP，CMPSS，DAC	Y	Y	Y	Y	Y	Y
外设帧1：HRPWM	Y	Y	Y	—	—	—
外设帧2：SPI，McBSP	Y	Y	Y	Y	Y	Y
外设帧2：uPP配置	Y	Y	Y	—	—	—
可分配给CPU1或CPU2子系统的外设						
SCI	—	—	Y	Y	—	—
12C	—	—	Y	Y	—	—
CAN	—	—	Y	Y	—	—
ADC配置	—	Y	Y	Y	—	—
EMIF1	Y	—	Y	Y	—	Y
仅在CPU1子系统上的外设和器件配置寄存器						
EMIF2	—	—	Y	—	—	—
USB	—	—	Y	—	—	—
器件功能、外设复位、外设CPU选择	—	—	Y	—	—	—
GPIO引脚映射和配置	—	—	Y	—	—	—
模拟系统控制	—	—	Y	—	—	—
uPP消息RAM	—	Y	Y	—	—	—
复位配置	—	—	Y	—	—	—

（续表）

外设（按总线访问类型）	CPU1.DMA	CPU1.CLA1	CPU1	CPU2	CPU2.CLA1	CPU2.DMA
使用Semaphore一次只能由一个CPU访问						
时钟和PLL配置	—	—	Y	Y	—	—

表6-15　总线主设备对外设的访问2

外　设	CPU1.DMA	CPU1.CLA1	CPU1	CPU2	CPU2.CLA1	CPU2.DMA
外设和寄存器，每个CPU和CLA主控都有唯一的寄存器副本						
系统配置	—	—	Y	Y	—	—
闪存配置	—	—	Y	Y	—	—
CPU计时器	—	—	Y	Y	—	—
DMA和CLA触发源选择	—	—	Y	Y	—	—
GPIO数据	—	Y	Y	Y	Y	—
ADC结果	Y	Y	Y	Y	Y	Y

6.7　eCAP、ePWM常用寄存器信息

本节主要介绍F28379D片上增强型外设eCAP和ePWM中的常用设备寄存器、对应的基地址表以及访问类型代码。读者在完成本章前半部分的学习后，可以根据实际需求，结合本节提供的寄存器详细信息，快速完成相关应用的开发。

6.7.1　eCAP基地址表

F28379D片上eCAP模块的基地址表如表6-16所示。

表6-16　eCAP模块基地址表

设备寄存器	寄存器（缩略词）	开始地址	结束地址
ECap1Regs	ECAP_REGS	0x0000_5000	0x0000_501F
ECap2Regs	ECAP_REGS	0x0000_5020	0x0000_503F
ECap3Regs	ECAP_REGS	0x0000_5040	0x0000505E
ECap4Regs	ECAP_REGS	0x0000_5060	0x0000_507F
ECap5Regs	ECAP_REGS	0x0000_5080	0x0000_509F
ECap6Regs	ECAP_REGS	0x000050A0	0x0000_50BF

6.7.2　eCAP寄存器分布

F28379D片上eCAP寄存器的分布如表6-17所示。

表6-17　eCAP寄存器分布

地址偏移量	缩略词	寄存器名称	写保护
0h	TSCTR	时间戳计数器	—
2h	CTRPHS	计数器相位偏移值寄存器	—
4h	CAP1	捕获1寄存器	—
6h	CAP2	捕获2寄存器	—
8h	CAP3	捕获3寄存器	—
Ah	CAP4	捕获4寄存器	—
14h	ECCTL1	捕获控制寄存器1	EALLOW
15h	ECCTL2	捕获控制寄存器2	EALLOW
16h	ECEINT	捕获中断使能寄存器	EALLOW
17h	ECFLG	捕获中断标志寄存器	—
18h	ECCLR	捕获中断清除寄存器	—
19h	ECFRC	捕获中断强制寄存器	—

6.7.3　eCAP寄存器访问类型代码

F28379D片上eCAP寄存器的访问类型代码如表6-18所示。

表6-18　eCAP寄存器的访问类型代码

访问类型	编码表示	说明
读类型		
R	R	Read
R=0	R	Read
写类型		
W	W	Write
W=1	W	Write
重置或默认值		
n		复位后的值或默认值

6.7.4　ePWM基地址表

F28379D片上ePWM的基地址表如表6-19所示。

表6-19　ePWM基地址表

设备寄存器	寄存器（缩略词）	开始地址	结束地址
EPwm1Regs	EPWM_REGS	0x0000_4000	0x0000_40FF
EPwm2Regs	EPWM_REGS	0x0000_4100	0x0000_41FF
EPwm3Regs	EPWM_REGS	0x0000_4200	0x0000_42FF

（续表）

设备寄存器	寄存器（缩略词）	开始地址	结束地址
EPwm4Regs	EPWM_REGS	0x0000_4300	0x0000_43FF
EPwm5Regs	EPWM_REGS	0x0000_4400	0x0000_44FF
EPwm6Regs	EPWM_REGS	0x0000_4500	0x000045FF
EPwm7Regs	EPWM_REGS	0x00004600	0x0000_46FF
EPwm8Regs	EPWM_REGS	0x0000_4700	0x0000_47FF
EPwm9Regs	EPWM_REGS	0x0000_4800	0x0000_48FF
EPwm10Regs	EPWM_REGS	0x0000_4900	0x000049FF
EPwm11Regs	EPWM_REGS	0x0000_4A00	0x0000_4AFF
EPwm12Regs	EPWM_REGS	0x0000_4B00	0x0000_4BFF
EPwmXbarRegs(1)	EPWM_XBAR_REGS	0x0000_7A00	0x0000_7A3F
SyncSocRegs(1)	SYNC_sOC_REGS	0x0000_7940	0x0000_794F

6.7.5　ePWM寄存器分布

F28379D片上ePWM寄存器的分布如表6-20和表6-21所示。

表6-20　ePWM寄存器分布1

地址偏移量	缩　略　词	寄存器名称	写　保　护
0h	TBCTL	时基控制寄存器	—
1h	TBCTL2	时基控制寄存器2	—
4h	TBCTR	时基计数器寄存器	—
5h	TBSTS	时基状态寄存器	—
8h	CMPCTL	计数比较控制寄存器	—
9h	CMPCTL2	计数器比较控制寄存器2	—
Ch	DBCTL	死区发生器控制寄存器	—
Dh	DBCTL2	死区发生器控制寄存器2	—
10h	AQCTL	动作限定控制寄存器	—
011h	AQTSRCSEL	动作限定触发事件源选择寄存器	—
14h	PCCTL	PWM斩波控制寄存器	—
20h	HRCNFG	HRPWM配置寄存器	EALLOW
21h	HRPWR	HRPWM功率寄存器	EALLOW
26h	HRMSTEP	HRPWM MEP步进寄存器	EALLOW
27h	HRCNFG2	HRPWM配置2寄存器	EALLOW
2Dh	HRPCTL	高分辨率周期控制寄存器	EALLOW

（续表）

地址偏移量	缩　略　词	寄存器名称	写　保　护
2Eh	TRREM	翻译高分辨率余数寄存器	EALLOW
34h	GLDCTL	全局PWM负载控制寄存器	EALLOW
35h	GLDCFG	全局PWM负载配置寄存器	EALLOW
38h	EPWMXLINK	EPWMx链路寄存器	—
40h	AQCTLA	输出A的动作限定控制寄存器	—
41h	AQCTLA2	输出A的附加动作限定控制寄存器	—
42h	AQCTLB	输出B的动作限定控制寄存器	—
43h	AQCTLB2	输出B的附加动作限定控制寄存器	—
47h	AQSFRC	动作限定软件强制寄存器	—
49h	AQCSFRC	动作限定器连续S/W强制寄存器	—
50h	DBREDHR	死区发生器上升沿延迟高分辨率镜像寄存器	—
51h	DBRED	死区发生器上升沿延迟高分辨率镜像寄存器	—
52h	DBFEDHR	死区发生器下降沿延迟高分辨率寄存器	—
53h	DBFED	死区发生器下降沿计数寄存器	—
60h	TBPHS	时基相位高	—
62h	TBPRDHR	时基周期高分辨率寄存器	—

表6-21　ePWM寄存器分布2

地址偏移量	缩　略　词	寄存器名称	写　保　护
80h	TZSEL	故障区选择寄存器	EALLOW
82h	TZDCSEL	故障区数字比较器选择寄存器	EALLOW
84h	TZCTL	故障区控制寄存器	EALLOW
85h	TZCTL2	附加故障区控制寄存器	EALLOW
86h	TZCTLDCA	故障区控制寄存器数字比较A	EALLOW
87h	TZCTLDCB	故障区控制寄存器数字比较B	EALLOW
8Dh	TZEINT	故障区使能中断寄存器	EALLOW
93h	TZFLG	故障区标志寄存器	—
94h	TZCBCFLG	故障区CBC标志寄存器	—
95h	TZOSTFLG	故障区0ST标志寄存器	—
97h	TZCLR	故障区清零寄存器	EALLOW
98h	TZCBCCLR	故障区CBC清除寄存器	EALLOW
99h	TZOSTCLR	故障区0ST清除寄存器	EALLOW
9Bh	TZFRC	故障区强制寄存器	EALLOW
A4h	ETSEL	事件触发选择寄存器	—

（续表）

地址偏移量	缩　略　词	寄存器名称	写　保　护
A6h	ETPS	事件触发预缩放寄存器	—
A8h	ETFLG	事件触发器标志寄存器	—
AAh	ETCLR	事件触发清除寄存器	—
ACh	ETFRC	事件触发器强制寄存器	—
AEh	ETINTPS	事件触发中断预缩放寄存器	—
B0h	ETSOCPS	事件触发器SOC预标度寄存器	—
B2h	ETCNTINITCTL	事件触发计数器初始化控制寄存器	—
B4h	ETCNTINIT	事件触发计数器初始化寄存器	—
C0h	DCTRIPSEL	数字比较跳变选择寄存器	EALLOW
C3h	DCACTL	数字比较控制寄存器	EALLOW
C4h	DCBCTL	数字比较控制寄存器B	EALLOW
C7h	DCFCTL	数字比较滤波控制寄存器	EALLOW
C8h	DCCAPCTL	数字比较捕捉控制寄存器	EALLOW
C9h	DCFOFFSET	数字比较滤波器偏移寄存器	—
CAh	DCFOFFSETCNT	数字比较滤波器偏移计数器寄存器	—
CBh	DCFWINDOW	数字比较过滤窗口寄存器	—
CCh	DCFWINDOWCNT	数字比较滤波器窗口计数器寄存器	—
CFh	DCCAP	数字比较计数捕获寄存器	—
D2h	DCAHTRIPSEL	数字比较AH故障选择	EALLOW
D3h	DCALTRIPSEI	数字比较AL故障选择	EALLOW
D4h	DCBHTRIPSEL	数字比较BH故障选择	EALLOW
D5h	DCBLTRIPSEL	数字比较BL故障选择	EALLOW

6.7.6　ePWM寄存器访问类型代码

F28379D片上ePWM寄存器的访问类型代码如表6-22所示。

表6-22　ePWM寄存器的访问类型代码

访问类型	编码表示	说　明
读类型		
R	R	Read
R=0	R	Read
写类型		
W	W	Write
W=1	W	Write
重置或默认值		
-n		复位后的值或默认值

6.7.7 eCAP及ePWM的关键寄存器字段定义

F28379D片上eCAP关键寄存器字段定义如表6-23～表6-25所示。

表6-23 eCAP TSCTR寄存器字段说明

位	字　段	类　型	重　启	说　明
31-0	TSCTR	R/W	0h	32位计数寄存器，用作捕获时基信息

表6-24 eCAP CTRPHS寄存器字段说明

位	字　段	类　型	重　启	说　明
31-0	CTRPHS	R/W	0h	计数器相位偏移值寄存器，可编程为相位滞后模式。 该寄存器影响TSCTR，并通过控制位在SYNCI事件或S/W强制载入TSCTR。用于实现相对于其他eCAP和ePWM时基的相位控制同步

表6-25 eCAP CAP1寄存器字段说明

位	字　段	类　型	重　启	说　明
31-0	CAP1	R/W	0h	该寄存器可以通过以下方式加载（写入）： ◆ 捕获事件期间的时间戳（计数器值） ◆ 软件，可能有助于测试目的 ◆ 在APWM模式下使用APRD影子寄存器（CAP3）

F28379D片上ePWM关键寄存器字段定义如表6-26所示。

表6-26 ePWM TBCTL寄存器字段说明

位	字　段	类　型	重　启	说　明
15-14	FREE_SOFT	R/W	0h	仿真模式位。这些位选择仿真事件期间ePWM时基计数器的行为。 ◆ 00：下一个时基计数器递增或递减后停止 ◆ 01：计数器完成一个整周期时停止 ◆ 向上计数模式：当时基计数器=周期（TBCTR）时停止计数。 ◆ 递减计数模式：当时基计数器=0x00（TBCTR=0x00）时停止计数。 ◆ 上下计数模式：当时基计数器=0x00（TBCTR=0x00）时停止计数。 1x：自由运行。 复位类型：SYSRSn

（续表）

位	字　段	类　型	重　启	说　明
13	PHSDIR	R/W	0h	相位方向位。该位仅在时基计数器配置为递增计数模式时使用。 PHSDIR位表示时基计数器（TBCTR）在同步后计数的方向，并从相位（TBPHS）寄存器加载新的相位值。此设置不考虑同步事件时计数器的方向。 在递增计数和递减计数模式下，该位被忽略。 0：同步事件后倒计时。 1：同步事件后递增计数。 复位类型：SYSRSn
12-10	CLKDIV	R/W	0h	时基时钟前标比特：选择时基时钟的前标度值（TBCLK = EPWMCLK / (HSPCLKDIV * CLKDIV)）。 000：/1（复位时默认） 001：/2 010：/4 011：/8 100：/16 101：/32 110：/64 111：/128 复位类型：SYSRSn
9-7	HSPCLKDIV	R/W	1h	决定了时基时钟预分频值（TBCLK = EPWMCLK / (HSPCLKDIV × CLKDIV)）。 注意：在TMS320x281x系统中，事件管理器外设使用的这个除数是HSPCLK。 000：/1 001：/2（复位时默认） 010：/4 011：/6 100：/8 101：/10 110：/12 111：/14 复位类型：SYSRSn
6	SWFSYNC	R=0/W=1	0h	软件强制同步脉冲。 0：写入0无效果，读取时始终返回0。 1：写入1将强制产生一次同步脉冲。 此事件与ePWM模块的EPWMxSYNCI输入进行逻辑或运算。

06

（续表）

位	字段	类型	重启	说明
6	SWFSYNC	R=0/W=1	0h	仅当SYNCOSEL设置为00，选择EPWMxSYNCI作为同步输出时，SWFSYNC才有效。 复位类型：SYSRSn
5-4	SYNCOSEL	R/W	0h	同步输出选择： 00：EPWMxSYNC 01：CTR=0 - 时基计数器等于零（TBCTR=0x00） 10：CTR=CMPB - 时基计数器等于计数器比较B的值（TBCTR=CMPB） 11：EPWMxSYNCO由TBCTL2[SYNCOSELX]控制 复位类型：SYSRSn
3	PRDLD	R/W	0h	从影子寄存器选择的活动周期调整负载。 0：当时基计数器（TBCTR）等于零，或由TBCTL2寄存器的PRDLDSYNC位确定的同步事件发生时，周期寄存器（TBPRD）从其影子寄存器装入。 对TBPRD寄存器的写/读操作将访问影子寄存器。 1：立即模式（影子寄存器被忽略）：对TBPRD寄存器的写或读操作将直接访问激活的寄存器。 复位类型：SYSRSn
2	PHSEN	R/W	0h	来自相位寄存器使能的计数器寄存器负载（CNTLDE）。 0：不从时基相位寄存器（TBPHS）装载时基计数器（TBCTR）。 1：当发生EPWMxSYNCI输入信号或软件强制同步信号时，允许将计数器从相位寄存器（TBPHS）装载到时基计数器（TBCTR），直到有效负载事件发生，参见位6。 复位类型：SYSRSn
1-0	CTRMODE	R/W	3h	计数器模式通常在配置后不会在正常操作期间更改。 如果需要更改计数器的模式，模式的更改将在下一个TBCLK时钟边沿生效，且当前计数器值将从模式更改之前的值继续递增或递减。 时基计数器的操作模式由这些位设置： 00：向上计数模式。 01：向下计数模式。 10：向上/向下计数模式。 11：冻结计数器操作（复位时默认）。 复位类型：SYSRSn

6.8 本章小结

本章详细介绍了F28379D片上的控制外设器件，包括增强型采集模块（eCAP，用于传感器应用）、增强型PWM调制模块（ePWM，用于电机控制）、eQEP模块以及关键控制技术中的高分辨率PWM（HRPWM）模块。

此外，本章还介绍了F28379D的总线架构和外部连接，并提供了多个开发案例，帮助读者深入理解和掌握控制外设器件的使用方法，为后续的学习打好基础。

6.9 习题

（1）描述DSP芯片上eCAP模块的主要功能，并解释其在电机控制或位置检测应用中的重要性。

（2）简述DSP芯片上ePWM模块的工作原理，并讨论其在电机控制中的应用。

（3）解释DSP芯片上eQEP模块的功能，并讨论其在编码器接口中的应用。

（4）比较传统PWM模块与HRPWM模块在性能和功能上的主要差异。

（5）讨论DSP芯片上SDF模块在数字信号处理中的作用，并给出一个可能的应用场景。

（6）相比传统的ePWM模块，HRPWM模块有哪些优势？请列举至少三个方面的优势。

（7）当使用DSP芯片的eQEP模块进行电机控制时，如何设置和调整PID控制器的参数以优化系统性能？

（8）在DSP应用中，如何有效地配置和编程SDFM模块以实现特定的数字滤波算法，并优化其性能？

（9）假设你正在使用DSP的eQEP模块控制一个步进电机，请描述如何设置步长和速度来执行一个精确的位置控制任务。

（10）当使用DSP的HRPWM模块进行高分辨率PWM信号输出时，如何测试和验证输出的PWM信号质量？

（11）描述在DSP芯片上通过cCAP模块捕获多个外部信号时，如何避免信号之间的冲突和误捕获。

（12）当使用DSP的ePWM模块生成一个用于电机驱动的PWM信号时，如何确保PWM信号的频率与电机的额定工作频率相匹配？

（13）在一个复杂的DSP应用中，如何有效地管理多个SDFM（同步数字滤波模块）之间的数据流，以确保数据处理的实时性和准确性？

（14）描述一下eCAP模块在DSP芯片中捕获外部事件的工作原理，并说明其捕获精度的主要影响因素。

（15）在使用DSP芯片的ePWM模块时，如何确保生成的PWM信号具有精确的占空比？

（16）设计一个eCAP模块配置，用于捕获两个外部事件的时间差，并确保在捕获精度达到微秒级的同时，不影响CPU的正常运行。请描述你的配置策略，并说明如何减少捕获抖动和噪声干扰。

（17）设计一个基于ePWM模块的电机控制算法，该算法需要支持高达20kHz的PWM更新频率，并能在1ms内完成PWM占空比的实时调整。请详细描述你的实现方案，并讨论在高频PWM更新下如何保证系统的稳定性和可靠性。

（18）假设你正在使用一个eQEP模块来读取一个高速旋转的编码器的位置信息。编码器每转输出10000个脉冲。你需要设计一个算法，能够实时计算出编码器的旋转速度和加速度，并且能够在编码器转速超过某个阈值时触发一个中断。请描述你的算法设计，并讨论如何优化中断处理以提高系统响应速度。

（19）设计一个基于HRPWM模块的电力电子转换器控制策略，该转换器需要实现高精度的电流控制，并能够在宽范围内调节输出电压。请描述你的控制策略，并讨论如何在实现高精度控制的同时降低开关损耗和电磁干扰。

（20）设计一个基于SDFM模块的音频处理系统，该系统需要支持多通道音频信号的实时滤波和降噪。请描述你的系统架构，并说明如何选择合适的滤波器类型和参数，以实现最佳的音频处理效果。同时，讨论如何优化系统性能以处理高采样率的音频信号。

（21）描述eCAP模块如何准确捕获并测量外部电容的充电和放电时间，并说明如何在高噪声环境下保证测量精度。

（22）假设eCAP模块用于一个高精度的时间测量系统，如何校准eCAP模块的时钟源以消除系统误差？

（23）在一个复杂的电机控制系统中，如何使用ePWM模块生成高精度的PWM信号，并描述如何优化死区时间以减小电机噪声和振动。

（24）详述如何在ePWM模块中实现对称和非对称的PWM波形，并讨论这两种波形对电机性能的影响。

（25）阐述HRPWM模块与传统ePWM模块相比，在高频PWM信号生成方面的优势，并给出一个具体的应用场景。

（26）讨论如何在HRPWM模块中实现动态PWM更新，以确保在实时控制系统中快速响应控制算法的变化。

（27）在一个高精度编码器接口应用中，如何配置eQEP模块以支持高速数据传输和实时错误检测？

（28）假设你正在设计一个需要高精度数字频率合成的系统，请描述如何使用SDFM模块来实现这一目标，并讨论如何优化性能。

（29）详述SDFM模块如何处理相位噪声和杂散信号，以提升数字频率合成的精度和稳定性。

（30）描述在eQEP模块中如何处理编码器的丢失脉冲，并讨论这对系统性能的影响和可能的补偿策略。

第 7 章

控制器局域网CAN总线协议

控制器局域网（Controller Area Network，CAN）总线协议是一种串行通信协议，主要用于汽车、航空航天和工业控制等领域的多节点通信。通常情况下，CAN总线由两条线构成：CAN_HIGH和CAN_LOW，可以连接多个设备（节点）。理论上，节点数量可以非常多，但实际应用中的数量受限于总线负载能力。在同一时刻，总线上只能有一个设备进行数据发送，其他设备处于接收状态，因此CAN总线通信为半双工方式。

F28379D是TI公司生产的一款C2000 32位MCU，具有800MIPS的处理速度，配备两个CPU、两个CLA（Control Law Accelerator）、浮点单元FPU、TMU（Trigonometric Math Unit）、1024KB的闪存、CLB（Configurable Logic Block）、EMIF（Enhanced Memory Interface）以及16位ADC等片上硬件。此外，F28379D支持片内CAN总线协议，能够实现与其他CAN设备的通信。在使用F28379D进行CAN总线开发时，一般需要先配置CAN接口的参数，包括波特率、滤波器设置、工作模式等，然后才能进行正常的CAN消息发送与接收。

本章将分别从基本概念、实现方法以及开发实例三个方面来介绍CAN通信协议的使用与开发方法。

7.1 CAN协议概述

CAN是ISO国际标准化的串行通信协议。

在当前的汽车产业中，出于对安全性、舒适性、便利性、低公害和低成本的要求，各种各样的电子控制系统被开发出来。由于这些系统之间通信所用的数据类型以及对可靠性的要求不尽相同，很多情况下需要多条总线来实现通信，线束的数量也随之增加。为了适应“减少线束的数量”和“通过多个LAN进行大量数据的高速通信”的需要，CAN协议应运而生。

CAN最初出现在80年代末的汽车工业中，由德国Bosch公司最先提出。当时，由于消费者对汽车功能的需求不断增加，而这些功能的实现大多基于电子控制，这使得电子装置之间的通信越来越复杂，同时也意味着需要更多的连接信号线。

提出CAN总线的最初动机是为了解决现代汽车中庞大的电子控制装置之间的通信问题，减少不断增加的信号线。于是，设计人员提出了一种单一的网络总线，所有的外围器件都可以挂接在该总线上。直到1993年，CAN成为国际标准ISO11898（高速应用）和ISO11519（低速应用）。

CAN是一种多主方式的串行通信总线，基本设计规范要求具有较高的位速率，高抗电磁干扰性，并能够检测传输过程中的任何错误。当信号传输距离达到10km（千米）时，CAN仍然可以提供高达50Kbit/s的数据传输速率。由于CAN总线具有优异的实时性能，现在CAN的高性能和可靠性已被广泛认可，并被应用于工业自动化、船舶、医疗设备、工业设备等领域。

通常情况下，CAN总线网络的结构有闭环和开环两种形式。在闭环结构的CAN总线网络中，总线两端各连接一个120Ω的终端电阻，两根信号线形成回路。

这种CAN总线网络由ISO11898标准定义，适用于高速、短距离的CAN网络，通信速率范围为125kbit/s～1Mbit/s。在1Mbit/s的通信速率下，总线长度最长可达40米。

CAN总线由两根信号线组成，即CAN_H和CAN_L，采用差分信号传输，并且没有时钟同步信号。因此，CAN是一种异步通信方式，类似于UART的异步通信方式，而SPI、I2C则是以时钟信号同步的同步通信方式。

差分信号是一种信号传输技术，与传统的单端信号传输方式不同，它通过两根线同时传输信号，这两个信号的振幅相等，但相位相反。差分信号的核心特点是抗干扰能力强，并且能够降低对参考地电位精确性的依赖。

差分信号通过两根线同时传输两个振幅相等、相位相反的信号。在接收端，通过比较这两个信号的电压差值来判断发送端所传输的逻辑状态（逻辑0或逻辑1）。此外，差分信号的两个信号线在电路板上必须是等长、等宽、紧密靠近且在同一层面上，以保证信号的同步传输和准确判断。

差分信号的主要优势在于抗干扰能力强。由于两根信号线同时受到相同的外界干扰（如电磁噪声），这些干扰会在两根信号线上产生相同的电压变化，而这些变化在接收端通过比较两个信号的差值被抵消，从而提高了信号的信噪比。差分信号对参考电平的要求较低，即使源端与接收端的参考地电位存在差异，也能正确识别信号。这使得差分信号在高频信号传输、长距离传输以及需要精确处理双极信号的场合中得到广泛应用。

在差分传输中，一根线传输正极性信号（V+），另一根线传输负极性信号（V−）。接收端通过检测这两个信号的电压差来判断信号的逻辑状态。相比单端信号，差分信号传输对参考电平的要求要低，因为即使参考电平存在波动，两根信号会同时波动，而两者之间的电压差几乎不变。

共模抑制比（CMRR））是衡量差分放大器对共模信号抑制能力的一个指标。差分放大器能够处理两个信号之间的差值，而对两个信号上的共模电压变化（即两个信号同时变化的电压）不敏感。

一般的运算放大器的共模抑制比可以达到90dB以上，高精度运算放大器甚至能够达到120dB。这使得差分信号在处理微弱信号和抑制干扰方面具有很强的优势。

CAN总线的两根信号线通常采用的是双绞线，如图7-1所示，传输的是差分信号，通过两根信号线的电压差（CAN_H−CAN_L）来表示总线电平。差分信号传输信息具有强抗干扰能力，能有效抑制外部电磁干扰等，这也是CAN总线在工业上应用广泛的原因之一。使用差分信号表示总线电平的还有RS485网络，它也是一种常用的工业现场总线。

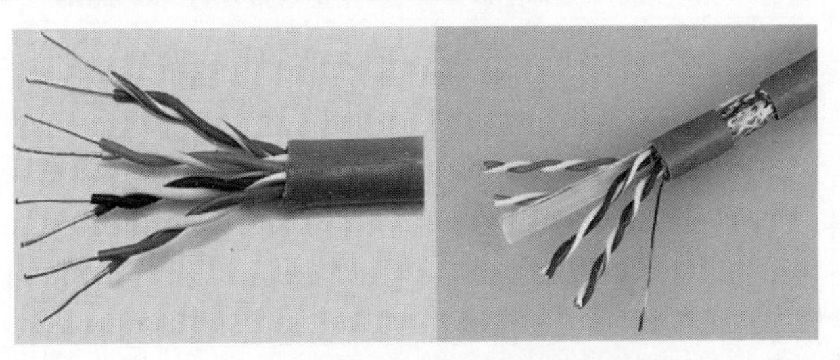

图7-1　用于传输差分信号的双绞线

注意　两根信号线的电压差CAN_H−CAN_L表示CAN总线的电平，分别与传输的逻辑信号1或0对应。对应逻辑1电平的称为隐性（Recessive）电平，对应逻辑0电平的称为显性（Dominant）电平。

如图7-2所示，上半部分为实际CAN_H和CAN_L的电平，下半部分为对应的逻辑电平。图中横轴被两条虚线分为三个部分：最左侧是隐性电平，对应逻辑1；中间是显性电平，对应逻辑0。实际上，信号的逻辑值是通过单端电平之间的电压差来确定的，与具体某一端的电压信号无关。

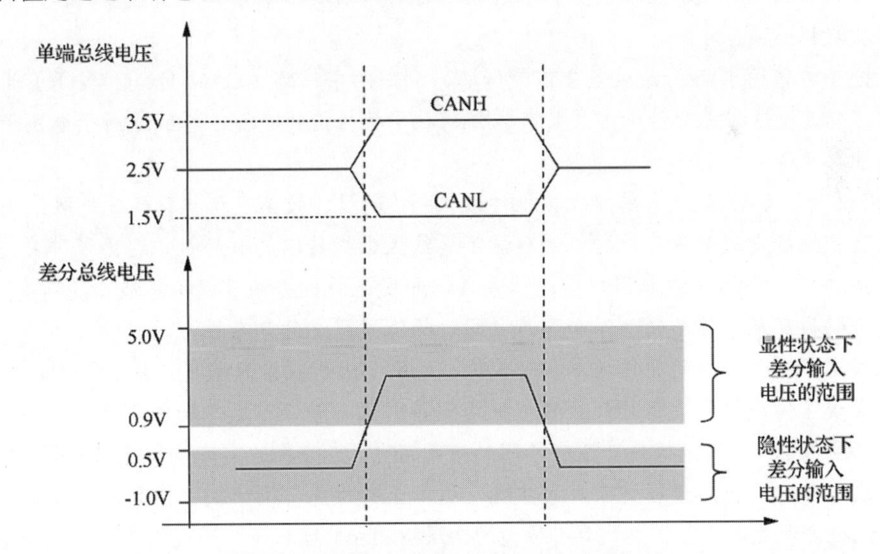

图7-2　根据ISO11898制定的CAN总线电平

在OSI（Open Systems Interconnection，开放式系统间互连）七层模型中，CAN协议覆盖了传输层、数据链路层和物理层，OSI模型如表7-1所示。

表7-1　OSI基本模型

ISO/OSI基本参照模型		各层定义的主要项目
软件控制	7层：应用层	由实际应用程序提供可利用的服务
	6层：表示层	进行数据表现形式的转换，如文字设定、数据压缩、加密等的控制
	5层：会话层	为建立会话式的通信，控制数据的正确接收和发送
	4层：传输层	控制数据传输的顺序、传送错误的恢复等，保证通信的品质，如错误修正、重传控制
	3层：网络层	进行数据传送的路由选择或中继，如单元间的数据交换、地址管理
硬件控制	2层：数据链路层	将物理层收到的信号（位序列）组成有意义的数据，提供传输错误控制等数据传输控制流程，如访问的方法、数据的形式、通信方式、连接控制方式、同步方式、检错方式、应答方式、通信方式、包的构成、位的调制方式（包括位时序条件）
	1层：物理层	规定了通信时使用的电缆、连接器等的媒体、电气信号规格等，以实现设备间的信号传送，如信号电平、收发器、电缆、连接器等的形态

CAN总线有许多应用特点，主要包括以下几个方面。

- 实时性：CAN总线具有优越的实时性能，适用于需要及时传输数据的应用，如汽车控制系统、工业自动化等。它的仲裁机制和帧优先级设计保证了低延迟和可预测性。
- 多主机系统：CAN支持多主机系统，多个节点可以同时发送和接收数据。这种分布式控制结构提升了系统灵活性，适用于复杂的嵌入式网络。虽然CAN总线上的节点可以既发送数据又接收数据，没有主从之分，但在同一时刻只能有一个节点发送数据，其他节点则只能接收数据。
- 差分信号传输：CAN通过差分信号传输，利用两条线路（CAN_H和CAN_L）间的电压差传递信息。这种差分传输方式具有较强的抗干扰性能，使CAN总线适用于电磁干扰较多的工业环境等。
- 仲裁机制：CAN总线采用非破坏性仲裁机制，通过比较消息标识符的优先级来决定哪个节点有权继续发送数据。这种机制确保了总线上数据传输的有序性，避免了冲突。
- 广播通信：CAN总线采用广播通信方式，即发送的数据帧可以被总线上的所有节点接收。这种特性有助于信息的共享和同步，同时降低了系统的复杂性。
- 低成本：CAN总线的硬件成本相对较低，适用于大规模系统集成。由于CAN控制器在硬件上实现了仲裁机制，无须额外的主机处理器，从而降低了成本和复杂性。
- 灵活性：CAN协议能够灵活适应不同的应用场景，支持多种波特率和通信速率。这使得CAN总线可以被广泛用于各种嵌入式系统，从低速的传感器网络到高速的汽车控制系统。
- 错误检测和处理：CAN总线具有强大的错误检测和处理机制。通过循环冗余校验（CRC）和其他错误检测手段，CAN能够识别并处理传输过程中可能发生的错误，提高了通信的可靠性。
- 多种帧类型：CAN总线上的节点没有地址的概念，而是以帧为单位传输数据，帧类型包括数据帧、遥控帧等，帧中包含需要传输的数据或控制信息。

- 线与逻辑：CAN总线具有“线与”的特性。当两个节点同时向总线发送信号时，一个发送显性电平（逻辑0），另一个发送隐性电平（逻辑1），总线呈现为显性电平。这一特性用于总线仲裁，即确定哪个节点优先占用总线执行发送操作。
- 特定标识符：每一个帧有一个标识符（Identifier，ID）。ID不是地址，而是表示传输数据的类型，同时用于总线仲裁中确定优先级。例如，在汽车的CAN总线上，假设碰撞检测节点输出数据帧ID为01，车内温度检测节点发送的数据帧的ID为05。
- 滤波特性：每个CAN节点都接收总线上的数据，但可以对接收的帧根据ID进行过滤。只有节点需要的数据才会被接收并进一步处理，无关的数据会被自动舍弃。例如，安全气囊控制器只接收碰撞检测节点发出的ID为01的帧，这种ID的过滤由硬件完成，从而确保安全气囊控制器能在发送碰撞时及时响应。
- 半双工通信：CAN总线通信是半双工的，即总线不能同时发送和接收。在多个节点竞争总线发送权限时，通过ID的优先级进行仲裁。胜出的节点继续发送，失败的节点立刻转入接收状态。
- 无时钟信号：CAN总线没有用于同步的时钟信号，因此需要规定CAN总线通信的波特率，所有节点均以相同波特率通信，以确保数据传输的准确性和同步性。

接下来将重点介绍F28379D片上CAN模块的相关信息以及可供设计人员使用的基本功能。

CAN模块根据ISO 11898-1标准执行CAN协议通信（兼容Bosch-CAN协议规范2.0A和2.0B）。比特率可以通过编程灵活调整，最高可达1Mbps。与物理层（CAN总线）的连接需要一个CAN收发器芯片。

在CAN网络通信中，可通过配置独立的消息对象实现灵活管理。消息对象和标识符掩码存储于消息RAM中，所有与消息处理相关的功能均由消息处理器完成，包括接收滤波、CAN内核和消息RAM之间的消息传输，以及处理传输请求处理。

CPU可以通过模块接口直接访问CAN的寄存器组，这些寄存器用于控制和配置CAN内核及消息处理程序，同时支持对消息RAM的访问。

总体而言，F28379D的CAN模块支持以下功能特性：

- 符合ISO11898-1标准：兼容Bosch-CAN协议规范2.0A和2.0B。
- 可编程比特率：最高支持1Mbps的比特率。
- 多个时钟源：提供灵活的时钟配置选项。
- 32个消息对象：消息对象（在本书中也称为“邮箱”，两者可互换使用），每个对象都具有以下属性：可配置为接收或发送模式、支持标准（11位）或扩展（29位）标识符；支持可编程标识符接收掩码；支持数据帧和远程帧；保留0～8字节的数据存储；支持奇偶校验和数据RAM配置。
- 单独标识符掩码：每个消息对象可配置独立的标识符掩码。
- FIFO模式支持：消息对象可配置为可编程的FIFO模式。
- 回落测试模式：支持可编程回路模式。

- 调试挂起模式：在调试过程中支持挂起模式。
- 软件复位功能：通过软件实现模块复位。
- 自动重启：通过由32位计时器在总线关闭后自动开启总线。
- 奇偶校验机制：消息RAM支持奇偶校验。
- 双中断线路：提供两条中断线路，增强中断管理能力。

除上述特性之外，开发人员需注意，在200MHz的CAN位时钟下，最低比特率可能为7.8125kbps。由于时序设置的限制，片上振荡器的精度可能无法满足CAN协议要求。在此情况下，设计人员需选择外部时钟源以确保通信稳定性。

7.2 CAN协议的基本实现

在实际使用过程中，掌握CAN通信中各种类型的帧以及总线的优先级和同步问题非常重要。CAN网络通信主要通过5种类型的帧（Frame）实现，分别是数据帧（Data Frame）、遥控帧（Remote Frame）、错误帧（Error Frame）、过载帧（Overload Frame）和帧间空间（Inter-frame Space）。

CAN功能方框图如图7-3所示。另外，数据帧和遥控帧有标准格式和扩展格式两种格式。标准格式为11位的ID，扩展格式为29位的ID。各种帧的具体用途如表7-2所示。

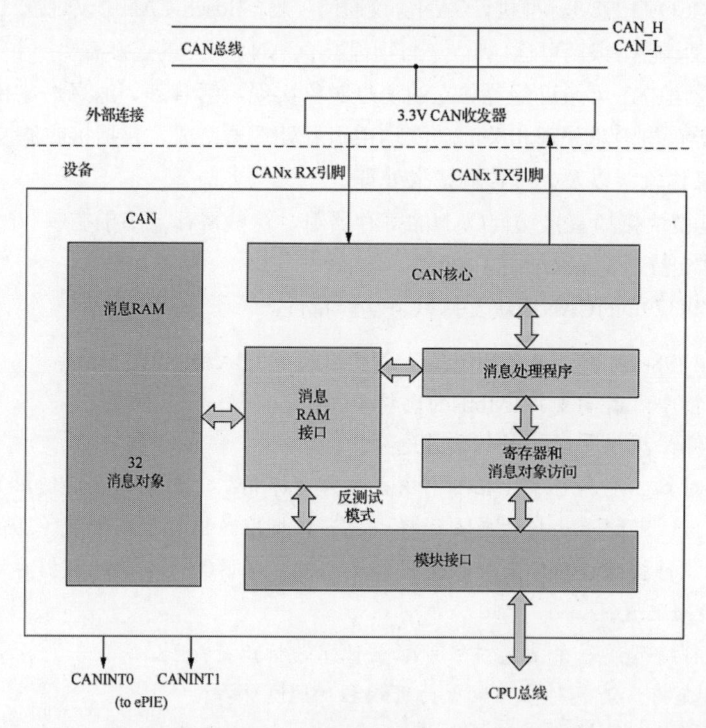

图7-3 CAN的功能方框图

表7-2　CAN协议中的5种帧及其用途

帧　类　型	帧　用　途
数据帧	节点发送的包含ID和数据的帧，用于发送单元向接收单元传送数据
遥控帧	节点向网络上的其他节点发出的某个ID的数据请求。发送节点收到遥控帧后，即可发送相应ID的数据帧
错误帧	节点检测出错误时，向其他节点发送的通知错误的帧
过载帧	接收单元未做好接收数据的准备时发送的帧。发送节点收到过载帧后，可以暂缓发送数据帧
帧间空间	用于将数据帧、遥控帧与前后的帧分隔开的帧

其中，数据帧由以下7个段构成。

（1）帧起始段：表示数据帧开始的段。

（2）仲裁段：表示该帧优先级的段。

（3）控制段：用于指示数据的字节数及保留位的段。

（4）数据段：表示实际传输的数据内容，可发送0～8字节的数据。

（5）CRC段：用于检查帧在传输过程中的错误的段。

（6）ACK段：用于确认数据帧已被正常接收的段。

（7）帧结束段：表示数据帧结束的段。

同样，遥控帧的结构与数据帧类似，但缺少数据段，遥控帧的段构成及功能如下：

（1）帧起始段：表示帧开始的段。

（2）仲裁段：表示该帧优先级的段。

（3）控制段：表示数据的字节数及保留位的段。

（4）CRC段：用于检查帧在传输过程中的错误的段。

（5）ACK段：表示确认数据已正常接收的段。

（6）帧结束段：表示遥控帧结束的段。

此外，错误帧、过载帧以及帧间隔也有类似的定义，主要区别在于段的数量和功能细节略有不同。错误帧用于在接收或发送消息时检测到错误后发出通知。错误帧由错误标志和错误界定符构成：

- 错误标志：包括主动错误标志和被动错误标志两种形式：
  - 主动错误标志：6个位的显性位。
  - 被动错误标志：6个位的隐性位。
- 错误界定符：由8个位的隐性位构成。

过载帧用于接收单元通知其尚未完成接收准备，它由以下部分构成：

- 过载标志：6个位的显性位。与主动错误标志的构成相同。
- 过载界定符：8个位的隐性位，与错误界定符的构成相同。

帧间隔用于分隔数据帧和遥控帧，通过插入帧间隔，将当前帧与前面的任何帧（如数据帧、遥控帧、错误帧或过载帧）分开。需要注意的是，帧间隔不能插入错误帧和过载帧之前。帧间隔的具体构成如下：

- 间隔：由3个位的隐性位组成。
- 总线空闲：隐性电平状态，无长度限制（长度可以为0）。在此状态下，总线处于空闲状态，任何要发送的单元均可开始访问总线。
- 延迟传送（发送暂时停止）：由8个位隐性位组成，仅在处于被动错误状态的单元在发送完一条消息后的帧间隔中出现。

除帧的概念外，CAN总线协议不同单元之间的优先级以及同步问题也同样重要。CAN协议主要解决了两个方面的问题：一个是如何确定不同设备之间的优先级排序，二是如何进行硬件同步或再同步。下面将重点介绍这两个问题的解决方案。

首先是优先级的确定问题。在总线处于空闲态时，最先开始发送消息的单元获得发送权。

当多个单元同时开始发送时，各发送单元从仲裁段的第一位开始进行仲裁。连续输出显性电平最多的单元可以继续发送。

仲裁过程如图7-4所示。图中最上侧为单元1，中间为单元2，最下侧为总线电平。竖线处为单元仲裁失败的位置，此时对应的单元将从下一个码元开始转换为接收状态。

图7-4　CAN协议的仲裁过程

注意，单元1和单元2在开始时的电平相同。随后，单元1变为隐性电平，单元2变为显性电平。由于显性电平的优先级更高，因此单元2的优先级更高，获得发送权，而单元1则变为接收状态。

下面说明一下CAN协议中的优先级法则。数据帧和遥控帧的仲裁段用于在多个节点竞争总线时进行仲裁，优先级高的帧获得在总线上发送数据的权利。优先级的确认可以总结为以下几条法则：

（1）在总线空闲时，最先开始发送消息的节点获得发送权。

（2）多个节点同时开始发送时，从仲裁段的第一位开始进行仲裁。当各节点的位电平首次出现互异时，输出显性电平的节点获得发送权。

（3）在相同ID和格式的情况下，数据帧具有更高的优先级，因为数据帧中的RTR位是显性电平，而遥控帧的RTR位是隐性电平。

（4）对于具有11位标准ID的数据帧，无论是标准数据帧还是扩展数据帧，标准数据帧具有更高的优先级。这是因为在标准数据帧中，IDE位是显性电平，而在扩展数据帧中，IDE位是隐性电平。

在错误帧中，错误本身也可以进行分类。实际上，在通信过程中，可能会同时发生多种错误，主要可分为5类：位错误、填充错误、CRC循环校验错误、格式错误和ACK应答错误。具体错误的内容及其检测帧如表7-3所示。

表7-3　错误的内容及检测帧

错误的种类	错误的内容	错误的检测帧（段）	检测单元
位错误	比较输出电平和总线电平(不含填充位)，当两个电平不一样时所检测到的错误	数据帧（SOF~EOF） 遥控帧（SOF~EOF） 错误帧 过载帧	发送单元 接收单元
填充错误	在需要位填充的段内连续检测到6位相同的电平时所检测到的错误	数据帧（SOF~CRC顺序） 遥控帧（SOF~CRC顺序）	发送单元 接收单元
CRC错误	从接收到的数据计算出的CRC结果与接收到的CRC顺序不同时所检测到的错误	数据帧（CRC顺序） 遥控帧（CRC顺序）	接收单元
格式错误	检测出与固定格式的位段相反的格式时所检测到的错误	数据帧（CRC界定符、ACK界定符、EOF） 遥控帧（CRC界定符、ACK界定符、EOF） 错误界定符、过载界定符	接收单元
ACK错误	发送单元在ACK槽（ACK Slot）中检测出隐性电平时所检测到的错误（ACK没被传送过来时所检测到的错误）	数据帧（ACK槽) 遥控帧（ACK槽)	发送单元

一般的错误主要是位错误和格式错误。

位错误是在发送器将自己发送的电平与总线上的电平进行比较时，发现两者不相等而产生的。隐性位传输时，显性位的检测在这种情况下被禁用。为了解决这个问题，CAN协议采用了一种称为Bit Stuffing（比特填充）的技术。当相同极性的电平持续5位时，协议规定添加一个极性相反的位。这一做法的目的是防止连续出现多个相同的位，从而避免因位错误而导致的数据丢失或错误。

格式错误则是指CAN总线上的数据帧格式不符合规范，例如数据位数不正确，或者数据帧中的某些字段不符合规定等。当检测到格式错误时，正在传输的数据帧将立即停止，并在总线空闲时重新尝试发送，直到成功为止。这一过程通常不需要CPU的干涉。

需要注意的是，有时位错误可能与其他错误混淆。为了帮助读者更清晰地理解什么是位错误，以下列举一些容易混淆的例子供读者参考：

- 位错误由向总线上输出数据帧、遥控帧、错误帧、过载帧的单元、输出ACK的单元以及输出错误的单元来检测。
- 如果在仲裁段输出隐性电平，但检测到显性电平时，将被视为仲裁失利，而不是位错误。
- 如果在仲裁段作为填充位输出隐性电平，但检测到显性电平时，将不视为位错误，而应视为填充错误。
- 如果发送单元在ACK段输出隐性电平，但检测到显性电平时，将被判断为其他单元的ACK应答，而非位错误。
- 如果输出被动错误标志（6个隐性位），但检测到显性电平时，将遵循错误标志的结束条件，等待检测到连续相同的6个位值（无论是显性还是隐性），并不视为位错误。

CAN协议的具体实现涉及许多底层细节，通常需要根据不同的器件进行相应的实现，这里以F28379D芯片为例，分别实现CAN协议中的发送功能和接收功能。

1）CAN 协议单端发送

本实例中使用片上CAN模块的A通道用于外部通信。将CAN-A设置为传输数据共n次，其中n为TXCOUNT的值，并采用相同的波特率配置另一个CAN节点，以相同的波特率发送应答信号。整个过程中不使用中断。

下面是具体的代码实现部分。

【例7-1】CAN模块单端发送实验。

```
// 相关依赖文件
#include "driverlib.h"
#include "device.h"
// 宏定义
#define TXCOUNT  100000
#define MSG_DATA_LENGTH     8
#define TX_MSG_OBJ_ID       1
// 全局变量定义
volatile unsigned long i;
volatile uint32_t txMsgCount=0;
uint16_t txMsgData[8];
// 主函数
void main(void){
    // 初始化设备时钟及外围器件
    Device_init();
    // 初始化GPIO及相关的引脚配置、CAN_TX以及CAN_RX，模式A
```

```
    Device_initGPIO();
    GPIO_setPinConfig(DEVICE_GPIO_CFG_CANRXA);
    GPIO_setPinConfig(DEVICE_GPIO_CFG_CANTXA);
    // 初始化CAN控制器
    CAN_initModule(CANA_BASE);
    // 将每个模块的CAN总线比特率设置为500kHz
    CAN_setBitRate(CANA_BASE, DEVICE_SYSCLK_FREQ, 500000, 16);
    // 初始化发射信息和接受信息，各参数如下
    // CAN Module: A
        //      Message Object ID Number: 1
        //      Message Identifier: 0x01
        //      Message Frame: Standard
        //      Message Type: Transmit
        //      Message ID Mask: 0x0
        //      Message Object Flags: None
        //      Message Data Length: 4 Bytes
    CAN_setupMessageObject(CANA_BASE, TX_MSG_OBJ_ID, 0x1,
      CAN_MSG_FRAME_STD, CAN_MSG_OBJ_TYPE_TX, 0,
      CAN_MSG_OBJ_NO_FLAGS, MSG_DATA_LENGTH);
    // 初始化数据缓冲区
    txMsgData[0]=0x01;
    txMsgData[1]=0x23;
    txMsgData[2]=0x45;
    txMsgData[3]=0x67;
    txMsgData[4]=0x89;
    txMsgData[5]=0xAB;
    txMsgData[6]=0xCD;
    txMsgData[7]=0xEF;
    // 开始执行CAN-A模式
    CAN_startModule(CANA_BASE);
    // 从CAN-A发送数据
    while(1) {
    CAN_sendMessage(CANA_BASE,TX_MSG_OBJ_ID,MSG_DATA_LENGTH,txMsgData);
    // 在CAN_ES寄存器中轮询TxOk位以检查传输是否完成
    while(((HWREGH(CANA_BASE + CAN_O_ES) & CAN_ES_TXOK)) !=  CAN_ES_TXOK)
        {}}
    // 关闭应用
    asm("   ESTOP0");
}
```

2）CAN 协议单端接收

本实例实现了对CAN-A模块的接收端初始化配置。当接收到STD-MSGID为0x1的帧时，数据将被复制到缓冲区1中；如果接收到任何其他MSGID的消息，则会发送一次应答信号ACK。此外，GPIO65将在这两种情况下切换状态。接收是否完成由轮询决定，本例与上例一样，不采用中断方式判断是否完成接收。

即使MSGID不匹配，也会发送RxOK位。

下面是具体的代码实现部分。

【例7-2】CAN协议单端接收实验。

```
// 包含相关依赖库
#include "driverlib.h"
#include "device.h"
// 宏定义
#define MSG_DATA_LENGTH      0   // 信息缓冲区长度初始化为0
#define RX_MSG_OBJ_ID        1   // 使用信息缓冲区1
// 全局变量定义
uint16_t rxMsgData[8];
volatile uint32_t rxMsgCount=0;
// 主函数定义
void main(void)
{
    // 初始化设备时钟及外围器件
    Device_init();
    // 初始化GPIO模块
    Device_initGPIO();
    // 为CAN_TX和CAN_RX配置GPIO端口
    GPIO_setPinConfig(DEVICE_GPIO_CFG_CANRXA);
    GPIO_setPinConfig(DEVICE_GPIO_CFG_CANTXA);
    // 配置GPIO引脚，以便在接收消息时进行切换
    GPIO_setPadConfig(65U, GPIO_PIN_TYPE_STD);
    GPIO_setDirectionMode(65U, GPIO_DIR_MODE_OUT);
    // 初始化CAN控制器
    CAN_initModule(CANA_BASE);
    // 配置CAN总线的通信波特率为500kHz
    CAN_setBitRate(CANA_BASE, DEVICE_SYSCLK_FREQ, 500000, 16);
    // 其余配置参数如下
    // Message Object Parameters
        //      CAN Module: A
        //      Message Object ID Number: 1
        //      Message Identifier: 0x1
        //      Message Frame: Standard
        //      Message Type: Receive
        //      Message ID Mask: 0x0
        //      Message Object Flags: None
        //      Message Data Length: "Don't care" for a Receive mailbox
    CAN_setupMessageObject(CANA_BASE, RX_MSG_OBJ_ID, 0x1,
         CAN_MSG_FRAME_STD, CAN_MSG_OBJ_TYPE_RX, 0,
         CAN_MSG_OBJ_NO_FLAGS, MSG_DATA_LENGTH);
    // 启动CAN-A模式
    CAN_startModule(CANA_BASE);
```

```
    // 开始接收来自其他节点的数据
    while(1){
    // 轮询CAN_ES寄存器中的RxOk位以检验是否完成接收
        if(((HWREGH(CANA_BASE + CAN_O_ES) & CAN_ES_RXOK))==CAN_ES_RXOK)
        {
            // 完成消息接收
            CAN_readMessage(CANA_BASE, RX_MSG_OBJ_ID, rxMsgData);
            GPIO_togglePin(65U);
            rxMsgCount++;
        }
    }
}
```

7.3　基于F28379D的CAN模块寄存器配置实例

本节实例主要涉及F28379D片上CAN设备的基本设置，帮助设计人员在片上快速实现CAN总线的发送/接收消息的功能。其中，总线上的CAN外设被配置为可传输特定CAN-ID的消息。程序内部使用了一个简单的延迟循环计时器，每秒传送一次消息，发送的消息是一条以递增规律变化的4字节（64位）消息。此外，该实例还包括CAN中断处理程序，用于确认消息的传输并计算已发送的消息数量，这一点与前文使用的轮询方式有所不同。

本例将CAN控制器设置为内部环回测试模式，数据可以在CANTXA引脚上被外部观测（如使用示波器），但实际上数据的环回是在内部完成的。

与5.1.2节中的实例相比，本节将在源程序的基础上，详细介绍.cmd文件和相关代码启动文件，以帮助读者更好地理解CAN模块运行的底层原理。

首先，展示实现CAN通信的源程序部分，代码如下。

【例7-3】 CAN模块综合通信实验。

```
// 相关依赖库及头文件
#include "driverlib.h"
#include "device.h"
// 宏定义
#define MSG_DATA_LENGTH     4
#define TX_MSG_OBJ_ID       1
#define RX_MSG_OBJ_ID       2
// 全局变量定义
volatile uint32_t txMsgCount=0;
volatile uint32_t rxMsgCount=0;
volatile uint32_t errorFlag=0;
uint16_t txMsgData[4];
uint16_t rxMsgData[4];
// 函数声明
```

```
__interrupt void canISR(void);
// 主函数
void main(void){
    // 初始化设备时钟和外围器件
    Device_init();
    // 初始化GPIO为CANTX/CANRX
    Device_initGPIO();
    GPIO_setPinConfig(DEVICE_GPIO_CFG_CANRXA);
    GPIO_setPinConfig(DEVICE_GPIO_CFG_CANTXA);
    // 初始化CAN控制器
    CAN_initModule(CANA_BASE);
    // 设置CAN总线速率为500kbps
    CAN_setBitRate(CANA_BASE, DEVICE_SYSCLK_FREQ, 500000, 20);
    // 使能（即启用）CAN外设器件的中断
    CAN_enableInterrupt(CANA_BASE, CAN_INT_IE0 | CAN_INT_ERROR |
      CAN_INT_STATUS);
    // 初始化PIE寄存器并关闭CPU中断
    Interrupt_initModule();
    // 初始化PIE向量表
    Interrupt_initVectorTable();
    // 使能全局中断和实时中断
    EINT;
    ERTM;
    // 初始化中断向量句柄
    Interrupt_register(INT_CANA0, &canISR);
    // 使能CAN中断信号
    Interrupt_enable(INT_CANA0);
    CAN_enableGlobalInterrupt(CANA_BASE, CAN_GLOBAL_INT_CANINT0);
    // 使用内部回环使能CAN测试模式

    CAN_enableTestMode(CANA_BASE, CAN_TEST_EXL);
    // 初始化发送功能
    // Message Object Parameters:
    // Message Object ID Number: 1
    // Message Identifier: 0x1
    // Message Frame: Standard
    // Message Type: Transmit
    // Message ID Mask: 0x0
    // Message Object Flags: Transmit Interrupt
    // Message Data Length: 4 Bytes
    CAN_setupMessageObject(CANA_BASE, TX_MSG_OBJ_ID, 0x1, CAN_MSG_FRAME_STD,
        CAN_MSG_OBJ_TYPE_TX, 0, CAN_MSG_OBJ_TX_INT_ENABLE,
        MSG_DATA_LENGTH);
    CAN_setupMessageObject(CANA_BASE, RX_MSG_OBJ_ID, 0x1, CAN_MSG_FRAME_STD,
        CAN_MSG_OBJ_TYPE_RX, 0, CAN_MSG_OBJ_RX_INT_ENABLE,
        MSG_DATA_LENGTH);
    // 初始化发送数据缓冲区
    txMsgData[0]=0x12;
```

```
    txMsgData[1]=0x34;
    txMsgData[2]=0x56;
    txMsgData[3]=0x78;
    // 开始配置CAN相关参数
    CAN_startModule(CANA_BASE);
    for(;;){
        // 查看错误位检测是否有错误位发生
        if(errorFlag){
   Example_Fail=1;
   asm("   ESTOP0");
        }
        // 验证传输数据位数是否正确
        if(txMsgCount==rxMsgCount){
   CAN_sendMessage(CANA_BASE, TX_MSG_OBJ_ID, MSG_DATA_LENGTH,
           txMsgData);

   Example_PassCount++;
        }
        else{
   errorFlag=1;
        }
        // 继续之前延时1秒
        DEVICE_DELAY_US(1000000);
        // 增量配置
        txMsgData[0] += 0x01;
        txMsgData[1] += 0x01;
        txMsgData[2] += 0x01;
        txMsgData[3] += 0x01;
        // 如果超出，则重置数据
        if(txMsgData[0] > 0xFF){
            txMsgData[0]=0;
        }
        if(txMsgData[1] > 0xFF){
            txMsgData[1]=0;
        }
        if(txMsgData[2] > 0xFF){
            txMsgData[2]=0;
        }
        if(txMsgData[3] > 0xFF){
            txMsgData[3]=0;
        }
    }
}
// CAN中断服务程序
__interrupt void
canISR(void){
    uint32_t status;
    // 判断CAN中断状态
```

07

```
    status=CAN_getInterruptCause(CANA_BASE);
    // 获取CAN中断状态
    if(status==CAN_INT_INT0ID_STATUS)
    {
        status=CAN_getStatus(CANA_BASE);
        // 检测是否有误码发生
        if(((status  & ~(CAN_STATUS_TXOK | CAN_STATUS_RXOK)) != 7) &&
           ((status  & ~(CAN_STATUS_TXOK | CAN_STATUS_RXOK)) != 0))
        {
            // 设置错误标志位为1
            errorFlag=1;
        }
    }
    // 检测发送消息对象是否为1
    else if(status==TX_MSG_OBJ_ID)
    {
        CAN_clearInterruptStatus(CANA_BASE, TX_MSG_OBJ_ID);
        txMsgCount++;
        // 消息已发送，清除标志位
        errorFlag=0;
    }
    // 检测接收对象是否为2
    else if(status==RX_MSG_OBJ_ID)
    {
        // 获得接收到的消息
        CAN_readMessage(CANA_BASE, RX_MSG_OBJ_ID, rxMsgData);
        CAN_clearInterruptStatus(CANA_BASE, RX_MSG_OBJ_ID);
        rxMsgCount++;
        // 清除错误标志位
        errorFlag=0;
    }
    // 中断挂起
    else{
    // 伪中断处理
    }
    // 清除全局中断
    CAN_clearGlobalInterruptStatus(CANA_BASE, CAN_GLOBAL_INT_CANINT0);
    // 清除中断应答标志位
    Interrupt_clearACKGroup(INTERRUPT_ACK_GROUP9);
}
```

此外，在实际开发过程中，有关目标器件的命令文件尤为重要。以CAN通信为例，这里重点阐述在具体开发中，命令文件是如何使用的。

在使用F28379D进行CAN通信时，CMD文件（链接器配置文件）扮演着一个常常被开发人员忽视的重要角色，主要用于指定如何将程序的不同部分（或称为“段”）映射到目标存储器的特定位置。以下是CMD文件在CAN通信实现中的主要作用和特点：

（1）定义目标存储器模型：CMD文件通过MEMORY伪指令定义目标系统的各种类型的存储器及其容量，如Flash、RAM等。这包括指定存储器的名称、起始地址（origin）和长度（length）。

（2）安排程序段的位置：使用SECTIONS伪指令，CMD文件可以根据目标存储器模型来安排程序的不同段（如代码段、数据段等）的存放位置。对于CAN通信代码和数据的存储尤为重要，因为不同的段可能需要放在不同的存储器中，以满足性能或实时性的要求。

（3）配置自定义段：在编写复杂的CAN通信程序时，可能需要自定义一些段来存储特定的数据或代码。CMD文件允许用户定义这些自定义段，并指定它们应该存放在哪个存储器的哪个位置。

（4）提高代码和数据访问效率：通过精心配置CMD文件，可以将代码和数据放在最适合它们运行的存储器位置。这将提高代码的执行效率，并减少数据访问的延迟，从而改善CAN通信的性能。

（5）适应不同的硬件平台：由于不同的硬件平台具有不同的存储器配置和性能特点，因此CMD文件需要根据具体硬件平台进行定制，这使得CMD文件成为连接软件和硬件的桥梁，确保CAN通信程序能够在不同的硬件平台上正常运行。

综上所述，CMD文件在F28379D实现CAN通信过程中起着至关重要的作用。它定义了目标存储器模型，安排了程序段的位置，配置了自定义段，提高了代码和数据的访问效率，并能够适应不同的硬件平台。因此，在编写CAN通信程序时，需要仔细配置CMD文件，以确保程序的正确性和性能。下面给出F28379D芯片CAN通信实例中具体的.cmd文件代码。

```
MEMORY{
PAGE 0 :
  BEGIN          : origin=0x000000, length=0x000002
  RAMM0          : origin=0x000123, length=0x0002DD
  RAMD0          : origin=0x00B000, length=0x000800
  RAMLS0         : origin=0x008000, length=0x000800
  RAMLS1         : origin=0x008800, length=0x000800
  RAMLS2         : origin=0x009000, length=0x000800
  RAMLS3         : origin=0x009800, length=0x000800
  RAMLS4         : origin=0x00A000, length=0x000800
  RESET          : origin=0x3FFFC0, length=0x000002

 /* Flash部分 */
  FLASHA  : origin=0x080002, length=0x001FFE      /* 片上Flash */
  FLASHB  : origin=0x082000, length=0x002000      /* 片上Flash */
  FLASHC  : origin=0x084000, length=0x002000      /* 片上Flash */
  FLASHD  : origin=0x086000, length=0x002000      /* 片上Flash */
  FLASHE  : origin=0x088000, length=0x008000      /* 片上Flash */
  FLASHF  : origin=0x090000, length=0x008000      /* 片上Flash */
  FLASHG  : origin=0x098000, length=0x008000      /* 片上Flash */
  FLASHH  : origin=0x0A0000, length=0x008000      /* 片上Flash */
  FLASHI  : origin=0x0A8000, length=0x008000      /* 片上Flash */
  FLASHJ  : origin=0x0B0000, length=0x008000      /* 片上Flash */
  FLASHK  : origin=0x0B8000, length=0x002000      /* 片上Flash */
  FLASHL  : origin=0x0BA000, length=0x002000      /* 片上Flash */
```

```
   FLASHM  : origin=0x0BC000, length=0x002000       /* 片上Flash */
   FLASHN  : origin=0x0BE000, length=0x001FF0       /* 片上Flash */
PAGE 1 :
   BOOT_RSVD      : origin=0x000002, length=0x000121
/* M0部分，用于启动ROM的堆栈 */
   RAMM1  : origin=0x000400, length=0x0003F8
/* 片上RAM块M1 */
   RAMD1  : origin=0x00B800, length=0x000800
   RAMLS5      : origin=0x00A800, length=0x000800
   RAMGS0      : origin=0x00C000, length=0x001000
   RAMGS1      : origin=0x00D000, length=0x001000
   RAMGS2      : origin=0x00E000, length=0x001000
   RAMGS3      : origin=0x00F000, length=0x001000
   RAMGS4      : origin=0x010000, length=0x001000
   RAMGS5      : origin=0x011000, length=0x001000
   RAMGS6      : origin=0x012000, length=0x001000
   RAMGS7      : origin=0x013000, length=0x001000
   RAMGS8      : origin=0x014000, length=0x001000
   RAMGS9      : origin=0x015000, length=0x001000
   RAMGS10     : origin=0x016000, length=0x001000

   RAMGS11     : origin=0x017000, length=0x001000
   // 仅F28379D可用
   RAMGS12     : origin=0x018000, length=0x001000
   RAMGS13     : origin=0x019000, length=0x001000
   RAMGS14     : origin=0x01A000, length=0x001000
   RAMGS15     : origin=0x01B000, length=0x000FF8

   CPU2TOCPU1RAM   : origin=0x03F800, length=0x000400
   CPU1TOCPU2RAM   : origin=0x03FC00, length=0x000400
   CANA_MSG_RAM     : origin=0x049000, length=0x000800
   CANB_MSG_RAM     : origin=0x04B000, length=0x000800
}
SECTIONS{
   codestart        : > BEGIN,    PAGE=0
   .text   : >> RAMD0 |  RAMLS0 | RAMLS1 | RAMLS2 | RAMLS3 | RAMLS4,  PAGE=0
   .cinit  : > RAMM0,      PAGE=0
   .switch        : > RAMM0,     PAGE=0
   .reset  : > RESET,      PAGE=0, TYPE=DSECT /*此处不使用*/
   .stack  : > RAMM1,      PAGE=1

#if defined(__TI_EABI__)
   .bss    : > RAMLS5,    PAGE=1
   .bss:output      : > RAMLS3,    PAGE=0
   .init_array      : > RAMM0,     PAGE=0
   .const  : > RAMLS5,    PAGE=1
   .data   : > RAMLS5,    PAGE=1
   .sysmem        : > RAMLS5,    PAGE=1
#else
```

```
    .pinit  : > RAMM0,     PAGE=0
    .ebss   : > RAMLS5,    PAGE=1
    .econst          : > RAMLS5,    PAGE=1
    .esysmem         : > RAMLS5,    PAGE=1
#endif

   Filter_RegsFile  : > RAMGS0,    PAGE=1
   ramgs0  : > RAMGS0,    PAGE=1
   ramgs1  : > RAMGS1,    PAGE=1

#ifdef __TI_COMPILER_VERSION__
   #if __TI_COMPILER_VERSION__ >= 15009000
    .TI.ramfunc : {} > RAMM0,      PAGE=0
   #else
    ramfuncs    : > RAMM0      PAGE=0
   #endif
#endif
    // 下面的段定义用于IPC的API驱动
    GROUP : > CPU1TOCPU2RAM, PAGE=1{
        PUTBUFFER
        PUTWRITEIDX
        GETREADIDX
    }
    GROUP : > CPU2TOCPU1RAM, PAGE=1{
        GETBUFFER :    TYPE=DSECT
        GETWRITEIDX :  TYPE=DSECT
        PUTREADIDX :   TYPE=DSECT
    }
    // 下面的段定义用于SDFM实例
   Filter1_RegsFile : > RAMGS1, PAGE=1, fill=0x1111
   Filter2_RegsFile : > RAMGS2, PAGE=1, fill=0x2222
   Filter3_RegsFile : > RAMGS3, PAGE=1, fill=0x3333
   Filter4_RegsFile : > RAMGS4, PAGE=1, fill=0x4444
   Difference_RegsFile : >RAMGS5,   PAGE=1, fill=0x3333
}
```

本节给出了有关F28379D芯片CAN通信实例的.cmd文件和源文件源码。在F28379D的开发过程中，.cmd文件和源文件是不可或缺的，主要用于管理和分配单片机的存储器和地址空间，确保数据和代码的正确存储；而源文件则包含实现各种功能的程序代码。

7.4　CAN常用寄存器信息及字段描述

本节主要介绍F28379D片上CAN模块中常用的设备寄存器、对应的基地址表以及访问类型代码。读者在完成本章前半部分的学习后，可根据实际需求，结合本节提供的寄存器详细信息，快速完成相关应用的开发。

7.4.1　CAN 基地址列表

F28379D片上CAN模块的基地址列表如表7-4所示。

表7-4　CAN模块基地址

设备寄存器	寄存器（缩略词）	起始地址	结束地址
CanaRegs	CAN_REGS	0x0004_8000	0x0004_87FF
CanbRegs	CAN_REGS	0x0004_A000	0x0004_A7FF

7.4.2　CAN 寄存器分布

F28379D片上CAN寄存器分布如表7-5所示。

表7-5　CAN寄存器分布1

地址偏移量	缩　略　词	寄存器名称
Oh	CAN_CTL	CAN控制寄存器
4h	CAN_ES	错误和状态寄存器
8h	CAN_ERRC	错误计数寄存器
Ch	CAN_BTR	位定时寄存器
10h	CAN_INT	中断寄存器
14h	CAN_TEST	测试寄存器
1Ch	CAN_PERR	CAN奇偶校验错误代码寄存器
20h	CAN_REL	CAN内核释放寄存器
40h	CAN_RAM_INIT	CAN RAM初始化寄存器
50h	CAN_GLB_INT_EN	CAN全局中断使能（即启动）寄存器
54h	CAN_GLB_INT_FLG	CAN全局中断标志
58h	CAN_GLB_INT_CLR	CAN全局中断清除寄存器
80h	CAN_ABOTR	自动总线开启时间寄存器
84h	CAN_TXRQ_X	CAN传输请求X寄存器
88h	CAN_TXRQ_21	CAN传输请求2_1寄存器
98h	CAN_NDAT_X	CAN新数据X寄存器
9Ch	CAN_NDAT_21	CAN新数据2_1寄存器
ACh	CAN_IPEN_X	CAN中断悬起X寄存器
B0h	CAN_IPEN_21	CAN中断悬起2_1寄存器
COh	CAN_MVAL_X	CAN消息有效X寄存器

（续表）

地址偏移量	缩　略　词	寄存器名称
C4h	CAN_MVAL_21	CAN消息有效2_1寄存器
D8h	CAN_IP_MUX21	CAN中断多路复用2_1寄存器
100h	CAN_IF1CMD	IF1命令寄存器
104h	CAN_IF1MSK	IF1屏蔽寄存器
108h	CAN_IF1ARB	IF1仲裁寄存器
10Ch	CAN_IF1MCTL	IF1消息控制寄存器
110h	CAN_IF1DATA	IF1数据A寄存器
114h	CAN_IF1DATB	IF1数据B寄存器
120h	CAN_IF2CMD	IF2命令寄存器
124h	CAN_IF2MSK	IF2掩码寄存器
128h	CAN_IF2ARB	IF2仲裁寄存器
12Ch	CAN_IF2MCTL	IF2消息控制寄存器
130h	CAN_IF2DATA	IF2数据A寄存器
134h	CAN_IF2DATB	IF2数据B寄存器
140h	CAN_IF30BS	IF3观察寄存器
144h	CAN_IF3MSK	IF3掩码寄存器
148h	CAN_IF3ARB	IF3仲裁寄存器
14Ch	CAN_IF3MCTL	IF3消息控制寄存器
150h	CAN_IF3DATA	IF3数据A寄存器
154h	CAN_IF3DATB	IF3数据B寄存器
160h	CAN_IF3UPD	IF3更新使能寄存器

7.4.3　CAN 寄存器访问类型代码

F28379D片上CAN寄存器访问类型代码如表7-6所示。

表7-6　CAN寄存器访问类型代码

访问类型	编码表示	说　明
读类型		
R	R	Read
写类型		
W	W	Write
W=1	W	Write

（续表）

访问类型	编码表示	说　明
重置或默认值		
-17		复位后的值或默认值

7.4.4　CAN寄存器字段描述

寄存器字段描述（Register Field Description）通常指的是对寄存器内部各个位（bit）或位段（bit-field）的详细解释和说明。在计算机体系结构中，寄存器是CPU内部用于暂时存储数据、指令地址或状态信息的高速存储单元。每个寄存器都由一定数量的位组成，这些位可以被划分为不同的字段，每个字段用于存储特定的信息或执行特定的功能。

寄存器字段描述通常包括以下几个方面：

（1）字段名称：为每个字段指定一个易于理解的名称，以便在文档或代码中引用。

（2）位位置：指定字段在寄存器中的起始位和结束位，帮助确定字段的大小和位置。

（3）功能描述：详细解释字段的用途和功能，包括它存储的信息类型（如控制位、状态位、数据位等）以及该信息如何影响CPU的操作。

（4）访问权限：说明该字段是只读的、只写的还是读写的，以及是否可以通过特定的指令或操作进行访问。

（5）默认值：指出在寄存器被复位或初始化时，该字段的默认状态或值。

使用寄存器字段的方法如下：

（1）文档编写：在编写硬件设计文档或软件编程手册时，寄存器字段描述是不可或缺的一部分。它可以帮助开发者了解寄存器的详细结构和功能，从而能够正确地编写代码或使用硬件。

（2）软件编程：在编写嵌入式系统或微控制器程序时，开发者需要根据寄存器字段描述来设置或读取寄存器的值。这通常涉及位操作，如位掩码（bitmask）和位移操作（shift），以确保能够准确地访问和修改特定的字段。

（3）硬件调试：在进行硬件调试时，寄存器字段描述也是非常重要的参考。通过检查寄存器的值，开发者可以了解硬件的当前状态，并确定是否存在问题或错误。

F28379D片上CAN寄存器字段描述如表7-7所示。

表7-7　CAN寄存器字段描述

位	字　段	类　型	复　位	说　明
31-26	RESERVED	R	0h	保留
25	WUBA	R/W	0h	在总线活动时自动唤醒使能位：该位用于在局部断电模式下启用/禁用总线活动时的自动唤醒。 0：在局部断电模式下，没有检测到显性CAN总线电平。

（续表）

位	字段	类型	复位	说明
25	WUBA	R/W	0h	1：在局部掉电模式下，检测到显性CAN总线电平。在出现显性CAN总线电平时，唤醒。 复位类型：SYSRSn
24	PDR	R/W	0h	掉电模式请求位：该位用于将CAN模块置于局部掉电模式。 0：无本地低功耗关机模式的应用请求。如果应用程序在CAN处于掉电模式时将该位清零，则必须清零INIT位。 1：应用程序已请求掉电模式。CAN模块将通过将错误和状态寄存器中的PDA位置1来确认此模式。本地时钟将由CAN内部逻辑关闭。 复位类型：SYSRSn
23-21	RESERVED	R	0h	保留
20	RESERVED	R	0h	保留
19	RESERVED	R	0h	保留
18	RESERVED	R	0h	保留
17	IE1	R/W	0h	中断线1使能位：该位用于使能/禁止中断线1（CANn_INT1）。 0：禁用。 1：启用。 复位类型：SYSRSn
16	INITDBG	R	0h	调试模式状态位：该位指示调试访问的内部初始状态。 0：未处于调试模式，或调试模式请求但未输入。 1：处于调试模式，请求并进入，CAN已准备好调试访问。 复位类型：SYSRSn
15	SWR	R/W	0h	软件复位使能位：该位激活软件复位。 0：正常操作。 1：模块被强制复位状态。该位在执行软件复位后一个时钟周期自动清零。 注意：要执行软件复位，需要执行以下步骤：① 设置INIT位以关闭CAN通信；② 设置SWR位。该位受EALLOW保护。注意，该位有写保护位 复位类型：SYSRSn
14	RESERVED	R	0h	保留
13-10	PMD	R/W	5h	奇偶开/关。 0101：禁用奇偶校验功能。 xxxx：启用奇偶校验功能。 复位类型：SYSRSn

（续表）

位	字　段	类　型	复　位	说　明
9	ABO	R/W	0h	自动总线使能。 0：禁用自动总线打开功能。 1：启用自动总线打开功能。 复位类型：SYSRSn
8	IDS	R/W	0h	中断调试支持启用。 0：当请求调试模式时，CAN将在进入调试模式之前等待已开始的发送或接收完成。 1：当请求调试模式时，CAN将中断任何发送或接收，并立即进入调试模式。 复位类型：SYSRSn
7	Test	R/W	0h	测试模式使能－正常工作测试模式。 复位类型：SYSRSn
6	CCE	R/W	0h	配置更改启用。 0：CPU对配置寄存器没有写访问权限。 1：CPU对配置寄存器具有写访问权限（当Init位置1时）。 复位类型：SYSRSn
5	DAR	R/W	0h	禁用自动重传。 0：自动重传未成功的消息已启用。 1：禁用自动重新发送。 复位类型：SYSRSn
4	RESERVED	R	0h	保留
3	EIE	R/W	0h	错误中断使能。 0-禁用：PER、BOff和EWarn位不能产生中断。 1-使能（即启用）：PER、BOff和EWarn位可以在CANOIN线产生中断，并影响中断寄存器。 复位类型：SYSRSn
2	SIE	R/W	0h	状态更改中断使能。 0-禁用：WakeUpPnd、RxOk、TxO和LEC位不能产生中断。 1-使能（即启用）：WakeUpPnd、RxOk、TxO和LEC位可以在CANOINT线上产生中断，并对中断寄存器产生影响 复位类型：SYSRSn
1	IE0	R/W	0h	中断线： 0-禁用：模块中断CANOINT总是为低电平。 1-使能（即启用）：中断线CANOINT会在中断发生时变为高电平，并保持有效，直到等待中断被处理 复位类型：SYSRSn

（续表）

位	字　段	类　型	复　位	说　明
0	Init	R/W	1h	初始化正常操作后，进入初始化模式。 复位类型：SYSRSn

7.5 本章小结

本章主要介绍了CAN协议的基本概念以及协议内具体的数据结构。此外，本章还介绍了F28379D片上集成的CAN芯片的电气特性及相关寄存器。最后，基于F28379D，本章给出了CAN模块的开发实例，演示了如何利用片上CAN模块完成数据通信，并详细介绍了接收端和发送端的配置方法，帮助读者快速上手CAN协议，完成有关数据通信工程的开发。

7.6 习题

（1）简述DSP开发的主要步骤。

（2）在CAN通信协议中，为什么采用差分信号进行数据传输？差分信号相比单端信号有哪些优势？

（3）CAN总线的标准速率有哪些？请解释为什么250kbps是实际应用中最常见和广泛使用的速率。

（4）描述CAN数据帧的组成，并解释每个部分的作用。特别说明CRC校验和与ACK应答在数据帧中的作用及其重要性。

（5）阐述CAN总线的双总线模式相比单总线模式的优势。在哪些情况下，双总线模式更为适用？

（6）CAN FD与CAN通信协议的主要区别是什么？为什么CAN FD支持的最大数据长度为64字节，而CAN协议的数据长度较短？

（7）解释CAN协议中标识符字段的作用，并说明为什么其长度设置为11位或29位。

（8）在CAN通信网络中，如何保证数据传输的可靠性和实时性？请详细描述CAN协议中的错误处理和重传机制。

（9）CAN总线中的终端电阻有什么作用？为什么在高速CAN通信中需要并联一个120Ω的终端电阻？

（10）说明CAN通信协议中的帧类型（如数据帧、远程帧、错误帧等），并解释它们在通信过程中的作用。

（11）当CAN总线上有多个节点同时发送数据时，如何避免数据冲突？请解释CAN协议中的仲裁机制是如何工作的。

（12）请详细说明CAN通信协议中的仲裁机制，并解释在多个节点同时发送数据时，CAN总线是如何确保只有一个节点能够成功发送数据的？同时分析这种机制如何影响CAN通信的实时性和效率。

（13）CAN通信协议中使用了位填充技术，请详细解释位填充技术的原理和作用。进一步探讨位填充技术如何防止长连0或长连1序列的出现，并阐述这种技术如何影响CAN通信的可靠性和稳定性。

（14）在CAN通信网络中，如何处理节点之间的同步问题？请详细说明CAN通信协议中的时钟同步机制，并分析这种机制在不同场景下的应用效果。此外，讨论时钟同步机制可能带来的挑战和限制。

（15）请分析CAN通信协议中的错误处理和恢复机制。具体描述当CAN节点检测到错误时，会执行哪些操作。同时，讨论这些操作如何保证CAN通信的可靠性和健壮性。此外，探讨在实际应用中，如何有效地检测和纠正CAN通信中的错误。

（16）CAN通信协议支持多种帧类型，包括数据帧、远程帧、错误帧和过载帧。请详细解释每种帧类型的作用和用途，并分析它们在不同通信场景下的应用特点。同时，讨论如何在实际应用中合理选择和使用这些帧类型，以提高CAN通信的效率和性能。

（17）请详细说明CAN通信协议中仲裁段的工作原理，并解释为何ID号较小的报文具有更高的优先级。

（18）请详细解释CAN FD（CAN with Flexible Data-Rate）与标准CAN通信协议在数据传输速率、数据长度、帧格式和ID长度方面的主要区别，并讨论这些区别对实际应用场景的影响。

（19）请设计一个基于CAN通信协议的分布式控制系统架构，包括节点配置、总线拓扑结构、通信矩阵制定以及错误处理机制等方面，并说明该架构如何满足实时性、可靠性和可扩展性的要求。

第 8 章

I2C串行通信协议

本章主要介绍I2C串行通信协议、I2C模块的电气特性及时序特征，以及基于F28379D的I2C串行通信实例。

I2C（Inter-Integrated Circuit）通信协议是由飞利浦公司（现为恩智浦半导体公司）于1982年开发的一种串行通信协议，用于在集成电路（Integrated Circuit，IC）之间的通信。I2C协议具有以下特点：

- 主从结构：允许一个或多个“从机”芯片与一个或多个“主机”芯片进行通信。
- 短距离通信：通常用于短距离通信，类似于SPI（Serial Peripheral Interface，串行外设接口）。
- 两根信号线：通过SCL（Serial Clock Line，串行时钟线）和SDA（Serial Data Line，串行数据线）两根信号线完成信息交换。
- 半双工：通信方向为半双工，即数据可以在两个方向上传输，但同一时刻只能在一个方向上传输。
- 同步通信：属于同步通信协议，数据传输需要时钟信号同步。

F28379D是TI公司推出的一款功能强大的32位浮点微控制器单元（Microcontroller Unit，MCU），专为高级闭环控制应用而设计。在F28379D中，I2C通信功能可通过以下步骤配置和使用：

01 初始化：通过配置相关寄存器，初始化I2C模块的时钟、数据格式等参数。

02 设置从设备地址：为F28379D分配唯一的I2C从设备地址，确保主机能识别并与之通信。

03 中断处理：根据需要配置I2C中断，以便在数据传输过程中进行相应的处理。

04 数据传输：使用TI提供的API（如I2C_putData）进行数据的发送和接收。

I2C的具体应用场景主要包括工业控制和消费电子的数据通信。例如：

- 传感器数据采集：通过I2C接口连接各种传感器（如温度传感器、压力传感器等），实现数据的实时采集和传输。
- 外部设备控制：利用I2C接口控制外部设备（如LED灯、电机等），实现远程控制或自动化控制。

- 系统扩展与升级：通过I2C接口连接扩展板或模块，扩展F28379D的功能，或进行固件升级等操作。
- 多设备协同工作：在需要多个设备协同工作的系统中，利用I2C协议实现设备间的通信和数据交换，提升系统整体性能和可靠性。

8.1　I2C串行通信协议概述

I2C协议是由Philips开发的一种简单的双向两线总线通信协议。在SPI协议中，数据流向可以是单工、半双工或全双工，而I2C协议属于半双工协议（即同一时刻，数据只能单向流动）。

I2C协议支持多主设备和多从设备的配置，能够通过地址索引选择并启用所需的从设备。I2C主要用于实现不同集成电路组件之间的控制功能，比如通过I2C协议连接MCU与LCD驱动器、远程I/O口、RAM、EEPROM或数据转换器。

通常情况下，I2C、SPI和UART都可以作为设备的串行接口协议，但这三者之间仍然存在一些差异。这三种协议都属于低速通用协议接口。因此，本节将这三种协议进行比较。

这些协议经过数十年的发展，衍生出了多个版本并加入了许多新特性，但它们的基本通信方式并未发生太大变化。为了便于比较，我们仅分析它们的基础版本，如表8-1所示。

表8-1　ADC可配置选项及配置方法

协议名称	数据流向	电气信号线	通信类型	选通方式
UART	单工/半双工/全双工	1/2条	异步	无
SPI	全双工	4条	同步	NSS选择
I2C	半双工	2条	同步	地址索引

这里重点解释一下UART、SPI和I2C这三个协议的选通方式。对于UART，通常情况下，它无法满足一个主设备与多个从设备的通信需求。UART的通信方式最为简单，只需要一根线即可完成通信，且协议本身并不允许外接多个从设备。然而，通过RS485转接或增加二极管的方式，可以实现多个从设备的选择（这一部分涉及电路设计层面的内容，不是数字IC设计需要考虑的内容）。

SPI协议有一个专门的NSS端口（片选端口），通常通过将NSS（片选信号）拉低来选择所需的从设备。

I2C协议中，每个主设备和从设备都有一个唯一的地址。在通信时，主设备先发送地址信号，若地址匹配，则相应的从设备被选中。I2C仅需要两根信号线即可完成通信，如图8-1所示。此外，I2C的信号线通常需要连接上拉电阻，但本节所讨论的是片上I2C协议，因此无须关注上拉电阻的具体大小问题。

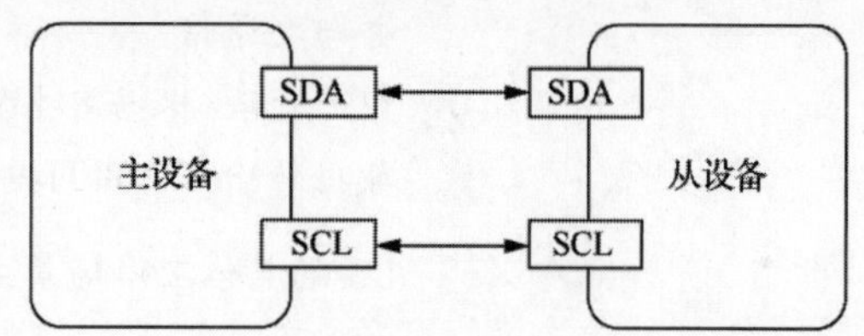

图8-1　I2C的通信结构

- SDA（Serial Data）：串行数据线，用于传输数据。

- SCL（Serial Clock）：串行时钟线，用来传输时钟信号，一般是主设备向从设备提供。

总之，I2C的连接形式非常灵活，既可以是图8-1所示的单主设备、单从设备，也可以是单主设备、多从设备，甚至支持多主设备、多从设备的结构。

I2C协议有多种数据格式，类似于CAN的“数据帧”，但相较于CAN的传输方式，I2C的格式更为简单，其数据传输格式主要包括起始条件、数据、应答信号和结束条件等关键部分。以下是I2C数据传输格式的详细说明：

（1）起始条件：当SCL（时钟线）保持“高”时，SDA（数据线）由“高”变为“低”，表示产生一个起始信号。这个起始条件由主控制器产生，用于通知所有连接到I2C总线的设备“开始数据传输”。

（2）从设备地址：在起始条件之后，主控制器会发送一个7位或10位的从设备地址，后面跟一个读/写位（R/W）。这个地址用于指定要与之通信的从设备。

（3）数据字节：在从设备地址之后，主控制器可以发送或接收一个或多个8位数据字节。这些数据字节包含要写入从设备或由从设备读取的数据。每个数据字节之后，从设备会发送一个应答信号（ACK）给主控制器，以确认数据字节已成功接收。

（4）应答信号（ACK）：在I2C通信中，应答信号是非常重要。每接收到一个数据字节，从设备会在下一个时钟周期将SDA线拉低，以便发送一个应答信号给主控制器，表示数据已成功接收。

注意　在主机由从机读取数据时，主机在最后一字节数据接收完后不发送应答信号，而是直接发送停止信号。

（5）结束条件：当SCL保持“高”且SDA由“低”变为“高”时，表示产生一个停止信号。这个停止条件也由主控制器产生，用于通知所有连接到I2C总线的设备“数据传输已结束”。

（6）数据传输的约束：在I2C通信过程中，所有的数据改变都必须在SCL为低电平时进行。当SCL为高电平时，SDA线上的数据必须保持稳定。输出到SDA线上的每字节必须是8位，不过每次传输的字节数不受限制。

I2C不同数据格式之间的关系如图8-2所示。

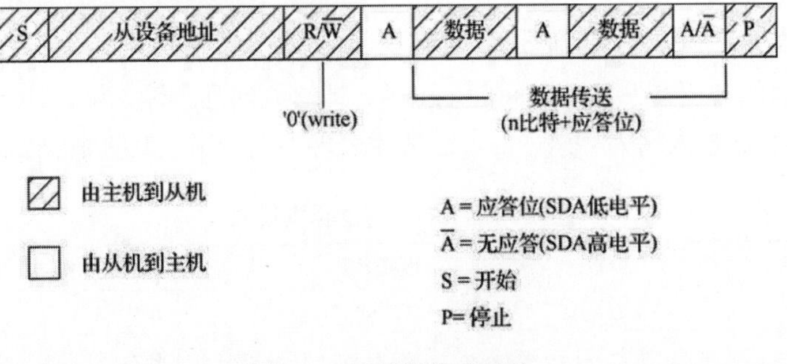

图8-2　I2C数据格式结构

图中首先为起始位S（start），接着传输7位地址（SLAVE ADDRESS）和1位读写控制信号（R/W）。随后是每次8位的传输数据位，每字节后紧跟一个ACK应答信号，最后为停止位。所有阴影部分表示主设备在操作总线，而非阴影部分的A区域则对应ACK应答信号，表示为从设备在操作总线。

此外，I2C协议还有一些可配置的参数，设计人员可以根据实际工程需求选择和配置。

1）传输模式

I2C 协议支持不同的传输模式，具体包括：

- 标准模式（Standard）：100kbps。
- 快速模式（Fast）：400kbps。
- 快速模式+（Fast-Plus）：1Mbps。
- 高速模式（High-speed）：3.4Mbps。
- 超快模式（Ultra-Fast）：5Mbps（单向传输）。

提到不同速度的传输模式，读者可能首先会想到SCK（时钟线）的频率，但这并不仅仅限于此。为了获得更高的传输速率，除了芯片设计工程师外，电路设计人员也需要考虑如“负载电容，上拉电阻的大小”等电路设计或模拟设计的因素。因此，在关注I2C协议的时钟频率的同时，还需关注与之配套的外围电路参数。

2）地址位宽

标准I2C：7位寻址。

扩展I2C：10位寻址。

每个主设备或从设备都对应一个唯一的地址。在大多数情况下，7位的地址已经够用了。但也可以扩展为10位地址，增加的3位地址为设备提供了8倍的潜在扩展数量。根据NXP 2021版的I2C协议规定，10位地址的从设备和7位地址的从设备可以挂在同一条总线上，相互兼容。尽管如此，10位寻址的I2C并不常用，7位寻址的I2C协议通常能满足日常工程需求。

3）设备地址

每个主设备与从设备需要设置互不相同的7位地址或10位地址。

4）I2C 的仲裁机制（主要包括 SCL 的同步问题、SDA 仲裁问题）

I2C总线具有“线与逻辑”（Line-and Logic），即总线的几个输入端，任意有一个拉低，总线表现为低电平；当全部输入端为高电平时，总线才表现为高电平。其真值表如表8-2所示。

表8-2　I2C线与逻辑真值表

设备A	设备B	总线逻辑
0	0	0
0	1	0

（续表）

设备A	设备B	总线逻辑
1	0	0
1	1	1

假设有两个主设备都想拉低SCL信号：Master1先拉低，Master2后拉低，那么SCL将根据CLK1的时序来拉低自身（应用了线与逻辑）。而假如Master1先拉高，Master2后拉高，SCL则会根据CLK2的时序来拉高自身。

因此，当多个节点同时发送时钟信号时，总线上会呈现一个统一的时钟信号。这就是SCL的同步原理，SCL同步过程如图8-3所示。

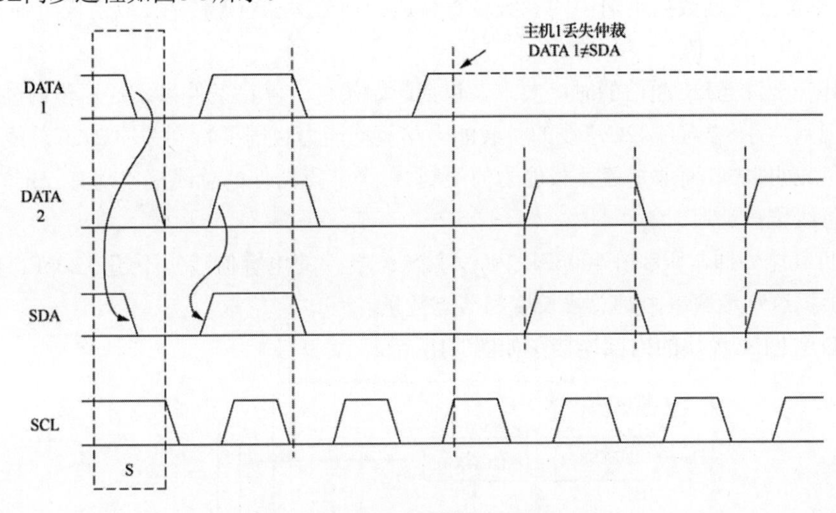

图8-3　I2C的同步过程与仲裁过程

接下来讨论仲裁问题。假设在一个多主设备、多从设备的系统中，两个主设备在空闲状态下几乎同时想要控制I2C总线（相隔时间非常短）。此时，I2C会发生错误（如数据紊乱等），如何解决这个问题呢？由此引出了I2C的仲裁机制。

在I2C协议中，仲裁机制同样应用了总线的线与逻辑，如图8-3所示，在箭头指示的位置，SCL的上升沿到来时，系统会对SDA上的数据进行采样。假设采用结果为0，它与DATA2上的数据0相同，与DATA1上的数据1不一致。通过这种比较，Master1会退出对总线的控制，而Master2继续控制总线，其发送的数据保持正确，从而完成仲裁。

由此，结合F28379D片上I2C模块以及I2C协议的特点，可以简短总结一下I2C模块的特性和功能。F28379D片上I2C模块具有以下特性：

（1）符合Philips半导体I2C总线规格（版本2.1），支持1～8位格式传输、7位和10位寻址模式、常规调用、START字节模式、支持多个主发送器和从接收器、支持多个从发送器和主接收器、组合主设备发送/接收和接收/发送模式，数据传输速率可达10kbps到400kbps（I2C快速模式速率）。

（2）具有一个16字节接收FIFO和一个16字节发送FIFO。

（3）支持由CPU触发的中断，可因以下列条件之一产生中断：发送数据准备就绪、接收数据准备就绪、寄存器访问准备就绪、未接收到确认、仲裁丢失、检测到停止条件、被寻址为从设备。

（4）在FIFO模式下，CPU可以使用附加中断。

（5）具有I2C启用和禁用功能。

（6）支持自由数据格式模式。

在F28379D的I2C模块实际开发中，需要注意以下几个问题，以确保通信的稳定性和正确性。一方面是时钟频率和时序配置，F28379D的I2C模块时钟频率需要正确配置。例如，如果需要100kHz的时钟频率，则需要根据数据手册中的参数设置合适的预分频器（IPSC）值，以及低时钟周期（ICCL）和高时钟周期（ICCH）值。

此外，还需要注意I2C通信的时序要求，包括起始条件、停止条件以及数据传输过程中的时钟和数据发送规则。另一方面，I2C总线的负载能力与驱动能力也需要特别关注。I2C总线上的节点数主要受电容负载的限制，而非电流负载能力的限制。每个节点器件的总线接口都有一定的等效电容，这可能导致总线传输延迟。

总线的负载能力通常限制在400pF以内，每个I2C器件的电容值通常不超过20pF。因此，在设计时，需要根据这些参数来限制总线长度和节点数量。

F28379D片上I2C模块的内部连接图如图8-4所示。

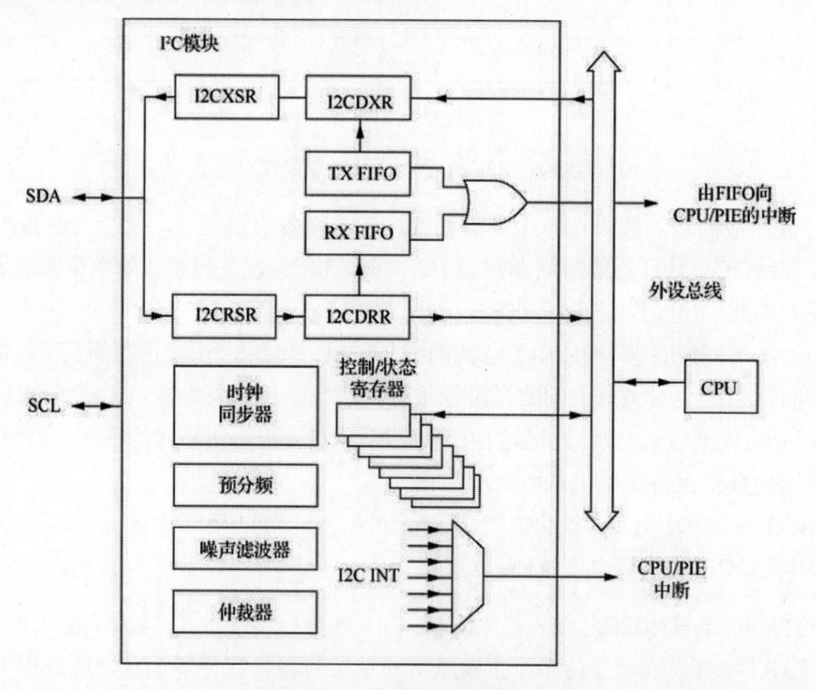

图8-4　I2C外设模块接口

8.2　I2C模块的电气特性及时序特征

本节重点介绍F28379D片上I2C器件的电气特性、开关特征、时序要求，以及在具体开发过程中常用的时序图。I2C模块的时序要求如表8-3所示。

注意　为了满足I2C协议的所有时序规范，I2C模块时钟频率必须配置在7MHz ~ 12MHz的范围内，并且需要选择符合I2C标准时序的上拉电阻。在大多数情况下，2.2kΩ的上拉电阻已足够。

表8-3　I2C时序要求

编　号	参　数		最 小 值	最 大 值	单　位
标准模式					
T0	f_{mod}	I2C模块频率	7	12	MHz
T1	$t_{h(SDA-SCL)START}$	保持时间，启动条件，SDA下降后SCL下降延迟	4.0	—	μs
T2	$t_{su(SCL-SDA)START}$	设置时间，重复启动，SDA下降延迟之前SCL上升	4.7	—	μs
T3	$t_{h(SCL-DAT)}$	保持时间，SCL下降后的数据	0	—	μs
T4	$t_{su(DAT-SCL)}$	设置时间，SCL上升前的数据	250	—	ns
T5	$t_{r(SDA)}$	上升时间，SDA	—	1000	ns
T6	$t_{r(SCL)}$	上升时间，SCL	—	1000	ns
T7	$t_{f(SDA)}$	下降时间，SDA	—	300	ns
T8	$t_{rs(SCL)}$	下降时间，SCL	—	300	ns
T9	$t_{su(SCL-SDA)STOP}$	设置时间，停止条件，SDA上升延迟之前SCL上升	4.0	—	μs
T10	$t_{w(SP)}$	将由滤波器抑制的尖峰脉冲持续时间	0	—	ns
T11	C_b	每条总线上的电容负载	—	400	pF
快速模式					
T0	f_{mod}	I2C模块频率	7	12	MHz
T1	$t_{h(SDA-SCL)START}$	保持时间，启动条件，SDA下降后SCL下降延迟	0.6	—	μs
T2	$t_{su(SCL-SDA)START}$	设置时间，重复启动，SDA下降延迟之前SCL上升	0.6	—	μs
T3	$t_{h(SCL-DAT)}$	保持时间，SCL下降后的数据	0	—	μs
T4	$t_{gu(DAT-SCL)}$	设置时间，SCL上升前的数据	100	—	ns
T5	$t_{r(SDA)}$	上升时间，SDA	20	300	ns
T6	$t_{r(SCL)}$	上升时间，SCL	20	300	ns

（续表）

编　号	参　数		最小值	最大值	单　位
T7	$t_{f(SDA)}$	下降时间，SDA	11.4	300	ns
T8	$t_{r(SCL)}$	下降时间，SCL	11.4	300	ns
T9	$t_{su(SCL-SDA)STOP}$	设置时间，停止条件，SDA上升延迟之前SCL上升	0.6	—	μs
T10	$t_{w(SP)}$	将由滤波器抑制的尖峰脉冲持续时间	0	50	ns
T11	C_b	每条总线上的电容负载	—	400	pF

I2C模块的开关特征如表8-4所示。

表8-4　I2C开关特征

编　号	参　数		测试条件	最小值	最大值	单　位
标准模式						
S1	f_{SCL}	SCL时钟频率	—	0	100	kHz
S2	T_{SCL}	SCL时钟周期	—	10		μs
S3	$t_{w(SCLL)}$	脉冲持续时间，SCL时钟低电平	—	4.7		μs
S4	$t_{w(SCLH)}$	脉冲持续时间，SCL时钟高电平	—	4.0		μs
S5	t_{BUF}	停止和启动条件之间的总线空闲时间	—	4.7		μs
S6	$t_{v(SCL-DAT)}$	有效时间，SCL下降后的数据	—	3.45		μs
S7	$t_{v(SCL-ACK)}$	有效时间，SCL下降后的确认	—	3.45		μs
S8	I_i	引脚上的输入电流	0.1Vbus<V <0.9Vbus	−10	10	μA
快速模式						
S1	f_{SCL}	SCL时钟频率	—	0	400	kHz
S2	T_{SCL}	SCL时钟周期	—	2.5		μs
S3	$t_{w(sCLL)}$	脉冲持续时间，SCL时钟低电平	—	1.3		μs
S4	$t_{w(SCLH)}$	脉冲持续时间，SCL时钟高电平	—	0.6		μs
S5	t_{BUF}	停止和启动条件之间的总线空闲时间	—	1.3		μs
S6	$t_{v(SCL-DAT)}$	有效时间，SCL下降后的数据	—	0.9		μs
S7	$t_{v(SCL-ACK)}$	有效时间，SCL下降后的确认	—	0.9		μs
S8	I_i	引脚上的输入电流	0.1Vbus<V <0.9Vbus	−10	10	μA

在实际开发中，I2C 时序图具有重要作用，主要用于帮助开发人员理解和分析 I2C 总线的通信过程。这包括理解通信流程、分析信号的时序关系、调试和诊断通信问题、提高设计可靠性以及优化数据传输效率等。I2C的时序图如图8-5所示。

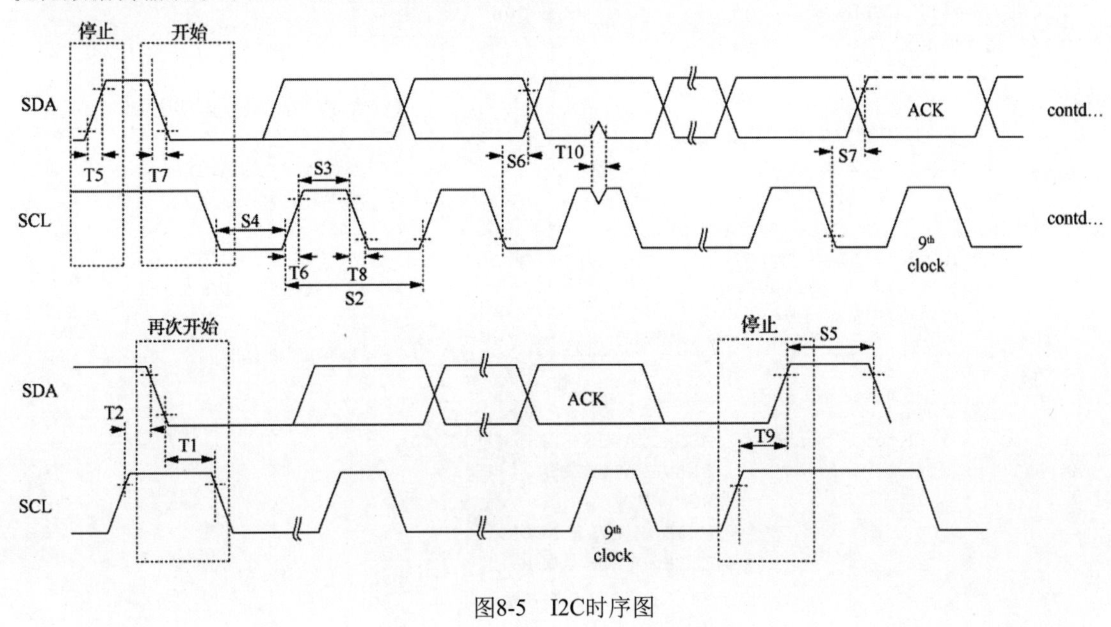

图8-5　I2C时序图

下面是一段通过I2C协议对EEPROM进行读写操作的代码实例，读者可根据这段例程实现I2C对常用片上存储器的访问。

【例8-1】 I2C协议访问EEPROM实验。

```
// 头文件
#include "driverlib.h"
#include "device.h"
// 宏定义
#define SLAVE_ADDRESS              0x50
#define EEPROM_HIGH_ADDR           0x00
#define EEPROM_LOW_ADDR            0x30
#define NUM_BYTES                  8
#define MAX_BUFFER_SIZE            14
// 最大为14字节是因为FIFO的最大容量为16字节，并且地址还需要占用2字节
// I2C消息状态
#define MSG_STATUS_INACTIVE        0x0000              // 不发送消息
#define MSG_STATUS_SEND_WITHSTOP   0x0010              // 发送停止位消息
#define MSG_STATUS_WRITE_BUSY      0x0011              // 消息已发送
#define MSG_STATUS_SEND_NOSTOP     0x0020              // 发送无停止位的消息
#define MSG_STATUS_SEND_NOSTOP_BUSY 0x0021             // 等待ARDY
#define MSG_STATUS_RESTART         0x0022              // 变成快速接收模式
```

```
#define MSG_STATUS_READ_BUSY          0x0023          // 在读数据之前等待停止位
// 错误消息
#define ERROR_BUS_BUSY                0x1000
#define ERROR_STOP_NOT_READY          0x5555
#define SUCCESS                       0x0000
// 结构体定义
struct I2CMsg {
    uint16_t msgStatus;                                // 表示msg当前状态的字
    // 参考MSG_STATUS_*定义
    uint16_t slaveAddr;                                // 绑定到msg的从地址
    uint16_t numBytes;                                 // msg中的有效字节数
    uint16_t memoryHighAddr;                           // EEPROM地址
    // 发送消息(high byte)
    uint16_t memoryLowAddr;                            // 相关数据的EEPROM地址
    // 传递消息(low byte)
    uint16_t msgBuffer[MAX_BUFFER_SIZE];               // 保存msg的数组
};
// 全局变量定义
struct I2CMsg i2cMsgOut={MSG_STATUS_SEND_WITHSTOP,
                         SLAVE_ADDRESS,
                         NUM_BYTES,
                         EEPROM_HIGH_ADDR,
                         EEPROM_LOW_ADDR,
                         0x01,
                         0x23,
                         0x45,
                         0x67,
                         0x89,
                         0xAB,
                         0xCD,
                         0xEF};
struct I2CMsg i2cMsgIn ={MSG_STATUS_SEND_NOSTOP,
                        SLAVE_ADDRESS,
                        NUM_BYTES,
                        EEPROM_HIGH_ADDR,
                        EEPROM_LOW_ADDR};
struct I2CMsg *currentMsgPtr;                          // 使用中断
uint16_t passCount=0;
uint16_t failCount=0;
// 函数定义
void initI2C(void);
uint16_t readData(struct I2CMsg *msg);
uint16_t writeData(struct I2CMsg *msg);
void fail(void);
void pass(void);
__interrupt void i2cAISR(void);
// 主函数
void main(void){
```

```
uint16_t error;
uint16_t i;
// 初始化设备时钟和外围器件
Device_init();
 // 使能（即启用）中断
Device_initGPIO();
// 初始化GPIO32、33，并设置为SDA-A和SCL-A
GPIO_setPinConfig(GPIO_32_SDAA);
GPIO_setPadConfig(32, GPIO_PIN_TYPE_PULLUP);
GPIO_setQualificationMode(32, GPIO_QUAL_ASYNC);
GPIO_setPinConfig(GPIO_33_SCLA);
GPIO_setPadConfig(33, GPIO_PIN_TYPE_PULLUP);
GPIO_setQualificationMode(33, GPIO_QUAL_ASYNC);
// 初始化PIE中断寄存器
Interrupt_initModule();
// 初始化PIE中断向量表
Interrupt_initVectorTable();
// 中断寄存器赋值
Interrupt_register(INT_I2CA, &i2cAISR);
// 将I2C初始化为FIFO模式
initI2C();
// 清空消息缓冲区
for (i=0; i < MAX_BUFFER_SIZE; i++){
   i2cMsgIn.msgBuffer[i]=0x0000;
}
// 设置中断指针
currentMsgPtr=&i2cMsgOut;
// 使能中断
Interrupt_enable(INT_I2CA);
// 使能全局中断和实时中断
EINT;
ERTM;
// 循环定义
while(1){
   // 向eeprom写入数据
   if(i2cMsgOut.msgStatus==MSG_STATUS_SEND_WITHSTOP)
   {
      // 向eeprom发送数据
      error=writeData(&i2cMsgOut);
      // 检测错误位是否被拉高
      if(error==SUCCESS){
         currentMsgPtr=&i2cMsgOut;
         i2cMsgOut.msgStatus=MSG_STATUS_WRITE_BUSY;
      }
   }
   // 读取eeprom的数据
   if (i2cMsgOut.msgStatus==MSG_STATUS_INACTIVE){
      // 检测消息状态
```

08

```
            if(i2cMsgIn.msgStatus==MSG_STATUS_SEND_NOSTOP){
                // 发送eeprom地址
                while(readData(&i2cMsgIn) != SUCCESS){
                }
                // 更新当前消息指针和消息状态
                currentMsgPtr=&i2cMsgIn;
                i2cMsgIn.msgStatus=MSG_STATUS_SEND_NOSTOP_BUSY;
            }
            // 判断消息状态
            else if(i2cMsgIn.msgStatus==MSG_STATUS_RESTART){
                // 读取部分数据
                while(readData(&i2cMsgIn) != SUCCESS){
                }
                // 更新消息指针和消息状态
                currentMsgPtr=&i2cMsgIn;
                i2cMsgIn.msgStatus=MSG_STATUS_READ_BUSY;
            }
        }
    }
}
// 初始化函数，将I2C-A配置为FIFO模式
void
initI2C(){
    // 配置I2C之前必须进行复位
    I2C_disableModule(I2CA_BASE);
    // 使用400kHz的时钟频率以及33%的占空比
    I2C_initMaster(I2CA_BASE, DEVICE_SYSCLK_FREQ, 400000, I2C_DUTYCYCLE_33);
    I2C_setBitCount(I2CA_BASE, I2C_BITCOUNT_8);
    I2C_setSlaveAddress(I2CA_BASE, SLAVE_ADDRESS);
    I2C_setEmulationMode(I2CA_BASE, I2C_EMULATION_FREE_RUN);
    // 使能停止条件以及寄存器中断
    I2C_enableInterrupt(I2CA_BASE, I2C_INT_STOP_CONDITION |
                        I2C_INT_REG_ACCESS_RDY);
    // FIFO配置
    I2C_enableFIFO(I2CA_BASE);
    I2C_clearInterruptStatus(I2CA_BASE, I2C_INT_RXFF | I2C_INT_TXFF);
    // 配置完成
    I2C_enableModule(I2CA_BASE);
}
// 向eeprom写数据的函数
uint16_t
writeData(struct I2CMsg *msg){
    uint16_t i;
    if(I2C_getStopConditionStatus(I2CA_BASE)){
        return(ERROR_STOP_NOT_READY);
    }
    // 启动从设备
    I2C_setSlaveAddress(I2CA_BASE, SLAVE_ADDRESS);
```

```
    // 检测器件是否繁忙
    if(I2C_isBusBusy(I2CA_BASE)){
        return(ERROR_BUS_BUSY);
    }
    // 向消息缓冲区发送地址
    I2C_setDataCount(I2CA_BASE, (msg->numBytes + 2));
    // 重新配置为启动模式
    I2C_putData(I2CA_BASE, msg->memoryHighAddr);
    I2C_putData(I2CA_BASE, msg->memoryLowAddr);
    for (i=0; i < msg->numBytes; i++){
        I2C_putData(I2CA_BASE, msg->msgBuffer[i]);
    }
    // 向主设备发送
    I2C_setConfig(I2CA_BASE, I2C_MASTER_SEND_MODE);
    I2C_sendStartCondition(I2CA_BASE);
    I2C_sendStopCondition(I2CA_BASE);
    return(SUCCESS);
}
// 读数据函数实现
uint16_t
readData(struct I2CMsg *msg){

    if(I2C_getStopConditionStatus(I2CA_BASE)){
        return(ERROR_STOP_NOT_READY);
    }
    I2C_setSlaveAddress(I2CA_BASE, SLAVE_ADDRESS);
    if(msg->msgStatus==MSG_STATUS_SEND_NOSTOP){
        if(I2C_isBusBusy(I2CA_BASE)){
            return(ERROR_BUS_BUSY);
        }
        I2C_setDataCount(I2CA_BASE, 2);
        I2C_putData(I2CA_BASE, msg->memoryHighAddr);
        I2C_putData(I2CA_BASE, msg->memoryLowAddr);
        I2C_setConfig(I2CA_BASE, I2C_MASTER_SEND_MODE);
        I2C_sendStartCondition(I2CA_BASE);
    }
    else if(msg->msgStatus==MSG_STATUS_RESTART){
        I2C_setDataCount(I2CA_BASE, (msg->numBytes));
        I2C_setConfig(I2CA_BASE, I2C_MASTER_RECEIVE_MODE);
        I2C_sendStartCondition(I2CA_BASE);
        I2C_sendStopCondition(I2CA_BASE);
    }
    return(SUCCESS);
}
// I2C的中断服务子程序
__interrupt void
i2cAISR(void){
    I2C_InterruptSource intSource;
```

08

```
    uint16_t i;
    // 读取中断源
    intSource=I2C_getInterruptSource(I2CA_BASE);
    // 中断源是否为错误位
    if(intSource==I2C_INTSRC_STOP_CONDITION){
        // 消息发送完成后重置当前状态
        if(currentMsgPtr->msgStatus==MSG_STATUS_WRITE_BUSY){
            currentMsgPtr->msgStatus=MSG_STATUS_INACTIVE;
        }
        else{
             // 如果当前消息状态是“发送不带停止位”，则更新状态
            if(currentMsgPtr->msgStatus==MSG_STATUS_SEND_NOSTOP_BUSY){
                currentMsgPtr->msgStatus=MSG_STATUS_SEND_NOSTOP;
            }
            // 如果当前消息正在读取数据
            else if(currentMsgPtr->msgStatus==MSG_STATUS_READ_BUSY){
                currentMsgPtr->msgStatus=MSG_STATUS_INACTIVE;
                // 读取数据并保存到缓冲区
                for(i=0; i < NUM_BYTES; i++){
                    currentMsgPtr->msgBuffer[i]=I2C_getData(I2CA_BASE);
                }
                // 比较接收到的数据和预期的数据
                for(i=0; i < NUM_BYTES; i++){
                    if(i2cMsgIn.msgBuffer[i]==i2cMsgOut.msgBuffer[i]){
                        passCount++;     // 数据匹配计数
                    }
                    else{
                        failCount++;     // 数据不匹配计数
                    }
                }
                // 如果所有字节都匹配，则调用pass函数
                if(passCount==NUM_BYTES){
                    pass();
                }
                else{
                    fail();              // 如果有不匹配的字节，则调用fail函数
                }
            }
        }
    }
    // 判断中断源是否为寄存器访问准备好中断
    else if(intSource==I2C_INTSRC_REG_ACCESS_RDY){

        // 如果没有收到ACK响应，则发送停止条件
        if((I2C_getStatus(I2CA_BASE) & I2C_STS_NO_ACK) != 0){
            I2C_sendStopCondition(I2CA_BASE);
            I2C_clearStatus(I2CA_BASE, I2C_STS_NO_ACK);
        }
```

```
        // 如果当前消息状态是“发送不带停止位”，则进行重启
        else if(currentMsgPtr->msgStatus==MSG_STATUS_SEND_NOSTOP_BUSY){
            currentMsgPtr->msgStatus=MSG_STATUS_RESTART;
        }
    }
    // 其他中断源
    else{
        asm("   ESTOP0");       // 如果发生未知中断，则停止程序
    }
    // 清除中断组
    Interrupt_clearACKGroup(INTERRUPT_ACK_GROUP8);
}

// pass函数：当数据验证通过时调用，程序停止
void pass(void){
    asm("   ESTOP0");             // 停止程序
    for(;;);                      // 死循环，保持程序在停止状态
}

// fail函数：当数据验证失败时调用，程序停止
void fail(void){
    asm("   ESTOP0");             // 停止程序
    for(;;);                      // 死循环，保持程序在停止状态
}
```

该程序通过I2C协议将1～14字节的数据写入EEPROM，并对重新读取它。写入的数据和对应的EEPROM地址包含在消息结构i2cMsgOut中，而回读的数据则保存在消息结构i2cMsgIn中。

8.3　基于F28379D的I2C串行通信开发实例

本节在8.2节的基础上，基于F28379D片上的I2C-A和I2C-B模块为基础，进行外部数据回环操作。整个过程涉及FIFO和中断等常用的片上资源，旨在帮助读者更好地理解I2C协议的工作原理及片上两组I2C设备的使用方法。代码的主要实现部分如下。

【例8-2】 I2C与FIFO结合进行通信实验。

```
// 头文件
#include "driverlib.h"
#include "device.h"
// 宏定义
#define SLAVE_ADDRESS   0x3C
// 全局变量定义
uint16_t sData[2]={0,0};                  // 发送数据缓冲区
uint16_t rData[2]={0,0};                  // 接收数据缓冲区
uint16_t rDataPoint=0;                    // 接收数据点计数器

// 函数声明：初始化I2C FIFO及中断服务函数
```

```
void initI2CFIFO(void);
__interrupt void i2cFIFOISR(void);

// 主函数
void main(void){
    uint16_t i;
    // 初始化设备时钟及外围器件
    Device_init();

    // 使能中断并初始化GPIO
    Device_initGPIO();
    // 使能GPIO32/33引脚，并配置为SCL-A和SDA-A
    GPIO_setPinConfig(GPIO_32_SDAA);
    GPIO_setPadConfig(32, GPIO_PIN_TYPE_PULLUP);
    GPIO_setQualificationMode(32, GPIO_QUAL_ASYNC);
    GPIO_setPinConfig(GPIO_33_SCLA);
    GPIO_setPadConfig(33, GPIO_PIN_TYPE_PULLUP);
    GPIO_setQualificationMode(33, GPIO_QUAL_ASYNC);
    // 使能GPIO34/35引脚，并配置为SCL-B和SDA-B
    GPIO_setPinConfig(GPIO_34_SDAB);
    GPIO_setPadConfig(34, GPIO_PIN_TYPE_PULLUP);
    GPIO_setQualificationMode(34, GPIO_QUAL_ASYNC);
    GPIO_setPinConfig(GPIO_35_SCLB);
    GPIO_setPadConfig(35, GPIO_PIN_TYPE_PULLUP);
    GPIO_setQualificationMode(35, GPIO_QUAL_ASYNC);
    // 配置LED1为输出引脚
    GPIO_setPadConfig(DEVICE_GPIO_PIN_LED1, GPIO_PIN_TYPE_STD);
    GPIO_setDirectionMode(DEVICE_GPIO_PIN_LED1, GPIO_DIR_MODE_OUT);

    // 初始化PIE中断寄存器
    Interrupt_initModule();
    // 初始化PIE中断向量表
    Interrupt_initVectorTable();

    // 配置为FIFO模式
    Interrupt_register(INT_I2CA_FIFO, &i2cFIFOISR);
    Interrupt_register(INT_I2CB_FIFO, &i2cFIFOISR);

    // 配置I2C的FIFO
    initI2CFIFO();

    // 初始化数据缓冲区
    for(i=0; i < 2; i++){
        sData[i]=i;        // 设置发送数据
        rData[i]= 0;       // 设置接收数据为0
    }
    // 使能I2C的两组FIFO中断
    Interrupt_enable(INT_I2CA_FIFO);
    Interrupt_enable(INT_I2CB_FIFO);
    // 使能全局中断和实时中断
```

```
    EINT;
    ERTM;

    // 主循环
    while(1){
    // data  数据操作
    }
}

// 配置I2C为FIFO模式的函数
void initI2CFIFO(){
    // 禁用I2C模块
    I2C_disableModule(I2CA_BASE);
    I2C_disableModule(I2CB_BASE);
    // 配置I2C-A为主设备模式，频率为400kHz
    I2C_initMaster(I2CA_BASE, DEVICE_SYSCLK_FREQ, 400000, I2C_DUTYCYCLE_50);
    I2C_setConfig(I2CA_BASE, I2C_MASTER_SEND_MODE);
    I2C_setDataCount(I2CA_BASE, 2);                    // 发送2字节
    I2C_setBitCount(I2CA_BASE, I2C_BITCOUNT_8);   // 8位数据

    // 配置I2C-B为从设备模式
    I2C_setConfig(I2CB_BASE, I2C_SLAVE_RECEIVE_MODE);
    I2C_setDataCount(I2CB_BASE, 2);                    // 接收2字节
    I2C_setBitCount(I2CB_BASE, I2C_BITCOUNT_8);   // 8位数据

    // 配置I2C-B为从设备模式
    I2C_setSlaveAddress(I2CA_BASE, SLAVE_ADDRESS);
    I2C_setOwnSlaveAddress(I2CB_BASE, SLAVE_ADDRESS);
    // 配置I2C为自由运行模式
    I2C_setEmulationMode(I2CA_BASE, I2C_EMULATION_FREE_RUN);
    I2C_setEmulationMode(I2CB_BASE, I2C_EMULATION_FREE_RUN);
    // 使能FIFO和中断配置
    I2C_enableFIFO(I2CA_BASE);
    I2C_clearInterruptStatus(I2CA_BASE, I2C_INT_TXFF);
    I2C_setFIFOInterruptLevel(I2CA_BASE, I2C_FIFO_TX2, I2C_FIFO_RX2);
    I2C_enableInterrupt(I2CA_BASE, I2C_INT_TXFF | I2C_INT_STOP_CONDITION);
    I2C_enableFIFO(I2CB_BASE);
    I2C_clearInterruptStatus(I2CB_BASE, I2C_INT_RXFF);
    I2C_setFIFOInterruptLevel(I2CB_BASE, I2C_FIFO_TX2, I2C_FIFO_RX2);
    I2C_enableInterrupt(I2CB_BASE, I2C_INT_RXFF | I2C_INT_STOP_CONDITION);

    // 使能I2C模块
    I2C_enableModule(I2CA_BASE);
    I2C_enableModule(I2CB_BASE);
}

// I2C发送接收中断服务程序
__interrupt void i2cFIFOISR(void){
    uint16_t i;

    // 检测I2C-B接收FIFO中断
```

```
    if((I2C_getInterruptStatus(I2CB_BASE) & I2C_INT_RXFF) != 0){
        for(i=0; i < 2; i++){
            rData[i]=I2C_getData(I2CB_BASE);
        }
        // 检测接收的数据是否正确
        for(i=0; i < 2; i++){
            if(rData[i] != ((rDataPoint + i) & 0xFF)){
                Example_Fail=1;      // 如果数据不匹配，则设置失败标志
                ESTOP0;              // 停止程序
            }
        }
        // 更新接收数据的指针
        rDataPoint=(rDataPoint + 1) & 0xFF;
        // 打开LED1指示成功
        GPIO_writePin(DEVICE_GPIO_PIN_LED1, 0);
        // 清除I2C-B接收FIFO中断标志位
        I2C_clearInterruptStatus(I2CB_BASE, I2C_INT_RXFF);
        Example_PassCount++;         // 增加成功计数
    }
    // 检测I2C-A发送FIFO中断
    else if((I2C_getInterruptStatus(I2CA_BASE) & I2C_INT_TXFF) != 0){
        for(i=0; i < 2; i++){        // 向I2C-A发送数据
            I2C_putData(I2CA_BASE, sData[i]);
        }
        // 发送启动信号
        I2C_sendStartCondition(I2CA_BASE);

       // 下一个循环的增量数据
        for(i=0; i < 2; i++){
           sData[i]=(sData[i] + 1) & 0xFF;
        }
        // 清除I2C-A发送FIFO中断标志位
        I2C_clearInterruptStatus(I2CA_BASE, I2C_INT_TXFF);
        // 关闭LED1
        GPIO_writePin(DEVICE_GPIO_PIN_LED1, 1);
    }
    Interrupt_clearACKGroup(INTERRUPT_ACK_GROUP8);           // 清除中断标志位
}
```

该实例通过I2C-A和I2C-B模块实现外部数据环回。I2C-A TX FIFO和I2C-B RX FIFO结合中断的使用，在I2C-A上发送数据流，然后与I2C-B上接收的数据流进行比较，完成数据的回环与验证操作。

8.4　本章小结

本章详细介绍了I2C串行协议的基本概念以及F28379D片上I2C模块的电气特性、时序特征等内

容，并给出了I2C串行通信的开发实例。通过片上两组I2C模块（I2C-A和I2C-B）的相互通信，实现了主从设备之间的数据传输，并对传输的数据进行了比较，完成了通信回环实验。读者可以在此基础上快速掌握与I2C相关的开发流程，从而在具体工程中更高效地实现这些常用的通信协议。

8.5 习题

（1）列举I2C通信的几种速度模式，并给出每种模式的通信速率范围。

（2）解释在I2C通信中为什么需要上拉电阻，并说明其对数据传输的影响。

（3）描述I2C总线在出现多主设备冲突时是如何解决的，并解释仲裁机制。

（4）分析I2C开漏输出的特性，并解释为什么需要这种输出方式。

（5）请简述I2C通信中SDA和SCL两根线的功能及在通信中的作用。

（6）讨论I2C总线通信距离与通信速率之间的关系，并给出理论依据。

（7）解释I2C设备地址的唯一性对于总线通信的重要性，并说明如何避免地址冲突。

（8）描述I2C通信中的应答机制，并解释其在数据传输中的作用和必要性。

（9）在I2C通信协议中，如何设计一个能够支持多个从设备（最多127个）的通信系统，同时确保数据传输的可靠性和效率？请详细阐述主设备和从设备之间的通信机制，并考虑总线电容、时钟频率和传输距离等因素。

（10）设计一个基于I2C协议的嵌入式系统，该系统需要同时连接多个传感器（至少5个）和显示模块。请详细描述系统的硬件架构、I2C总线的设计以及软件实现方案，确保数据的实时性和准确性。

（11）在高速模式下，I2C通信协议的通信速率可达到3.4MHz。请分析在如此高的通信速率下，如何确保数据传输的稳定性和可靠性？同时，请讨论如何应对总线上的干扰和冲突。

（12）描述I2C协议中的从设备在接收到主机发送的多字节写请求时，如何确保数据的一致性和完整性？请详细解释其中的握手过程以及可能的错误检测机制。

（13）在I2C总线上，当有多个从设备被连接到同一主机时，如何确保主机能够准确地与指定的从设备进行通信？请分析I2C协议中的设备寻址机制，并解释如何处理地址冲突。

（14）分析I2C通信协议中的时钟同步机制，并解释在高速通信时可能遇到的问题。请提出至少两种策略来解决这些问题，并讨论它们的优缺点。

（15）在I2C通信中，主机和从设备之间的数据传输速率是如何确定的？请讨论时钟拉伸（Clock Stretching）技术的原理，并说明它在I2C通信中的作用。

（16）设计一个基于I2C协议的嵌入式系统，该系统需要同时与多个传感器和执行器进行通信。请描述你的系统架构，包括如何管理I2C总线的资源、如何确保数据的实时性以及如何处理可能出现的通信冲突。

第 9 章

多通道缓冲串行端口McBSP

多通道缓冲串行端口（Multichannel Buffered Serial Port，McBSP）是TI公司生产的数字信号处理芯片的一个关键特性。McBSP在标准串行接口的基础上进行了功能扩展，因此不仅保留了标准串行接口的基本功能，还具备了一些额外的特性和优势。

9.1 McBSP串行通信端口概述

McBSP包括一个数据通道和一个控制通道，通过6个引脚与外部设备连接。数据通道引脚包括数据发送引脚DX和数据接收引脚DR；控制通道引脚包括时钟信号发送引脚CLKX、时钟信号接收引脚CLKR、帧同步发送引脚FSX以及帧同步接收引脚FSR。

McBSP在标准串行接口的基础上进行了功能扩展，因此除保留标准串行接口的基本功能外，还具备以下具体特性：

（1）引脚配置：McBSP包括一个数据通道和一个控制通道，通过6个引脚与外部设备连接。其中，数据发送引脚DX负责数据的发送，数据接收引脚DR负责数据的接收，以及发送时钟引脚CLKX、接收时钟引脚CLKR、发送帧同步引脚FSX和接收帧同步引脚FSR，它们分别提供串行时钟和控制信号。

（2）全双工通信：McBSP支持全双工通信，允许同时发送和接收数据。

（3）缓冲机制：McBSP具有两级缓冲发送和三级缓冲接收数据寄存器，支持连续的数据流传输，从而提高了通信效率和可靠性。

（4）可配置性：McBSP提供多种配置选项，如可选的串行字长度（包括8、12、16、20、24和32位），支持多种数据压缩格式（如μ-Law和A-Law），以及可编程的帧同步脉冲和时钟信号极性等。

（5）多通道支持：每个McBSP串行口最多支持128个通道，适用于多通道通信的应用场景。

McBSP的应用场景广泛，主要包括以下几个方面：

（1）音频编解码器通信：McBSP能够直接与工业标准的多媒体数字信号编解码器连接，常用于音频数据的传输和处理。

（2）DSP与其他设备通信：McBSP可以与其他DSP器件、编码器等串口器件进行通信，支持数据交换和共享。

（3）高速数据传输：在需要高速数据传输的场合，如实时控制系统和图像处理等，McBSP的多通道和缓冲机制能够提供高效、稳定的数据传输方案。

通常情况下，McBSP采用两种格式压缩数据。除了串口的发送端和接收端，还包括时钟端、串行字和帧同步功能，支持单相位和双相位传输时序。其配置选项涵盖采样速率发生器的输入时钟选择和极性设置、时钟生成与频率配置、帧同步信号的产生及脉宽与周期控制，以及 CLKG 和 FSG 与外部输入时钟的同步。

在错误管理方面，McBSP可能出现以下问题：接收器溢出、异常帧同步、发送数据覆盖、发送器下溢以及异常发送帧同步等。

McBSP共有8组，128个通道，且每组通道一一对应。它支持2分区和8分区的配置，可以根据接收器与发送器具体配置方案的不同进行如下分类：

- 接收器和发送器的配置——复位、使能（即启用），设置引脚。
- 使能或禁止数字回路模式，禁止时钟停止。
- 使能或禁止多通道选择，禁止A-bis模式。
- 设置接收帧和发送帧相位，设置接收字和发送字长。
- 设置接收帧和发送帧的长度。
- 使能或禁止异常接收和发送帧同步忽略功能。
- 设置接收和发送的压缩解压模式，设置接收和发送数据延迟。
- 设置接收符号扩展和对齐模式，设置发送DXENA模式。
- 设置接收和发送中断模式，设置接收帧同步模式。
- 设置发送帧同步模式，设置接收和发送帧同步极性。
- 设置帧同步周期和脉冲长度，设置接收和发送时钟模式。
- 设置接收和发送时钟极性，设置SRG时钟分频参数。
- 设置SRG时钟同步模式，设置SRG时钟模式及极性。

9.2　McBSP模块的电气特性及时序特征

本节主要介绍F28379D片上McBSP模块的功能特性、电气特性、开关特征、时序要求以及开发过程中可能使用的具体时序图。片上McBSP的系统方框图如图9-1所示。

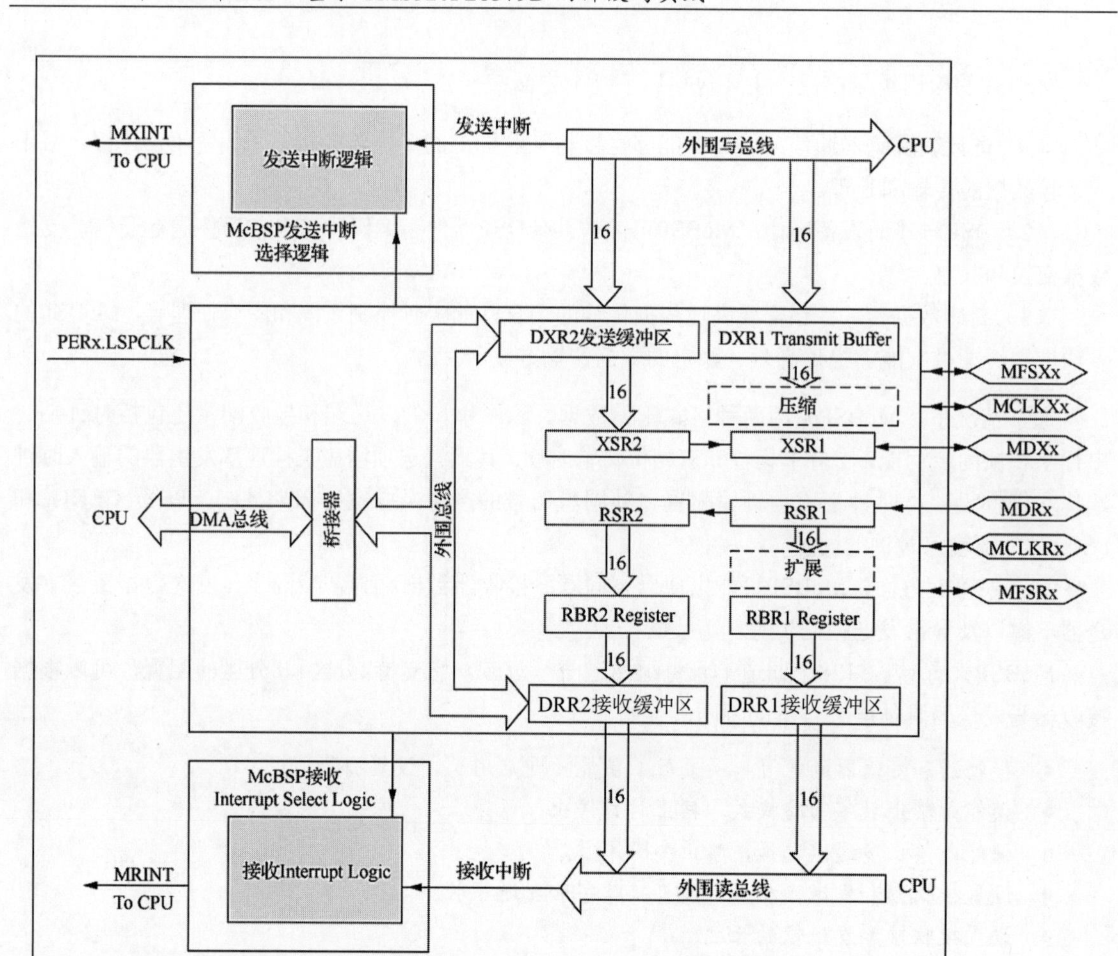

图9-1　McBSP模块系统方框图

McBSP具有以下功能特性：

- 与TMS320C28x和TMS320F28xDSP器件中的McBSP兼容。
- 支持全双工通信。
- 提供连续数据流的双缓冲数据寄存器。
- 独立的帧和时钟用于接收和传输。
- 支持外部移位时钟生成或内部可编程频率移位时钟。
- 8位数据传输模式，支持LSB或MSB优先传输。
- 可编程的帧同步和数据时钟极性。
- 高度可编程内部时钟和帧生成。
- 可直接与业界通用的编解码器、模拟接口芯片（Analog Interface Chip，AIC）及其他串行连接的模数和数模器件连接。

- 支持AC97、I2S和SPI协议。

McBSP的时序要求如表9-1所示。

表9-1　McBSP的时序要求

编　号	参　数			最小值	最大值	单　位
—	McBSP	模块时钟（CLKG、CLKX、CLKR）范围		1	—	kHz
				—	25	MHz
—	McBSP	模块周期时间（CLKG、CLKX、CLKR）范围		40	—	ns
				—	1	ms
M11	$t_{c(CKRX)}$	周期时间，CLKR/X	CLKR/X外部	2P	—	ns
M12	$t_{w(CKRX)}$	脉冲持续时间，CLKR/X高电平或CLKR/X低电平	CLKR/X外部	P-7	—	ns
M13	$t_{r(CKRX)}$	上升时间，CLKR/X	CLKR/X外部	—	7	ns
M14	$t_{f(CKRX)}$	下降时间，CLKR/X	CLKR/X外部	—	7	ns
M15	$t_{su(FRH-CKRL)}$	在CLKR低电平之前，外部FSR为高电平的建立时间	CLKR内部	18	—	ns
			CLKR外部	2	—	
M16	$t_{h(CKRL-FRH)}$	在CLKR低电平之后，外部FSR为高电平的保持时间	CLKR内部	0	—	ns
			CLKR外部	6	—	
M17	$t_{su(DRV-CKRL)}$	在CLKR低电平之前，DR有效的保持时间	CLKR内部	18	—	ns
			CLKR外部	5	—	
M18	$t_{h(CKRL-DRV)}$	在CLKR低电平之后，DR有效的保持时间	CLKR内部	0	—	ns
			CLKR外部	3	—	
M19	$t_{su(CKXL-FXH)}$	在CLKX低电平之前，外部FSX为高电平的建立时间	CLKX内部	18	—	ns
			CLKX外部	2	—	
M20	$t_{h(CKXL-FXH)}$	在CLKX低电平之后，外部FSX为高电平的保持时间	CLKX内部	0	—	ns
			CLKX外部	6	—	

McBSP的开关特征如表9-2所示。

表9-2　McBSP的开关特征

编　号	参　数			最小值	最大值	单　位
M1	$t_{c(CKRX)}$	周期时间，CLKR/X	CLKR/X内部	2P	—	ns
M2	$t_{w(CKRXH)}$	脉冲持续时间，CLKR/X高电平	CLKR/X内部	D-5	D+5	ns
M3	$t_{w(CKRXL)}$	脉冲持续时间，CLKR/X低电平	CLKR/X内部	C-5	C+5	ns
M4	$t_{a(CKRH-FRV)}$	CLKR高电平到内部FSR有效的延迟时间	CLKR内部	−7	7.5	ns
			CLKR外部	3	27	

（续表）

编　号	参　数				最 小 值	最 大 值	单　位
M5	$t_{a(CKXH-FXV)}$	CLKX高电平到内部FSX有效的延迟时间		CLKX内部	−5	6	ns
				CLKX外部	3	27	
M6	$t_{dis(CKXH-DXHZ)}$	CLKX高电平到DX在最后一个数据位后为高阻抗的禁用时间		CLKX内部	−8	8	ns
				CLKX外部	3	15	
M7	$t_{a(CKXH-DXV)}$	CLKX高电平到DX有效的延迟时间		CLKX内部	−3	9	ns
				CLKX外部	5	25	
		CLKX 高 电 平到DX有效的延迟时间	DXENA=0	CLKX内部	−3	8	
				CLKX外部	5	20	
			DXENA=1	CLKX内部	P−3	P+8	
				CLKX外部	P+5	P+20	
M8	$t_{en(CKXH-DX)}$	CLKX 高 电 平待DX被驱动的使能时间	DXENA=0	CLKX内部	−6	—	ns
				CLKX外部	4	—	
			DXENA=1	CLKX内部	P-6	—	
				CLKX外部	P+4	—	
M9	$t_{d(FXH-DXV)}$	FSX高电平到DX有效的延迟时间	DXENA=0	FSX内部	—	8	ns
				FSX外部	—	17	
			DXENA=1	FSX内部	—	P+8	
				FSX外部	—	P+17	

McBSP的接收时序图和传输时序图如图9-2和图9-3所示。

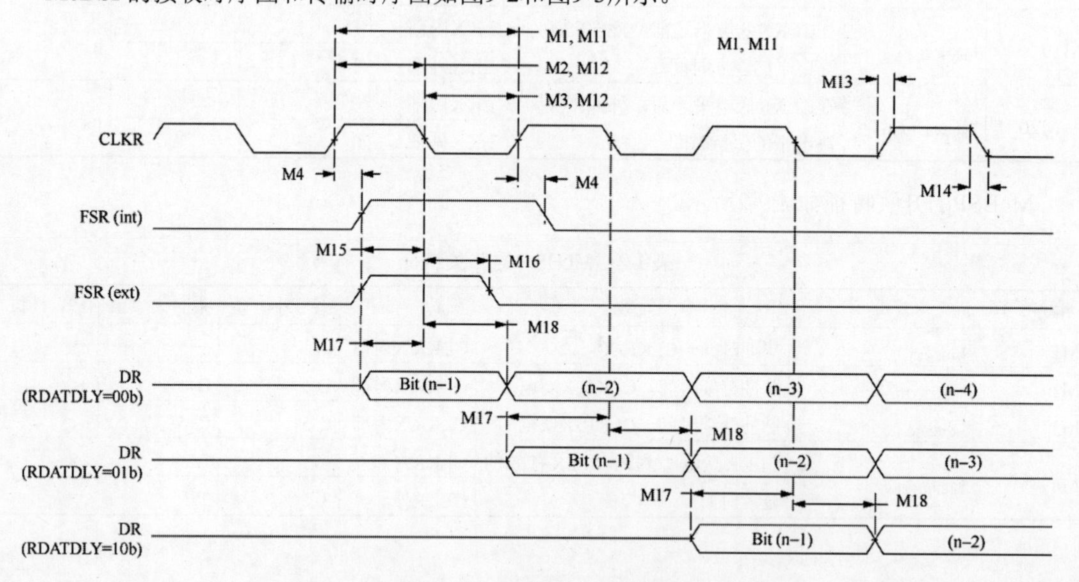

图9-2　McBSP接收时序图

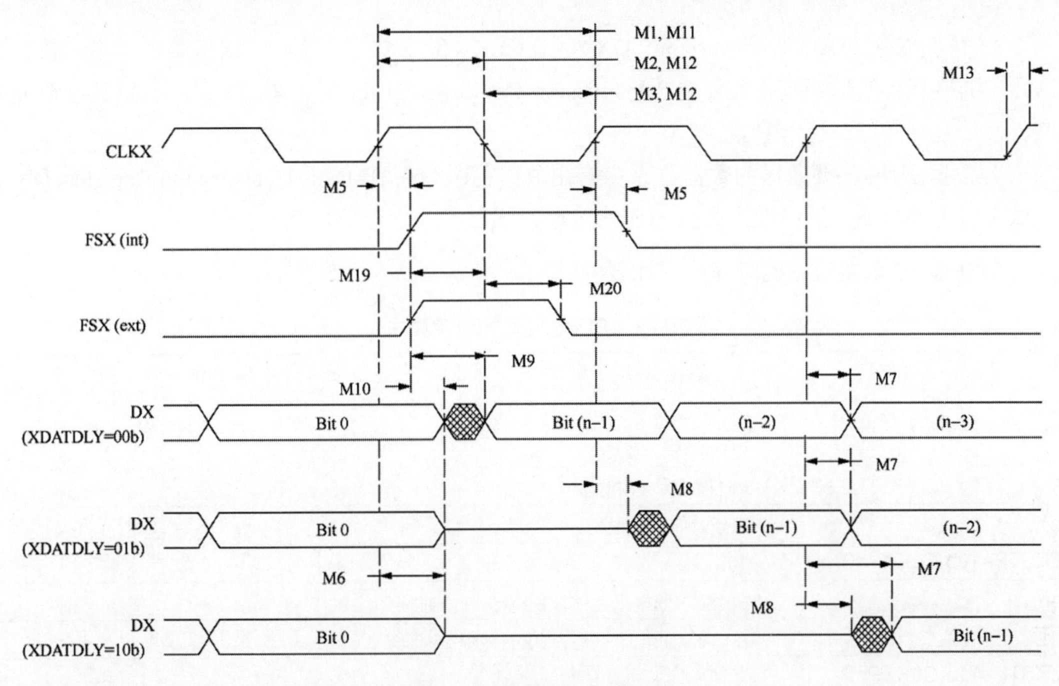

图9-3　McBSP传输时序图

有关McBSP的接收时序图和传输时序图简述如下。

1. 接收时序图

（1）时钟信号（Clock Receiver，CLKR）：在接收模式下，CLKR为数据接收提供时钟信号。该时钟信号的频率决定了数据接收的速率。

（2）帧同步信号（Frame Synchronization Receiver，FSR）：FSR为接收数据的同步时钟。每当FSR信号变化时，标志着新一帧数据的开始。

（3）数据接收（Data Receiver，DR）：在CLKR和FSR的控制下，DR引脚负责接收串行数据。接收格式由接收控制寄存器（Receive Control Register，RCR）配置，包括数据单元长度、帧长度和数据延迟等参数。

（4）数据缓冲：接收到的数据首先存储在数据接收寄存器（Data Receive Register，DRR）中，实现缓冲功能。这确保了数据的连续接收和存储，同时允许后台进行其他任务的处理。

2. 传输时序图

（1）时钟信号（Clock Signal，CLKX）：在发送模式下，CLKX提供发送数据的时钟信号。时钟信号的频率决定了数据发送的速率。

（2）帧同步信号（Frame Synchronization Signal，FSX）：FSX提供发送数据的同步时钟。每当FSX信号发生变化时，标志着新一数据帧的开始。

（3）数据发送（Data Transmission，DX）：在CLKX和FSX的控制下，DX引脚发送串行数据。数据发送的格式由发送控制寄存器（Transmission Control Register，XCR）配置，包括数据单元的长度、帧长度和数据延迟等参数。

（4）数据缓冲：将要发送的数据首先存储在数据发送寄存器（Data Transmission Register，DXR）中，以实现缓冲功能。这确保了数据的连续发送，同时允许后台处理其他任务。

McBSP作为SPI主设备的时序要求如表9-3所示。

表9-3　SPI主设备的时序要求

编　号	参　数		最小值	最大值	单　位
时钟					
—	$t_{c(CLKG)}$	周期时间，CLKG	2*$t_{cLSPCLK}$	—	ns
—	P	周期时间，LSPCLK	$t_{e(LSPCLK)}$	—	ns
M33	$t_{c(CKX)}$	周期时间，CLKX	2P	—	ns
CLKSTP=10b,CLKXP=0					
M30	$t_{su(DRV-CKXL)}$	在CLKX低电平之前，DR有效建立时间	30	—	ns
M31	$t_{h(CKXL-DRV)}$	在CLKX低电平之后，DR有效保持时间	1	—	ns
CLKSTP=11b,CLKXP=0					
M39	$t_{su(DRV-CKXH)}$	建立时间，在CLKX高电平之前，DR有效建立时间	30	—	ns
M40	$t_{h(CKXH-DRV)CLKX}$	高电平后，DR有效的保持时间	1	—	ns
CLKSTP=10b, CLKXP=1					
M49	$t_{su(DRV-CKXH)}$	建立时间，在CLKX高电平之前，DR有效建立时间	30	—	ns
M50	$t_{h(CKXH-DRV)CLKX}$	在高电平之后，DR有效的保持时间	1	—	ns
CLKSTP=11b,CLKXP=1					
M58	$t_{su(DRV-CKXL)}$	在CLKX低电平之前，DR有效的建立时间	30	—	ns
M59	$t_{h(CKXL-DRV)}$	在CLKX低电平之后，DR有效的保持时间	1	—	ns

McBSP作为SPI主设备的开关特征如表9-4所示。

表9-4　SPI主设备的开关特征

编　号	参　数	最小值	最大值	单　位
时钟				
M33	$t_{a(cLKO)}$周期时间	40	—	ns
—	半个CLKG周期	20	—	ns
—	LSPCLK到CLKG分频器	2	—	ns

（续表）

编　号	参　数	最小值	最大值	单　位
CLKSTP=10b,CLKXP=0				
M24	在CLKX低电平之后，FSX高电平的保持时间	2P-6	—	ns
M25	FSX低电平到CLKX高电平的延迟时间	P-6	—	ns
M26	CLKX高电平到DX有效的延迟时间	-4	6	ns
M28	从CLKX低电平到最后一个数据位后的DX高阻抗的禁用时间	P-8		ns
M29	FSX低电平到DX有效的延迟时间	P-3	P+6	ns
CLKSTP=11b, CLKXP=0				
M34	在CLKX低电平之后，FSX高电平的保持时间	P-6		ns
M35	FSX低电平到CLKX高电平的延迟时间	P-6		ns
M36	CLKX低电平到DX有效的延迟时间	-4	6	ns
M37	从CLKX低电平到最后一个数据位后的DX高阻抗的禁用时间	P-6		ns
M38	FSX低电平到DX有效的延迟时间	-2	1	ns
CLKSTP=10b,CLKXP=1				
M43	CLKX高电平之后，FSX高电平的保持时间	2P-6		ns
M44	FSX低电平到CLKX低电平的延迟时间	P-6		ns
M45	CLKX低电平到DX有效的延迟时间	-4	6	ns
M47	从CLKX低电平到最后一个数据位后的DX高阻抗的禁用时间	P-6		ns
M48	FSX低电平到DX有效的延迟时间	-2	1	ns
CLKSTP=11b,CLKXP=1				
M53	在CLKX高电平之后，FSX高电平的保持时间	P-6		ns
M54	FSX低电平到CLKX低电平的延迟时间	2P-6		ns
M55	CLKX高电平到DX有效的延迟时间	-4	6	ns
M56	从CLKX高电平到最后一个数据位后的DX高阻抗的禁用时间	P-8		ns
M57	FSX低电平到DX有效的延迟时间	-2	1	ns

McBSP作为SPI从设备的时序要求如表9-5所示。

表9-5　SPI从设备的时序要求

编　号	参　数	最小值	最大值	单　位
时钟				
—	周期时间，CLKG	$2*t_{c(LSPCLK)}$	—	ns
—	周期时间，LSPCLK	$t_{c(LSPCLK)}$	—	ns
M33 M42 M52 M61	周期时间，CLKX	16P	—	ns

（续表）

编　号	参　数	最小值	最大值	单　位
不适用	时钟和数据之间的最大允许偏移量，以确保采样时钟能够准确同步数据	—	—	ns
CLKSTP=10b,CLKXP=0				
M30	在CLKX低电平之前，DR有效的保持时间	8P−10	—	ns
M31	在CLKX低电平之后，DR有效的保持时间	8P−10	—	ns
M32	在CLKX高电平之前，FSX为低电平的建立时间	8P+10	—	ns
CLKSTP=11b,CLKXP=0				
M39	在CLKX高电平之前，DR有效的设置时间	8P−10	—	ns
M40	在CLKX高电平之后，DR有效的保持时间	8P−10	—	ns
M41	在CLKX高电平之前，FSX为低电平的建立时间	16P+10	—	ns
CLKSTP=10b,CLKXP=1				
M49	在CLKX高电平之前，DR有效的设置时间	8P−10	—	ns
M50	在CLKX高电平之后，DR有效的保持时间	8P−10	—	ns
M51	在CLKX低电平之前，FSX为低电平的建立时间	8P+10	—	ns
CLKSTP=11b,CLKXP=1				
M58	在CLKX低电平之前，DR有效的保持时间	8P−10	—	ns
M59	在CLKX低电平之后，DR有效的保持时间	8P−10	—	ns
M60	在CLKX低电平之前，FSX为低电平的建立时间	16P+10	—	ns

McBSP作为SPI从设备的开关特征如表9-6所示。

表9-6　SPI从设备的开关特征

编　号	参　数	最小值	单　位
时钟			
—	周期时间，CLKG	—	ns
CLKSTP=10b，CLKXP=0			
M26	CLKX高电平到DX有效的延迟时间	3P+6	ns
M28	从FSX高电平到最后一个数据位后的DX高阻抗的禁用时间	6P+6	ns
M29	FSX低电平到DX有效的延迟时间	4P+6	ns
CLKSTP=11b，CLKXP=0			
M36	CLKX低电平到DX有效的延迟时间	3P+6	ns
M37	禁用时间，从CLKX低电平到最后一个数据位后的DX高阻的时间	7P+6	ns
M38	FSX低电平到DX有效的延迟时间	4P+6	ns
CLKSTP=10b，CLKXP=1			
M45	CLKX低电平到DX有效的延迟时间	3P+6	ns
M47	从FSX高电平到最后一个数据位后的DX高阻抗的禁用时间	6P+6	ns
M48	FSX低电平到DX有效的延迟时间	4P+6	ns

（续表）

编　　号	参　　数	最 小 值	单　　位
CLKSTP=11b，CLKXP=1			
M55	CLKX高电平到DX有效的延迟时间	3P+6	ns
M56	从CLKX高电平到最后一个数据位后的DX高阻抗的禁用时间	7P+6	ns
M57	FSX低电平到DX有效的延迟时间	4P+6	ns

McBSP的时序图如图9-4～图9-7所示。

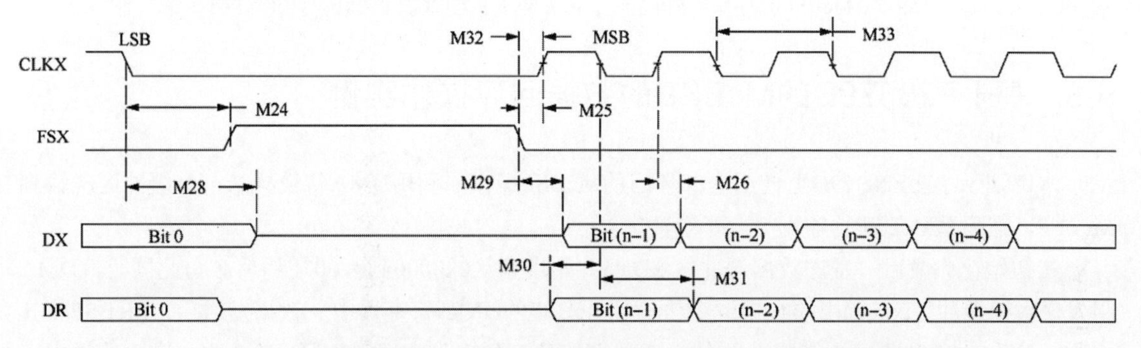

图9-4　McBSP时序作为SPI主设备或从设备：CLKSTP=10b，CLKXP=0

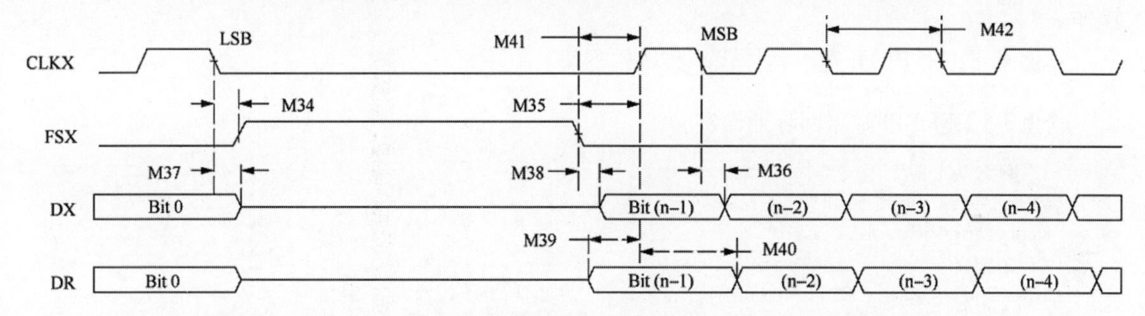

图9-5　McBSP时序作为SPI主设备或从设备：CLKSTP=11b，CLKXP=0

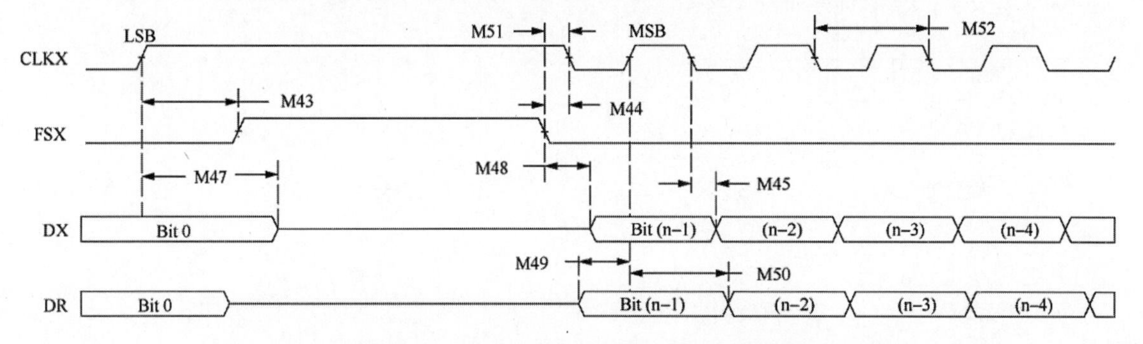

图9-6　McBSP时序作为SPI主设备或从设备：CLKSTP=10b，CLKXP=1

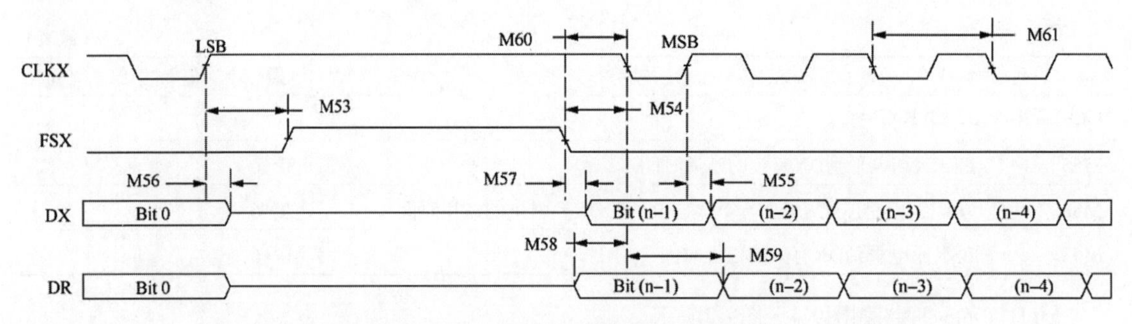

图9-7 McBSP时序作为SPI主设备或从设备：CLKSTP=11b，CLKXP=1

9.3 基于F28379D的McBSP的数据回环操作实例

本例演示了在F28379D上使用内部环回的McBSP操作，利用DMA将数据从一个缓冲区传输到McBSP，然后从McBSP传输到另一个缓冲区。

在初始化完成后，发送数据缓冲区txData开始填充从0x0000到0x007F的值。与此同时，DMA将发送数据缓冲区txData中的数据逐个传输到McBSP的DXRx寄存器中。数据发送后，McBSP将其接收。最终，DMA将McBSP接收到的每个数据值移动到接收数据缓冲区rxData中，完成数据回环操作。

本例基于F28379D开发，具体代码实现如下。

【例9-1】McBSP数据回环通信实验。

```
// 包含头文件
#include "device.h"
#include "driverlib.h"
// 宏定义
#define MCBSP_CYCLE_NOP0(n)  __asm(" RPT #(" #n ") || NOP")
#define MCBSP_CYCLE_NOP(n)   MCBSP_CYCLE_NOP0(n)
// 定义字节大小，可选三者其中之一
#define WORD_SIZE    8U
// #define WORD_SIZE    16U
// #define WORD_SIZE    32U
#pragma DATA_SECTION(txData, "ramgs0")
#pragma DATA_SECTION(rxData, "ramgs1")
// 全局变量定义
uint16_t txData[128];
uint16_t rxData[128];
uint16_t dataSize;
uint16_t errCountGlobal=0;
// 函数定义
extern void setupMcBSPAPinmux(void);
void configDMAChannel1(void);
```

```
void configDMAChannel2(void);
void configDMA32Channel1(void);
void configDMA32Channel2(void);
void initDMA(void);
void initDMA32(void);
void initMcBSPLoopback(void);
void startDMA(void);
// 配置DMA的中断服务程序
__interrupt void localDMAINTCH1ISR(void);
__interrupt void localDMAINTCH2ISR(void);
// 主函数
void main(void){
    uint16_t i;
    // 初始化设备时钟和外围器件
    Device_init();
    // 关闭全部中断
    DINT;
    // 初始化GPIO
    Device_initGPIO();
    setupMcBSPAPinmux();
    // 初始化PIE寄存器
    Interrupt_initModule();
    // 初始化PIE中断向量表
    Interrupt_initVectorTable();
    // 中断服务程序
    Interrupt_register(INT_DMA_CH1, localDMAINTCH1ISR);
    Interrupt_register(INT_DMA_CH2, localDMAINTCH2ISR);
    // 配置片上DMA为第二主设备
    SysCtl_selectSecMaster(SYSCTL_SEC_MASTER_DMA, SYSCTL_SEC_MASTER_DMA);
    // 用户定义数据段
    dataSize=WORD_SIZE;
    // 初始化数据缓冲区
    for(i=0; i<128; i++){
        // 用递增数据填充
        txData[i]=i;
        // 初始化接收数据为ffffu
        rxData[i]=0xFFFFU;
    }
    // 初始化DMA
    if(dataSize==32){
    // 以32bit数据填充进行初始化
        initDMA32();
    }
    else{
    // 初始化DMA
        initDMA();
    }
    startDMA();
```

```
    initMcBSPLoopback();
    // 使能PIE中断模块
    Interrupt_enable(INT_DMA_CH1);
    Interrupt_enable(INT_DMA_CH2);
    // 使能第七组CPU中断
    IER=0x40;
    // 使能全局中断
    EINT;
    ERTM;
    // 循环开启
    while(1);
}
// 配置DMA通道1等待数据读入
void configDMAChannel1(){
    // 配置DMA通道1，位宽16bit
    DMA_disableInterrupt(DMA_CH1_BASE);
    // 每次突发传输为1字节
    DMA_configBurst(DMA_CH1_BASE, 1U, 0U, 0U);
    // 每次传输127次突发
    DMA_configTransfer(DMA_CH1_BASE, 128, 1, 0);
    // 配置DAM地址端
    DMA_configAddresses(DMA_CH1_BASE,(const void*)(MCBSPA_BASE + MCBSP_O_DXR1),
                        (const void*)(&txData[0]));
    // 清空外设中断标志位
    DMA_clearTriggerFlag(DMA_CH1_BASE);
    // 清空同步错误位
    DMA_clearErrorFlag(DMA_CH1_BASE);
    DMA_configWrap(DMA_CH1_BASE, 0x10000U, 0, 0x10000U, 0);
    // 使能通道中断
    DMA_enableInterrupt(DMA_CH1_BASE);
    // 传输结束时的中断
    DMA_setInterruptMode(DMA_CH1_BASE, DMA_INT_AT_END);
    // 使能中断触发
    DMA_enableTrigger(DMA_CH1_BASE);
    // 配置DMA触发源为 McBSPA Tx EVT
    DMA_configMode(DMA_CH1_BASE, DMA_TRIGGER_MCBSPAMXEVT, 0);
    // 清空外设中断标志位
    DMA_clearTriggerFlag(DMA_CH1_BASE);
}
// 配置DMA通道2
void configDMAChannel2(){
    // 位宽选择为16bit
    DMA_disableInterrupt(DMA_CH2_BASE);
    // 每次突发传输1字节
    DMA_configBurst(DMA_CH2_BASE, 1U, 0U, 0U);
    // 每次127个突发
    DMA_configTransfer(DMA_CH2_BASE, 128, 0, 1);
    DMA_configAddresses(DMA_CH2_BASE,(const void*)(&rxData[0]),
```

```
                        (const void*)(MCBSPA_BASE + MCBSP_O_DRR1));
    // 清空外设中断标志位
    DMA_clearTriggerFlag(DMA_CH2_BASE);
    // 清空同步错误位
    DMA_clearErrorFlag(DMA_CH2_BASE);
    // 配置wrap
    DMA_configWrap(DMA_CH2_BASE, 0x10000U, 0, 0x10000U, 0);
    // 使能通道中断
    DMA_enableInterrupt(DMA_CH2_BASE);
    // 中断模式选择
    DMA_setInterruptMode(DMA_CH2_BASE, DMA_INT_AT_END);
    // 使能外围器件触发
    DMA_enableTrigger(DMA_CH2_BASE);
    // 配置DMA触发源为McBSPA Tx EVT
    DMA_configMode(DMA_CH2_BASE, DMA_TRIGGER_MCBSPAMREVT, 0);
    // 清空外围器件中断标志位
    DMA_clearTriggerFlag(DMA_CH2_BASE);
}

// 配置DMA32通道1
void configDMA32Channel1(){
    DMA_disableInterrupt(DMA_CH1_BASE);
    DMA_configBurst(DMA_CH1_BASE, 2U, 1U, 1U);
    DMA_configTransfer(DMA_CH1_BASE, 64, 1, 0xFFFF);
    DMA_configAddresses(DMA_CH1_BASE,(const void*)(MCBSPA_BASE + MCBSP_O_DXR2),
                        (const void*)(&txData[0]));
    DMA_clearTriggerFlag(DMA_CH1_BASE);
    DMA_clearErrorFlag(DMA_CH1_BASE);
    DMA_configWrap(DMA_CH1_BASE, 0x10000U, 0, 0x10000U, 0);
    DMA_enableInterrupt(DMA_CH1_BASE);
    DMA_setInterruptMode(DMA_CH1_BASE, DMA_INT_AT_END);
    DMA_enableTrigger(DMA_CH1_BASE);
    DMA_configMode(DMA_CH1_BASE, DMA_TRIGGER_MCBSPAMXEVT, 0);
    DMA_clearTriggerFlag(DMA_CH1_BASE);
}

// 配置DMA32通道2
void configDMA32Channel2(){
    DMA_disableInterrupt(DMA_CH2_BASE);
    DMA_configBurst(DMA_CH2_BASE, 2U, 1U, 1U);
    DMA_configTransfer(DMA_CH2_BASE, 64, 0xFFFF, 1);
    DMA_configAddresses(DMA_CH2_BASE, (const void*)(&rxData[0]),
                        (const void*)(MCBSPA_BASE + MCBSP_O_DRR2));
    DMA_clearTriggerFlag(DMA_CH2_BASE);
    DMA_clearErrorFlag(DMA_CH2_BASE);
    DMA_configWrap(DMA_CH2_BASE, 0x10000U, 0, 0x10000U, 0);
    DMA_enableInterrupt(DMA_CH2_BASE);
    DMA_setInterruptMode(DMA_CH2_BASE, DMA_INT_AT_END);
```

09

```
    DMA_enableTrigger(DMA_CH2_BASE);
    DMA_configMode(DMA_CH2_BASE, DMA_TRIGGER_MCBSPAMREVT, 0);
    DMA_clearTriggerFlag(DMA_CH2_BASE);
}
// 初始化DMA通道1、2以及对应的传输数据位宽
void initDMA(void){
    DMA_initController();
    configDMAChannel1();
    configDMAChannel2();
}
// 初始化DMA32
void initDMA32(void){
    DMA_initController();
    configDMA32Channel1();
    configDMA32Channel2();
}
// 初始化McBSP数据回环操作
void initMcBSPLoopback(){
    // 复位发送器和接收器
    McBSP_resetFrameSyncLogic(MCBSPA_BASE);
    McBSP_resetSampleRateGenerator(MCBSPA_BASE);
    McBSP_resetTransmitter(MCBSPA_BASE);
    McBSP_resetReceiver(MCBSPA_BASE);
    // 复位接收标志
    McBSP_setRxSignExtension(MCBSPA_BASE, MCBSP_RIGHT_JUSTIFY_FILL_ZERO);
    // 使能DLB模式
    McBSP_enableLoopback(MCBSPA_BASE);
    // 设置发送和接收延迟一个周期
    McBSP_setRxDataDelayBits(MCBSPA_BASE, MCBSP_DATA_DELAY_BIT_1);
    McBSP_setTxDataDelayBits(MCBSPA_BASE, MCBSP_DATA_DELAY_BIT_1);
    // 设置CLK源
    McBSP_setTxClockSource(MCBSPA_BASE, MCBSP_INTERNAL_TX_CLOCK_SOURCE);
    McBSP_setTxFrameSyncSource(MCBSPA_BASE,
MCBSP_TX_INTERNAL_FRAME_SYNC_SOURCE);
    // 配置McBSP相关参数
    if(dataSize==8){
        McBSP_setRxDataSize(MCBSPA_BASE, MCBSP_PHASE_ONE_FRAME,
                        MCBSP_BITS_PER_WORD_8, 0);
        McBSP_setTxDataSize(MCBSPA_BASE, MCBSP_PHASE_ONE_FRAME,
                        MCBSP_BITS_PER_WORD_8, 0);
    }
    else if(dataSize==16){
        McBSP_setRxDataSize(MCBSPA_BASE, MCBSP_PHASE_ONE_FRAME,
                        MCBSP_BITS_PER_WORD_16, 0);
        McBSP_setTxDataSize(MCBSPA_BASE, MCBSP_PHASE_ONE_FRAME,
                        MCBSP_BITS_PER_WORD_16, 0);
    }
    else if(dataSize==32){
```

```
        McBSP_setRxDataSize(MCBSPA_BASE, MCBSP_PHASE_ONE_FRAME,
                            MCBSP_BITS_PER_WORD_32, 0);
        McBSP_setTxDataSize(MCBSPA_BASE, MCBSP_PHASE_ONE_FRAME,
                            MCBSP_BITS_PER_WORD_32, 0);
    }
    // 设置同步帧的暂停周期
    McBSP_setFrameSyncPulsePeriod(MCBSPA_BASE, 31);
    // 设置同步帧的暂停宽度
    McBSP_setFrameSyncPulseWidthDivider(MCBSPA_BASE, 0);
    // 设置同步帧的触发源
    McBSP_setTxInternalFrameSyncSource(MCBSPA_BASE,
                                       MCBSP_TX_INTERNAL_FRAME_SYNC_SRG);
    // 设置LSPCLK时钟源
    McBSP_setTxSRGClockSource(MCBSPA_BASE, MCBSP_SRG_TX_CLOCK_SOURCE_LSPCLK);
    // 配置分频参数
    McBSP_setSRGDataClockDivider(MCBSPA_BASE, 0);
    // 关闭外部同步时钟
    McBSP_disableSRGSyncFSR(MCBSPA_BASE);
    MCBSP_CYCLE_NOP(8);
    // 启用采样率生成器
    McBSP_enableSampleRateGenerator(MCBSPA_BASE);
    // 启用帧同步逻辑
    McBSP_enableFrameSyncLogic(MCBSPA_BASE);
    MCBSP_CYCLE_NOP(16);
    // 使能发送通道复位
    HWREGH(MCBSPA_BASE + MCBSP_O_SPCR2) |= MCBSP_SPCR2_XRST;
    // 使能接收通道复位
    HWREGH(MCBSPA_BASE + MCBSP_O_SPCR1) |= MCBSP_SPCR1_RRST;
}
// 开启DMA功能
void startDMA(void){
    DMA_startChannel(DMA_CH1_BASE);
    DMA_startChannel(DMA_CH2_BASE);
}
// 本地DMA通道1的中断服务子程序
__interrupt void localDMAINTCH1ISR(void){
    DMA_stopChannel(DMA_CH1_BASE);
    Interrupt_clearACKGroup(INTERRUPT_ACK_GROUP7);
    return;
}
// 本地DMA通道2的中断服务子程序
__interrupt void localDMAINTCH2ISR(void){
    uint16_t i;
    DMA_stopChannel(DMA_CH2_BASE);        // 停止DMA通道2
    // 清除DMA通道2的中断ACK
    Interrupt_clearACKGroup(INTERRUPT_ACK_GROUP7);
    // 循环检查接收到的数据与发送的数据是否匹配
    for(i=0; i < 128; i++){
```

09

```
        // 判断数据大小是否为8位
        if(dataSize==8){
            // 对比接收数据与发送数据的低8位是否一致
            if((rxData[i] & 0x00FF) != (txData[i] & 0x00FF)){
                // 如果数据不一致，增加错误计数，并设置失败标志
                errCountGlobal++;
                Example_Fail=1;
                ESTOP0;         // 发生错误时停止执行
            }
            Example_PassCount++;        // 数据匹配，增加通过计数
        }
        else{
           // 对比接收数据与发送数据是否一致
           if(rxData[i] != txData[i]){
                errCountGlobal++;       // 如果数据不一致，增加错误计数，并设置失败标志
                Example_Fail=1;
                ESTOP0;
            }
            Example_PassCount++;        // 数据匹配，增加通过计数
        }
    }
    return;
}
```

本实例实现了McBSP（多通道缓冲串行端口）与DMA（直接内存访问）结合进行数据回环操作，这是数字信号处理（DSP）系统中常用的高效数据传输方式。通过这种操作，数据可以在McBSP的发送和接收通道之间直接循环传输，而无须CPU干预，从而显著提高了数据传输的效率和速度。

9.4　本章小结

本章详细介绍了多通道缓冲串行端口（McBSP）的基础概念、功能特点，以及片上McBSP的电气特性和时序要求。作为TI数字信号处理芯片中的重要组成部分，McBSP具有强大的通信功能和灵活的配置选项。通过深入了解其特点、引脚功能和回环通信模式的应用，读者能够更好地利用McBSP进行数据传输和测试。

此外，本章还提供了基于回环通信实验的开发实例，涵盖McBSP接口特性及相关寄存器的配置方法，旨在帮助读者更快速地掌握McBSP的使用，并进一步理解F28379D的串行通信实现过程。

9.5　习题

（1）简述McBSP的主要功能特点。

（2）描述McBSP的基本结构及其主要组成部分。

（3）在McBSP中，数据是如何通过接收通道进行传输的？

（4）解释McBSP中的双缓冲数据寄存器的作用，并描述其在数据传输中的应用。

（5）McBSP如何支持外部时钟和内部可编程时钟？

（6）当串行数据长度大于16位时，McBSP如何配置寄存器以存储数据的高有效位？

（7）μ-Law和A-Law数据压缩扩展在McBSP中应用是什么？

（8）如何配置McBSP以支持多达128个通道的数据收发？

（9）在McBSP中，串行字长度的可选范围是多少？并解释不同长度对数据传输的影响。

（10）描述McBSP中接收数据的对齐模式，并解释当接收数据的位数少于寄存器的位数时，如何进行填充。

（11）在McBSP中，如何设置帧同步脉冲和时钟信号的极性？并解释这些设置对数据传输的影响。

（12）详细描述如何访问McBSP的子地址寄存器，并举例说明。

（13）当利用DMA为McBSP服务时，串口数据的读写具有哪些自动缓冲功能？

（14）列举McBSP可直接连接的设备类型，并解释其与IOM-2、SPI、AC97等设备的兼容性。

（15）在McBSP中，如何选择和配置多个通道进行数据传输？

（16）描述McBSP如何处理数据传输中的错误，并给出可能的错误检测机制。

（17）如何配置McBSP以实现每秒100Mbps的高速数据传输？

（18）分析McBSP内部时钟和帧同步脉冲的可编程生成方式，并说明其在实际应用中的优势。

（19）举例说明McBSP在数字信号处理器（DSP）中的应用场景，并描述其如何优化数据传输性能。

（20）针对一个具体的DSP系统，设计一个基于McBSP的数据传输方案，包括通道配置、时钟设置、数据格式等，并解释如何优化该方案以提高数据传输效率和稳定性。

第 10 章

串行通信接口SCI

本章介绍串行通信接口（Serial Communication Interface，SCI）模块的功能和操作，并给出了相应的开发实例。SCI是一种双线异步串行端口，通常称为UART。SCI模块支持CPU与使用标准非归零（Non-Return to Zero，NRZ）格式的其他异步外设之间的数字通信。SCI接收器和发送器通常配有一个16级深的FIFO，用于减少通信过程中的额外开销，并且每个模块都有独立的使能和中断位，支持半双工或全双工通信。

通常情况下，为了确保数据完整性，SCI会对接收到的数据进行错误检查，并执行相应的中断检测、奇偶校验、溢出处理和帧错误处理。此外，SCI 的比特率可通过 16 位通信速率选择寄存器进行编程，以支持不同的传输速度。

10.1　SCI串行通信接口概述

串行通信接口，简称串口，也称串行通信接口（通常指COM接口），是一种采用串行通信方式的功能扩展接口，其特点是将要传送的数据按位依次发送和接收，同一时刻通信总线上仅传输一位数据。

串行接口的主要特点包括三点：一是通信线路简单，只需一对传输线即可实现双向通信，甚至可以利用电话线作为传输线，大大降低了成本；二是传送速度较慢，相对并行通信，串行通信的传送速度较慢，但适用于远距离通信；三是串行通信通常支持多种工作模式，可根据信息传输的方向进一步分为单工、半双工和全双工三种模式。

在DSP（数字信号处理器）芯片中，常见的串行接口包括SCI（串行通信接口）、SPI（串行外设接口）、USB（通用串行总线）以及UPP（通常指UART Power Port或其他特定芯片上的串行接口，尽管UPP并非通用术语）。这些接口各自特点和应用场景，下面将简单介绍本章涉及的4种常用串行接口。

（1）SCI：常用于微控制器和外部设备之间的串行通信，主要实现点对点的半双工的串行通信。在DSP和计算机之间进行数据传输时，SCI通过查询和中断方式来接收和发送数据。通常使用特定的数据格式，如起始位、数据位、奇偶校验位和停止位等。

（2）SPI（Serial Peripheral Interface，串行外设接口）：是一种广泛应用于微控制器和外围设备（如传感器、ADC、DAC等）之间的、全双工、主从式接口，能够同时传输数据。

（3）USB（Universal Serial Bus，通用串行总线）：是一种串口总线标准，广泛应用于个人计算机和移动设备等信息通信产品，并扩展到摄影器材、数字电视、游戏机等领域。USB支持热插拔功能，可连接多种外设，目前已发展为USB-4版本，传输速度达到40Gbit/s。

（4）UPP（或其他特定串行接口）：这些接口通常特定于某个芯片或系统，具有特定的通信协议和应用场景。

这些串行接口广泛应用于工业自动化与控制、嵌入式系统开发、计算机外围设备、网络基础设施维护、科学实验与研究、移动通信和定位系统、车辆维修和诊断、航空航天应用等领域。它们提供了低成本、低功耗的通信方式，并在许多特定应用中发挥着不可或缺的作用。

本节将详细介绍SCI模块的特性及开发过程中需要注意的具体问题。SCI模块的特性包括：

（1）F28379D片上的SCI模块具有两个外部引脚，波特率可编程为不同速率。这两个引脚分别为：

- SCITXD：SCI发送－输出引脚。
- SCIRXD：SCI接收－输入引脚。

注意　如果这两个引脚不用于SCI端口实现，它们可以作为普通GPIO使用。

（2）4个错误检测标志：奇偶校验、过载、帧错误以及中断检测。

（3）两种唤醒处理器模式：空闲状态和地址位。

（4）支持半双工或全双工操作。

（5）具有双缓冲区的接收和发送功能。

（6）发送器和接收器操作可通过带有状态标志位的中断驱动，或采用轮询算法来完成。

- 发送器：TXRDY标志（发送端的缓冲寄存器已准备好接收下一个字符）和TXEMPTY标志（发送器的移位寄存器为空）。
- 接收器：RXRDY标志（接收端的缓冲寄存器已准备好接收下一个字符）、BRKDT标志（有新的中断请求发送给接收器）和RXERROR标志（接收错误标志）。

（7）发送器和接收器均具有独立的中断使能位（BRKDT除外）。

（8）采用非归零（NRZ）格式进行数据通信。

（9）支持波特率自动检测，无须提前设置。

（10）深度可达16级的发送/接收FIFO。

注意 该模块中的所有寄存器均为8位寄存器。当访问寄存器时，寄存器数据位中的低8位（位7~0）和高8位字节（位15~8）读取为零。此时对高字节的写入无效。

此外，F28379D片上有许多与SCI有关的常用寄存器。本节将这些寄存器按功能进行分类，并详细介绍在不同寄存器中修改参数后，如何影响SCI通信过程。

1）SCI 控制寄存器

- SCICTL1：SCI控制寄存器1，用于控制SCI模块的基本操作，如使能SCI、设置中断等。
- SCICTL2：SCI控制寄存器2，用于更高级的SCI配置，如波特率控制、接收和发送控制等。

2）SCI 状态寄存器

- SCISTAT：SCI状态寄存器，提供SCI模块的状态信息，如接收/发送缓冲器的状态、错误状态等。

3）SCI 数据寄存器

- SCIRXBUF：SCI接收缓冲寄存器，存储从SCI接收到的数据。
- SCITXBUF：SCI发送缓冲寄存器，用于将要发送的数据写入SCI模块。

4）SCI 波特率寄存器

- SCIBRR：SCI波特率寄存器，用于设置SCI模块的波特率。

5）SCI FIFO 寄存器（F28379D 是支持 FIFO 模式的）

- SCIFIFOCTL：SCI FIFO控制寄存器，控制FIFO的使能、大小、阈值等。
- SCIFIFOSTAT：SCI FIFO状态寄存器，提供FIFO的状态信息，如空/满状态。

6）SCI 中断寄存器

- SCIINTFLG：SCI中断标志寄存器，表示SCI模块产生的中断类型。
- SCIINTFLGCLR：SCI中断标志清除寄存器，用于清除SCI中断标志。
- SCIEN：SCI中断使能寄存器，用于使能/禁止SCI中断。

7）SCI 引脚控制寄存器（F28379D 支持引脚控制）

- SCIGPIOCTL：SCI引脚控制寄存器，用于控制SCI模块的引脚配置。

8）SCI 地址控制寄存器（F28379D 支持多址通信）

- SCIADDRCTL：SCI地址控制寄存器，用于配置SCI模块在多地址通信中的地址。

F28379D片上SCI模块可分为两个区域：发送区域SCITXD和接收区域SCIRXD，如图10-1和图10-2所示。

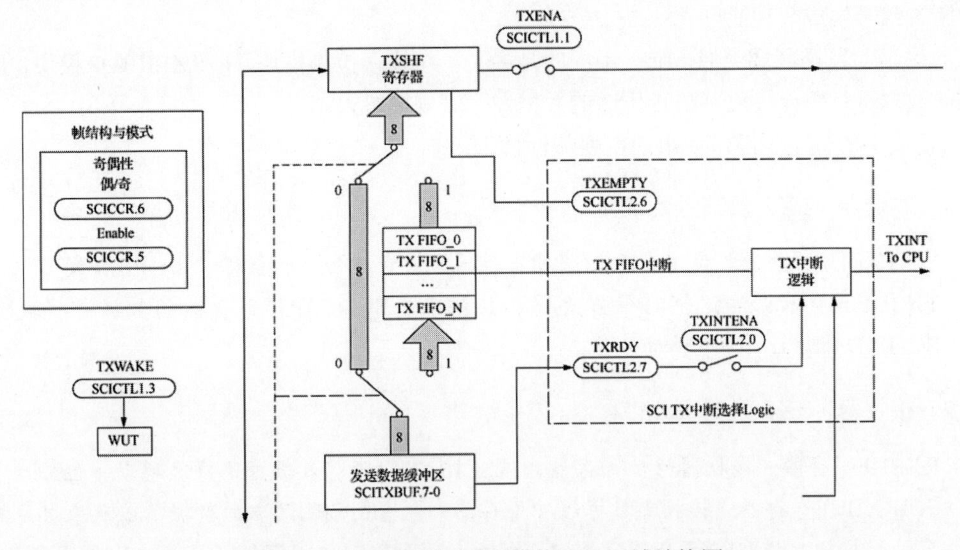

图10-1　F28379D片上SCI模块TXD区域结构图

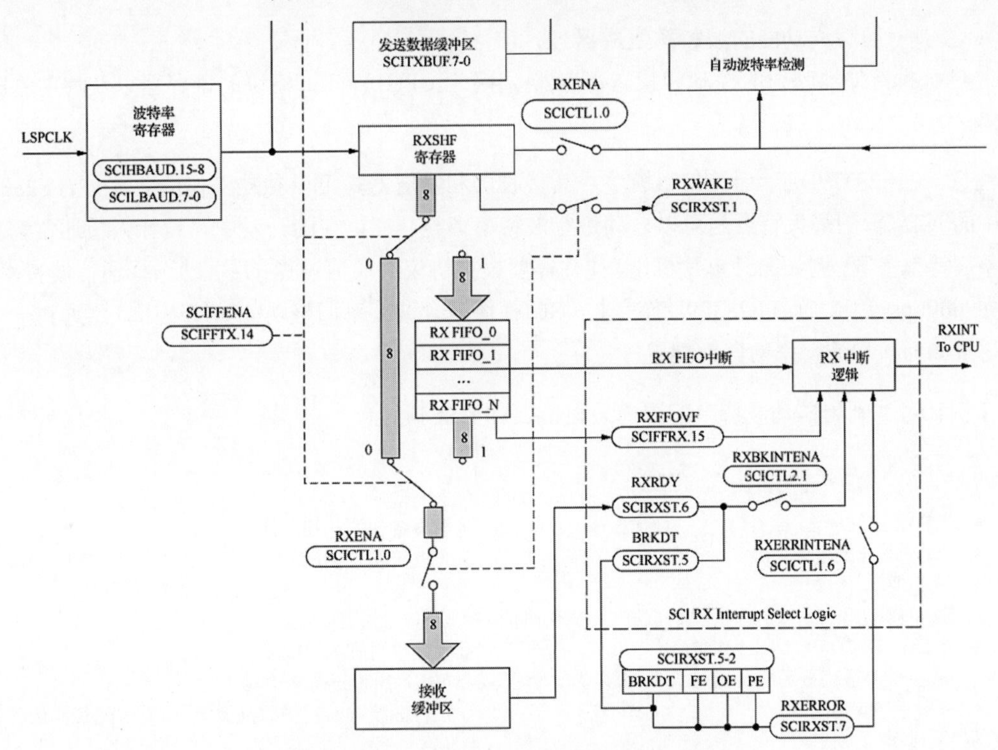

图10-2　F28379D片上SCI模块RXD区域结构图

由图10-1可知，F28379D片上SCI模块的发送区域由发送端寄存器、发送端使能、发送中断逻辑、发送数据缓冲区以及自动波特率设定等模块组成，共同完成串行数据发送、波特率配置以及控制（中断）信号生成等功能。

接收区域与发送区域类似，唯一不同的是多了一组错误检测模块，即RXERROR模块，用于对接收到的数据进行码元校验，防止传送的数据发生大规模错误。

SCI模块中的全双工操作使用的主要特性如下：

（1）发送器（TX）及其主要寄存器。

- SCITXBUF寄存器：发送器数据缓冲寄存器，包含待传输的数据（由CPU加载）。
- TXSHF寄存器：发送器移位寄存器，接收来自SCITXBUF寄存器的数据并将数据移到SCITXD引脚上，每次移动一位。

（2）接收器（RX）及其主要寄存器。

- RXSHF寄存器：接收器移位寄存器，从SCIRXD引脚移入数据，每次移动一位。
- SCIRXBUF寄存器：接收器数据缓冲寄存器，包含由CPU读取的数据，以及来自片外处理器的数据被加载到RXSHF寄存器中，然后加载到SCIRXBUF和SCIRXEMU寄存器。

（3）具有可编程功能的波特率生成器。

（4）数据存储器映射的控制和状态寄存器：用于让CPU访问I2C模块的寄存器以及片内的FIFO存储器。

注意，在F28379D芯片上的SCI模块，其接收器和发送器是可以独立工作的。此外，F28379D模块中的SCI部分的最大特点是可以自动进行波特率调整。在以往的开发中，设计人员通常需要主动调整波特率参数，例如在51单片机中，往往需要模拟协议的通信过程，并主动选择通信波特率（常见的如9600bps等）。而在F28379D芯片上，SCI模块包含波特率调整功能。接下来，将通过一个实例来讲解如何实现波特率的自动配置。

【例10-1】利用自动波特率配置模块校准UART/SCI通信。

```
// 头文件包含
#include "driverlib.h"                  // 包含驱动库
#include "device.h"                     // 包含设备初始化相关库
#include "board.h"                      // 包含板级初始化库
// 宏定义
// 这里必须用syscfg文件中选择的SCIRX引脚的GPIO端口号进行替换
#define GPIO_SCIRX_NUMBER   9           // 设置接收引脚为GPIO端口9
// 选择一个最接近另一台通信设备的波特率（这里是9600，所以选择9601）
#define TARGETBAUD          9601        // 设置目标波特率（稍微高于9600以适配其他设备）
// 采样率
#define NUMSAMPLES          32          // 设置采样次数
```

```
// 这个值越高，可靠通信的判定条件就越低
#define MARGINPERCENT      0.05           // 设置通信时的误差容忍度
// 可靠通信中发生错误的容忍程度
#define MINSAMPLEPERCENT   0.50           // 设置良好通信的数据容忍度

// 全局变量定义
volatile uint32_t capCountArr[4];         // 用于存储捕获的时间戳数组
volatile int capCountIter=0;              // 捕获数组迭代器
volatile float sampleArr[NUMSAMPLES];     // 存储采样数据的数组
volatile uint16_t sampleArrIter=0;        // 采样数组的迭代器
volatile uint16_t stopCaptures=0;         // 控制采样停止的标志
// 函数定义
void initECAP(void);
__interrupt void ecap1ISR(void);          // 初始化eCAP模块
// 计算每个采样的脉冲宽度
uint16_t arrTo1PulseWidth(volatile float arr[], int size, float targetWidth);
float computeAvgWidth(volatile float arr[], int size);   // 计算采样的平均宽度
uint32_t getAverageBaud(volatile float arr[], int size, float targetBaudRate);
// 获取平均波特率
// 主函数
void main(void){
    stopCaptures=0;                       // 初始化停止捕获标志
    // 设备时钟初始化
    Device_init();
    // 初始化GPIO引脚
    Device_initGPIO();
    // 初始化PIE寄存器
    Interrupt_initModule();
    // 初始化PIE中断向量表
    Interrupt_initVectorTable();
    // 器件初始化
    Board_init();
    // 配置SCIRX端口为eCAP输入
    XBAR_setInputPin(XBAR_INPUT7, GPIO_SCIRX_NUMBER);
    // 中断寄存器
    Interrupt_register(INT_ECAP1, &ecap1ISR);
    // 初始化ecap基本配置
    initECAP();
    // 使能ecap中断
    Interrupt_enable(INT_ECAP1);

    EINT;   // 使能全局中断
    ERTM;   // 使能实时中断
    // 循环定义
    for(;;){
    // 填充数组
        if(stopCaptures==1){                      // 检查是否停止采样
        // 获取平均波特率
```

```
        uint32_t avgBaud=getAverageBaud(sampleArr,NUMSAMPLES,TARGETBAUD);
            if(avgBaud==0){                          // 若波特率为0，则停止程序
                ESTOP0;
            }
            // 更新器件当前波特率
            SCI_setBaud(mySCI0_BASE, DEVICE_LSPCLK_FREQ, avgBaud);
            // 等待结果
            ESTOP0;
            sampleArrIter=0;                         // 重置采样数组迭代器
            stopCaptures=0;                          // 重置停止采样标志
        }
    }
}
void initECAP(){
    // 清除所有ecap的捕获位以及中断
    ECAP_disableInterrupt(ECAP1_BASE,
                         (ECAP_ISR_SOURCE_CAPTURE_EVENT_1  |
                          ECAP_ISR_SOURCE_CAPTURE_EVENT_2  |
                          ECAP_ISR_SOURCE_CAPTURE_EVENT_3  |
                          ECAP_ISR_SOURCE_CAPTURE_EVENT_4  |
                          ECAP_ISR_SOURCE_COUNTER_OVERFLOW |
                          ECAP_ISR_SOURCE_COUNTER_PERIOD   |
                          ECAP_ISR_SOURCE_COUNTER_COMPARE));
    ECAP_clearInterrupt(ECAP1_BASE,
                       (ECAP_ISR_SOURCE_CAPTURE_EVENT_1  |
                        ECAP_ISR_SOURCE_CAPTURE_EVENT_2  |
                        ECAP_ISR_SOURCE_CAPTURE_EVENT_3  |
                        ECAP_ISR_SOURCE_CAPTURE_EVENT_4  |
                        ECAP_ISR_SOURCE_COUNTER_OVERFLOW |
                        ECAP_ISR_SOURCE_COUNTER_PERIOD   |
                        ECAP_ISR_SOURCE_COUNTER_COMPARE));
    // 关闭CAP1～CAP4的寄存器
    ECAP_disableTimeStampCapture(ECAP1_BASE);
    // 配置ecap相关的寄存器
    ECAP_stopCounter(ECAP1_BASE);
    ECAP_enableCaptureMode(ECAP1_BASE);
    // 设置捕获模式为单次捕获
    ECAP_setCaptureMode(ECAP1_BASE, ECAP_ONE_SHOT_CAPTURE_MODE, ECAP_EVENT_4);
    // 设置捕获事件极性
    ECAP_setEventPolarity(ECAP1_BASE, ECAP_EVENT_1, ECAP_EVNT_FALLING_EDGE);
    ECAP_setEventPolarity(ECAP1_BASE, ECAP_EVENT_2, ECAP_EVNT_RISING_EDGE);
    ECAP_setEventPolarity(ECAP1_BASE, ECAP_EVENT_3, ECAP_EVNT_FALLING_EDGE);
    ECAP_setEventPolarity(ECAP1_BASE, ECAP_EVENT_4, ECAP_EVNT_RISING_EDGE);
    ECAP_enableCounterResetOnEvent(ECAP1_BASE, ECAP_EVENT_1);
    ECAP_enableCounterResetOnEvent(ECAP1_BASE, ECAP_EVENT_2);
    ECAP_enableCounterResetOnEvent(ECAP1_BASE, ECAP_EVENT_3);
    ECAP_enableCounterResetOnEvent(ECAP1_BASE, ECAP_EVENT_4);
    XBAR_setInputPin(XBAR_INPUT7, GPIO_SCIRX_NUMBER); // 配置XBAR输入引脚
```

```
    ECAP_enableLoadCounter(ECAP1_BASE);                        // 使能计数器加载
    ECAP_setSyncOutMode(ECAP1_BASE, ECAP_SYNC_OUT_DISABLED);   // 禁用同步输出
    ECAP_startCounter(ECAP1_BASE);                             // 启动计数器
    ECAP_enableTimeStampCapture(ECAP1_BASE);                   // 使能时间戳捕获
    ECAP_reArm(ECAP1_BASE);                                    // 重新准备eCAP模块
    // 使能eCAP中断
    ECAP_enableInterrupt(ECAP1_BASE, ECAP_ISR_SOURCE_CAPTURE_EVENT_4);
}
__interrupt void ecap1ISR(void){
    if(stopCaptures==0){                                       // 获取捕获的时间戳
        capCountArr[0]=1+ECAP_getEventTimeStamp(ECAP1_BASE, ECAP_EVENT_1);
        capCountArr[1]=1+ECAP_getEventTimeStamp(ECAP1_BASE, ECAP_EVENT_2);
        capCountArr[2]=1+ECAP_getEventTimeStamp(ECAP1_BASE, ECAP_EVENT_3);
        capCountArr[3]=1+ECAP_getEventTimeStamp(ECAP1_BASE, ECAP_EVENT_4);
        // 向缓冲区中填充采样数据
        capCountIter=0;
        // 填充采样数据
        for(capCountIter=0;capCountIter<4;capCountIter++){
            if(sampleArrIter<NUMSAMPLES){
                sampleArr[sampleArrIter]=capCountArr[capCountIter];
                sampleArrIter++;
            }
            else{
                stopCaptures=1;                                // 超过最大采样数时停止采样
                break;
            }
        }
    }
    // 清除中断标志位
    ECAP_clearInterrupt(ECAP1_BASE,ECAP_ISR_SOURCE_CAPTURE_EVENT_4);
    ECAP_clearGlobalInterrupt(ECAP1_BASE);
    // 重新准备ecap捕获
    ECAP_reArm(ECAP1_BASE);
    // 接收应答中断信号
    Interrupt_clearACKGroup(INTERRUPT_ACK_GROUP4);
}
// 获取数组内的平均波特率
uint32_t getAverageBaud(volatile float arr[], int size, float targetBaudRate){
    float calcTargetWidth=(float)DEVICE_SYSCLK_FREQ/targetBaudRate;
    uint16_t pass=arrTo1PulseWidth(arr, size, calcTargetWidth); // 计算脉冲宽度
    if(pass==0){
        return(0);                                             // 若计算失败，则返回0
    }
    float averageBitWidth=computeAvgWidth(arr, size);      // 计算平均位宽
    // 返回平均波特率
    return((uint32_t)(((float)DEVICE_SYSCLK_FREQ/(float)averageBitWidth)+0.5));
}
// 将数组中的位宽转换为1个脉冲的宽度，并判断是否符合条件
```

```
uint16_t arrTo1PulseWidth(volatile float arr[], int size, float targetWidth){
    int iterator=0, numBitWidths=0;
    uint16_t goodDataCount=0, pass=0;
    // 遍历数组中的每一个值
    for(iterator=0;iterator<size;iterator++){
        // 如果当前值小于目标宽度的10倍
        if(arr[iterator] < targetWidth*10){
            // 判断该值是否在目标宽度的上下浮动范围内
            bool belowBound=arr[iterator] < targetWidth*(1.0-MARGINPERCENT);
            bool aboveBound=arr[iterator] > targetWidth*(1.0+MARGINPERCENT);
            // 如果超出范围，则进行位宽估计
            if(belowBound || aboveBound){
                // 计算当前位宽的估算值，并按此调整原始值
                numBitWidths=(int)((arr[iterator]/targetWidth)+0.5);// 估算位宽
                arr[iterator]=arr[iterator]/numBitWidths;            // 调整位宽
                // 再次判断调整后的值是否在目标宽度的上下浮动范围内
                belowBound=arr[iterator] < targetWidth*(1.0-MARGINPERCENT);
                aboveBound=arr[iterator] > targetWidth*(1.0+MARGINPERCENT);
                // 如果仍然不在范围内，则丢弃当前值
                if(belowBound || aboveBound){
                    arr[iterator]=0;    // 如果不符合条件，丢弃该值
                }
                else{
                    goodDataCount++;    // 符合条件，增加有效数据计数
            }
            else{
                goodDataCount++;        // 如果本来就在范围内，直接增加有效数据计数
            }
        }
        else{
            arr[iterator]=0;            // 如果当前值大于目标宽度的10倍，丢弃该值
        }
    }
    // 如果有效数据的比例超过容忍度，则返回成功
    if((float)goodDataCount/(float)size > MINSAMPLEPERCENT){
        pass=1;                         // 如果有效数据比例足够高，返回1表示成功
    }
    return(pass);                       // 返回是否通过的标志（1为通过，0为不通过）
}
// 计算数组中非零数据的平均宽度
float computeAvgWidth(volatile float arr[], int size{
    int iterator=0, totSamples=0;
    float total=0;

    // 遍历数组，累加所有非零的样本值
    for(iterator=0;iterator<size;iterator++){
        if(arr[iterator] != 0){
            totSamples++;               // 记录非零数据的样本数
```

```
            total+=arr[iterator];        // 累加非零数据的值
        }
    }
    return(total/totSamples);            // 返回有效数据的平均宽度
    // 返回均值
}
```

本实例演示了如何通过另一台设备的UART输入来调整F28279D设备的SCI端口波特率。

由于SCI通信没有时钟信号，因此在实际开发过程中，往往需要严格匹配通信双方的波特率，才能实现可靠的通信。这个实例解决了设备之间通信速率不匹配的问题，即需要在通信双方之间进行波特率补偿，或者可以理解为一种速率调谐的过程。

实际上，对于串行异步通信协议来说，可靠通信的前提是要匹配通信双方的波特率。因此，具体由哪一方进行调优并不重要（通常情况下，时钟源不太精确的板不需要主动调谐，只需保证两个设备中的一个调谐到另一个的波特率，就能建立可靠的通信）。

为了调整设备的波特率，设计人员必须先将SCI数据（即所需的波特率）发送到该设备，并且输入的SCI波特率必须在选择的目标波特率的浮动变化范围内。其余部分的设置则应根据应用程序需求进行选择。

注意　在存在噪声的环境下，较高的MARGINPERCENT允许通信过程具有更高的容错性，但代价是可能会降低通信准确性（即误码率可能会升高）。其中，TargetBaud表示预期的波特率，但由于时钟差异，通常需要在程序中进行调整。

10.2　基于F28379D的SCI开发实例

本节以SCI回环通信实验为例，详细介绍F28379D片上SCI模块的配置方法、开发注意事项以及具体寄存器值的配置实例。读者可以结合10.1节中有关SCI通信协议的理论知识，进一步学习本节内容。

【例10-2】利用SCI模块的外部回环模式完成SCI通信测试。

```
// 头文件包含
#include "driverlib.h"
#include "device.h"
#include "board.h"
// 全局变量定义
uint16_t loopCount;
uint16_t errorCount;
// 函数原型定义
void error();
// 主函数
void main(void){
```

```
    uint16_t sendChar;
    uint16_t receivedChar;
    // 初始化设备时钟及外围器件
    Device_init();
    // 初始化GPIO引脚
    Device_initGPIO();
    // 初始化PIE寄存器并关闭CPU中断
    Interrupt_initModule();
    // 初始化PIE向量表
    Interrupt_initVectorTable();
    // 板载初始化
    Board_init();
    // 使能CPU中断
    Interrupt_enableMaster();
    // 初始化错误标志计数器变量
    loopCount=0;
    errorCount=0;
    // 从0开始发送数据
    sendChar=0;
    // 从0x00开始至0xFF，遍历发送全部数据
    // 发送结束后，检查缓冲区内部是否有对应的正确值
    for(;;){
        SCI_writeCharNonBlocking(mySCI0_BASE, sendChar);
        // 等待FIFO中的RRDY/RXFFST信号为1
        while(SCI_getRxFIFOStatus(mySCI0_BASE)==SCI_FIFO_RX0){
            ;}
        // 检测接收到的数据
        receivedChar=SCI_readCharBlockingFIFO(mySCI0_BASE);
        // 若接收到的数据与发送数据不匹配，记录错误
        if(receivedChar != sendChar){
            errorCount++;          // 错误计数增加
            for (;;);              // 错误发生后停止执行
        }
        sendChar++;                // 发送数据递增
        sendChar &= 0x00FF;        // 将发送数据限制在8bit
        loopCount++;               // 统计循环次数
    }
}
```

该实例采用外设内部回环测试模式来演示SCI回环通信实验，除了启动模式需要进行引脚配置外，不需要其他硬件配置。

注意 该实例通过sysconfig文件配置pinmux和SCI模块，主要使用SCI模块的回环测试功能。在实验中，系统发送0x00到0xFF的字符，发送完成后，检查接收缓冲区是否正确匹配，从而完成回环测试。

【例10-3】利用SCI模块的外部回环模式完成SCI通信测试。

```
// 头文件包含
#include "driverlib.h"
#include "device.h"
// 全局变量定义
// 向SCI-A模块发送的数据
uint16_t sDataA[2];
// 接收来自SCI-A的数据
uint16_t rDataA[2];
// 检测接收数据
uint16_t rDataPointA;
// 中断及函数原型定义
__interrupt void sciaTXFIFOISR(void);
__interrupt void sciaRXFIFOISR(void);
void initSCIAFIFO(void);
void error(void);
// 主函数
void main(void){
    uint16_t i;
    // 初始化设备时钟及外围器件
    Device_init();
    // 设置GPIO引脚
    Device_initGPIO();
    // GPIO 28设置为SCI接收端口
    GPIO_setMasterCore(28, GPIO_CORE_CPU1);
    GPIO_setPinConfig(GPIO_28_SCIRXDA);
    GPIO_setDirectionMode(28, GPIO_DIR_MODE_IN);
    GPIO_setPadConfig(28, GPIO_PIN_TYPE_STD);
    GPIO_setQualificationMode(28, GPIO_QUAL_ASYNC);
    // GPIO 29设置为SCI发送端口
    GPIO_setMasterCore(29, GPIO_CORE_CPU1);
    GPIO_setPinConfig(GPIO_29_SCITXDA);
    GPIO_setDirectionMode(29, GPIO_DIR_MODE_OUT);
    GPIO_setPadConfig(29, GPIO_PIN_TYPE_STD);
    GPIO_setQualificationMode(29, GPIO_QUAL_ASYNC);
    // 初始化PIE寄存器并关闭CPU中断
    Interrupt_initModule();
    // 初始化PIE中断向量表
    Interrupt_initVectorTable();
    // 中断服务子程序原型定义
    Interrupt_register(INT_SCIA_RX, sciaRXFIFOISR);
    Interrupt_register(INT_SCIA_TX, sciaTXFIFOISR);
    // 初始化SCI的FIFO（属于外围器件）
    initSCIAFIFO();
    // 初始化发送数据缓冲区
    for(i=0; i < 2; i++){
        sDataA[i]=i;
```

10

```
    }
    rDataPointA=sDataA[0];
    Interrupt_enable(INT_SCIA_RX);
    Interrupt_enable(INT_SCIA_TX);
    Interrupt_clearACKGroup(INTERRUPT_ACK_GROUP9);
    // 使能全局中断
    EINT;
    // 使能实时中断
    ERTM;
    // 开启循环状态，即loop state
    for(;;);
}
// 错误标志检测函数
void error(void){
    Example_Fail=1;
    asm("    ESTOP0"); // Test failed!! Stop!
    for (;;);
}
// sci发送/接收端口FIFO的中断服务程序定义
__interrupt void sciaTXFIFOISR(void){
    uint16_t i;
    SCI_writeCharArray(SCIA_BASE, sDataA, 2);     // 向SCI-A发送数据
    for(i=0; i < 2; i++){                          // 更新发送数据
        sDataA[i]=(sDataA[i] + 1) & 0x00FF;
    }
    // 清除SCI发送FIFO中断标志
    SCI_clearInterruptStatus(SCIA_BASE, SCI_INT_TXFF);

    // 清除PIE组9的中断应答信号
    Interrupt_clearACKGroup(INTERRUPT_ACK_GROUP9);
}
__interrupt void sciaRXFIFOISR(void){
    uint16_t i;
    // 从SCI-A接收数据
    SCI_readCharArray(SCIA_BASE, rDataA, 2);
    // 检查接收到的数据
    for(i=0; i < 2; i++){
        if(rDataA[i] != ((rDataPointA + i) & 0x00FF)){
            error();
        }
    }
    // 更新接收数据指针
    rDataPointA=(rDataPointA + 1) & 0x00FF;
    // 清除SCI接收FIFO溢出状态
    SCI_clearOverflowStatus(SCIA_BASE);

    // 清除SCI接收FIFO中断标志
    SCI_clearInterruptStatus(SCIA_BASE, SCI_INT_RXFF);
    // 清除PIE组9的中断应答信号
```

```
    Interrupt_clearACKGroup(INTERRUPT_ACK_GROUP9);

    Example_PassCount++;      // 增加成功接收计数
}
// 初始化SCI-A的FIFO，并配置相关参数
void initSCIAFIFO(){
    // 配置SCI通信参数：8个数据位，1个停止位，无奇偶校验，波特率为9600
    SCI_setConfig(SCIA_BASE, DEVICE_LSPCLK_FREQ, 9600, (SCI_CONFIG_WLEN_8 |
                                                        SCI_CONFIG_STOP_ONE |
                                                        SCI_CONFIG_PAR_NONE));

    SCI_enableModule(SCIA_BASE);       // 启动SCI模块
    SCI_enableLoopback(SCIA_BASE);     // 启动SCI回环模块
    SCI_resetChannels(SCIA_BASE);      // 重置SCI的各个通道
    SCI_enableFIFO(SCIA_BASE);         // 启动SCI的FIFO

    // RX和TX端FIFO中断使能
    SCI_enableInterrupt(SCIA_BASE, (SCI_INT_RXFF | SCI_INT_TXFF));
    // 禁用SCI接收错误中断
    SCI_disableInterrupt(SCIA_BASE, SCI_INT_RXERR);
    // 设置FIFO中断触发阈值
    SCI_setFIFOInterruptLevel(SCIA_BASE, SCI_FIFO_TX2, SCI_FIFO_RX2);
    SCI_performSoftwareReset(SCIA_BASE);         // 执行软件复位SCI
    // 重置SCI的发送和接收FIFO
    SCI_resetTxFIFO(SCIA_BASE);
    SCI_resetRxFIFO(SCIA_BASE);
#ifdef AUTOBAUD
    SCI_lockAutobaud(SCIA_BASE);       // 锁定自动波特率检测（如果启用）
#endif
}
```

本测试采用外设的内部回环测试方式。启动模式以及引脚配置均与例10-2相同，且不需要其他硬件配置。除此之外，本例新增了有关中断和SCI FIFO的使用，旨在帮助读者更好地将SCI模块与FIFO以及中断管理结合起来进行学习。

10.3　本章小结

本章详细介绍了F28379D片上串行通信接口SCI的开发基础及其使用方法，包括SCI协议的应用场景、发展历程、相关时序信息以及基于F28379D的具体开发实例。

10.4　习题

（1）SCI串行通信中的波特率是如何通过SCIBDH和SCIBDL寄存器来设置的？请详细解释，并给出具体的计算方法和实例。

（2）在SCI串行通信中，数据寄存器（SCIDRH和SCIDRL）是如何工作的？请详细解释在9位数据模式下和8位数据模式下数据寄存器的使用方式，并给出具体的发送和接收数据的步骤。

（3）SCI串行通信模块中的中断是如何工作的？请详细解释SCI模块中的中断标志位，并给出设置和使用中断的实例。

（4）在SCI串行通信中，波特率是如何通过SCI波特率寄存器（如SCIBDH和SCIBDL）进行配置的？请详细解释SCIbaudrate与SCIbusclock、SBR[12:0]以及IREN之间的关系，并给出一个具体的配置实例，实现特定的波特率。

（5）SCI模块支持多个中断标志位，如传送区为空、传送完成、接收区已满等。请设计一个SCI中断处理程序，该程序能够处理上述所有中断事件，并给出相应的处理逻辑。同时，请解释如何在程序中开启和关闭中断。

（6）SCI支持多处理器通信模式，如地址位多处理器通信模式和空闲线多处理器通信模式。请详细描述这两种模式的工作原理，并给出在实际应用中如何选择和使用它们的建议。

（7）SCI模块中的FIFO队列对于提高通信效率至关重要。请解释FIFO队列在SCI通信中的作用，并描述如何配置和管理FIFO队列以优化通信性能。

（8）在SCI通信过程中，可能会出现各种错误，如噪声错误、架构错误、奇偶校验错误等。请设计一个错误处理机制，能够检测和处理这些错误，并给出相应的错误恢复策略。

（9）在某些应用中，可能需要定制SCI通信协议以满足特定需求。请描述如何定制SCI通信协议，包括数据格式、通信速率、校验方式等，并给出定制协议的实际应用实例。

（10）提高SCI通信性能是许多应用的关键需求。请分析影响SCI通信性能的主要因素，并给出优化SCI通信性能的策略和方法。

（11）在某些系统中，SCI可能需要与其他通信接口（如SPI、I2C等）进行互操作。请分析SCI与其他通信接口的互操作性，并给出在实际应用中实现这些接口之间的互操作的建议。

（12）实时系统对通信接口的实时性和可靠性有很高的要求。请分析SCI在实时系统中的应用场景，并讨论如何确保SCI在实时系统中的实时性和可靠性。

（13）设计一个基于SCI的硬件通信系统，包括硬件电路图、元器件选型、PCB布局等。请详细描述该系统的设计思路、实现过程以及遇到的挑战和解决方案。同时，请分析该系统的性能特点和应用前景。

（14）描述一个完整的SCI数据帧的格式，并解释如何通过配置SCI的寄存器来设置数据帧的起始位、数据位、停止位和校验位。针对F28379D微控制器的SCI模块，指出哪些寄存器用于这些配置。

（15）在F28379D的SCI模块中，如何配置波特率生成器以产生特定速率的通信？解释波特率预分频器和波特率选择寄存器的功能，并给出一个计算波特率的公式。

（16）如何集成SCI与DMA以实现高效数据传输？描述DMA传输在SCI通信中的优势，并给出配置和使用DMA与SCI的步骤。

第 11 章 串行外设接口SPI

串行外设接口（Serial Peripheral Interface，SPI）是一种同步通信协议，允许单片机或微控制器与各种外围设备以串行方式进行数据通信。

SPI最早由Motorola提出，并首先在其M68系列单片机中应用。由于其结构简单、性能优越且不涉及专利问题，SPI得到了广泛应用。虽然Motorola的SPI定义被业界广泛采纳，不同半导体厂商的实施细节可能有所不同，尤其在寄存器设置、信号定义和数据格式等方面。因此，SPI并没有统一的国际标准，具体应用时需要参考特定器件手册。

随着时间的推移，SPI接口的应用逐渐扩展，从最初的单片机与外围设备通信，到高性能系统中FPGA或DSP芯片与外部传感器的连接，SPI的应用场景日益广泛。

总的来说，SPI作为一种高效、简单的串行通信协议，在嵌入式系统、SoC系统和FPGA等领域得到了广泛应用。虽然没有统一的国际标准，但Motorola的SPI定义仍是业界的主要参考标准。随着技术的不断发展，SPI的应用领域将继续拓展，为各种设备和系统之间的通信提供便利。

本章将基于SPI的基础知识，重点讲解如何在F28379D上配置和使用SPI串行外设接口。

11.1 SPI串行外设接口概述

SPI是一种高速同步串行输入/输出接口，通过可编程波特率传输自定义长度的数据。SPI通常用于微控制器与外部外设或其他控制器之间的通信（即核间通信）。

SPI的典型应用包括通过可变的移位寄存器、显示驱动器或ADC等器件与外部进行自定义端口通信（如GPIO扩展）或外设扩展。SPI支持多器件通信，采用主/从操作，最高可支持16级深度的接收/发送FIFO，有效减少CPU的服务开销。以下是SPI串行外设接口的主要功能和特性。

- SPISOMI：SPI从设备输出/主设备输入引脚。
- SPISIMO：SPI从设备输入/主设备输出引脚。
- SPISTE：SPI从设备发送使能引脚。
- SPICLK：SPI串行时钟引脚。
- 运行模式：主模式和从模式。
- 波特率：支持125个不同的可编程波特率。
- 数据字长度：1～16数据位。

4种时钟方案（由时钟极性和时钟相位的位控制）包括：

- 无相位延迟的下降沿：SPICLK高电平有效。SPI在SPICLK信号的下降沿发送数据，在PICLK信号的上升沿接收数据。
- 有相位延迟的下降沿：SPICLK高电平有效。SPI在SPICLK信号的下降沿提前半个周期发送数据，在SPICLK信号的下降沿接收数据。
- 无相位延迟的上升沿：SPICLK低电平无效。SPI在SPICLK信号的上升沿发送数据，在SPICLK信号的下降沿接收数据。
- 有相位延迟的上升沿：SPICLK低电平无效。SPI在SPICLK信号的上升沿前半个周期发送数据，在SPICLK信号的上升沿接收数据。

其他特性包括：

- 同时接收和发送操作（可在软件中禁用发送功能）。
- 发送器和接收器操作可以通过中断驱动或轮询算法完成。
- 16级发送和接收FIFO。
- 延迟发送控制。
- 3线SPI模式。
- SPISTE反转：在带有两个SPI模块的器件上实现数字音频接口接收模式的SPISTE反转。
- DMA支持。
- 高速模式，支持最高50MHz的全双工通信。

SPI可以在主模式或从模式下工作。主设备通过发送SPICLK信号来启动数据传输。对于主设备和从设备，数据通过SPICLK信息的一个边沿进入移位寄存器，并在相反的SPICLK时钟边沿锁存到另一个移位寄存器中。

如果CLOCK PHASE位（SPICTL.3）为高电平，则数据在SPICLK转换前的半个周期内发送和接收数据。因此，主从控制器可以同时发送和接收数据。应用软件可以确定数据是有效数据还是虚拟数据。数据可以通过以下3种方法发送：

- 主设备发送数据，从设备发送虚拟数据。
- 主设备发送数据，从设备发送数据。

- 主设备发送虚拟数据，从设备发送数据。

主设备控制着SPICLK信号，因此它可以随时启动数据传输。当从设备准备好发送数据时，软件已经确定主设备如何进行检测。

11.2　SPI电气特性及时序要求

本节主要介绍F28379D上SPI接口的电气特性以及开发过程中需要注意的时序要求问题，时序图将作为主要展示形式。

需要特别强调的是，SPI是一种高速全双工通信协议，因此其时序要求比I2C等通信协议更加严格且复杂。此外，SPI协议使用同步时钟信号，这与之前介绍的其他通信协议有所不同，因此时序问题在SPI通信中尤为重要。

SPI与CPU之间的接口如图11-1所示。为了更好地理解时序图，首选补充一些时序图相关的前置知识。SPI的外部时序图（或时序图）用于描述SPI通信协议中信号随时间变化的图形表示。这种图形化，表示有助于开发人员理解SPI通信的详细过程及各信号之间的交互关系。

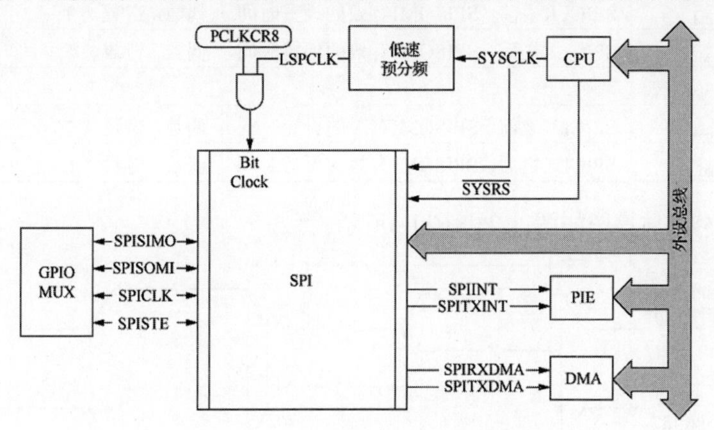

图11-1　采用COFF格式的目标文件的结构

SPI总线主要由以下4根信号线构成。

（1）SCK（Serial Clock）：串行时钟线，由主设备产生，用于同步控制数据交换的时机和速率。

（2）MOSI（Master Output，Slave Input）：主设备输出、从设备输入数据线，也称为Tx-Channel（发送通道），用于主设备向从设备发送数据。

（3）MISO（Master Input，Slave Output）：主设备输入、从设备输出数据线，也称为Rx-Channel（接收通道），用于从设备向主设备发送数据。

（4）SS（Slave Select）：从机选择线，也称为CS（Chip Select）线，低电平有效，用于主设备选择特定的从设备进行通信。

SPI的外部时序图通常包括以下内容。

（1）时钟信号（SCK）：展示时钟信号的波形，标明时钟的周期、占空比以及高低电平的持续时间。时钟信号的波形可以是连续的，也可以是间歇的，具体取决于SPI的工作模式和数据传输需求。

（2）数据信号（MOSI和MISO）：展示数据信号在时钟信号控制下的变化过程。在时钟信号的每个周期内，数据信号会发生变化，表示不同的数据位。MOSI和MISO信号的变化通常与SCK信号同步，以确保数据的正确传输。

（3）从机选择信号（SS）：展示从机选择信号的状态变化。当主设备需要与特定的从设备进行通信时，会将对应的SS线拉低（低电平有效），表示选中该从设备。在通信过程中，SS线应保持低电平状态，直到通信结束。

SPI主模式的时序要求如表11-1所示。

表11-1　SPI主模式的时序要求

编　号	参　数		条　件	最小值	单　位
高速模式					
8	$t_{su(SOMI)M}$	SPICLK之前，SPISOMI有效的设置时间	偶数，奇数	1	ns
9	$t_{h(SOMI)M}$	SPICLK之后，SPISOMI有效的保持时间	偶数，奇数	5	ns
正常模式					
8	$t_{su(SOMI)M}$	SPICLK之前，SPISOMI有效的设置时间	偶数，奇数	20	ns
9	$t_{h(SOMI)M}$	SPICLK之后，SPISOMI有效的保持时间	偶数，奇数	0	ns

SPI主模式的外部时序图如图11-2和图11-3所示。

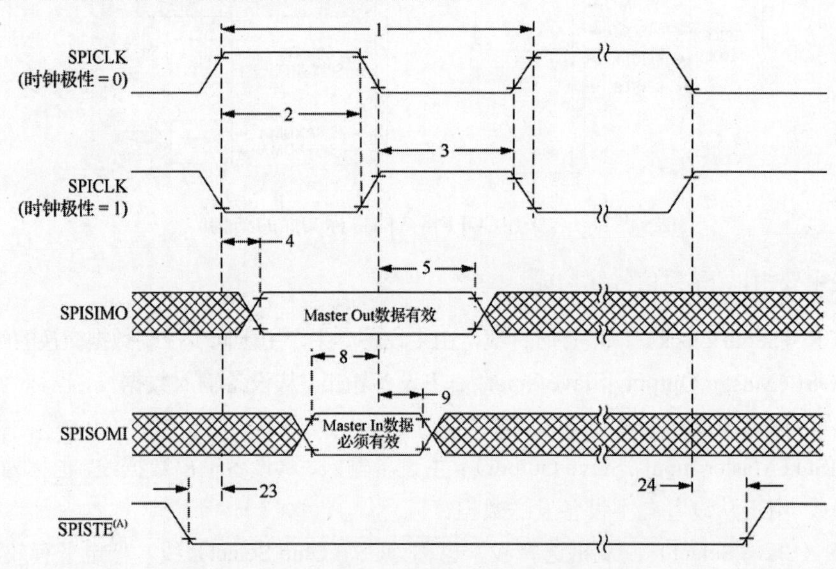

图11-2　SPI主模式的外部时序（时钟相位=0）

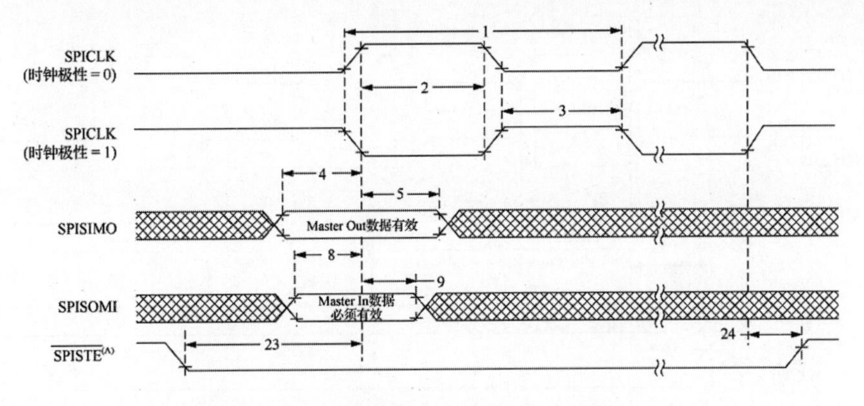

图11-3　SPI主模式的外部时序（时钟相位=1）

SPI从模式的时序要求如表11-2所示。

表11-2　SPI从模式的时序要求

编　号	参　数		最 小 值	单　位
12	$t_{c(SPC)S}$	周期时间，SPICLK	$4t_{c(sYSCLK)}$	ns
13	$t_{w(SPC1)S}$	脉冲持续时间，SPICLK，第一个脉冲	$2t_{c(sYSCLK)}-1$	ns
14	$t_{w(SPC2)S}$	脉冲持续时间，SPICLK，第二个脉冲	$2t_{c(sYSCLK)}-1$	ns
19	$t_{su(SIMO)s}$	SPICLK之前SPISIMO有效的设置时间	$1.5t_{c(sYSCLK)}$	ns
20	$t_{h(SIMO)s}$	SPICLK之后SPISIMO有效的保持时间	$1.5t_{c(sYSCLK)}$	ns
25	SPICLK之前SPISTE有效的设置时间（时钟相位=0）		$2t_{c(sYSCLK)}+4$	ns
	SPICLK之前SPISTE有效的设置时间（时钟相位=1）		$2t_{c(sYSCLK)}+14$	ns
26	$t_{h(STE)S}$	SPICLK之后SPISTE无效的保持时间	$1.5t_{c(sYSCLK)}$	ns

SPI从模式的外部时序图如图11-4和图11-5所示。

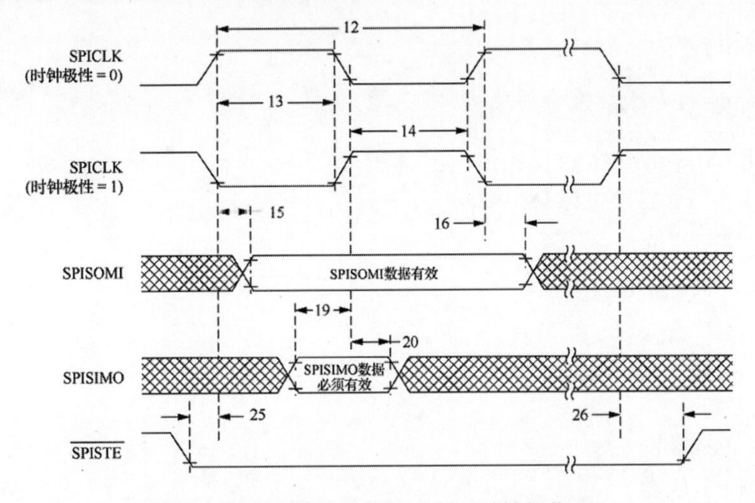

图11-4　SPI从模式的外部时序（时钟相位=0）

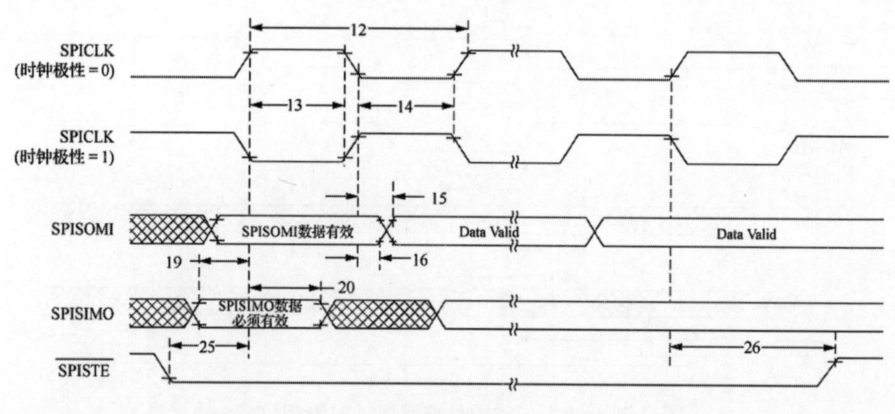

图11-5　SPI从模式的外部时序（时钟相位=1）

与SPI相关的开发实例和之前提到的几种实例类似，都是通过选择模块内部的回环通信实验来完成SPI相关的数据通信操作。本节首先介绍通过轮询方式完成回环通信的实验，在11.3节中，将介绍涉及中断和FIFO的回环通信实验。

【例11-1】利用SPI模块的外部回环模式完成SPI通信测试（不含中断，未使用FIFO）。

```
// 头文件包含
#include "driverlib.h"
#include "device.h"
#include "board.h"
// 主程序
void main(void){
    uint16_t sData=0;                              // 发送数据
    uint16_t rData=0;                              // 接收数据
    // 初始化外围器件及设备时钟
    Device_init();
    // 初始化GPIO
    Device_initGPIO();
    // 初始化PIE寄存器
    Interrupt_initModule();
    // 初始化PIE中断向量表
    Interrupt_initVectorTable();
    // 器件初始化
    Board_init();
    // 使能全局中断及实时中断
    EINT;
    ERTM;
    // 循环开启
    while(1){
        // 发送数据
        SPI_writeDataNonBlocking(mySPI0_BASE, sData);
        // 无FIFO模式下读取数据
```

```
        rData=SPI_readDataBlockingNonFIFO(mySPI0_BASE);
        // 检测接收到的数据是否与发送的数据相等
        if(rData != sData){
            // 若数据不一致，则发送ESTOP0命令
            ESTOP0;
        }
        sData++;
    }
}
```

本实例主要使用SPI模块的内部回环通信模式，这是一种非常基础的回环通信实例，且不使用FIFO或任何中断。完成各变量的初始化后，发送端（TX）首先发送增量的16位数据流，数据流依次为：0000, 0001, 0002, 0003, 0004, 0005, 0006, 0007,⋯, FFFE, FFFF，再回到0000，循环往复。接收端（RX）将接收到的数据与发送的数据进行比较，从而完成回环数据通信实验。

注意　本实例需要通过sysconfig文件配置pinmux和SPI模块。

11.3　基于F28379D的SPI开发实例

本节同样通过回环通信实验完成SPI开发，但与前面的例子不同的是，本节引入了中断管理和FIFO的使用，并且采用了外部回环通信模式，而非内部回环通信。这将使得该通信实例更加高效，并且具有更广泛的适用性。

【例11-2】利用SPI模块的外部回环模式完成SPI通信测试（包含中断及SPI FIFO）。

```
// 头文件包含
#include "driverlib.h"
#include "device.h"
// 全局变量定义
volatile uint16_t sData[2];                    // 发送数据缓冲区
volatile uint16_t rData[2];                    // 接收数据缓冲区
volatile uint16_t rDataPoint=0;                // 数据在流中的位置确定（通过指针）
// 函数及中断原型定义
void initSPIBMaster(void);
void initSPIASlave(void);
void configGPIOs(void);
__interrupt void spibTxFIFOISR(void);
__interrupt void spiaRxFIFOISR(void);
// 主函数定义
void main(void){
    uint16_t i;
    // 初始化外围器件及设备时钟
    Device_init();
    // 初始化GPIO
```

11

```
    Device_initGPIO();
    // 初始化PIE寄存器
    Interrupt_initModule();
    // 初始化PIE中断向量表
    Interrupt_initVectorTable();
    // 配置中断寄存器
    Interrupt_register(INT_SPIB_TX, &spibTxFIFOISR);
    Interrupt_register(INT_SPIA_RX, &spiaRxFIFOISR);
    // 配置GPIO为外部回环模式
    configGPIOs();
    // 配置SPI-B为主设备，初始化为FIFO模式
    initSPIBMaster();
    // 配置SPI-A为从机，初始化为FIFO模式
    initSPIASlave();
    // 刷新缓冲区
    for(i=0; i < 2; i++){
        sData[i]=i;
        rData[i]= 0;
    }
    // 使能SPI-A和SPI-B的中断
    Interrupt_enable(INT_SPIA_RX);
    Interrupt_enable(INT_SPIB_TX);
    // 使能全局中断和实时中断
    EINT;
    ERTM;
    while(1){;
    }
}
// 配置SPI-B为主设备
void initSPIBMaster(void){
    // 配置前必须先进行复位操作
    SPI_disableModule(SPIB_BASE);
    // SPI时钟配置为500kHz
    SPI_setConfig(SPIB_BASE, DEVICE_LSPCLK_FREQ, SPI_PROT_POL0PHA0,
                  SPI_MODE_MASTER, 500000, 16);
    SPI_disableLoopback(SPIB_BASE);
    SPI_setEmulationMode(SPIB_BASE, SPI_EMULATION_FREE_RUN);
    // FIFO和中断配置
    SPI_enableFIFO(SPIB_BASE);
    SPI_clearInterruptStatus(SPIB_BASE, SPI_INT_TXFF);
    SPI_setFIFOInterruptLevel(SPIB_BASE, SPI_FIFO_TX2, SPI_FIFO_RX2);
    SPI_enableInterrupt(SPIB_BASE, SPI_INT_TXFF);
    // 配置完成
    SPI_enableModule(SPIB_BASE);
}
// 配置SPI-A，过程与SPI-B一致
void initSPIASlave(void){
```

```
    SPI_disableModule(SPIA_BASE);
    SPI_setConfig(SPIA_BASE, DEVICE_LSPCLK_FREQ, SPI_PROT_POL0PHA0,
                  SPI_MODE_SLAVE, 500000, 16);
    SPI_disableLoopback(SPIA_BASE);
    SPI_setEmulationMode(SPIA_BASE, SPI_EMULATION_FREE_RUN);
    SPI_enableFIFO(SPIA_BASE);
    SPI_clearInterruptStatus(SPIA_BASE, SPI_INT_RXFF);
    SPI_setFIFOInterruptLevel(SPIA_BASE, SPI_FIFO_TX2, SPI_FIFO_RX2);
    SPI_enableInterrupt(SPIA_BASE, SPI_INT_RXFF);
    SPI_enableModule(SPIA_BASE);
}
// 配置GPIO为外部回环模式
void configGPIOs(void){
    // 外部引脚连接如下
    // -GPIO25 and GPIO17 - SPISOMI
    // -GPIO24 and GPIO16 - SPISIMO
    // -GPIO27 and GPIO19 - SPISTE
    // -GPIO26 and GPIO18 - SPICLK
    GPIO_setMasterCore(17, GPIO_CORE_CPU1);
    GPIO_setPinConfig(GPIO_17_SPISOMIA);
    GPIO_setPadConfig(17, GPIO_PIN_TYPE_PULLUP);
    GPIO_setQualificationMode(17, GPIO_QUAL_ASYNC);
    GPIO_setMasterCore(16, GPIO_CORE_CPU1);
    GPIO_setPinConfig(GPIO_16_SPISIMOA);
    GPIO_setPadConfig(16, GPIO_PIN_TYPE_PULLUP);
    GPIO_setQualificationMode(16, GPIO_QUAL_ASYNC);
    GPIO_setMasterCore(19, GPIO_CORE_CPU1);
    GPIO_setPinConfig(GPIO_19_SPISTEA);
    GPIO_setPadConfig(19, GPIO_PIN_TYPE_PULLUP);
    GPIO_setQualificationMode(19, GPIO_QUAL_ASYNC);
    GPIO_setMasterCore(18, GPIO_CORE_CPU1);
    GPIO_setPinConfig(GPIO_18_SPICLKA);
    GPIO_setPadConfig(18, GPIO_PIN_TYPE_PULLUP);
    GPIO_setQualificationMode(18, GPIO_QUAL_ASYNC);
    GPIO_setMasterCore(25, GPIO_CORE_CPU1);
    GPIO_setPinConfig(GPIO_25_SPISOMIB);
    GPIO_setPadConfig(25, GPIO_PIN_TYPE_PULLUP);
    GPIO_setQualificationMode(25, GPIO_QUAL_ASYNC);
    GPIO_setMasterCore(24, GPIO_CORE_CPU1);
    GPIO_setPinConfig(GPIO_24_SPISIMOB);
    GPIO_setPadConfig(24, GPIO_PIN_TYPE_PULLUP);
    GPIO_setQualificationMode(24, GPIO_QUAL_ASYNC);
    GPIO_setMasterCore(27, GPIO_CORE_CPU1);
    GPIO_setPinConfig(GPIO_27_SPISTEB);
    GPIO_setPadConfig(27, GPIO_PIN_TYPE_PULLUP);
    GPIO_setQualificationMode(27, GPIO_QUAL_ASYNC);
    GPIO_setMasterCore(26, GPIO_CORE_CPU1);
```

```
    GPIO_setPinConfig(GPIO_26_SPICLKB);
    GPIO_setPadConfig(26, GPIO_PIN_TYPE_PULLUP);
    GPIO_setQualificationMode(26, GPIO_QUAL_ASYNC);
}
// SPI-A发送端FIFO配置
__interrupt void spibTxFIFOISR(void){
    uint16_t i;
    // 发送数据
    for(i=0; i < 2; i++){
      SPI_writeDataNonBlocking(SPIB_BASE, sData[i]);
    }
    // 更新发送数据
    for(i=0; i < 2; i++){
      sData[i]=sData[i] + 1;
    }
    // 清除中断
    SPI_clearInterruptStatus(SPIB_BASE, SPI_INT_TXFF);
    Interrupt_clearACKGroup(INTERRUPT_ACK_GROUP6);
}
// SPI-B接收FIFO
 __interrupt void spiaRxFIFOISR(void){
    uint16_t i;
    // 读取数据
    for(i=0; i < 2; i++){
       rData[i]=SPI_readDataNonBlocking(SPIA_BASE);
    }
    // 检查接收到的数据
    for(i=0; i < 2; i++){
       if(rData[i] != (rDataPoint + i)){
          Example_Fail=1;
          ESTOP0;
       }
    }
    rDataPoint++;
    // 清除中断标志位并分配
    SPI_clearInterruptStatus(SPIA_BASE, SPI_INT_RXFF);
    Interrupt_clearACKGroup(INTERRUPT_ACK_GROUP6);
    Example_PassCount++;
}
```

该实例使用两个F28379D上的SPI模块进行外部环回实验，与例6-4不同，本例采用了大量的中断管理，并使用了高效的SPI FIFO来进行数据传输。SPI-A被配置为从设备，用于接收数据；SPI-B被配置为主设备，用于发送数据。最后，将发送的数据与接收的数据进行比较，即可验证通信过程是否顺利完成。

11.4　本章小结

本章详细介绍了串行外设接口（SPI）的原理、特性及其在F28379D微控制器上的应用。首先，我们深入探讨了SPI的电气特性和时序要求，掌握这些基础知识是确保SPI通信稳定可靠的前提。接着，通过具体的时序图，让读者更直观地理解SPI通信的流程和时序关系。

此外，我们还提供了基于F28379D微控制器的SPI开发实例，不仅展示了SPI的实际应用，也为读者提供了宝贵的实践参考。通过本章的学习，读者将能够熟练掌握SPI通信的基本原理和应用方法，为后续的硬件通信设计打下坚实的基础。

11.5　习题

（1）简述SPI协议相比I2C的主要区别。

（2）描述SPI总线的主要特点和优势，并比较它与I2C（Inter-Integrated Circuit）的主要差异。

（3）详述SPI协议中时钟极性和时钟相位的概念，并解释它们如何影响数据传输的起始和结束边界。

（4）在SPI通信中，当主设备需要从从设备读取数据时，数据传输的流程是怎样的？请画出时序图并解释。

（5）SPI协议支持全双工通信，但为何在实际应用中常常仅作为半双工或单向通信使用？

（6）假设SPI总线上的一个从设备出现故障，无法正确响应主设备的请求。请分析可能的故障原因，并提出解决方法。

（7）SPI总线的数据传输速率受到哪些因素的限制？如何提高SPI的数据传输速率？

（8）简述SPI协议中CS（Chip Select）信号的作用，并解释为何在某些应用中需要多个CS信号。

（9）在设计SPI通信接口时，如何确保数据传输的可靠性和稳定性？请列举几种可能的措施。

（10）SPI协议支持多种数据帧格式，包括8位、16位等。请解释不同数据帧格式对数据传输效率和可靠性的影响。

（11）在SPI通信中，如果主设备和从设备的时钟速率不一致，将会产生什么影响？如何解决时钟速率不一致的问题？

（12）请描述SPI协议中的MOSI和MISO信号在数据传输中的作用，并解释它们之间的区别。

（13）在多从设备SPI系统中，如何确保主设备能够正确选择并与特定的从设备进行通信？

（14）请解释SPI通信中的FIFO缓冲区的作用，并讨论它在提高数据传输效率方面的优势。

（15）在使用SPI接口进行数据传输时，如何避免数据丢失或数据错误的问题？

（16）当使用SPI接口与多个从设备通信时，如何优化数据传输的效率和性能？请提出几种可能的优化策略。

（17）请解释SPI总线的主从设备如何在数据传输中协同工作，并说明在数据传输过程中，如果主设备检测到从设备未准备好接收数据，应该如何处理这种情况以避免数据丢失或损坏？

（18）描述SPI协议中时钟相位（Clock Phase，CPHA）和时钟极性（Clock Polarity，CPOL）两个关键参数的作用，并举例说明当CPHA和CPOL取不同值时，数据传输时序会如何变化。同时，讨论这些变化对SPI通信稳定性和可靠性的影响。

（19）在SPI通信中，当数据传输速率较高时，可能会出现哪些主要问题？请分析这些问题产生的原因，并提出相应的解决方案。

（20）假设你正在设计一个使用SPI接口的多从设备系统，并且需要确保主设备能够正确地将数据发送到指定的从设备。请详细描述你将如何实现这一功能，并讨论在设计和实现过程中可能遇到的挑战。

（21）SPI协议支持全双工通信，但在某些应用中，可能只需要半双工通信。请讨论在SPI接口上实现半双工通信的方法，并说明为什么这种方法在某些场景下可能是有利的。同时，分析半双工通信对SPI接口性能和资源利用率的影响。

第 12 章

通用串行总线控制器USB

12

通用串行总线（Universal Serial Bus，USB）是一种串口总线标准，同时也是一种输入输出接口技术规范，主要用于规范计算机与外部设备之间的连接和通信。USB已成为当今计算机与大量智能设备的标配接口。从USB 1.0到USB 4.0，数据传输速率得到了显著提升，并且增加了新的功能和特性，如Type-C接口，它不仅支持高速通信，还提供更高的供电能力等，极大地增强了用户的使用体验。

此外，USB接口还具有热插拔功能，能够连接多种外设，如鼠标、键盘、打印机等。USB接口广泛应用于个人计算机、移动设备以及其他信息通信产品，并扩展至摄影器材、数字电视（机顶盒）、游戏机等领域。自1996年首次推出以来，USB经历了多次重大更新和迭代升级，逐步提升了数据传输速率、功率输送能力和用户体验。

本章将重点讲述USB不同版本之间的主要区别，以及F28379D芯片中与USB相关的电气特性和时序要求，并提供几个与USB相关的开发实例，供读者参考和学习。

12.1 通用串行总线概述

USB是一种用于连接计算机和外部设备的标准接口技术，是一种在计算机与各种外部设备之间传输数据和提供电力的串行总线标准。USB最初由Compaq、IBM、Intel、Microsoft、NEC等7家公司在1994年联合提出，旨在简化计算机与外部设备的连接，提高设备的通用性和可扩展性。

USB的发展经历了多个阶段，每个阶段都带来了不同的传输速度和功能提升。整体来看，主要可以分为以下4个阶段：

（1）USB 1.0/1.1：最早的USB版本，发布于1996年，支持低速（1.5Mbps）和全速（12Mbps）两种传输速率。该版本奠定了USB技术的基础，为计算机与外部设备的连接提供了便利。

（2）USB 2.0：发布于2000年，引入了高速（480Mbps）传输速率，大幅提高了数据传输效率。同时，USB 2.0还增强了电源管理能力，并支持更多的外设类型。

（3）USB 3.0/3.1/3.2：随着技术的发展，USB 3.0及其后续版本进一步提升了传输速率，分别高达5Gbps（USB 3.0）、10Gbps（USB 3.1 Gen 2）和20Gbps（USB 3.2 Gen 2×2）。这些版本还引入了更多的功能，如更高效的电源管理、更快速的数据传输和更多外设的支持。

（4）USB 4：发布于2019年。USB 4基于Thunderbolt 3技术，支持高达40Gbps的传输速率，并具有更好的兼容性和扩展性。USB 4还引入了新功能，如共享总线带宽、动态带宽分配和多路复用等，以满足未来高性能计算和外设连接的需求。

此外，USB技术还具有多项特点和优势，使其成为计算机与外部设备连接的首选方案。例如：

- 支持热插拔：USB设备可以在计算机开机状态下随时插入或拔出，无须关闭计算机或重启系统。
- 即插即用：USB设备插入计算机后，系统会自动识别并安装相应的驱动程序，无须手动配置。
- 高速传输：USB 3.0及后续版本支持高达几十Gbps的传输速率，USB 3.0及其后续版本能够支持超过10Gbps的通信速率，USB4 v2.0目前支持最高80Gbps的传输速率，可以满足大数据量传输的需求。
- 多外设支持：USB可以连接各种类型的外部设备，如键盘、鼠标、打印机、扫描仪、摄像头等。
- 供电能力：USB接口可为连接的设备提供5V的电力支持，方便一些低功耗设备的供电。

总之，USB作为一种标准化的计算机与外部设备连接技术，凭借其易用性、高速性和广泛的设备支持性，已在计算机领域得到了广泛应用。随着技术的不断发展，USB将继续为计算机与外部设备的连接提供更高效、便捷、可靠的解决方案。

12.2　USB协议的电气特性及时序要求

在与USB主机或设备进行点对点通信时，USB控制器作为全速或低速功能的控制器进行工作。USB模块具有以下特性：

- F28379D片上为USB 2.0模块，支持全速和低速运行。
- 具有集成的PHY接口。
- 具有三种传输类型：控制传输、中断传输和批量传输。
- 具有32个端点，其中包括一个专用的控制输入端点和一个专用的控制输出端点，以及15个可配置输入端点和15个可配置输出端点。
- 模块内拥有4KB专用端点内存。

USB系统方框图如图12-1所示。

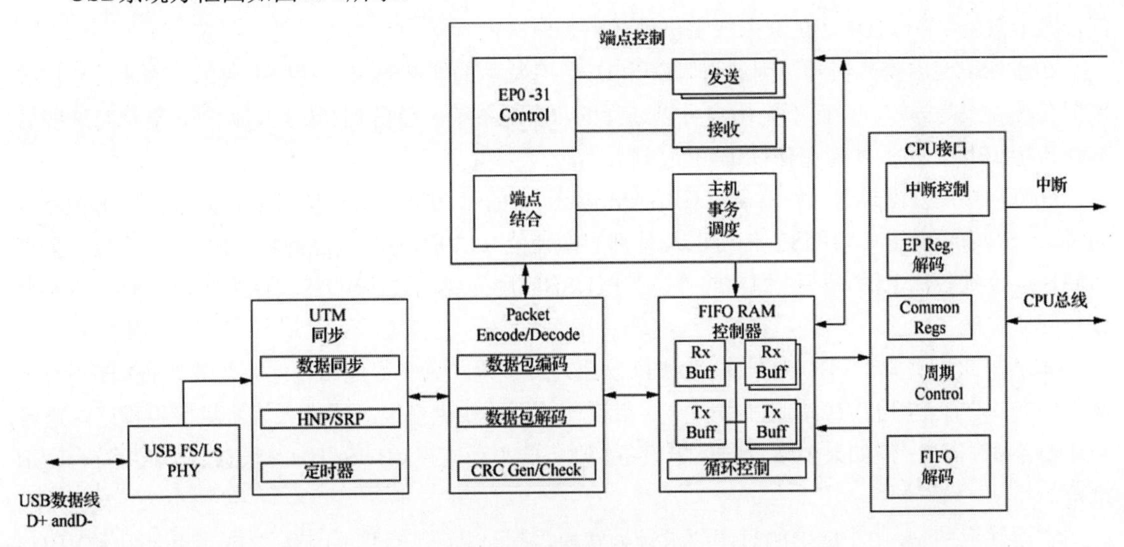

图12-1　USB系统方框图

需要注意的是，F28379D的片上晶体振荡器的精度无法满足USB协议的精度要求，因此在使用USB模块时，必须使用外部时钟源。

在实际开发过程中，USB模块的电气特性和时序要求尤为重要。USB输入端口DP和DM的时序要求如表12-1所示，输出端口DP和DM的开关特征如表12-2所示。

表12-1　USB输入端口DP和DM的时序要求

时序要求	最 小 值	最 大 值	单　位
差分输入共模范围	0.8	2.5	V
输入阻抗	300	—	kΩ
交叉电压	1.3	2.0	V
静态SE输入逻辑低电平	0.8	—	V
静态SE输入逻辑高电平	2.0	—	V
差分输入电压	0.2	—	V

表12-2　USB输出端口DP和DM的开关特征

参　数	测试条件	最 小 值	最 大 值	单　位
VOH	USB 2.0负载条件	2.8	3.6	V
VOL	USB 2.0负载条件	0	0.3	V
Z(DRV)	—	28	44	Ω
上升时间tr	全速，差分，CL=50pF	4	20	ns
下降时间tf	全速，差分，CL=50pF	4	20	ns

有关USB控制器的信号说明：USB控制器需要三个信号（D+、D−和VBUS）在设备模式下工作，两个信号（D+、D−）在嵌入式主机模式下工作。

由于USB使用差分信号，因此引脚D+和D−具有特殊的缓冲器来支持USB通信。因此，它们的位置在芯片上是固定的，而不是用户可以选择的，而是系统已经自定义好的。此外，复位时这些引脚默认为GPIO，然后才能用作USB功能引脚。

GPIO-B 模拟模式选择寄存器（GPBAMSEL）中的第10位和第11位应配置为选择USB功能。同时，USB总线电压（VBUS）信号以及外部电源使能（EPEN）和电源故障（PFLT）信号不会直接硬件连接到芯片上的任何引脚。此外，某些USB应用需要通过GPIO在软件中实现，而不能完全依赖硬件实现。

本书在此提供关于VBUS的一些建议供设计人员参考。大多数应用程序不需要监视VBUS，因此F28379D没有专用的VBUS监控引脚。如果设计的是总线供电设备或嵌入式主机应用程序，通常不需要监视VBUS；但如果要设计自供电设备，则需要主动监视VBUS引脚的状态，以确保符合USB规范。

需要注意的是，由于USB的时序要求较为宽松，满足以上规范并不困难。本节将重点讨论VBUS监控解决方案的硬件部分。如图12-2所示，F28379D的引脚不支持5V容差，VBUS信号不能直接连接到GPIO引脚。如果直接将5V电源连接到DSP芯片的引脚，可能会损坏引脚的IO缓冲区，甚至影响更多的外围器件。因此，采用的方法是通过串联电阻与每个引脚上器件内已存在的ESD二极管进行钳位，并在VBUS信号和监视引脚之间使用100kΩ的串联电阻。

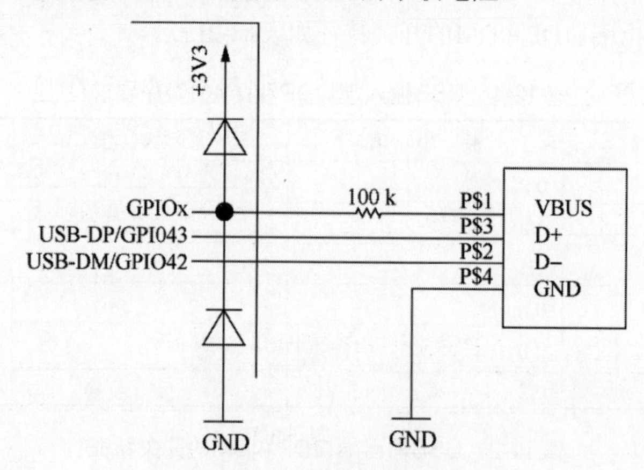

图12-2　USB VBUS解决方案

在图12-2中，如果VBUS电压高于3.3V或低于0V（负电位），则两个ESD钳位二极管中的一个将会正向偏置，允许电流流过100 kΩ电阻。

二极管钳位的目的是保护DSP芯片的引脚免受过压尖峰，通过钳位作用将电源的电压偏移，从而实现保护引脚的功能。

本节还以鼠标的USB驱动程序为例，说明USB开发过程中可能涉及的寄存器配置以及需要注意的问题。

【例12-1】 利用USB模块及SCI模块实现鼠标控制（本例使用了片上中断）。

```
// 包含头文件
// #include "driverlib.h"        // 驱动库文件
// #include "device.h"           // 设备文件
#include "usb_hal.h"
#include "board.h"
#include "c2000ware_libraries.h"
#include "usblib.h"
#include "usbhid.h"
#include "device/usbdevice.h"
#include "device/usbdhid.h"
// #include "device/usbdhidmouse.h"
// #include "usb_ex2_mouse_structs.h"
#include "usb_structs.h"
#include "scistdio.h"

// USB0的中断服务程序声明
void INT_myUSB0_ISR(void);

// 宏定义
#define MOUSE_MOVE_INC          1    // 鼠标更新
#define MOUSE_MOVE_DEC         -1
#define TICKS_PER_SECOND       100
#define MS_PER_SYSTICK         (1000 / TICKS_PER_SECOND)
#define TICK_EVENT             0

#ifdef DEBUG
    #define DEBUG_PRINT SCIprintf
#else
    // 在release版本中编译出所有Debug并打印
    #define DEBUG_PRINT while(0) ((int32_t (*)(char *, ...))0)
#endif
#define MAX_SEND_DELAY         50   // 发送延迟，50大概是0.5s左右

// 全局变量定义
volatile uint32_t g_ui32Commands;
volatile bool g_bConnected;
volatile uint32_t g_ui32TickCount;
// 这里保存鼠标在正常操作期间可能处于的全部状态
volatile enum{
    // 未配置态
    MOUSE_STATE_UNCONFIGURED,
    // 空闲状态
```

12

```
    MOUSE_STATE_IDLE,
    // 等待数据发送
    MOUSE_STATE_SENDING
}
g_eMouseState=MOUSE_STATE_UNCONFIGURED;
// 这个函数处理来自鼠标设备驱动程序的消息
uint32_t MouseHandler(void *pvCBData, uint32_t ui32Event, uint32_t ui32MsgData,
void *pvMsgData){
    switch(ui32Event){
    // USB主机已连接
        case USB_EVENT_CONNECTED:{
            g_eMouseState=MOUSE_STATE_IDLE;
            g_bConnected=true;
            break;
        }
        // USB主机已断开连接
        case USB_EVENT_DISCONNECTED:{
            g_bConnected=false;
            g_eMouseState=MOUSE_STATE_UNCONFIGURED;
            break;
        }
        // 向主机发送报告
        case USB_EVENT_TX_COMPLETE:{
            g_eMouseState=MOUSE_STATE_IDLE;
            break;
        }
        default:
            break;
    }
    return(0);
}
// 等待一段时间后，将鼠标状态跳转至空闲态
bool WaitForSendIdle(uint32_t ui32TimeoutTicks){
    uint32_t ui32Start;
    uint32_t ui32Now;
    uint32_t ui32Elapsed;
    ui32Start=g_ui32TickCount;
    ui32Elapsed=0;
    while(ui32Elapsed < ui32TimeoutTicks){
        if(g_eMouseState==MOUSE_STATE_IDLE){
            return(true);
        }
        ui32Now=g_ui32TickCount;
        ui32Elapsed=((ui32Start < ui32Now) ? (ui32Now - ui32Start) :
                    (((uint32_t)0xFFFFFFFF - ui32Start) + ui32Now + 1));
    }
    return(false);
}
```

```
void MoveHandler(void){
    uint32_t ui32Retcode;
    char cDeltaX, cDeltaY;
    // 决定鼠标的移动方向
    ui32Retcode=g_ui32TickCount % (4 * TICKS_PER_SECOND);
    if(ui32Retcode < TICKS_PER_SECOND){
        cDeltaX=MOUSE_MOVE_INC;
        cDeltaY=0;
    }
    else if(ui32Retcode < (2 * TICKS_PER_SECOND)){
        cDeltaX=0;
        cDeltaY=MOUSE_MOVE_INC;
    }
    else if(ui32Retcode < (3 * TICKS_PER_SECOND)){
        cDeltaX=(char)MOUSE_MOVE_DEC;
        cDeltaY=0;
    }
    else{
        cDeltaX=0;
        cDeltaY=(char)MOUSE_MOVE_DEC;
    }
    // 通知HID驱动器
    g_eMouseState=MOUSE_STATE_SENDING;
    ui32Retcode=USBDHIDMouseStateChange((void *)&g_sMouseDevice, cDeltaX,
                                     cDeltaY, 0);
    if(ui32Retcode==MOUSE_SUCCESS){
    // 等待主机应答
        if(!WaitForSendIdle(MAX_SEND_DELAY)){
        // 发送失败
            g_bConnected=false;
        }
    }
}
// CPU定时器中断
__interrupt void CPUTimerIntHandler(void){
    GPIO_writePin(0,1);
    g_ui32TickCount++;
    HWREG(&g_ui32Commands) |= 1;
    GPIO_writePin(0,0);
    Interrupt_clearACKGroup(INTERRUPT_ACK_GROUP1);
}

#ifdef DEBUG
void ConfigureSCI(void){
// GPIO-28是SCI的接收端口
    GPIO_setMasterCore(28, GPIO_CORE_CPU1);
    GPIO_setPinConfig(GPIO_28_SCIRXDA);
    GPIO_setDirectionMode(28, GPIO_DIR_MODE_IN);
```

12

```
    GPIO_setPadConfig(28, GPIO_PIN_TYPE_STD);
    GPIO_setQualificationMode(28, GPIO_QUAL_ASYNC);
// GPIO-29是SCI的发送端口
    GPIO_setMasterCore(29, GPIO_CORE_CPU1);
    GPIO_setPinConfig(GPIO_29_SCITXDA);
    GPIO_setDirectionMode(29, GPIO_DIR_MODE_OUT);
    GPIO_setPadConfig(29, GPIO_PIN_TYPE_STD);
    GPIO_setQualificationMode(29, GPIO_QUAL_ASYNC);
    // 初始化SCI
    SCIStdioConfig(SCIA_BASE, 115200,
                SysCtl_getLowSpeedClock(DEVICE_OSCSRC_FREQ));
}
#endif
// 主函数编写
int main(void){
    g_bConnected=false;
    // 初始化设备时钟及外围器件
    Device_init();
    // 初始化USB端口
    Device_initGPIO();
    // 设置PLL时钟为60MHz
    // SysCtl_setAuxClock(DEVICE_AUXSETCLOCK_CFG_USB);
    // 初始化PIE中断寄存器
     Interrupt_initModule();
    // 初始化PIE中断向量表
     Interrupt_initVectorTable();
    Board_init();
    C2000Ware_libraries_init();
    // 开启全局中断和实时中断
    EINT;
    ERTM;
#ifdef DEBUG
// 配置SCI为Debug输出
    ConfigureSCI();
#endif
    USBGPIOEnable();
    GPIO_setDirectionMode(0, GPIO_DIR_MODE_OUT);
    Interrupt_register(INT_TIMER0, &CPUTimerIntHandler);
    CPUTimerInit();
    CPUTimer_setPeriod(CPUTIMER0_BASE,
                   (SysCtl_getClock(DEVICE_OSCSRC_FREQ) / TICKS_PER_SECOND));
    // 使能CPU定时器中断
    CPUTimer_enableInterrupt(CPUTIMER0_BASE);
    Interrupt_enable(INT_TIMER0);
    CPUTimer_startTimer(CPUTIMER0_BASE);
    DEBUG_PRINT("\nC2000 F2837xD Series USB HID Mouse device example\n");
    DEBUG_PRINT("---------------------------------\n\n");
    Interrupt_enableMaster();
```

```
    while(1){
        // 告诉设计人员当前状态
        DEBUG_PRINT("Waiting for host...\n");
        // 等待USB设备配置完成
        while(!g_bConnected){
        }
        // 更新状态
        DEBUG_PRINT("Host connected...\n");
        while(g_bConnected){
            if(HWREG(&g_ui32Commands) & 1){
                HWREG(&g_ui32Commands) &= ~1;
                MoveHandler();
            }
        }
    }
}
// C2000 PIE中断控制器
__interrupt void INT_myUSB0_ISR(void){
    USB0DeviceIntHandler();
    Interrupt_clearACKGroup(INTERRUPT_ACK_GROUP9);
}
```

注意 该实例需要使用鼠标或类似鼠标的矩阵键盘等外设。在CCS中加载并运行实例后，只需通过USB连接线将PC与ControlCard的microUSB端口连接（需要F28379D相关的评估板来实现）即可使用。

12.3　USB开发实例

在12.2节末尾，本书给出了一个使用USB模块接收并处理鼠标外设信息的开发实例，这也是USB当前最为常用的应用之一。在此基础上，本节将继续以USB模块为例，展示一个更加综合的开发实例。

【例12-2】利用USB模块及例12-1中的鼠标连接模块，实现GPIO口对外部设备ID号的识别，并自动完成模式切换。


```
// 包含头文件
// #include "driverlib.h"
// #include "device.h"
#include "usb_hal.h"
#include "board.h"
#include "c2000ware_libraries.h"
#include "usb_structs.h"
#include "usblib.h"
#include "usbhid.h"
```

```
#include "device/usbdevice.h"
#include "device/usbdhid.h"
#include "device/usbdhidmouse.h"
#include "host/usbhost.h"
#ifdef DEBUG
#include "scistdio.h"
#endif
#include "usb_ex8_descriptors.h"
#include "usb_ex8_dual_detect.h"
// 当前USB设置为侦测模式
volatile tUSBMode g_eCurrentUSBMode=eUSBModeNone;
// 每毫秒时钟数
uint32_t g_ui32ClockMS;
// 主机控制器的内存大小(以字节为单位)
// #define HCD_MEMORY_SIZE         128
// 提供给主机控制器驱动程序的内存
// unsigned char g_pHCDPool[HCD_MEMORY_SIZE];
extern uint8_t g_pui8HCDPool[myUSB0_LIB_HCD_MEMORY_SIZE];
// 全局变量定义
uint32_t g_ui32NewState;
extern tUSBDHIDMouseDevice g_sMouseDevice;

// 回调函数定义
void ModeCallback(uint32_t ui32Index, tUSBMode eMode){
// 存储新模式
    g_eCurrentUSBMode=eMode;
    switch(eMode){
        case eUSBModeHost:{
            DEBUG_PRINT("\nHost Mode.\n");      // 打印主机模式
            break;}
        case eUSBModeDevice:{
            DEBUG_PRINT("\nDevice Mode.\n");    // 打印设备模式
            break;}
        case eUSBModeNone:{
            DEBUG_PRINT("\nIdle Mode.\n");      // 打印空闲模式
            break;}
        default:{
            DEBUG_PRINT("ERROR: Bad Mode!\n"); // 打印错误模式
            break;}
    }
    g_ui32NewState=1;                           // 更新状态标志
}

// 配置UART模块
void ConfigureSCI(void){
    // GPIO28配置为接收引脚
    GPIO_setMasterCore(28, GPIO_CORE_CPU1);
    GPIO_setPinConfig(GPIO_28_SCIRXDA);
```

```
        GPIO_setDirectionMode(28, GPIO_DIR_MODE_IN);            // 设置为输入模式
        GPIO_setPadConfig(28, GPIO_PIN_TYPE_STD);               // 设置为标准IO
        GPIO_setQualificationMode(28, GPIO_QUAL_ASYNC);         // 设置为异步模式

        // GPIO29配置为发送引脚
        GPIO_setMasterCore(29, GPIO_CORE_CPU1);
        GPIO_setPinConfig(GPIO_29_SCITXDA);
        GPIO_setDirectionMode(29, GPIO_DIR_MODE_OUT);           // 设置为输出模式
        GPIO_setPadConfig(29, GPIO_PIN_TYPE_STD);               // 设置为标准IO
        GPIO_setQualificationMode(29, GPIO_QUAL_ASYNC);         // 设置为异步模式

        // 初始化SCI及控制IO口
       SCIStdioConfig(SCIA_BASE,115200,SysCtl_getLowSpeedClock(DEVICE_OSCSRC
_FREQ));
    }
    // 主函数部分
    int main(void){
        uint8_t oldID=2;
        //初始化设备时钟及外围器件
        Device_init();
        // 初始化与USB有关的GPIO口
        Device_initGPIO();
        // 初始化PIE寄存器
        Interrupt_initModule();
        // 初始化PIE中断向量表
        Interrupt_initVectorTable();
        // 配置PLL时钟为60MHz
        // SysCtl_setAuxClock(DEVICE_AUXSETCLOCK_CFG_USB);
        Board_init();
        C2000Ware_libraries_init();
        // 使能全局中断和实时中断
        EINT;
        ERTM;

        // 配置与USB运行相关的GPIO引脚
        USBGPIOEnable();
        // 注册USB中断处理函数
        Interrupt_register(INT_USBA, f28x_USB0DualModeIntHandler);
    #ifdef DEBUG
        // 配置SCI-A为Debug输出模式
        ConfigureSCI();
        SCIprintf("\033[2JDual Mode Detection Application\n");
    #endif
        // 计算每毫秒的时钟数
        g_ui32ClockMS=SysCtl_getClock(DEVICE_OSCSRC_FREQ) / (3 * 1000);
        // 初始化主设备堆栈
        HostStackInit();
        // 初始化设备堆栈
        DeviceStackInit();
```

12

```
        Interrupt_enableMaster();     // 使能全局中断

        // 定义新状态
        g_ui32NewState=1;
        while(1){
            // 检测GPIO引脚的变化
            if(GPIO_readPin(47) != oldID){
                oldID=GPIO_readPin(47);
                if(GPIO_readPin(47)){
                    // 切换到设备模式
                    USBHCDTerm(0);      // 终止主机控制器
                    // 设置USB为设备模式
                    USBStackModeSet(0, eUSBModeForceDevice, ModeCallback);
                    DeviceStackInit();// 初始化设备堆栈
                    g_eCurrentUSBMode=eUSBModeForceDevice; // 更新当前USB模式
                }
                else{
                    // 切换到主机模式
                    // 终止鼠标设备
                    USBDHIDMouseTerm((tUSBDHIDMouseDevice *)&g_sMouseDevice);
                    // 设置USB为主机模式
                    USBStackModeSet(0, eUSBModeForceHost, ModeCallback);
                    HostStackInit();        // 初始化主机堆栈
                    // 初始化主机控制器
                    USBHCDInit(0, g_pui8HCDPool, myUSB0_LIB_HCD_MEMORY_SIZE);
                    g_eCurrentUSBMode=eUSBModeForceHost;    // 更新当前USB模式
                }
            }
            // 如果是主机模式，调用主机处理函数
            if(g_eCurrentUSBMode==eUSBModeForceHost){
                HostMain();         // 主机模式下的主循环
            }
        }
    }
```

该实例在例12-1的基础上，使用GPIO进行ID检测，主要目的是通过不同连接设备的ID来判断需要切换到设备模式还是主机模式。如果主机连接到设备的USB端口，则堆栈将切换到设备模式；如果将鼠标设备连接到设备的USB端口，则堆栈将切换到主机模式，并在串行终端显示鼠标移动和按钮按下的信息。

12.4　关键寄存器的字段信息

F28379D片上的USB模块配置涉及多种寄存器，最为关键的包括功能地址寄存器USBFADDR、电源管理寄存器USBPOWER、发送中断状态寄存器USBTXIS以及接收中断状态寄存器USBRXIS。

F28379D片上USB模块的功能地址寄存器USBFADDR的字段说明如表12-3所示。

表12-3　USBFADDR的字段说明

位	字　段	值	说　明
7	保留	0	保留
6-0	FUNCADDR	0-7Fh	功能通过SET_ADDRESS接收的设备地址

F28379D片上USB模块的电源管理寄存器USBPOWER的字段说明如表12-4所示。

表12-4　USBPOWER的字段说明

位	字　段	值	说　明
7-4	保留	0	保留
3	RESET	 0 1	RESET（重置）信号。 结束总线上的RESET信号。 在总线上使能RESET信号
2	RESUME	 0 1	RESUME（恢复）信令。该位应该在软件置位20毫秒后清零。 在总线上结束RESUME信号。 当设备处于SUSPEND（挂起）模式时，启用RESUME信号
1	SUSPEND	 0 1	SUSPEND（挂起）模式。 无效果。 使能SUSPEND模式
0	PWRDNPHY	 0 1	掉电PHY。 无效果。 关闭内部USB PHY

F28379D片上USB模块的发送中断状态寄存器USBTXIS的字段说明如表12-5所示。

表12-5　USBTXIS的字段说明

位	字　段	值	说　明
15-4	保留		保留
3	EP3	 0 1	TX端点3中断。 无中断。 端点3发送中断被断言
2	EP2	 0 1	TX端点2中断。 无中断。 端点2发送中断被断言
1	EP1	 0 1	TX端点1中断。 无中断。 端点1发送中断置为有效

（续表）

位	字　段	值	说　明
0	EP0	 0 1	TX和RX端点0中断。 无中断。 端点0发送和接收中断被断言

F28379D片上USB模块的接收中断状态寄存器USBRXIS的字段说明如表12-6所示。

表12-6　USBRXIS的字段说明

位	字　段	值	说　明
15-4	保留		保留
3	EP3	 0 1	RX端点3中断。 无中断。 端点3接收中断被断言
2	EP2	 0 1	RX端点2中断。 无中断。 端点2接收中断被断言
1	EP1	 0 1	RX端点1中断。 无中断。 端点1接收中断被断言
0	保留	0	保留

12.5　本章小结

本章深入探讨了USB协议、USB总线的工作原理、电气特性以及相关的时序图和时序要求。通过对USB协议的解析，读者了解了USB如何为现代电子设备提供高速、可靠的通信方式。USB总线的架构和设计确保了数据传输的效率和稳定性，而电气特性则规定了设备与USB主机之间通信的物理参数。

本章还通过时序图和时序要求详细解析了USB通信中的关键步骤和时序关系，使读者能够深入理解USB通信的实时性和准确性。此外，本章还通过具体的USB开发实例展示了USB开发的实际应用和技术要点。

通过本章的学习，读者将能够全面掌握USB协议的基础知识、USB总线的通信机制以及USB开发的技术要点，为后续的USB开发和应用奠定坚实的基础。

12.6　习题

（1）在DSP芯片进行USB通信时，如果数据传输速率不稳定，可能是什么原因导致的？请详细分析从硬件设计到软件编程可能存在的问题。

（2）描述在DSP芯片中集成USB Host模式时，如何确保USB设备枚举过程的正确性和稳定性？请详述枚举流程中的关键步骤以及可能遇到的错误情况。

（3）在一个实时音频处理系统中，使用DSP芯片通过USB接口与外部设备交换数据。请阐述如何优化USB传输以提高音频处理的实时性，并讨论潜在的挑战和解决方案。

（4）在DSP芯片上进行USB通信时，如何确保数据传输的安全性？请详细讨论加密、认证和授权等安全机制在USB通信中的应用，并给出具体实现方案。

（5）当使用DSP芯片进行高速USB数据传输时，如何设计和实现高效的缓冲区管理机制？请考虑数据流的连续性、实时性和可靠性等因素。

（6）描述在DSP芯片中实现USB 3.0接口时，如何优化数据传输效率？请分析USB 3.0协议的特性，并讨论在硬件设计和软件编程中可以采取的优化措施。

（7）在DSP芯片上进行USB通信时，如果遇到了兼容性问题（如与特定USB设备通信失败），将如何进行故障排查和修复？请详述排查步骤和可能的解决方案。

（8）请解释在DSP芯片中使用USB Isochronous传输模式时，如何保证数据传输的连续性和实时性？讨论在设计和实现过程中需要考虑的关键因素。

（9）在DSP芯片中实现USB通信时，如何设计和实现可靠的数据校验机制？请讨论不同校验方法的优缺点，并给出适用于DSP芯片的建议方案。

（10）在一个复杂的DSP系统中，如何通过USB接口与外部设备进行高效的通信和控制？请讨论在硬件接口设计、驱动程序编写和应用程序开发等方面需要考虑的技术挑战和解决方案。

（11）设计一个基于DSP芯片的USB音频采集与处理系统。该系统需要能够实时采集音频信号，通过DSP芯片进行音频信号处理（如噪声消除、均衡器等），然后通过USB接口将处理后的音频数据发送到PC端进行进一步的分析或存储。

请详细描述系统设计框图、主要硬件组成、DSP芯片的选择依据、USB接口的实现方式以及音频信号处理的算法设计。

（12）在一个基于DSP芯片的USB通信系统中，要求实现高速数据传输和实时数据处理。请设计一个通信协议栈，包括物理层、数据链路层、网络层和应用层。物理层需支持USB 3.0标准，数据链路层需实现数据的可靠传输，网络层需支持多路复用和流量控制，应用层需定义数据传输的格式和命令集。请详细阐述每层的设计思路、实现方法以及层间的交互方式。

（13）在一个基于DSP芯片的USB测量仪器中，需要实现高精度数据采集和实时数据分析。请设计一个数据采集与处理系统，该系统需能够接收模拟信号，通过ADC进行数字化，然后使用DSP芯片进行信号处理和数据分析（如FFT、滤波等）。

请考虑系统的精度、稳定性和实时性要求，选择合适的硬件组件和软件算法，并详细描述系统的整体设计、数据采集与处理的流程以及USB接口在数据传输中的作用。

（14）设计一个基于DSP芯片的USB控制系统，用于控制外部硬件设备（如电机、传感器等）。该系统需要实现实时控制、状态监测和故障诊断等功能。

请详细描述系统的整体架构、DSP芯片的选择依据、USB接口的通信协议设计、控制算法的实现以及故障诊断机制的设计。同时，考虑系统的安全性、可靠性和可扩展性要求，提出相应的解决方案。

第 13 章

通用并行端口uPP

13

通用并行端口（Universal Parallel Port，uPP）是一种多通道高速并行接口，主要用于在计算机与其他外设之间的数据传输，也可用于专用数据线和最小控制信号的多通道高速并行接口。

随着并行接口（如LPT接口）逐渐被USB等串行接口取代，uPP作为一种新型的高性能并行接口应运而生，旨在解决传统并行接口在数据同步和速度提升方面的局限。得益于半导体技术和通信协议的不断发展，uPP在数据传输速率、数据宽度、通道配置等方面得到了显著提升，这使得uPP能够更好地满足高速数据传输和复杂外设连接的需求。

此外，uPP广泛应用于数字信号处理、音频和视频处理、工业控制等领域，特别是在需要高速并行数据传输和实时处理的场景中，uPP展现出了其独特的优势。随着物联网、人工智能等技术的发展，对数据传输速度和效率的需求日益增加。作为一种高性能并行接口，uPP将在未来继续发挥重要作用，并有可能与其他新型接口技术相互融合，形成更加完善的连接解决方案。

总之，uPP作为一种高性能并行接口技术，在数据传输速度、数据宽度、通道配置灵活性等方面具有显著优势。本章将重点介绍uPP的基本概念、片上uPP端口的电气特性与时序要求，并通过基于F28379D芯片的开发实例进行讲解。

13.1　uPP通用并行端口概述

uPP是一种具有专用数据线和最小控制信号的高速并行接口，可轻松连接具有8位数据宽度的高速ADC或DAC。它还可以与现场可编程门阵列（FPGA）或其他uPP设备相互连接，实现高速数字数据传输。

该接口可在接收模式或发送模式（单工模式）下工作。uPP接口包含内部DMA控制器，用于在高速数据传输期间最大化吞吐量并减少CPU开销。所有uPP事务均通过内部DMA将数据馈送至

I/O通道或从I/O通道检索数据。即使只有一个I/O通道，DMA控制器也包含两个DMA通道，以支持数据交错模式，在该模式下，所有DMA资源都服务于单个I/O通道。

在F28379D上，uPP接口是CPU1子系统的专用资源。CPU1、CPU1.CLA1和CPU1.DMA均可访问该模块。两个512字节的专用数据RAM（也称为MSG RAM）与uPP模块紧密耦合（分别用于TX和RX）。这些数据RAM可用于存储大量数据，以避免频繁中断CPU的需要。

注意　只有CPU1和CPU1.CLA1可以访问这些数据RAM。图13-1展示了uPP系统的框图。

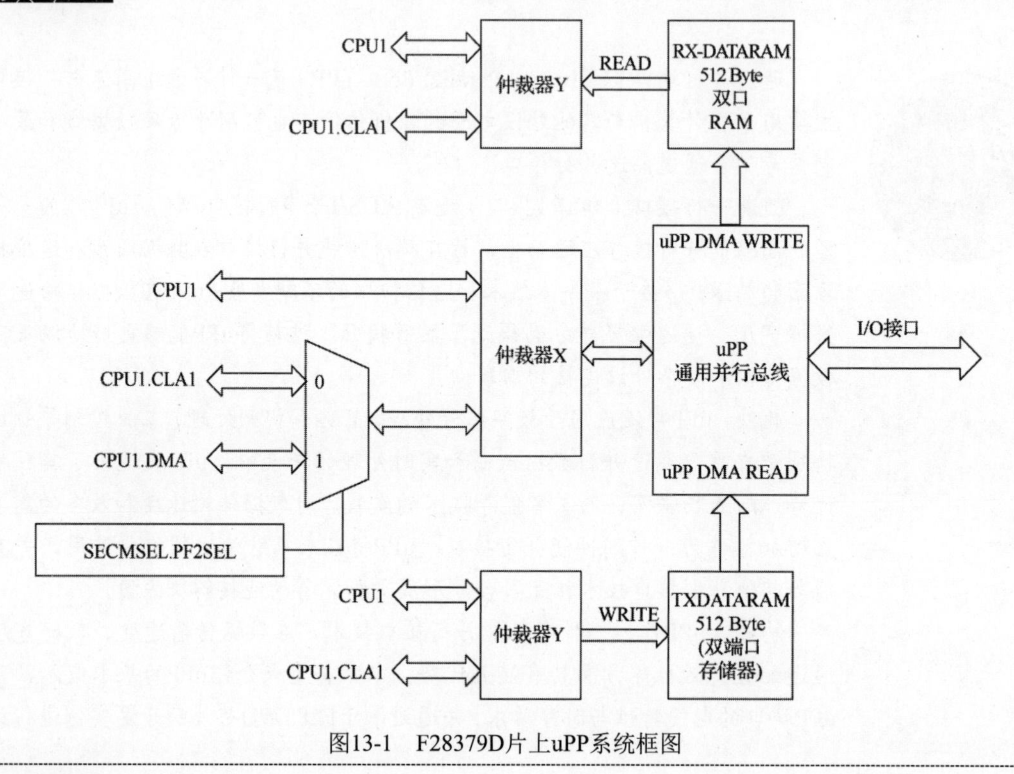

图13-1　F28379D片上uPP系统框图

说明　在一些TI器件上，uPP模块也被称为无线电外设接口（Radio Peripheral Interface，RPI）模块。

F28379D上的uPP接口具有以下特性：

- 具有并行转换接口的主流高速数据转换器。
- 具有帧START指示的主流高速流接口。
- 具有数据ENABLE（使能）指示的主流高速流接口。
- 具有同步WAIT（等待）信号的主流高速流接口。
- SDR（单倍数据速率）或DDR（双倍数据速率，交错）接口。

- 在SDR发送情况下交错式数据的多路复用。
- 在DDR情况下交错式数据的多路分离和多路复用。
- I/O接口时钟频率：在SDR模式下，最高50MHz，在DDR模式下，最高25MHz。
- 单通道8位输入接收或输出发送模式。
- 对于纯读或纯写操作，最大吞吐量为50MB/s。
- 可作为DSP到FPGA的通用流接口。

在F28379D芯片上使用uPP接口时，需要注意以下几个方面：

- 适用性：首先需要明确，F28379D芯片上的uPP接口可能仅适用于特定应用或设计场景。因此，在将uPP用于与FPGA或其他外设通信时，需确认该接口是否满足项目的具体需求。由于该接口可能不适用于未来的C2000系列DSP器件，设计时需考虑长期兼容性和未来升级的可能性。
- 连接与电平转换：使用uPP接口时，需仔细查阅F28379D的数据手册或引脚图，确保正确连接所有必要的引脚，包括数据线、地址线和控制线等。如果FPGA或其他外设的I/O电压与F28379D的I/O电压不同（如FPGA端计划使用3.3V I/O），则需要进行电平转换，以确保信号在传输过程中不发生损坏或通信失败。uPP的功能框图如图13-2所示。

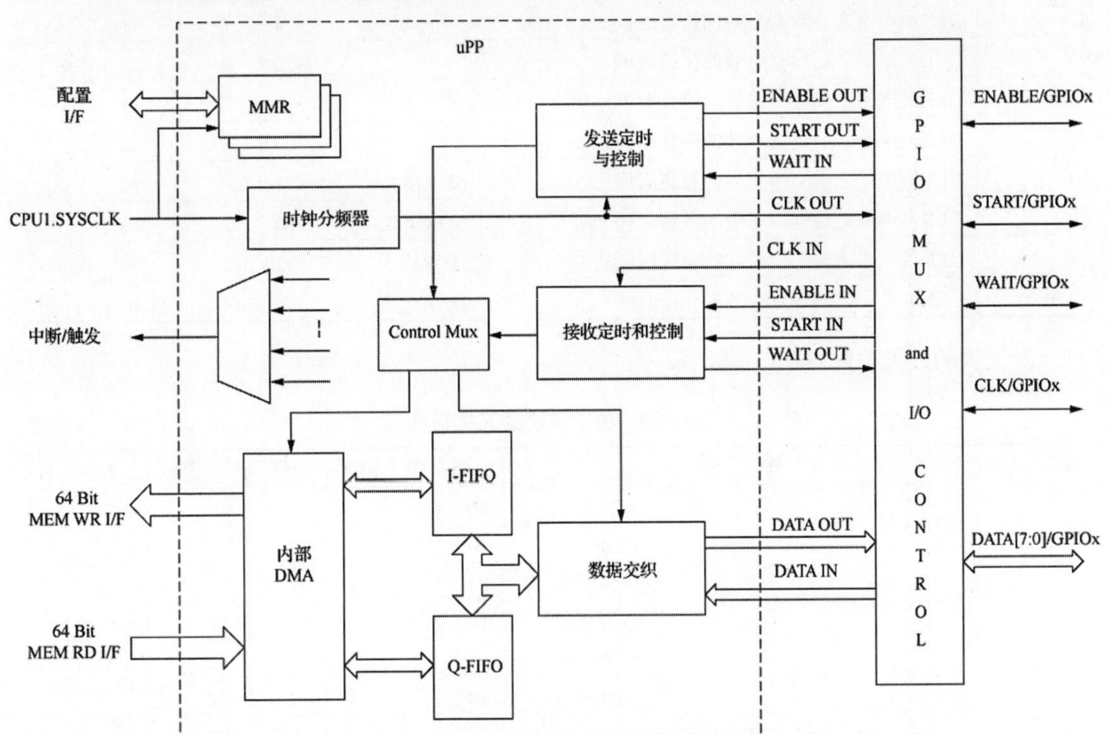

图13-2　uPP的功能框图

13.2　uPP电气特性及时序要求

F28379D片上uPP模块的时序要求如表13-1所示。

表13-1　uPP模块的时序要求

编　号	参　数		最小值	单　位
1	周期时间，CLK	SDR模式	20	ns
		DDR模式	40	
2	脉冲宽度，CLK高电平	SDR模式	8	ns
		DDR模式	18	
3	脉冲宽度，CLK低电平	SDR模式	8	ns
		DDR模式	18	
4	CLK高电平之前开始有效的设置时间		4	ns
5	CLK高电平之后开始有效的保持时间		0.8	ns
6	CLK高电平之前使能有效的设置时间		4	ns
7	CLK高电平之后使能有效的保持时间		0.8	ns
8	CLK高电平之前数据有效的设置时间		4	ns
9	CLK高电平之后数据有效的保持时间		0.8	ns
10	CLK低电平之前数据有效的设置时间		4	ns
11	CLK低电平之后数据有效的保持时间		0.8	ns
19	CLK高电平之前等待有效的设置时间	SDR模式	20	ns
20	CLK高电平之后等待有效的保持时间	SDR模式	0	ns
21	CLK低电平之前等待有效的设置时间	DDR模式	20	ns
22	CLK低电平之后等待有效的保持时间	DDR模式	0	ns

uPP模块的开关特性如表13-2所示。

表13-2　uPP模块的开关特性

编　号	参　数		最小值	最大值	单　位
12	周期时间，CLK	SDR模式	20	–	ns
		DDR模式	40	–	
13	脉冲宽度，CLK高电平	SDR模式	8	–	ns
		DDR模式	18	–	
14	脉冲宽度，CLK低电平	SDR模式	8	–	ns
		DDR模式	18	–	
15	CLK高电平之后START有效的延迟时间		3	12	ns
16	CLK高电平之后ENABLE有效的延迟时间		3	12	ns

（续表）

编　　号	参　　数	最 小 值	最 大 值	单　　位
17	CLK高电平之后DATA有效的延迟时间	3	12	ns
18	CLK低电平之后DATA有效的延迟时间	3	12	ns

uPP在接收或发送时，需要区分使用单倍数据速率（SDR）或双倍数据速率。二者的主要区别在于它们的数据传输方式和速度。

- SDR（Single Data Rate，单倍数据速率）：在SDR模式下，SDR的速率受限于时钟频率，数据传输仅在时钟信号的每个周期的一个边沿（通常为上升沿）进行。这意味着每个时钟周期只传输一个数据位，SDR的速率受限于时钟频率。例如，如果时钟频率为75MHz，SDR模式下的数据速率为75Mbps。
- DDR（Double Data Rate，双倍数据速率）：在DDR模式下，数据传输在时钟信号的每个周期的两个边沿（上升沿和下降沿）进行。每个时钟周期传输两个数据位，从而实现数据速率的翻倍。相同的75MHz时钟频率下，DDR模式的数据速率为150Mbps。

二者之间没有哪一方有绝对的优势，选择哪种传输速率应根据具体的应用场景来决定。

SDR模式通常用于对速度要求不高的应用，因为它提供了更简单、更稳定的数据传输方式。

DDR模式则用于需要更高数据传输速率的场合，如高速数据采集、图像处理等应用。DDR模式可以提供更高的带宽和更快的处理速度，但也可能带来更高的复杂性和功耗。

uPP单倍数据速率接收时序图如图13-3所示。

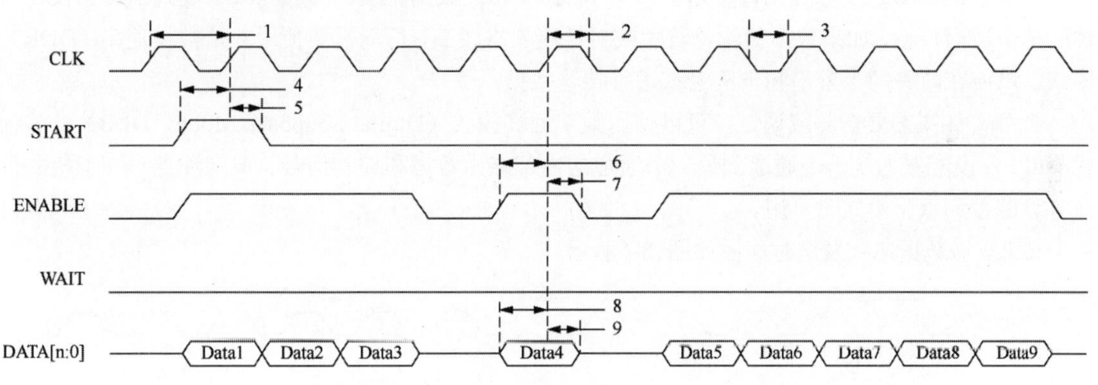

图13-3　uPP单倍数据速率接收时序图（SDR）

uPP双倍数据速率接收时序图如图13-4所示。

uPP单倍数据速率发送时序图如图13-5所示。

需要注意的是，在SDR模式下，数据信号仅在时钟信号的上升沿或下降沿触发有效。时钟源由发送方提供，接收方可能需要外部时钟来驱动其时钟引脚。时钟频率和速度应根据具体应用场景和硬件规格进行配置。

13

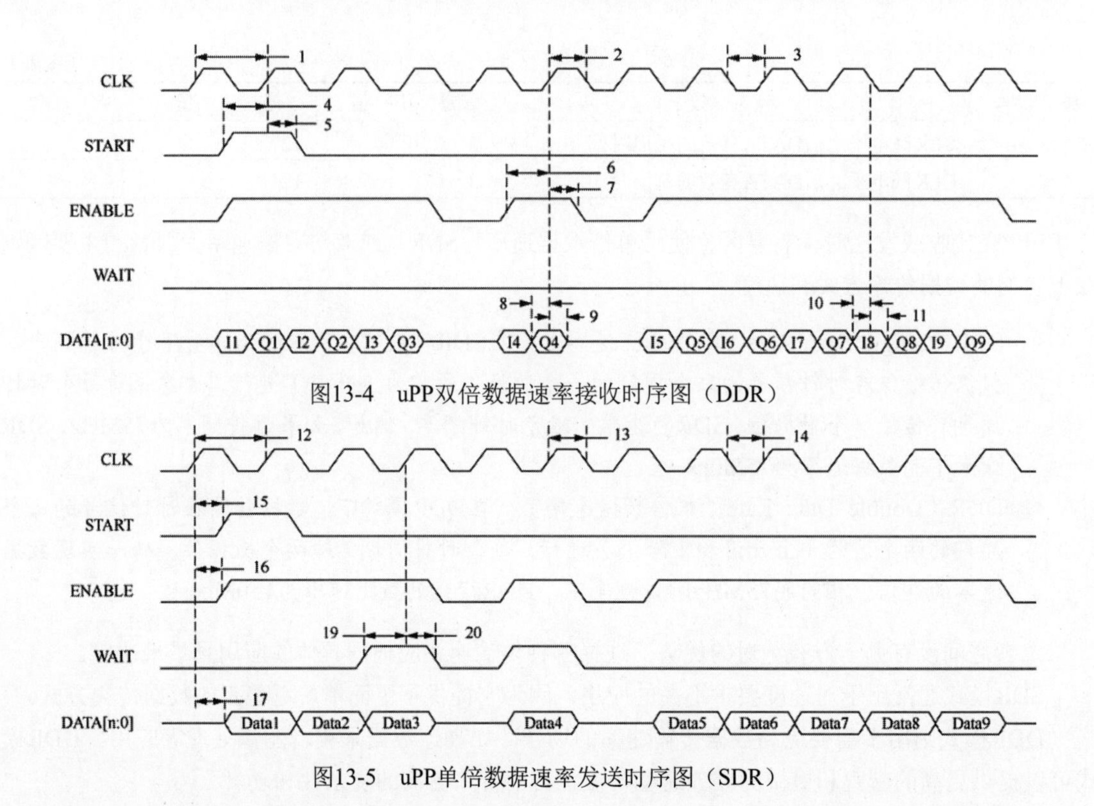

图13-4　uPP双倍数据速率接收时序图（DDR）

图13-5　uPP单倍数据速率发送时序图（SDR）

在uPP中，I/O速度可达到每个通道75MHz的8～16位数据宽度。考虑到SDR模式下数据仅在时钟的单个边沿传输，如果数据传输量较大或对性能要求较高，可能需要使用双倍数据速率（DDR）模式，以便在时钟的上升沿和下降沿都进行传输数据。

此外，如果需要自测或调试，可以使用数字回环模式（Digital Loopback Mode，DLB）。该模式将uPP外设配置为从一个通道到另一个通道的内部路由数据和控制信号。但请注意，DLB模式仅在外设配置为双工模式时可用。

uPP双倍数据速率发送时序图如图13-6所示。

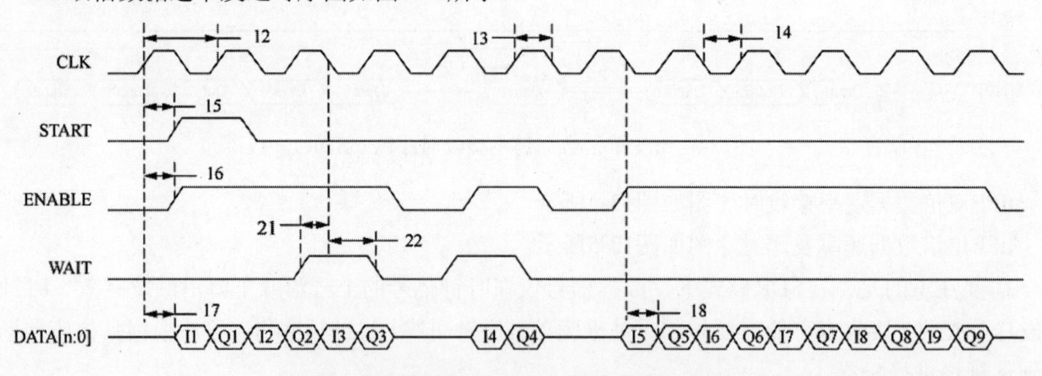

图13-6　uPP双倍数据速率发送时序图（SDR）

总体而言，SDR和DDR的主要区别在于数据传输方式和数据速率。SDR每个时钟周期传输一个数据位，而DDR每个时钟周期传输两个数据位，从而实现了数据速率的翻倍。设计人员可以根据应用需求和场景选择合适的数据传输模式。

13.3　基于F28379D的uPP开发实例

在实际开发中，uPP主要用于并行通信。因此，本节将以并行通信为例，给出基于F28379D的uPP通信开发实例，涵盖数据发送和接收两部分。

【例13-1】 uPP在单倍速率模式下的并行通信数据发送。

该实例将板载的uPP模块与单倍数据速率（SDR）接口配置为发送器。

注意　为了运行此实例，需要两块带有uPP接口的开发板，并且两块之间的所有uPP引脚必须共地连接。此外，若要完整地实现例13-1和例13-2，其中一块板必须加载发送数据的实例代码，另一块板则需加载相应的接收数据实例代码，才能实现双方的通信。

【例13-2】 uPP在单倍速率模式下并行通信接收数据。

```
/*uPP并行SDR接收*/
// 头文件包含
#include "device.h"
#include "driverlib.h"
// 宏定义
#define TEST_PASS     0xABCDABCD           // 测试通过标志
#define TEST_FAIL     0xDEADDEAD           // 测试失败标志
// DMA参数定义
#define LINE_CNT             4U            // 每行数据的数量
#define BYTE_CNT             64U           // 每行字节数
#define WIN_CNT              8U            // 窗口计数
#define WIN_BYTE_CNT         256U          // 每窗口字节数
#define WIN_WORD_CNT         128U          // 每窗口字数
// 全局变量定义
uint32_t errCountGlobal      =0;           // 错误计数
uint32_t testStatusGlobal    =TEST_FAIL;   // 测试状态
uint32_t eowCount            =0;           // 窗口结束计数
uint32_t eolCount            =0;           // 行结束计数
uint32_t rdVal               =0;           // 读值
uint32_t wrVal               =0;           // 写值
uint32_t copyRxMsgRAM        =0;           // 复制发送消息RAM标志
// 配置GS0 RAM的目标地址
uint32_t dstAddr             =0xC000;
// 函数声明
void setupUPPPinmux(void);                 // 配置uPP引脚
```

```
// uPP中断服务程序
__interrupt void localUPPISR(void);      // uPP中断服务器例程
// 主函数
void main(void){
    uint32_t i;
    testStatusGlobal=TEST_FAIL;          // 初始化测试状态为失败
    errCountGlobal=0x0;                  // 初始化错误计数为0
    // 初始化设备时钟及外围器件
    Device_init();
    // 关闭所有中断
    DINT;
    // 初始化GPIO
    Device_initGPIO();
    // 初始化PIE中断
    Interrupt_initModule();
    // 初始化PIE中断向量表
    Interrupt_initVectorTable();
    // 注册uPP中断服务程序
    Interrupt_register(INT_UPPA, localUPPISR);
    // 使能uPP-a中断，组8中断15
    Interrupt_enable(INT_UPPA);
    Interrupt_clearACKGroup(INTERRUPT_ACK_GROUP8);
    // 使能全局中断及实时中断
    EINT;
    ERTM;
    // 对uPP发出软复位
    UPP_performSoftReset(UPP_BASE);
    // 配置GPIO引脚为uPP
    setupUPPPinmux();
    // 配置uPP为接受模式
    UPP_setRxControlSignalMode(UPP_BASE, UPP_SIGNAL_ENABLE, UPP_SIGNAL_ENABLE);
    UPP_setOperationMode(UPP_BASE, UPP_RECEIVE_MODE);
    UPP_setDataRate(UPP_BASE, UPP_DATA_RATE_SDR);

    // 初始化发送数据缓冲区
    for(i=0; i < UPP_TX_MSGRAM_SIZE/2; i+=2){
        wrVal=wrVal + 0x12345678;                      // 生成写入数据
        HWREG(UPP_CPU_TX_MSGRAM_STARTADDR + i)=wrVal; // 把数据写入发送缓冲区
    }
    // 使能EOL/EOW中断
    UPP_enableInterrupt(UPP_BASE, (UPP_INT_CHI_END_OF_WINDOW |
                              UPP_INT_CHI_END_OF_LINE));
    UPP_enableGlobalInterrupt(UPP_BASE);
    // 使能uPP模式
    UPP_enableModule(UPP_BASE);
    // 启用DMA通道
    UPP_DMADescriptor dmaDesc;
    dmaDesc.addr       =UPP_DMA_TX_MSGRAM_STARTADDR;              // 设置DMA地址
```

```
    dmaDesc.lineCount =LINE_CNT;           // 设置行计数
    dmaDesc.byteCount =BYTE_CNT;           // 设置字节计数
    dmaDesc.lineOffset=BYTE_CNT;           // 设置行偏移量
    UPP_setDMADescriptor(UPP_BASE, UPP_DMA_CHANNEL_I, &dmaDesc);// 配置DMA描述符

    while(eowCount < WIN_CNT);             // 等待窗口计数达到要求
    // 关闭uPP接收
    UPP_disableModule(UPP_BASE);
    ESTOP0;           // 停止程序执行
    while(1);         // 进入死循环
}
// uPP局部中断服务程序
interrupt void localUPPISR(void){
    uint32_t i;
    UPP_DMADescriptor txDesc;
    // 收到组8中断
    Interrupt_clearACKGroup(INTERRUPT_ACK_GROUP8);
    if(UPP_isInterruptGenerated(UPP_BASE)==true){      // 检测uPP中断
        // 检测EOW中断标志位
        if((UPP_getInterruptStatus(UPP_BASE) & UPP_INT_CHI_END_OF_WINDOW)
           != 0x0000){
            eowCount++;                    // 增加窗口结束计数
            if(eowCount < (WIN_CNT-1)){
                initTxMsgRAM=1;     // 标记需要初始化发送RAM
            }
            // 使能EOP中断
            UPP_enableInterrupt(UPP_BASE, UPP_INT_CHI_END_OF_LINE);
            // 使能EOW中断
            UPP_clearInterruptStatus(UPP_BASE, UPP_INT_CHI_END_OF_WINDOW);
        }
        // 检查EOL中断
        if((UPP_getInterruptStatus(UPP_BASE) & UPP_INT_CHI_END_OF_LINE)
           != 0x0000){
            eolCount++;                    // 增加行结束计数
            // 清除所有状态位
            UPP_clearInterruptStatus(UPP_BASE, UPP_INT_CHI_END_OF_LINE);
            UPP_disableInterrupt(UPP_BASE, UPP_INT_CHI_END_OF_LINE);
            // 完成初始化
            if(eowCount < (WIN_CNT - 1)){
                if(eowCount%2){
                    if(initTxMsgRAM==1){
                        for(i=0; i<WIN_WORD_CNT; i+=2){  // 初始化发送数据
                            wrVal=wrVal + 0x12345678;
                            HWREG(UPP_DMA_TX_MSGRAM_STARTADDR + i)=wrVal;
                        }
                        initTxMsgRAM=0;                     // 重置初始化标志
                    }
                    // 设置传输的DMA描述符
```

13

```
                txDesc.addr=UPP_DMA_TX_MSGRAM_STARTADDR;
                txDesc.lineCount=LINE_CNT;
                txDesc.byteCount=BYTE_CNT;
                txDesc.lineOffset=BYTE_CNT;
               UPP_setDMADescriptor(UPP_BASE, UPP_DMA_CHANNEL_I, &txDesc);
            }
            else{
                if(initTxMsgRAM==1){
                    for(i=0;i<WIN_WORD_CNT;i+=2){      // 初始化发送数据
                        wrVal=wrVal + 0x12345678;
                        HWREG(UPP_CPU_TX_MSGRAM_STARTADDR +
                            WIN_WORD_CNT + i)=wrVal;
                    }
                    initTxMsgRAM=0;                    // 重置初始化标志
                }
                // 设置DMA描述符
                txDesc.addr       =UPP_DMA_TX_MSGRAM_STARTADDR +
                                  (LINE_CNT * BYTE_CNT);
                txDesc.lineCount =LINE_CNT;
                txDesc.byteCount =BYTE_CNT;
                txDesc.lineOffset =BYTE_CNT;
                // 更新DMA描述符
                UPP_setDMADescriptor(UPP_BASE, UPP_DMA_CHANNEL_I, &txDesc);
            }
        }
    }
    }
    // 清除全局中断
    UPP_clearGlobalInterruptStatus(UPP_BASE);
}
void setupUPPPinmux(void){
    uint16_t i;
    HWREG(GPIOCTRL_BASE + GPIO_O_GPAPUD) |= 0x3FFC00U;// 配置GPIO引脚的上拉电阻
    // 将uPP引脚设置为异步模式
    for(i=10; i <= 21; i++){
        GPIO_setQualificationMode(i, GPIO_QUAL_ASYNC);// 设置GPIO引脚为异步模式
    }
    // 配置uPP相关引脚
    GPIO_setPinConfig(GPIO_10_UPP_WAIT);
    GPIO_setPinConfig(GPIO_11_UPP_STRT);
    GPIO_setPinConfig(GPIO_12_UPP_ENA);
    GPIO_setPinConfig(GPIO_13_UPP_D7);
    GPIO_setPinConfig(GPIO_14_UPP_D6);
    GPIO_setPinConfig(GPIO_15_UPP_D5);
    GPIO_setPinConfig(GPIO_16_UPP_D4);
    GPIO_setPinConfig(GPIO_17_UPP_D3);
    GPIO_setPinConfig(GPIO_18_UPP_D2);
    GPIO_setPinConfig(GPIO_19_UPP_D1);
```

```
    GPIO_setPinConfig(GPIO_20_UPP_D0);
    GPIO_setPinConfig(GPIO_21_UPP_CLK);
}
```

该例将板载uPP设置为单倍数据速率（SDR）接口，并配置为接收器。两板之间的引脚连接可参考图13-7。

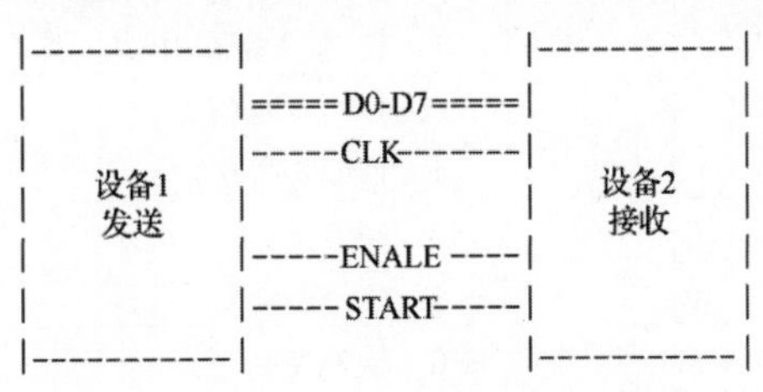

图13-7　uPP并行通信引脚连接示意图

13.4　关键寄存器字段信息

F28379D片上的uPP并行端口模块关键寄存器主要包括三个，分别是PID寄存器、PERCTL寄存器以及CHCTL寄存器，它们的字段信息分别如表13-3～表13-5所示。

表13-3　PID寄存器字段信息

位	字　段	类　型	复　位	说　明
31-0	REVID	R	44231100h	模块修订ID

表13-4　PERCTL寄存器字段信息

位	字　段	类　型	复　位	说　明
31-8	RESERVED	R=0	0h	保留
7	DMAST	R	0h	DMA状态机状态。 0：空闲。 1：DMA突发事务处于活动状态
6-5	RESERVED	R=0	0h	保留
4	SOFTRST	R/W	0h	该位立即复位RPI模块内的所有状态机和某些存储器元件。 软件可以将该位写入1，稍后写入0，使RPI模块退出复位状态。 注意：MMR不复位，除中断原始状态寄存器外。此复位可用于从错误条件恢复RPI。 为了确保执行优雅或故障安全复位，软件可以先禁用PerEn位，然后轮询DMAStatus位，以确保所有待处理的VBUSP DMA突发完成，然后执行软件复位。 0：取消复位（复位失效）。 1：断言复位（进入复位）

13

（续表）

位	字　段	类　型	复　位	说　明
3	PEREN	R/W	0h	该位可用于禁用或挂起RPI模块。当该位被编程为禁用时，在所有当前DMA活动完成后，RPI将停止（暂停）。 0：禁止/暂停uPP模块。 1：使能/恢复uPP模块
2	RTEMU	R/W	0h	0：禁用实时仿真。 1：使能实时仿真
1	SOFT	R/W	0h	0：硬停止。 1：软停止
0	FREE	R/W	0h	0：软件控制。 1：自由运行

表13-5　CHCTL寄存器字段信息

位	字　段	类　型	复　位	说　明
31	RESERVED	R=0	0h	保留
30-17	RESERVED	R/W	0h	保留
16	DRA	R/W	0h	数据速率控制。 0：单数据速率（SDR）。 1：双倍数据速率（DDR）
15-5	RESERVED	R/W	0h	保留
4	DEMUXA	R/W	0h	DDR解复用模式（该位仅对DDR模式有效）： 0：解复用失效。 1：解复用启用（将数据分割为两个DMA通道）
3	SDRTXILA	R/W	0h	Tx SDR交织模式（该位仅对SDR模式有效）： 0：禁止交织。 1：使能交错（将数据分割为两个DMA通道）
2	保留	R/W	0h	保留
1-00	MODE	R/W	0h	操作模式。 00：纯输入接收模式。 01：纯输出发送模式。 10：保留。 11：保留

13.5　本章小结

本章详细介绍了并行端口uPP的相关知识及其在F28379D处理器上的应用实例。首先，通过对

uPP的概述，深入了解了其设计目的、工作原理和优势，为读者提供了一个清晰的认识框架。接着，详细探讨了uPP的电气特性，包括电压范围、电流限制等关键参数，为读者在硬件设计时提供了重要的参考依据。

在时序要求部分，我们深入分析了uPP数据传输的精确时间要求，并强调了时序匹配在保障数据正确传输中的重要性。最后，通过基于F28379D的开发实例，展示了uPP在实际应用中的具体用法和效果，不仅加深了读者对uPP的理解，也为读者在相关项目中的实践提供了有价值的参考。

总之，本章内容涵盖了uPP的各个方面，既具有理论深度，又具有实用价值，是理解和应用uPP的宝贵资源。

13.6　习题

（1）描述uPP端口在DSP芯片中的主要作用，并解释其与传统并行端口的主要区别。

（2）请详细阐述uPP端口的电气特性，包括最大传输速度、电压范围以及与其他接口标准的兼容性。

（3）简述uPP端口的时序要求，并解释时序违规可能导致的问题。请给出具体的时序参数（如建立时间、保持时间等）。

（4）在基于F28379D的DSP芯片中，uPP端口是如何与外设进行通信的？请详细描述通信过程。

（5）描述一种利用uPP端口实现高速数据传输的策略，并解释其优点和潜在的限制。

（6）请详细阐述uPP端口的中断机制，并讨论在中断服务程序中处理uPP端口数据的最佳方法。

（7）在使用uPP端口进行DMA（Direct Memory Access，直接内存访问）传输时，需要注意哪些关键问题？请举例说明。

（8）描述一种uPP端口故障排查的方法，并解释其步骤和可能的结果。

（9）假设在uPP端口通信过程中出现了数据传输错误，请分析可能的原因，并提出解决方案。

（10）讨论uPP端口在实时控制系统中的应用，并举例说明它如何提高系统的性能和响应速度。

（11）在设计一个支持高速数据传输的系统时，uPP端口成为关键的通信接口。请详细描述如何优化uPP端口的硬件设计，以支持高达1Gbps的数据传输速率。在你的设计中，请考虑信号完整性、电磁干扰（Electromagnetic Interference，EMI）防护、热管理以及与其他系统组件的兼容性。

（12）设计一个使用uPP端口的多路复用系统，该系统需要同时处理来自多个传感器的数据。为了确保数据的完整性和准确性，需要实现一种高效的错误检测机制。请描述你的设计方案，包括如何实现多路复用、错误检测算法的选择和实现以及如何在硬件和软件层面协同工作。

（13）在实时控制系统中，对uPP端口的延迟要求非常严格。请设计一个低延迟的uPP端口解决方案，以确保控制系统能够实时响应外部事件。请详细解释你的设计思路，包括硬件架构的选择、中断处理机制、缓冲区管理以及可能的优化策略。

（14）在嵌入式系统中，uPP端口的安全性至关重要。请设计一个增强uPP端口安全性的方案，以防范潜在的攻击和威胁。你的设计应该包括身份验证机制、数据加密技术、访问控制策略以及错误处理和恢复机制。

（15）在一个包含多种通信协议和网络设备的复杂网络环境中，设计一个基于uPP端口的通信协议。该协议需要支持多种数据类型、路由机制以及服务质量（Quality of Service，QoS）保证。请详细描述你的协议设计，包括消息格式、传输控制、拥塞避免以及与其他网络设备的兼容性。

（16）描述在设计一个支持uPP的嵌入式系统时，如何确保uPP端口与其他系统组件（如CPU、内存、外设等）之间的数据一致性和同步性？请详细阐述你的设计策略和方法。

（17）在uPP端口的通信协议设计中，如何有效处理数据传输中的错误和异常？请设计一个错误处理机制，并解释其工作原理和优点。

（18）假设你需要设计一个uPP端口以支持高速数据传输，并且需要确保数据传输的稳定性和可靠性。请详细阐述你的设计思路，包括硬件设计和软件设计两个方面。

（19）当uPP端口同时与多个外设进行通信时，如何有效地管理数据流量和优先级？请提出一种基于uPP端口的流量控制策略，并解释其实现方式和工作原理。

（20）在设计uPP端口的电气接口时，如何确保其与不同外设之间的兼容性和稳定性？请详细讨论你的接口设计策略，并说明如何优化接口性能以满足不同外设的需求。

（21）在使用F28379D芯片的uPP接口与FPGA进行高速数据传输时，需要特别注意哪些因素以确保数据传输的稳定性和效率？请详细分析并列出至少5个关键点。

（22）在设计基于F28379D芯片的控制系统时，如何优化uPP接口的使用以提高系统性能？请从硬件设计和软件编程两个方面进行阐述。

（23）在将F28379D芯片的uPP接口与多个外设进行连接时，如何有效地管理多个外设之间的数据通信？请提出一种可行的解决方案，并说明其实现原理。

（24）F28379D芯片作为高性能DSP，其uPP接口在与其他外设（如FPGA、ADC等）进行高速并行通信时起着关键作用。请详细阐述在使用F28379D的uPP接口时，需要考虑哪些高级配置和注意事项，以确保通信的稳定性和高效性。

（25）F28379D的uPP接口支持多种工作模式，包括主模式、从模式以及特殊的同步/异步模式。请分析这些工作模式的差异，并说明在实际应用中如何选择合适的工作模式，以及在不同工作模式下需要特别注意的配置事项。

（26）在F28379D与FPGA通过uPP接口进行高速数据传输时，如何优化数据传输效率，并减少CPU占用率？请从硬件设计和软件编程两个方面给出具体建议。

第 14 章

有关DSP开发的几种关键技术

14

C2000系列控制器是TI公司提供的一系列高性能实时微控制器（Microcontroller Unit，MCU），广泛应用于各种电力电子和嵌入式系统。其本身具有多项在实际生产应用中非常有价值的关键技术，主要可分为3类：传感技术、信号处理技术和控制技术。

在传感技术中，模拟信号的精确数字表示一直以来是工业生产中的一项关键问题。在电力电子和控制系统中，模拟信号的精确处理对于实现高效、稳定的控制至关重要。C2000系列控制器通过高性能的模拟数字转换器（ADC）将模拟信号转换为数字信号，确保了信号的准确性和精度。同时，通过优化ADC的设计，C2000系列控制器能够在各种工作条件下提供稳定的性能，减少噪声和干扰的影响。

在信号处理领域，也有一些至关重要的计算技术。例如，三角函数加速器（Trigonometric Math Unit，TMU）在电力电子控制中扮演重要角色，因为三角函数运算（如正弦、余弦等）是常见的数学运算。C2000系列控制器中的三角函数加速器可以显著提高这些运算的执行速度，降低控制环路的计算时间。通过使用TMU，C2000系列控制器能够在不增加MCU工作频率的情况下，提高控制环路频率，从而改善系统的动态响应和稳定性。

此外，控制领域也有C2000序列关键技术的身影。例如，利用HRPWM减少极限环震荡。极限环震荡是电力电子控制系统中的一种常见问题，可能导致系统不稳定或性能下降。C2000系列控制器通过采用先进的控制算法和硬件设计，能够有效减少极限环震荡的风险。C2000系列控制器内部的高分辨率脉宽调制器（Pulse-Width Modulator，PWM）能够提供高精度的输出信号，降低系统的抖动和震荡。

这些关键技术使得C2000系列控制器在电力电子、电机控制、可再生能源等领域具有广泛的应用前景。本章将基于这一背景，以F28379D为例，重点介绍几种常用的关键技术，并给出相关开发实例。

14.1　传感关键技术

C2000系列的实时控制系统主要由4个元素构成，即传感、处理、控制、接口，其中传感技术通常是整个控制系统的第一步，也是非常关键的一步，被誉为实时控制系统的“眼睛”。在实际生产过程中，传感技术本身也面临着各种各样待解决的问题。

简单来说，传感也称为数据采集或反馈采集，要求在非常精确的时刻以精确的方式测量多个关键参数（如电压、电流、电机转速、温度等）。因此，实时系统通常需要具备精确的数字信号表示能力。在此技术领域，还需要优化模拟输入的采集时间以及相关电路的复杂度。此外，还存在一些硬件方面的问题需要解决，例如ADC采样期间的容差问题以及老化效应问题等。

本节内容在上述背景的基础上，向读者介绍几种传感关键技术，帮助读者在初步掌握DSP开发后，能够更加顺畅地完成进阶学习，并快速将DSP芯片应用到具体的工程中。

14.1.1　模拟信号的精确数字表示及ADC优化方案

模拟信号的精确数字表示是指在数字系统中，通过模拟数字转换器（ADC）将连续的模拟信号转换为离散的数字信号，同时保持尽可能高的精度和分辨率。这种转换对于许多应用至关重要，特别是那些需要精确测量和控制物理量的系统。

在C2000系列控制器中，模拟信号的精确数字表示是通过高性能的ADC实现的。这些ADC设计用于捕捉模拟信号中的细微变化，并将其转换为数字值，供数字处理器进行进一步的分析和处理。通过优化ADC的采样率、分辨率和噪声性能，C2000系列控制器能够提供精确的模拟信号数字表示，从而满足各种应用的需求。

此外，C2000系列控制器在优化模拟输入采集时间与电路复杂度方面也采取了多项措施，例如增大ADC的集成度，C2000系列控制器集成了高性能的ADC和其他模拟前端组件，从而减少了外部电路的需求。这种高集成度不仅降低了系统的总体成本，还提高了系统的可靠性和稳定性。

其次就是提高采样率，实现精确的模拟信号采集，C2000系列控制器采用了高速ADC，支持高达数百kHz的采样率。这种高采样率能够确保在短时间内捕获到模拟信号中的细微变化。此外，为了减少噪声对模拟信号采集的影响，C2000系列控制器采用了低噪声设计和优化技术。这些技术包括使用低噪声放大器、滤波器和其他模拟电路组件，以确保采集到的模拟信号具有较低的噪声水平。

许多MCU都集成了ADC作为其采样子系统的一部分，ADC能够准确地将模拟信号转换为数字信号，是MCU实现正确控制系统的关键因素之一。

选择实时控制系统的MCU时，首先要将MCU的器件与系统需求进行对比，这个过程相对简单。但除考虑内存大小、CPU速度、使用的通信标准、模拟模块内容和I/O数量外，还需要重新评估模拟模块（如ADC）的适合性。虽然可以通过采样率、输入数量和电平等参数来初步做出决定，但在实际开发中，选择ADC时还需要考虑许多其他因素，设计人员往往仅根据ADC手册中的标准参数来选择，但这并不一定能满足所有开发需求。在开发过程中，由于ADC本身的原因，系统性能可能受到影响。

一方面，系统是否会使用模拟输入进行频率分析是一个重要考量。如果需要进行频率分析，在选择带有片上ADC的MCU时，必须考虑诸如SNR（信噪比）和THD（总谐波失真）等关键交流参数。

另一方面，整体准确性是一个关键问题。在这方面，积分非线性（Integral Non-Linearity，INL）、增益和偏移量等直流参数是需要重点关注的。ADC规格中与系统相关的关键参数如下：

（1）交流参数：这些参数与转换器如何准确解析来自其他噪声源的信号基频音调有关。主要包括SNR、SINAD（信噪失真比）、THD和SFDR（无杂散动态范围），这些参数均以dB为单位。此外，还包括ENOB（有效位数），它是SINAD转换而来的比特数。在选择ADC时，通常根据SINAD和ENOB来做出决定，其重要性取决于最终应用的需求。

（2）直流参数：这些参数与转换器的精度相关，主要用于表示数字域中的模拟输入。关键参数包括增益、偏移量、DNL（差分非线性）和INL。增益、偏移量和INL的加权和通常被称为“总体未调整误差”。以TMS320F28379D为例，片上16位ADC的参数如表14-1所示。

表14-1　采用COFF格式的目标文件的结构

参　数	测试条件	最 小 值	典 型 值	最 大 值	单　位
ADC转换周期	—	29.6	—	31	ADCCLK
上电时间（将ADCPWDNZ设置为第一次转换后）	—	500	—	—	μs
增益误差	—	−64	±9	64	LSB
偏移量误差	—	−16	±9	16	LSB
通道间增益误差	—	±6	—	—	LSB
通道间偏移量误差	—	±3	—	—	LSB
ADC间增益误差	所有 ADC 的 VREFHI 和 VREFLO均相同	±6	—	—	LSB
ADC间偏移量误差	所有 ADC 的 VREFHI 和 VREFLO均相同	±3	—	—	LSB
DNL	—	>−1	±0.5	1	LSB
INL	—	−3	±1.5	3	LSB
SNR	VREFHI=2.5V，fin=10kHz	87.6	—	—	dB
THD	VREFHI=2.5V，fin=10kHz	−93.5	—	—	dB
SFDR	VREFHI=2.5V，fin=10kHz	95.4	—	—	dB
SINAD	VREFHI=2.5V，fin=10kHz	86.6	—	—	dB

（续表）

参　　数	测试条件	最　小　值	典　型　值	最　大　值	单　　位
ENOB	VREFHI=2.5V，fin=10kHz，单个ADC	—	14.1	—	位
	VREFHI=2.5V，fin=10kHz，同步ADC		14.1		
	VREFHI=2.5V，fin=10kHz，异步ADC		不支持		
PSRR	VDDA=3.3V直流+200mV直流至正弦（1kHz时）	—	77	—	dB
PSRR	VDDA=3.3V直流+200mV正弦（800kHz时）	—	74	—	dB
CMRR	DC到1MHz	—	60	—	dB
VREFHI输入电流	—	—	190	—	μA
ADC间隔离	VREFHI=2.5V，同步ADC	-2		2	LSB
	VREFHI=2.5V，异步ADC	—	不支持	—	—

【例14-1】利用增强型PWM模块实现ADC在突发模式下的过采样。

```
/* ADC过采样实例 */
// 包含头文件
#include "driverlib.h"
#include "device.h"
// 宏定义
#define EX_ADC_RESOLUTION       12          // 定义ADC分辨率，12位分辨率
// 全局变量定义
uint16_t adcAResult0;                       // 用于存储ADC通道0的结果
uint16_t adcAResult1;                       // 用于存储ADC通道1的结果
uint16_t adcAResult2;                       // 用于存储过采样计算后的结果
uint16_t isrCount;                          // 用于计数ADC中断触发次数
// 函数原型定义
void configureADC(uint32_t adcBase);        // 配备ADC的函数原型
void initEPWM();                            // 配置EPWM的函数
void initADCSOC(void);                      // 配置ADC触发SOC的函数原型
__interrupt void adcA1ISR(void);            // ADC-A1的中断服务程序原型
// 主函数
void main(void){
    // 初始化设备时钟及外围器件
    Device_init();                          // 初始化设备，包括时钟、外设等
    // 初始化GPIO引脚
    Device_initGPIO();                      // 初始化GPIO接口
    // 清除PIE寄存器
    Interrupt_initModule();                 // 初始化中断模块
```

```
    // 初始化PIE中断向量表
    Interrupt_initVectorTable();            // 初始化中断向量表
    // 将中断寄存器配置为ADC-A1
    Interrupt_register(INT_ADCA1, &adcA1ISR);     // 注册ADC-A1中断服务程序
    // 启动ADC和epwm并初始化SOC
    configureADC(ADCA_BASE);            // 配置ADC
    initEPWM();                         // 配置EPWM
    initADCSOC();                       // 配置ADC触发SOC
    // 使能ADC中断
    Interrupt_enable(INT_ADCA1);        // 使能ADC-A1中断
    // 使能全局中断
    EINT;                               // 使能全局中断
    ERTM;                               // 使能实时中断
    // 初始化ISR计数器
    isrCount=0;                         // 初始化ISR计数器
    // 开启epwm-1，使能SOC-A并将计数器设置为计数增模式
    EPWM_enableADCTrigger(EPWM1_BASE, EPWM_SOC_A);     // 启用EPWM触发ADC
    // 设置计数器为向上计数模式
    EPWM_setTimeBaseCounterMode(EPWM1_BASE, EPWM_COUNTER_MODE_UP);
    do{
    // 等待由ADC反转引起的中断
    // ADC-A1的中断服务程序
    }
    while(1);                                      // 无限循环，等待中断触发
}
// 配置ADC写模式
void configureADC(uint32_t adcBase){
    // 配置ADC时钟为四分频
    ADC_setPrescaler(adcBase, ADC_CLK_DIV_4_0);   // 设置ADC时钟分频
#if(EX_ADC_RESOLUTION==12)
    // 设置12位分辨率，单端输入模式
    ADC_setMode(adcBase, ADC_RESOLUTION_12BIT, ADC_MODE_SINGLE_ENDED);
#elif(EX_ADC_RESOLUTION==16)
    // 设置16位分辨率，差分输入模式
    ADC_setMode(adcBase, ADC_RESOLUTION_16BIT, ADC_MODE_DIFFERENTIAL);
#endif
    // 设置脉冲位置，设置中断脉冲模式为转换结束时触发
    ADC_setInterruptPulseMode(adcBase, ADC_PULSE_END_OF_CONV);
    // 启动ADC并延迟1ms
    ADC_enableConverter(adcBase);     // 启动ADC转换器
    DEVICE_DELAY_US(1000);            // 延迟1ms，等待ADC启动
}
// 配置epwm-1产生soc的函数
void initEPWM(void){
    // 关闭SOC-A使能
```

```
    EPWM_disableADCTrigger(EPWM1_BASE, EPWM_SOC_A);    // 禁用EPWM触发ADC
    // 设置EPWM触发源为计数器比较事件A
    EPWM_setADCTriggerSource(EPWM1_BASE, EPWM_SOC_A, EPWM_SOC_TBCTR_U_CMPA);
    // 设置触发事件预分频
    EPWM_setADCTriggerEventPrescale(EPWM1_BASE, EPWM_SOC_A, 1);
    // 设置计数器比较值
    EPWM_setCounterCompareValue(EPWM1_BASE, EPWM_COUNTER_COMPARE_A, 1000);
    EPWM_setTimeBasePeriod(EPWM1_BASE, 1999);      // 设置时间基准周期
    // 设置时钟分频
    EPWM_setClockPrescaler(EPWM1_BASE,
                           EPWM_CLOCK_DIVIDER_1,
                           EPWM_HSCLOCK_DIVIDER_1);
    // 设置计数器停止冻结模式
    EPWM_setTimeBaseCounterMode(EPWM1_BASE, EPWM_COUNTER_MODE_STOP_FREEZE);
}
void initADCSOC(void){
    ADC_enableBurstMode(ADCA_BASE);                     // 启用ADC的突发模式
    // 设置突发模式触发源为EPWM1的SOC-A
    ADC_setBurstModeConfig(ADCA_BASE, ADC_TRIGGER_EPWM1_SOCA, 3);
    ADC_setSOCPriority(ADCA_BASE, ADC_PRI_THRU_SOC11_HIPRI);// 设置SOC优先级为高
    uint16_t acqps;
    if(EX_ADC_RESOLUTION==12){
        acqps=14; // 75ns，设置采样周期为14个ADCCLK周期，适用于12位分辨率
    }
    else {
        acqps=63; // 320ns，设置采样周期为63个ADCCLK周期，适用于16位分辨率
    }
    // 配置SOC触发ADC通道
    ADC_setupSOC(ADCA_BASE, ADC_SOC_NUMBER12, ADC_TRIGGER_SW_ONLY,
                 ADC_CH_ADCIN2, acqps);
    ADC_setupSOC(ADCA_BASE, ADC_SOC_NUMBER13, ADC_TRIGGER_SW_ONLY,
                 ADC_CH_ADCIN2, acqps);
    ADC_setupSOC(ADCA_BASE, ADC_SOC_NUMBER14, ADC_TRIGGER_SW_ONLY,
                 ADC_CH_ADCIN2, acqps);
    ADC_setupSOC(ADCA_BASE, ADC_SOC_NUMBER15, ADC_TRIGGER_SW_ONLY,
                 ADC_CH_ADCIN2, acqps);
    ADC_setupSOC(ADCA_BASE, ADC_SOC_NUMBER0, ADC_TRIGGER_EPWM1_SOCA,
                 ADC_CH_ADCIN0, acqps);
    ADC_setupSOC(ADCA_BASE, ADC_SOC_NUMBER1, ADC_TRIGGER_EPWM1_SOCA,
                 ADC_CH_ADCIN1, acqps);
    // 设置ADC中断源
    ADC_setInterruptSource(ADCA_BASE, ADC_INT_NUMBER1, ADC_SOC_NUMBER1);
    // 使能ADC中断
    ADC_enableInterrupt(ADCA_BASE, ADC_INT_NUMBER1);
}
```

```
// ADC-A1的中断服务程序
__interrupt void adcA1ISR(void){
    adcAResult0=ADC_readResult(ADCARESULT_BASE, ADC_SOC_NUMBER0);
    adcAResult1=ADC_readResult(ADCARESULT_BASE, ADC_SOC_NUMBER1);
    if(++isrCount==4){                          // 每当中断次数达到4时，进行过采样计算
        // 计算4个SOC的平均值
        adcAResult2=
            (ADC_readResult(ADCARESULT_BASE, ADC_SOC_NUMBER12) +
            ADC_readResult(ADCARESULT_BASE, ADC_SOC_NUMBER13) +
            ADC_readResult(ADCARESULT_BASE, ADC_SOC_NUMBER14) +
            ADC_readResult(ADCARESULT_BASE, ADC_SOC_NUMBER15)) >> 2;
        isrCount=0;                                              // 重置计数器
    }
    // 清除ADC中断状态
    ADC_clearInterruptStatus(ADCA_BASE, ADC_INT_NUMBER1);
    // 如果发生溢出，清除溢出状态
    if(true==ADC_getInterruptOverflowStatus(ADCA_BASE, ADC_INT_NUMBER1)){
        ADC_clearInterruptOverflowStatus(ADCA_BASE, ADC_INT_NUMBER1);
        ADC_clearInterruptStatus(ADCA_BASE, ADC_INT_NUMBER1);
    }
    Interrupt_clearACKGroup(INTERRUPT_ACK_GROUP1);    // 清除中断确认
}
```

该实例将ePWM-1设置为周期触发模式，产生的触发信号将激活ADC-A上的SOC-0和SOC-1，即采样A0和采样A1。此外，还可以使用ePWM-1触发ADC的突发模式。突发启动转换信号SOC用于在多个ePWM周期内累积多个转换后再进行过采样A2。

此外，优化模拟输入的采集时间与电路复杂度也是传感器设计中的关键技术之一。

控制系统需要与各种反馈和监测源进行接口连接。系统中的信号源在驱动容性输入电路方面的能力存在差异，这些输入电路类似于模拟数字转换器（ADC）中的采样保持（S+H）电路的典型结构。C2000器件上的ADC允许为每个输入通道单独配置S+H的采集时间，这一特性支持在较宽的范围内调节。这使得系统能够同时与高性能和低成本的信号源进行接口连接。

ADC的输入通常被建模为开关电容电路，其中ADC中的保持电容C_h需要在采集期间从0充电到接近输入电压的值。图14-1展示了单端输入ADC的模型。

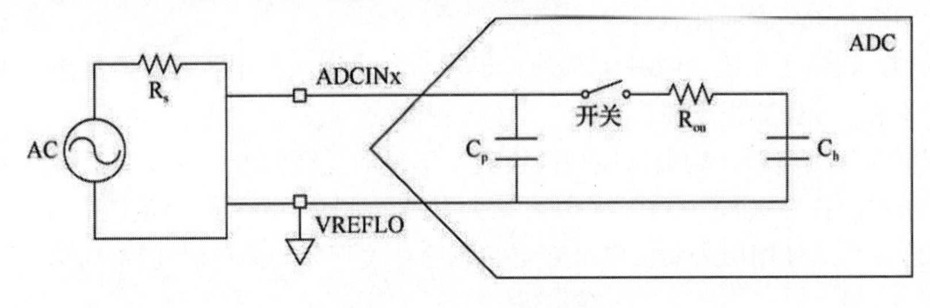

图14-1　单端输入模型

对C_h电容充电所需的采集时间，取决于无源器件的外部阻抗、缓冲器或传感器的带宽、内部ADC的输入寄生电容以及ADC的分辨率等因素。系统设计人员可以在外部电路的成本、复杂度与速度之间进行权衡。

例如，通过添加或升级用于驱动ADC输入的运算放大器缓冲器，可以有效地将电荷转移到ADC内的采样保持电容，从而缩短采集时间；或者，通过增加ADC输入端的电阻以及（或者）电容的数量，借助额外的低通滤波来降低噪声，但这会增加采集时间；此外，也可以选择较低的精度，或者使用较小的采集窗口来减少采样时间，但这会降低精度和分辨率。

考虑到以上所有可能的折衷因素，很难选择一个适合系统中所有模拟输入的最佳采集方案。F28379D片上ADC允许为每个通道选择一个独立的采集窗口，从而为系统设计人员提供了极大的灵活性，使他们能够根据具体需要，在采集速率、信号调理电路的成本和精度之间进行权衡，选择最适合具体工程的设计方案。

14.1.2　硬件监视及ADC关键问题解决

在F28379D芯片中，使用单引脚基准对双阈值进行基于硬件的监视，实际上是一种用于监测芯片电源电压或关键信号是否处于正常范围内的方法。这种方法通常用于增强系统的稳定性和可靠性，防止因电源电压异常或关键信号错误而导致的系统故障。

通俗地讲，F28379D芯片内部有一个或多个监视器（或称为监视电路），这些监视器能够检测芯片上的某个关键电压或信号。为了简化设计并减少引脚数量，这些监视器可能通过单个引脚与外部基准电压（或其他参考信号）相连，而不是每个监视功能都使用一个独立的引脚。

双阈值监视意味着监视器设置了两个不同的电压或信号阈值：一个低阈值和一个高阈值。当被监视的电压或信号低于低阈值或高于高阈值时，监视器会触发一个警告或中断信号，通知系统该电压或信号已经超出了正常范围。

基于硬件的监视意味着这种监视功能是通过芯片内部的硬件电路实现的，而不是通过软件算法来完成的。这意味着即使芯片的主处理器（如CPU或DSP核心）处于繁忙状态或发生故障，监视器也能独立地工作并发出警告。

因此，使用单引脚基准对双阈值进行基于硬件的监视，在F28379D芯片中是一种有效的电源和信号监视方法，可以帮助保护系统免受电压波动、信号干扰等不利因素的影响，提高系统的整体性能和可靠性。

通过为每个比较器子系统（CMPSS模块）提供对两个嵌入式电压比较器的单个引脚访问，有助于降低使用多个比较器监视反馈信号的成本和复杂性。

控制系统通常使用电压比较器来监视阈值交叉事件的反馈信号，这些交叉事件可以表示从额定条件到临界条件的各种状态。不过，有时可能会由多个比较器监视单个反馈信号，以触发每个状态的自定义响应。考虑使用两个阈值电平来定义驱动开关行为的简单迟滞控制器，如图14-2所示。

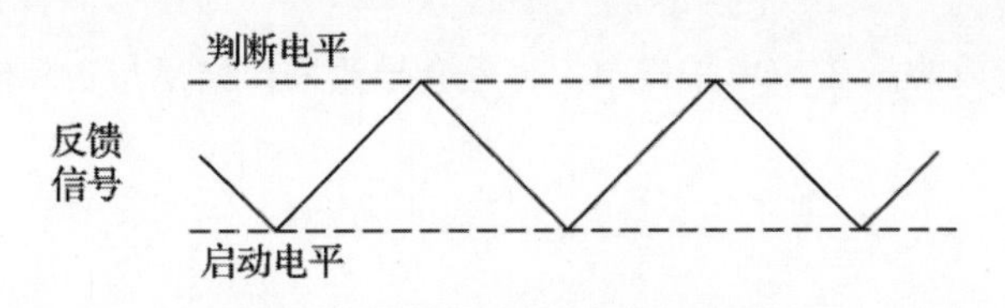

图14-2　迟滞控制器中的阈值电平

注意，低电平“下限”阈值定义了应启动的时间，高电平“上限”阈值定义了应关断的时间。此外，还可以使用一个CMPSS引脚实现针对该迟滞控制器的基于比较器的监视和事件触发方案，如图14-3所示。同样，也可以使用另一个CMPSS引脚检测过压和欠压等故障情况，以进行系统保护。

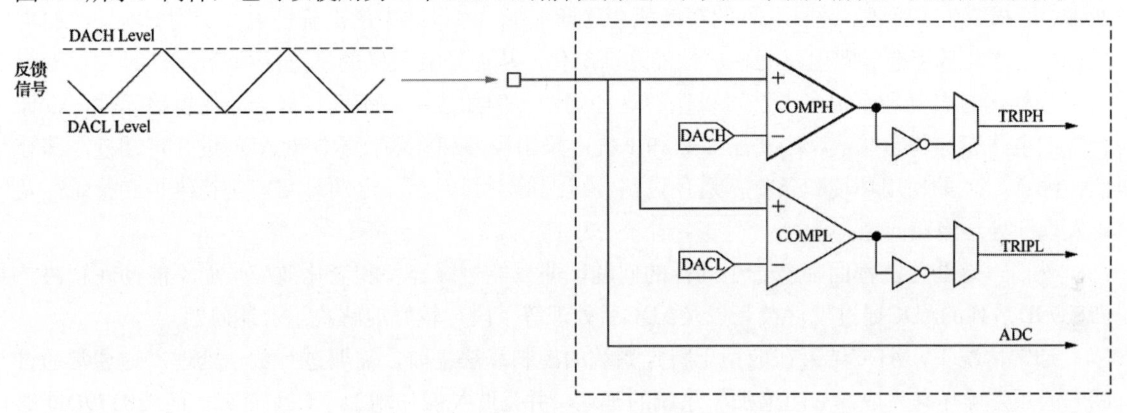

图14-3　CMPSS方框图

每个CMPSS比较器均具有各自的电压参考值DAC、输出调节逻辑以及用于独立操作的跳闸信号。此外，每个CMPSS引脚还会分配一个ADC通道，该通道可与比较器一起实现系统监视功能，并对引脚电压进行采样。

这些ADC采样结果可用于对复杂系统进行修正，并作为引脚电压监控的冗余模块。与其他具有专用引脚功能的嵌入式解决方案相比，CMPSS引脚的多功能性在资源优化方面具有显著优势，尤其与需要局部资源（如电源和基准电压）的分立解决方案相比，优势更加明显。

此外，ADC在采样期间的容差问题和老化效应问题也值得关注，这将直接影响采集端的寿命和工作稳定性。下面将详细说明这两个问题。

1. 容差问题

容差（Tolerance）在ADC采样中主要指的是电路元件（如电阻、电容等）的标称值与实际值之间的差异，以及这些差异对ADC性能的影响。在ADC的设计和生产过程中，由于制造工艺、材料特性、温度变化等因素，电路元件的实际值往往会在一定范围内波动，这种波动就是容差。

想象一下，你有一个精确的秤来称重，但随着时间的推移，秤的砝码（相当于电路元件）可能会因为磨损、腐蚀等原因而变轻或变重。这样，当你用这个秤来称重时，得到的结果就会有误差，这个误差就是由容差造成的。在ADC采样中，容差会导致采样结果与实际值之间存在偏差，影响采样的准确性。

2. 老化效应问题

老化效应（Aging Effect）是指电路元件在长期使用过程中，由于物理、化学或电学性质的变化而导致的性能下降。这种变化可能是缓慢的、渐进的，但随着时间的推移，它会对ADC的采样精度和稳定性产生显著影响。

还是以秤为例，随着时间的推移，秤的某些部件（如弹簧、杠杆等）可能会因为长期使用而变形、磨损或失去弹性。这样，秤的精度就会逐渐下降，称量结果的准确性也会受到影响。在ADC采样中，老化效应会导致电路元件的性能逐渐退化，从而影响采样的稳定性和精度。

当然，过去已经有很多方法可以缓解这些问题，例如选用高精度、低容差的电路元件；设计合理的电路布局和布线，减小寄生参数和干扰；采用校准和补偿技术，对ADC进行定期校准和补偿；注意ADC的使用环境和条件，避免过热、过湿等不利因素；定期对ADC进行维护和检修，及时发现和处理潜在问题。

然而，这些方法都面临着一个同样的问题，即只能暂缓容差和老化效应，而不能彻底解决。F28379D系列的ADC通过硬件校正以及ADC后处理等手段，较好地解决了上述问题。

通常情况下，ADC结果在应用于特定系统的控制算法之前，需要进行数学处理。这通常通过CPU的额外操作来完成，从而增加了系统的延迟，并为此类操作增加了CPU负载。而F28379D能够在硬件中进行校正，避免占用CPU开销，且不会影响ADC的采样率。

在使用ADC结果进行控制计算之前，通常需要去除由外部因素（例如器件容差或布局差异）引入的任何已知偏移量（见表14-2）。尽管上述问题可以通过PCB布局优化或选择更高容差（或稳定）的电阻器来部分解决，但始终与理想情况存在偏差。

表14-2　器件容差对ADC系统的影响

生命周期阶段	总　容　差	相关的12位错误
购买	±0.05%	±2LSB
组装后	±0.5%	±20LSB
贮存后/潮湿	±0.75%	±30LSB
温度系数和EOL	±1.00%	±40LSB

F28379D芯片内部实现了一个集成的硬件模块，可以校正与ADC转换过程相关的最多10位宽的有符号数值，从而节省了大量的系统循环时间。由于保持了ADC采样率，并且没有使用CPU周期来执行校正，因此系统的周期值实际上只增加了一倍。片上ADC后处理块的核心部分如图14-4所示。

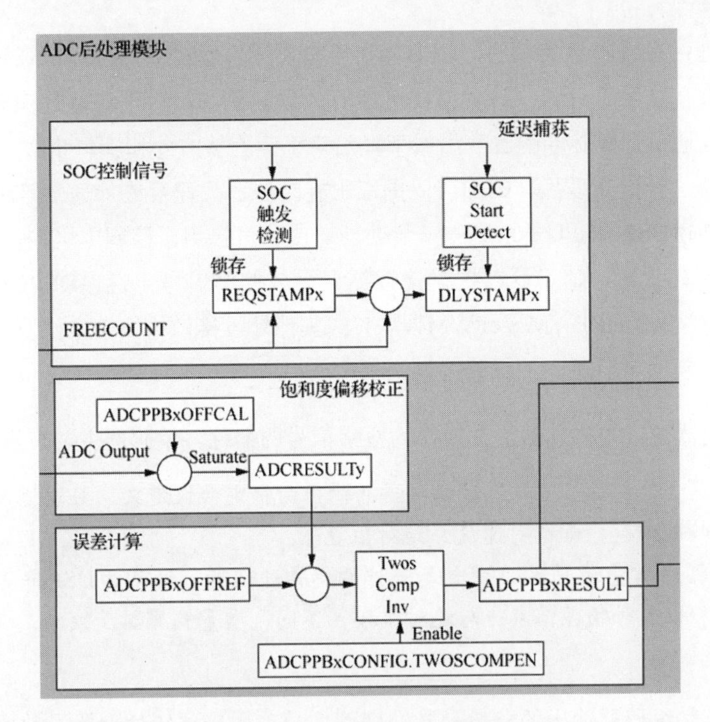

图14-4　ADC后处理功能框图

14.1.3　由 CLB 实现旋转传感编码器

采用F28379D中的CLB（Configurable Logic Block，可配置逻辑模块）实现旋转传感的技术，是利用CLB的灵活性和可编程性来处理与旋转传感器相关的信号的方法。旋转传感器，如编码器、旋转变压器等，常用于测量旋转位置、速度或加速度，是工业自动化、机器人、电机控制等领域的关键组件。在介绍这项技术前，我们先回顾一下CLB的基础知识，并简要介绍旋转传感的原理。

事实上，CLB并不是F28379D所特有的，它是C2000 DSP系列中的一个重要特性。CLB类似于FPGA（Field-Programmable Gate Array，现场可编程门阵列）的功能，但它集成在DSP芯片内部，使用户可以在不增加外部逻辑器件的情况下，实现复杂的数字逻辑功能。通过配置其内部的逻辑单元、查找表（Look-Up Table，LUT）、计数器、有限状态机（Finite State Machine，FSM）等子模块，CLB能够灵活地处理各种输入信号，并产生所需的输出信号。

在F28379D中，CLB可以通过接收来自旋转传感器的信号（如编码器的脉冲信号、旋转变压器的模拟信号等），并利用其内部的逻辑和计算资源，对这些信号进行处理和分析，从而提取出旋转位置、速度或加速度等信息。其主要处理过程可以分为以下几步。

01 信号采集：首先，CLB需要接收来自旋转传感器的原始信号，这些信号可能是数字脉冲信号（如增量式编码器的输出），也可能是模拟信号（如旋转变压器的输出，需要通过ADC转换为数字信号）。

02 信号处理：在接收到信号后，CLB会利用其内部的逻辑单元和查找表等子模块，对信号进行滤波、去噪、计数、计数方向判断等处理。例如，对于增量式编码器的输出信号，CLB可以通过计数脉冲的上升沿或下降沿来确定旋转方向和旋转步数。

03 信息提取：经过处理后，CLB可以提取出旋转位置、速度或加速度等关键信息，这些信息可以通过DSP的CPU子系统进一步处理，或者直接用于控制电机的运行。

04 输出控制：最后，CLB可以根据处理结果生成控制信号，通过DSP的PWM模块（例如F28379D片上的HRPWM或ePWM模块）或其他外设接口输出给电机驱动器或其他控制设备，以实现对电机运动的精确控制。

数字旋转编码器是一种将轴的位置转换为数字信号的器件。编码器主要有以下两种类型：

- 绝对编码器（见图14-5）：绝对编码器的输出由特定协议定义，且发送回主机的消息中包含直接的物理信息，如绝对速度、绝对位置等。
- 增量编码器：增量编码器的输出是一种调制脉冲信号，通常由DSP将其进一步处理成速度、距离和位置等物理信息。与绝对编码器不同，增量编码器反映的是变化趋势，而非绝对的数值。

注意，增量旋转编码器输出的一般是脉冲序列信号，用来通知处理器当前所控制的电机（或其他器件）发生了移动（可以是空间移动，也可以是平面移动）。

此外，处理器核心通常会处理此脉冲序列信号，以确定速度、距离和位置等信息。在QepDiv实现中，位置信息从编码器发送到DSP芯片上的增强型正交编码器（eQEP）模块，并在PulseGen情况下生成满足系统需求的脉冲信号。

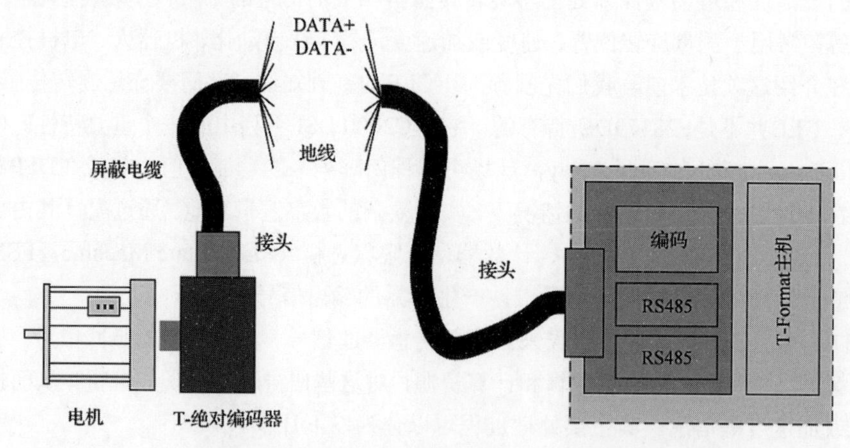

图14-5　具有T-Format绝对位置编码器接口的工业伺服驱动器

例如，C2000Ware中的PTO-QepDiv实例演示了如何使用CLB从这些eQEP模块中生成已分离的脉冲信号，如图14-6所示，分离的脉冲信号将被发送到系统的另一个器件中。

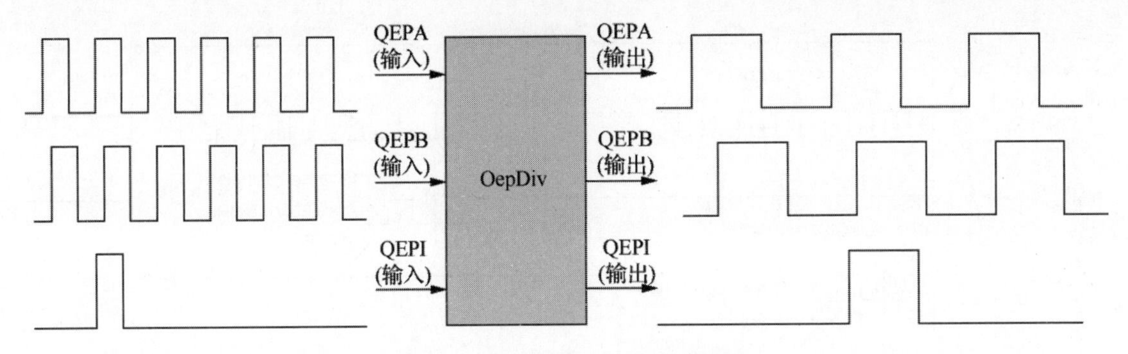

图14-6　QepDiv输入和输出波形图

接下来以T-Format绝对编码器接口为例，讲解如何采用数字编码器进行工业电机驱动。

Tamagawa T-Format协议是一种数字双向绝对编码器接口，TIDM-1011中附带的依赖库和相关实例演示了Tamagawa的T-Format标准，在此实例中，我们使用片上资源（例如CLB、SPI和GPIO等）将T-Format绝对编码器接口集成到F28379D芯片中，如图14-7所示。其数据帧结构如图14-8所示。

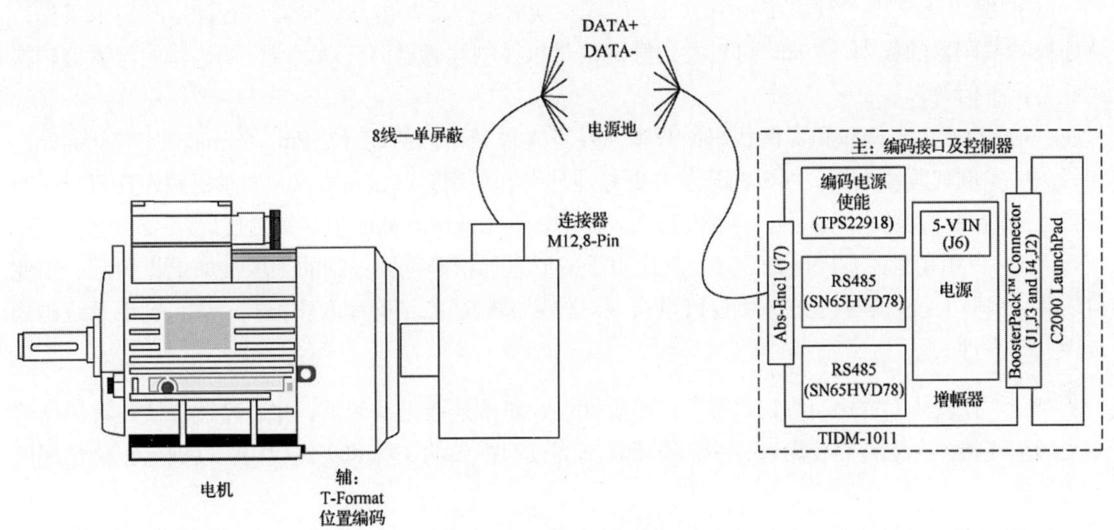

图14-7　TIDM-1011系统框图

T-Format协议是TI公司推出的一种基于RS-485标准的纯串行数字接口协议。这种协议主要用于位置编码器等设备，能够有效传输位置值以及其他物理量，如转数、温度、参数等，并支持对编码器的内部存储器进行读取和写入。其主要特点和功能如下：

（1）通信能力：T-Format协议支持TI的多个系列DSP（如2837x系列）与T-format绝对值编码器进行通信连接，以实现数据的读取和写入。它通过串行接口传输数据，确保了数据传输的可靠性和高效性。

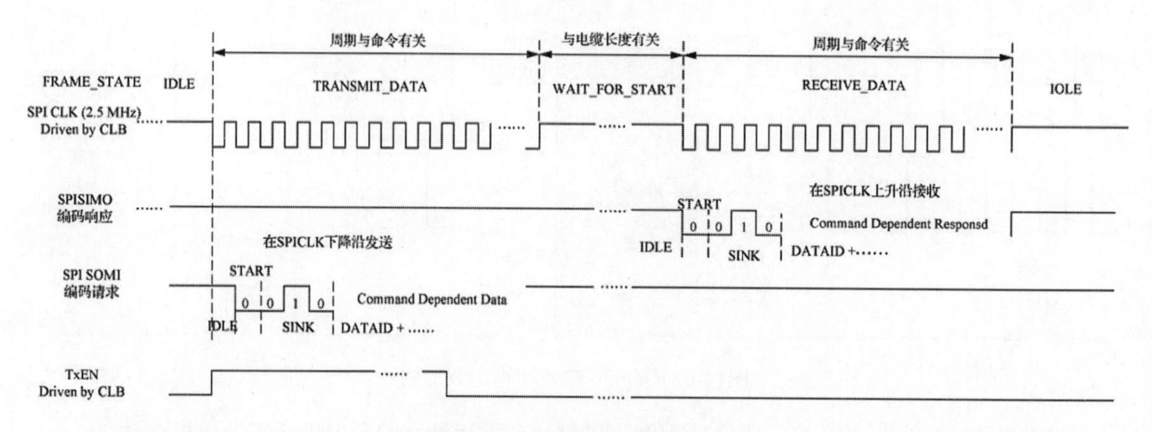

图14-8　T-Format数据帧结构

（2）数据传输：协议支持传输位置值、转数、温度、参数等多种物理量，满足了多种应用场景的需求。在使用前，需要初始化T-Format通信协议，并设置好相关参数，如波特率、数据位、停止位等。

（3）编码器控制：通过T-Format协议，可以实现对编码器的内部存储器进行读取和写入操作，从而控制编码器的行为。例如，可以发送脉冲信号以控制编码器的转动，或将编码器的位置值转换为绝对位置值等。

（4）TI相关支持库和实例代码：TI为开发者提供了专门的库（如Pm_tformat_lib_f280049c）和相关的实例代码及文档，以帮助开发者更好地理解和使用T-Format协议。这些资源通常可以在TI的官方网站或开发套件中找到，例如C2000Ware_MotorControl_SDK中的实例代码。

（5）应用场景：T-Format协议广泛应用于需要进行精确位置控制的领域，如电机控制、工业自动化、机器人技术等。通过该协议可以实现对位置编码器的精确读取和控制，从而确保系统的稳定性和可靠性。

注意，在使用T-Format协议之前，需要确保已经正确连接了编码器，并通过该协议与编码器建立了通信连接。在配置和使用过程中，需要仔细阅读TI提供的文档和实例代码，以确保正确实现所需的功能。

以F28379D为例，采用T-Format协议实现编码接口，主要涉及片上的CLB逻辑块、一组C28x CPU核心、一组SPI（本例为SPI-B）、一组XBAR互连（包括输入与输出）以及GPIO接口。

注意，这里所用到的通用接口是片外接口，用于测试T-Format协议是否正常工作，一般选用电机作为测试用例，通用接口与DSP芯片之间主要是数据连接和控制连接，包括数据输入输出、电机方向控制信号以及电机电源驱动信号，该实例中并不包括对电机本身的任何参数的回传，例如转速等，具体实现框图如图14-9所示。

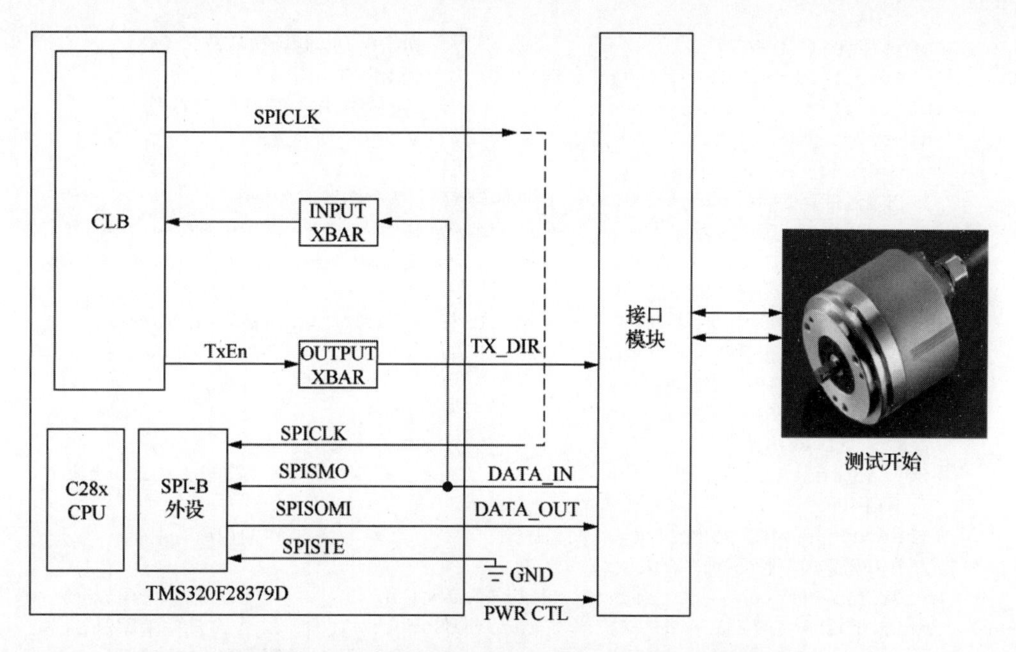

图14-9　在TMS320F28379D上实现基于T-Format的接口

有关T-Format协议以及接口CRC的具体代码实现如例14-2和例14-3所示。

【例14-2】基于F28379D的T-Format实例。

```
// T-Format协议相关头文件
# include "tformat.h"                             // 包含T-Format协议的头文件
# include "device.h"                              // 包含设备初始化和控制相关的头文件
# include "driverlib.h"                           // 包含TI驱动库的头文件
// 库使用的全局变量
// 查找表的CRC计算
// tformat关键参数的数据结构
PM_tformat_DataStruct tformatData;               // 定义T-Format协议的数据结构
uint16_t tformatCRCtable [PM_TFORMAT_CRCTABLE_SIZE]; // 定义CRC查找表
// 定义接收数据的缓冲区
volatile uint16_t tformatRxData[PM_TFORMAT_FIELDS_MAX];

// 通过这些结构来显示接收到的CCS中的数据
#pragma RETAIN (encoderData);                     // 保留encoderData变量
#pragma RETAIN (errorData);                       // 保留errorData变量
#pragma RETAIN (commandData);                     // 保留commandData变量
PM_tformat_encoderStruct encoderData;             // 定义编码器数据结构
PM_tformat_errorStruct errorData;                 // 定义错误数据结构
PM_tformat_commandStruct commandData;             // 定义命令数据结构
volatile uint32_t tformatSpiRxIsrTicker;          // 定义SPI接收中断计时器变量

Int16_t main(void) {
```

```
    Device_init ();                              // 初始化设备时钟和外设
    Interrupt_disableMaster ();                  // 禁用所有中断
    Interrupt_initModule ();                     // 初始化PIE并清除PIE寄存器
    Interrupt_initVectorTable ();                // 初始化中断向量表

    // 初始化带有指向shell Interrupt指针的PIE向量表，中断服务程序
    Device_initGPIO ();                          // 初始化GPIO，禁用引脚锁并启用内部上拉
    // 在此设备上，CLB TILE对应的ePWM模块。CLB将覆盖EPWM-4B输出引脚和EPWM-4B_OE
    // 否则ePWM4将不使用此功能
    SysCtl_enablePeripheral(SYSCTL_PERIPH_CLK_EPWM4); // 启用EPWM4外设时钟
    tformat_configEPWM4 ();                           // 配置EPWM4模块
    // 配置和启用时钟
    // 配置GPIO、XBAR、SPI和CLB
    // 注册SPI RX中断
    tformat_init ();                                  // 初始化T-Format协议
    // 启用中断
    Interrupt_enableMaster ();                        // 启用所有中断
    // 在开始之前清除错误位和编码器数据
    errorData=(struct PM_tformat_errorStruct) {0};          // 清空错误数据
    encoderData=(struct PM_tformat_encoderStruct) {0};      // 清空编码器数据
    tformatSpiRxIsrTicker=0;                          // 重置SPI接收中断计时器
    #if TFORMAT_RUN_IDD_ID6
    // 测试读/写EEPROM存储器
    tformat_testEEPROMCommands ();                    // 测试EEPROM命令
    # endif
    // 测试所有其他命令
    tformat_exCommands ();
}
```

【例14-3】基于F28379D的T-Format编码器接口循环校验（Cyclic Redundancy Check，CRC）实现。

```
// T-Format协议相关头文件
#include "PM_tformat_include.h"               // 包含T-Format协议的头文件
#include "PM_tformat_internal_include.h"      // 包含T-Format协议内部实现的相关头文件
#if defined(PM_TFORMAT_RX_CRC_BY_C28X)
// 获取CRC值的函数，用于计算接收到的数据包的CRC
uint16_t tformat_getCRCID2(){
    uint32_t crcCheck;              // 存储CRC计算结果
// CRC算法主要由C28x CPU执行         // 接收到的数据包
    uint32_t rxPkts;
// 计算CRC期望值
    rxPkts=((uint32_t) tformatData.controlField << 16)
                    | ((uint32_t) tformatData.statusField << 8)
                    | ((uint32_t) tformatData.dataField0);
    crcCheck=tformat_getCRC(PM_TFORMAT_RX_CRC_BITS_ID2,
                        (uint16_t *)&rxPkts,
                        tformatCRCtable,
```

```
                        PM_TFORMAT_RX_CRC_BYTES_ID2);   // 调用CRC计算函数
    return(crcCheck);   // 返回CRC值
}
#endif
#if defined(PM_TFORMAT_RX_CRC_BY_C28X)
// 获取CRC值的函数，用于计算接收到的数据包的CRC（ID3）
uint16_t tformat_getCRCID3(){
    uint32_t crcCheck;
    uint32_t rxPkts[3];        // 存储多个数据字段
    // 合并数据字段
    rxPkts[0]=((uint32_t) tformatData.controlField << 24UL)
            | ((uint32_t) tformatData.statusField << 16UL)
            | ((uint32_t) tformatData.dataField0 << 8UL)
            | (uint32_t)  tformatData.dataField1;
    rxPkts[1]=((uint32_t) tformatData.dataField2 << 24UL) |
              ((uint32_t) tformatData.dataField3 << 16UL) |
              ((uint32_t) tformatData.dataField4 << 8UL) |
              ((uint32_t) tformatData.dataField5);
    rxPkts[2]=((uint32_t) tformatData.dataField6 << 8UL) |
              ((uint32_t) tformatData.dataField7);
    crcCheck=tformat_getCRC(PM_TFORMAT_RX_CRC_BITS_ID3,
                        (uint16_t *)&rxPkts,
                        tformatCRCtable,
                        PM_TFORMAT_RX_CRC_BYTES_ID3);   // 调用CRC计算函数
    return(crcCheck);   // 返回CRC值
}
#endif
#if defined(PM_TFORMAT_RX_CRC_BY_C28X)
// 获取CRC值的函数，用于计算接收到的数据包的CRC（IDD）
uint16_t tformat_getCRCIDD(){
    uint16_t crcCheck;
    uint32_t rxPkts;     // 存储接收到的数据包
    // 合并数据字段
    rxPkts=((uint32_t) tformatData.controlField << 16)
        | ((uint32_t) tformatData.eepromAddressField << 8)
        | ((uint32_t) tformatData.eepromRdDataField);

    crcCheck=tformat_getCRC(PM_TFORMAT_RX_CRC_BITS_IDD,
                        (uint16_t *)&rxPkts,
                        tformatCRCtable,
                        PM_TFORMAT_RX_CRC_BYTES_IDD);   // 调用CRC计算函数
    return(crcCheck);   // 返回CRC值
}
#endif
#if defined(PM_TFORMAT_RX_CRC_BY_C28X)
// 获取CRC值的函数，用于计算接收到的数据包的CRC（ID6）
uint16_t tformat_getCRCID6(){
    uint16_t crcCheck;
```

```
        uint32_t rxPkts;      // 存储接收到的数据包
        rxPkts=((uint32_t) tformatData.controlField << 16)
             | ((uint32_t) tformatData.eepromAddressField << 8)
             | ((uint32_t) tformatData.eepromWrDataField);

        crcCheck=tformat_getCRC(PM_TFORMAT_RX_CRC_BITS_ID6,
                                (uint16_t *)&rxPkts,
                                tformatCRCtable,
                                PM_TFORMAT_RX_CRC_BYTES_ID6);   // 调用CRC计算函数
        return(crcCheck);    // 返回CRC值
    }
    #endif
    #if defined(PM_TFORMAT_RX_CRC_BY_CLB)
    // 获取CRC值的函数，通过CLB计算CRC
    uint16_t tformat_getRxCRCbyCLB(void){
        uint16_t crcCheck;
        if(CLB_getInterruptTag(PM_TFORMAT_RX_CRC_BASE) != 5){
            // CRC CLB逻辑出现错误
            crcCheck=PM_TFORMAT_CRC_CLB_ERROR;                    // 返回CRC错误标志
        }
        else{
            CLB_clearInterruptTag(PM_TFORMAT_RX_CRC_BASE);      // 清除中断标志
            // 获取CRC值
            crcCheck=CLB_getRegister(PM_TFORMAT_RX_CRC_BASE, CLB_REG_CTR_C2);
            crcCheck &= (PM_TFORMAT_CRC_MASK);     // 应用CRC掩码
        }
        return(crcCheck);    // 返回CRC值
    }
    #endif
    #if defined(PM_TFORMAT_TX_CRC_BY_C28X) || defined(PM_TFORMAT_RX_CRC_BY_C28X)
    // 生成CRC查找表
    void PM_tformat_generateCRCTable(uint16_t nBits, uint16_t polynomial,  uint16_t
*pTable){
        uint16_t i, j;
        uint16_t accum;
        polynomial <<= (8 - nBits);       // 调整多形式位移，使其与CRC位数匹配
        for(i=0; i < 256 ; i++){
            accum =i;                    // 初始化累加器为当前索引
            for( j=0; j < 8; j++){
                if(accum & 0x80){          // 判断累加器的最高位是否为1
                    // 如果前导位为1，则将累加器accum左移
                    // 并屏蔽不需要的最高位msb，最后用多项式异或其余的msb
                    accum=((accum << 1) & 0xFF) ^ polynomial;
                }
                else{
                    // 如果前导位为0，则将累加器accum左移，并屏蔽掉不需要的最高位msb
                    accum=((accum << 1) & 0xFF);
                }
```

```
        }
        pTable[i]=accum;       // 将计算得到的CRC值存入查找表
    }
    return;
}
// 计算CRC值
uint16_t tformat_getCRC(uint16_t nBitsData,
                        uint16_t *msg,
                        uint16_t *crcTable,
                        uint16_t rxLen){
    uint16_t i;
    uint16_t j;
    uint16_t index;
    uint16_t crcAccum;
    uint16_t crcValue;
    int *pdata;
    index=rxLen - 1;           // 初始化索引为数据长度减1，指向数据的最后一字节
    crcAccum=0xFF;             // 初始化CRC累计值
    pdata=(int *)msg;          // 将数据消息指针转换为整型指针，便于逐字节访问
    // 从末尾开始处理前两个字节
    i=crcAccum  ^ (__byte(pdata, index--));   // 先对最后一字节进行CRC计算
    crcAccum=crcTable[i];      // 从CRC查找表中取出结果
    i=crcAccum ^ (__byte(pdata, index--));    // 处理倒数第二字节
    crcAccum=crcTable[i];      // 从CRC查找表中取出结果
    // 逐字节进行CRC校验
    for (j=0; j < rxLen - 2; j++, index--){
        i=crcAccum  ^ (__byte(pdata, index)); // 对每字节与CRC累计值进行异或
        crcAccum=crcTable[i];      // 更新CRC累计值
    }
    crcValue=crcAccum ^ (PM_TFORMAT_CRC_MASK);     // 对最终结果进行掩码操作
    return(crcValue);    // 返回计算出的CRC值 }
}
#endif
```

14.2　信号处理关键技术

F2837xD系列DSP芯片在信号处理领域具有多项关键技术，以下是对这些关键技术的简要介绍：

（1）三角函数加速器（Trigonometric Math Unit，TMU）是一种专用的硬件单元，用于高效地加速三角函数（如正弦、余弦等）的计算。它通过减少计算周期时间，极大地提高了三角函数的计算效率。此外，TMU还具有非线性PID控制算法的增强功能，能够进一步优化控制性能，在某些DSP芯片中，TMU还可以加速非线性PID（比例-积分-微分）控制算法，从而降低计算周期时间，优化控制效果。

TMU的应用场景主要是在电机控制领域，在电机控制应用中，三角函数的计算是常见需求，例如电机角度的计算等。TMU的引入使得这些计算更加高效，提高了系统的实时性和控制精度。

（2）快速整数除法具有硬件加速功能，F28379D支持快速整数除法，通过专用硬件加速器（如HWINTDIV）实现。这种加速器能够执行快速的16位、32位和64位定点整数除法，显著减少CPU的负担。

与传统的软件除法相比，硬件加速的整数除法具有更高的执行效率和更低的延迟，适用于对性能要求较高的应用。在实时控制系统中，快速响应是关键。快速整数除法的引入使得系统在处理除法运算时更加迅速，从而提升了整个系统的实时性能。

（3）双精度浮点运算相比单精度浮点运算，前者具有更高的精度，能够表示更大范围的数值和更小的误差。这对需要高精度计算的应用尤为重要。

许多C2000系列DSP集成了浮点单元（Floating Point Unit，FPU），其中包括支持双精度浮点运算的FPU。这些FPU通过硬件优化加速浮点运算，包括双精度浮点运算。

在音频处理、图像处理等需要高精度信号处理的领域，双精度浮点运算能够提供更准确的结果，满足应用对精度的要求。在控制系统的建模与仿真过程中，双精度浮点运算能够更准确地模拟系统的动态行为，为控制系统的设计提供有力支持。

14.2.1　三角函数加速器与快速整数除法

三角函数在实时控制系统中有着广泛的应用，例如电力应用或电机控制领域。派克变换、空间矢量生成和旋转变压器角度便是一些典型的依赖三角数学运算的实例。F28379D上的三角数学单元TMU支持特有的扩展指令集，能够高效地进行基于32位浮点数的三角函数计算。

在实时控制中，许多常见的数学计算也依赖于三角函数的使用，例如正弦、余弦和反正切。TMU在C28x内核中的这些函数及其逆函数提供了专用指令，取代了标准C依赖库的调用。如图14-10所示，使用基于TMU的指令与其对应的Fast RTS指令相比，可以显著减少周期计数。

此外，平方根和浮点除法也受TMU内部指令支持，这些函数通常与前面列出的三角函数结合使用。表14-3中列出了支持的指令及其对应的CPU周期数，这些指令可由C编译器在具有TMU的器件（例如F2837xD系列DSP芯片）上自动插入。

注意　虽然F28379D具有TMU模块，但用于生成目标代码的C编译器必须选择正确的选项，才能顺利完成TMU指令的调用。

可以通过TMU支持的下拉菜单以及在C2000编译器中将浮点模式设置为relaxed来控制这些选项，这些设置位于Compiler→Optimizations中的Processor Options中。如果特定于TMU的函数优于全局设置，可以通过在C源代码中使用内联函数显式调用它们。

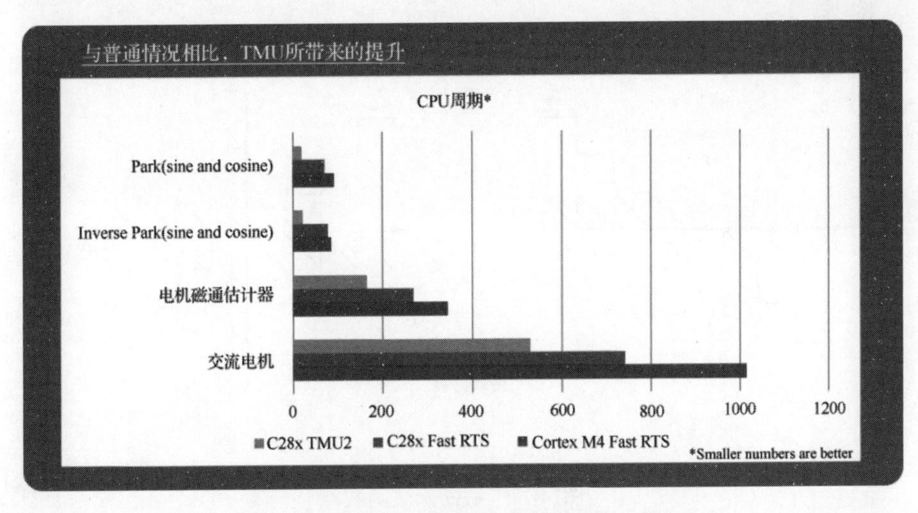

图14-10　经TMU改进后的CPU周期对比图

表14-3　TMU指令汇总

运　算	C等效运算	C28x管线周期
乘以2pi	a=b*2pi	2个周期+正弦/余弦函数
除以2pi	a=b/2pi	2个周期+正弦/余弦函数
除法	a=b/c	5个周期
平方根	a=sqrt(b)	5个周期
单位正弦	a=sin(b*2pi)	4个周期
单位余弦	a=cos(b*2pi)	4个周期
单位反正切	a=atan(b)/2pi	4个周期
反正切和象限运算	用于协助计算ATANPU2的运算	5个周期

除TMU外，F28379D中的运算单元还支持快速整数除法计算，并且是通过板载硬件完成的，相比软件计算，这种方法要快得多。

与其他标准算术运算相比，精确的整数除法通常更复杂，并且在CPU中所需的周期数高得多。此外，在控制算法中，通常需要执行大量的线性除法运算（例如欧几里得距离或模数），这往往会消耗额外的CPU开销。

为解决此问题，FID模块通过专用硬件支持这些特殊除法，从而实现快速控制算法，而无须给CPU带来额外开销。此外，FID模块还具有最优的计算周期，支持各种位宽及有无符号的数值运算。

根据相关的编程语言和计算机科学文献，除法和模数运算有多种定义，每一种定义都提供了不同的数学特性，这些特性在应用上下文中可带来不同的益处。

截断除法是在诸如C之类的许多编程语言中广泛使用的标准除法定义。在此定义中，余数始终具有分子的符号，截断除法的传递函数如图14-11所示，从中可以看出该函数是非周期性的，且零点周围总是有一个“与X轴重合的平行线”。

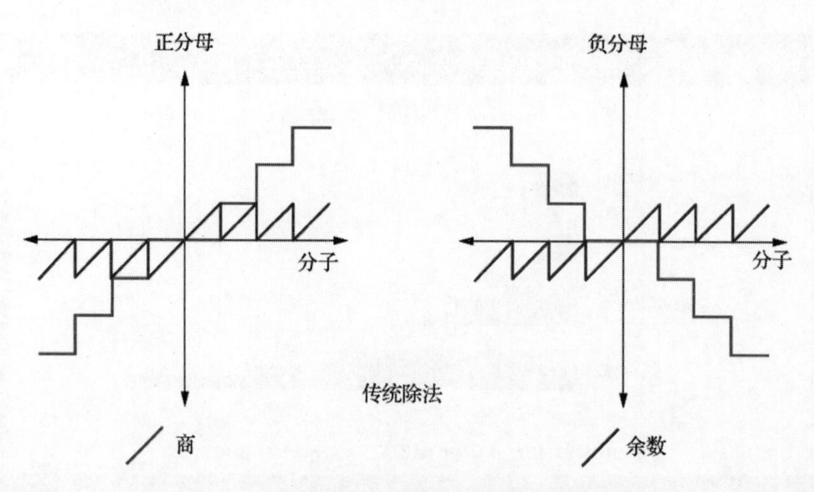

图14-11　截断除法函数

由于零点周围是非线性的，因此该函数并非控制应用中的最优选择。除法和模数运算的非常规定义有时会因为更好的线性和周期性而成为优选方案。

如图14-12和图14-13所示，分别为取整或模数函数和欧几里得除法函数的传递函数。在模除法函数中，余数始终具有分母的符号，因此该函数在零点附近呈线性。而在欧几里得除法中，余数始终为正，因此除法函数在零点附近呈线性，模数函数则呈周期性。

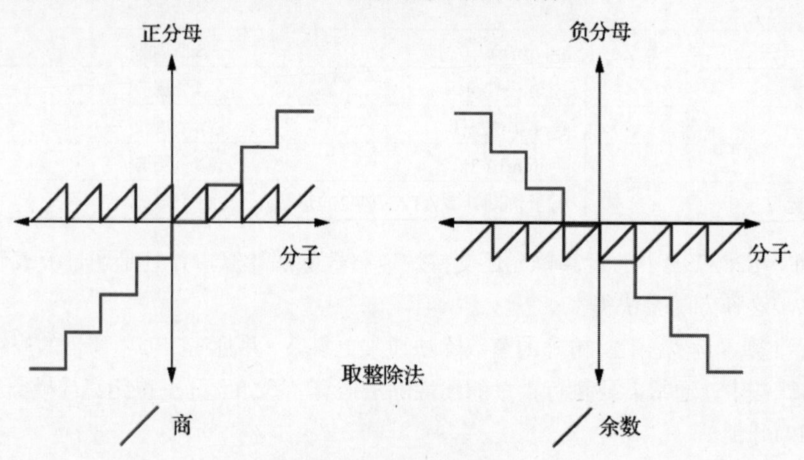

图14-12　取整除法函数

此外，C28x CPU还添加了专用指令，使得应用能够在硬件中有效地实现上述除法和模数定义。

这些用于整数除法的指令支持中断操作，且具有极低的延迟，并且支持不同类型的运算（ui32/ui32、i32/ui32、i64/i32、ui64/ui32、ui64/ui64、i64/i64等）。

表14-4列出了不同类型的除法运算的周期数，并对比了使用快速整数除法单元实现的操作数大小与没有FID模块时的周期数。

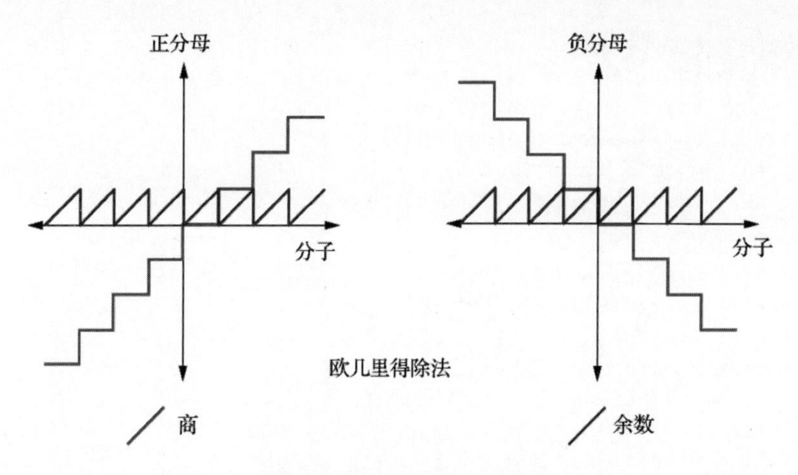

图14-13　欧几里得除法函数

表14-4　采用FID模块进行整数除法的改善对比

除法运算	无FID模块	有FID模块	改善系数
i16/i16传统	52	16	3.3
i16/i16欧几里得	56	14	4.0
i16/i16模数	56	14	4.0
u16/u16	56	14	4.0
i32/i32传统	59	13	4.5
i32/i32欧几里得	63	14	4.5
i32/i32模数	63	14	4.5
i32/u32传统	37	14	2.6
i32/u32模数	41	14	2.9
u32/u32	37	12	3.1
i32/i16传统	60	18	3.3
i32/i16欧几里得	64	16	4.0
i32/i16模数	64	16	4.0
u32/u16	38	13	2.9

从表中可以明显看出，对于不同类型的除法运算，FID单元的性能提高了数倍，有助于显著减少控制回路计算的等待时间。

【例14-4】基于F28379D的快速整数除法实现（涉及FID中的全部命令）。

```
// 与FID相关的头文件
#include "driverlib.h"
#include "device.h"
#include <stdlib.h>
#include "fastintdiv_example.h"
```

```
// 函数原型定义（16-16 bits）
// 定义各种整数除法测试函数原型（针对16位的带符号和无符号整数）
uint16_t test_traditional_div_i16byi16();
uint16_t test_euclidean_div_i16byi16();
uint16_t test_modulo_div_i16byi16();
uint16_t test_traditional_div_u16byu16();

// 函数原型定义（32-32 bits）
// 定义32位整数除法测试函数原型
uint16_t test_traditional_div_i32byi32();
uint16_t test_euclidean_div_i32byi32();
uint16_t test_modulo_div_i32byi32();
uint16_t test_traditional_div_i32byu32();
uint16_t test_modulo_div_i32byu32();
uint16_t test_traditional_div_u32byu32();
// 函数原型定义（32-16 bits）
// 定义32位除以16位的除法测试函数原型
uint16_t test_traditional_div_i32byi16();
uint16_t test_euclidean_div_i32byi16();
uint16_t test_modulo_div_i32byi16();
uint16_t test_traditional_div_u32byu16();
// 函数原型定义（64-64 bits）
// 定义64位整数除法测试函数原型
uint16_t test_traditional_div_i64byi64();
uint16_t test_euclidean_div_i64byi64();
uint16_t test_modulo_div_i64byi64();
uint16_t test_traditional_div_i64byu64();
uint16_t test_euclidean_div_i64byu64();
uint16_t test_modulo_div_i64byu64();
uint16_t test_euclidean_div_i64byi64();
uint16_t test_traditional_div_u64byu64();
// 全局变量定义
uint16_t pass_count=0, success=0;    // 定义全局变量，用于计数和存储测试结果
// 主函数定义
void main(void){
    // 初始化设备
    Device_init();
    // 初始化GPIO
    Device_initGPIO();
    // 初始化PIE中断寄存器
    Interrupt_initModule();
    // 初始化PIE中断向量表
    Interrupt_initVectorTable();
    // 使能全局中断和实时中断
    EINT;
    ERTM;
    // 测试16-16bit除法并更新pass变量值
    pass_count += test_traditional_div_i16byi16();
```

```
    pass_count += test_euclidean_div_i16byi16();
    pass_count += test_modulo_div_i16byi16();
    pass_count += test_traditional_div_u16byu16();
    // 测试32-32bit除法并更新pass变量值
    pass_count += test_traditional_div_i32byi32();
    pass_count += test_euclidean_div_i32byi32();
    pass_count += test_modulo_div_i32byi32();
    pass_count += test_traditional_div_i32byu32();
    pass_count += test_modulo_div_i32byu32();
    pass_count += test_traditional_div_u32byu32();
    // 测试32-16bit除法并更新pass变量值
    pass_count += test_traditional_div_i32byi16();
    pass_count += test_euclidean_div_i32byi16();
    pass_count += test_modulo_div_i32byi16();
    pass_count += test_traditional_div_u32byu16();
    // 测试64-64bit除法并更新pass变量值
    pass_count += test_traditional_div_i64byi64();
    pass_count += test_euclidean_div_i64byi64();
    pass_count += test_modulo_div_i64byi64();
    pass_count += test_traditional_div_i64byu64();
    pass_count += test_euclidean_div_i64byu64();
    pass_count += test_modulo_div_i64byu64();
    pass_count += test_traditional_div_u64byu64();
    // 更新success变量
    if (pass_count==21)  // 判断是否通过了所有21个测试
        success=1;        // 如果所有测试都通过了，设置success为1
    else
        success=0;        // 否则设置success为0
    // 循环定义
    while(1){             // 无限循环，程序保持运行状态
    }
}
// 测试函数类型1
uint16_t test_traditional_div_i16byi16(){
    // 定义两个测试数据集，包括被除数、除数、商和余数
    parameters_div_i16byi16 data1={-512,20,-25,-12}, data2={2477,-23,-107,16};
    ldiv_t result1,result2;

    // 使用传统的整数除法和取余操作
    result1.quot=data1.dividend / data1.divisor;
    result1.rem=data1.dividend % data1.divisor;
    result2.quot=data2.dividend / data2.divisor;
    result2.rem=data2.dividend % data2.divisor;
    // 检查结果是否符合预期
    if ((result1.quot==data1.quotient) && (result1.rem==data1.remainder) &&
          (result2.quot==data2.quotient) && (result2.rem=data2.remainder))
        return 1;     // 如果符合预期，返回1
    else
```

14

```
        return 0;     // 否则返回0
}
// 测试函数类型2
uint16_t test_euclidean_div_i16byi16(){
    parameters_div_i16byi16 data1={-512,20,-26,8}, data2={2477,-23,-107,16};
    ldiv_t result1,result2;
    // 使用欧几里得除法函数计算商和余数
    result1=__euclidean_div_i16byi16(data1.dividend, data1.divisor);
    result2=__euclidean_div_i16byi16(data2.dividend, data2.divisor);
    if ((result1.quot==data1.quotient) && (result1.rem==data1.remainder) &&
          (result2.quot==data2.quotient) && (result2.rem=data2.remainder))
        return 1;
    else
        return 0;
}
// 测试函数类型3
uint16_t test_modulo_div_i16byi16(){
    parameters_div_i16byi16 data1={-512,20,-26,8}, data2={2477,-23,-108,-7};
    ldiv_t result1,result2;
    // 使用模除法函数计算商和余数
    result1=__modulo_div_i16byi16(data1.dividend, data1.divisor);
    result2=__modulo_div_i16byi16(data2.dividend, data2.divisor);
    if ((result1.quot==data1.quotient) && (result1.rem==data1.remainder) &&
          (result2.quot==data2.quotient) && (result2.rem=data2.remainder))
        return 1;
    else
        return 0;
}
// 测试函数类型4
uint16_t test_traditional_div_u16byu16(){
    parameters_div_u16byu16 data1={512,20,25,12}, data2={2477,23,107,16};
    __uldiv_t result1,result2;
    // 使用传统的无符号整数除法和取余操作
    result1.quot=data1.dividend / data1.divisor;
    result1.rem=data1.dividend % data1.divisor;
    result2.quot=data2.dividend / data2.divisor;
    result2.rem=data2.dividend % data2.divisor;
    if ((result1.quot==data1.quotient) && (result1.rem==data1.remainder) &&
          (result2.quot==data2.quotient) && (result2.rem=data2.remainder))
        return 1;
    else
        return 0;
}
// 测试函数类型5:
uint16_t test_traditional_div_i32byi32(){
    parameters_div_i32byi32 data1={-19016,246,-77,-74},
                            data2={10414,-83,-125,39};
    ldiv_t result1,result2;
```

```
    // 使用传统的32位整数除法和取余操作
    result1.quot=data1.dividend / data1.divisor;
    result1.rem=data1.dividend % data1.divisor;
    result2.quot=data2.dividend / data2.divisor;
    result2.rem=data2.dividend % data2.divisor;
    if ((result1.quot==data1.quotient) && (result1.rem==data1.remainder) &&
          (result2.quot==data2.quotient) && (result2.rem=data2.remainder))
       return 1;
    else
       return 0;
 }
 // 测试函数类型6：测试欧几里得除法：32位带符号整数除以32位带符号整数
 uint16_t test_euclidean_div_i32byi32(){
    parameters_div_i32byi32 data1={-19016,246,-78,172},
                            data2={10414,-83,-125,39};
    ldiv_t result1,result2;
    result1=__euclidean_div_i32byi32(data1.dividend, data1.divisor);
    result2=__euclidean_div_i32byi32(data2.dividend, data2.divisor);
    if ((result1.quot==data1.quotient) && (result1.rem==data1.remainder) &&
          (result2.quot==data2.quotient) && (result2.rem=data2.remainder))
       return 1;
    else
       return 0;
 }
 // 测试函数类型7：测试取模除法，32位带符号整数除以32位带符号整数
 uint16_t test_modulo_div_i32byi32(){
    parameters_div_i32byi32 data1={-19016,246,-78,172},
                            data2={10414,-83,-126,-44};
    ldiv_t result1,result2;
    result1=__modulo_div_i32byi32(data1.dividend, data1.divisor);
    result2=__modulo_div_i32byi32(data2.dividend, data2.divisor);
    if ((result1.quot==data1.quotient) && (result1.rem==data1.remainder) &&
          (result2.quot==data2.quotient) && (result2.rem=data2.remainder))
       return 1;
    else
       return 0;
 }
 // 测试函数类型8：测试传统除法，32位带符号整数除以32位无符号整数
 uint16_t test_traditional_div_i32byu32(){
    parameters_div_i32byu32 data1={-19016,246,-77,-74},
data2={-10414,83,-125,-39};
    ldiv_t result1,result2;
    result1=__traditional_div_i32byu32(data1.dividend, data1.divisor);
    result2=__traditional_div_i32byu32(data2.dividend, data2.divisor);
    if ((result1.quot==data1.quotient) && (result1.rem==data1.remainder) &&
          (result2.quot==data2.quotient) && (result2.rem=data2.remainder))
       return 1;
    else
```

```
        return 0;
}
// 测试函数类型9：测试取模除法，32位带符号整数除以32位无符号整数
uint16_t test_modulo_div_i32byu32(){
    parameters_div_i32byu32 data1={-19016,246,-78,172},
                            data2={-10414,83,-126,44};
    ldiv_t result1,result2;
    result1=__modulo_div_i32byu32(data1.dividend, data1.divisor);
    result2=__modulo_div_i32byu32(data2.dividend, data2.divisor);
    if ((result1.quot==data1.quotient) && (result1.rem==data1.remainder) &&
            (result2.quot==data2.quotient) && (result2.rem=data2.remainder))
        return 1;
    else
        return 0;
}
// 测试函数类型10：测试传统除法，32位无符号整数除以32位无符号整数
uint16_t test_traditional_div_u32byu32(){
    parameters_div_u32byu32 data1={19016,246,77,74},
                            data2={10414,83,125,39};
    __uldiv_t result1,result2;
    result1.quot=data1.dividend / data1.divisor;
    result1.rem=data1.dividend % data1.divisor;
    result2.quot=data2.dividend / data2.divisor;
    result2.rem=data2.dividend % data2.divisor;
    if ((result1.quot==data1.quotient) && (result1.rem==data1.remainder) &&
            (result2.quot==data2.quotient) && (result2.rem=data2.remainder))
        return 1;
    else
        return 0;
}
// 测试函数类型11
uint16_t test_traditional_div_i32byi16(){
    parameters_div_i32byi16 data1={-19016,20,-950,-16},
                            data2={10414,-23,-452,18};
    ldiv_t result1,result2;
    result1.quot=data1.dividend / data1.divisor;
    result1.rem=data1.dividend % data1.divisor;
    result2.quot=data2.dividend / data2.divisor;
    result2.rem=data2.dividend % data2.divisor;
    if ((result1.quot==data1.quotient) && (result1.rem==data1.remainder) &&
            (result2.quot==data2.quotient) && (result2.rem=data2.remainder))
        return 1;
    else
        return 0;
}
// 测试函数类型12
uint16_t test_euclidean_div_i32byi16(){
    parameters_div_i32byi16 data1={-19016,20,-951,4},
```

```
                              data2={10414,-23,-452,18};
    ldiv_t result1,result2;
    result1=__euclidean_div_i32byi16(data1.dividend, data1.divisor);
    result2=__euclidean_div_i32byi16(data2.dividend, data2.divisor);
    if ((result1.quot==data1.quotient) && (result1.rem==data1.remainder) &&
          (result2.quot==data2.quotient) && (result2.rem=data2.remainder))
        return 1;
    else
        return 0;
}
// 测试函数类型13
uint16_t test_modulo_div_i32byi16(){
    parameters_div_i32byi16 data1={-19016,20,-951,4},
                              data2={10414,-23,-453,-5};
    ldiv_t result1,result2;
    result1=__modulo_div_i32byi16(data1.dividend, data1.divisor);
    result2=__modulo_div_i32byi16(data2.dividend, data2.divisor);
    if ((result1.quot==data1.quotient) && (result1.rem==data1.remainder) &&
          (result2.quot==data2.quotient) && (result2.rem=data2.remainder))
        return 1;
    else
        return 0;
}
// 测试函数类型14
uint16_t test_traditional_div_u32byu16(){
    parameters_div_u32byu16 data1={19016,20,950,16}, data2={10414,23,452,18};
    __uldiv_t result1,result2;
    result1.quot=data1.dividend / data1.divisor;
    result1.rem=data1.dividend % data1.divisor;
    result2.quot=data2.dividend / data2.divisor;
    result2.rem=data2.dividend % data2.divisor;
    if ((result1.quot==data1.quotient) && (result1.rem==data1.remainder) &&
          (result2.quot==data2.quotient) && (result2.rem=data2.remainder))
        return 1;
    else
        return 0;
}
// 测试函数类型15
uint16_t test_traditional_div_i64byi64(){
    parameters_div_i64byi64 data1={-3218837,1289,-2497,-204},
                              data2={5949371,-3471,-1714,77};
    lldiv_t result1,result2;
    result1.quot=data1.dividend / data1.divisor;
    result1.rem=data1.dividend % data1.divisor;
    result2.quot=data2.dividend / data2.divisor;
    result2.rem=data2.dividend % data2.divisor;
    if ((result1.quot==data1.quotient) && (result1.rem==data1.remainder) &&
          (result2.quot==data2.quotient) && (result2.rem=data2.remainder))
```

```
        return 1;
    else
        return 0;
}
// 测试函数类型16
uint16_t test_euclidean_div_i64byi64(){
    parameters_div_i64byi64 data1={-3218837,1289,-2498,1085},
                            data2={5949371,-3471,-1714,77};
    lldiv_t result1,result2;
    result1=_euclidean_div_i64byi64(data1.dividend, data1.divisor);
    result2=_euclidean_div_i64byi64(data2.dividend, data2.divisor);
    if ((result1.quot==data1.quotient) && (result1.rem==data1.remainder) &&
        (result2.quot==data2.quotient) && (result2.rem=data2.remainder))
        return 1;
    else
        return 0;
}
// 测试函数类型17
uint16_t test_modulo_div_i64byi64(){
    parameters_div_i64byi64 data1={-3218837,1289,-2498,1085},
                            data2={5949371,-3471,-1715,-3394};
    lldiv_t result1,result2;
    result1=_modulo_div_i64byi64(data1.dividend, data1.divisor);
    result2=_modulo_div_i64byi64(data2.dividend, data2.divisor);
    if ((result1.quot==data1.quotient) && (result1.rem==data1.remainder) &&
        (result2.quot==data2.quotient) && (result2.rem=data2.remainder))
        return 1;
    else
        return 0;
}
// 测试函数类型18
uint16_t test_traditional_div_i64byu64(){
    parameters_div_i64byu64 data1={-3218837,1289,-2497,-204},
                            data2={5949371,3471,1714,77};
    lldiv_t result1,result2;
    result1=_traditional_div_i64byu64(data1.dividend, data1.divisor);
    result2=_traditional_div_i64byu64(data2.dividend, data2.divisor);
    if ((result1.quot==data1.quotient) && (result1.rem==data1.remainder) &&
        (result2.quot==data2.quotient) && (result2.rem=data2.remainder))
        return 1;
    else
        return 0;
}
// 测试函数类型19
uint16_t test_euclidean_div_i64byu64(){
    parameters_div_i64byu64 data1={-3218837,1289,-2498,1085},
                            data2={5949371,3471,1714,77};
    lldiv_t result1,result2;
```

```
    result1=__euclidean_div_i64byu64(data1.dividend, data1.divisor);
    result2=__euclidean_div_i64byu64(data2.dividend, data2.divisor);
    if ((result1.quot==data1.quotient) && (result1.rem==data1.remainder) &&
        (result2.quot==data2.quotient) && (result2.rem=data2.remainder))
        return 1;
    else
        return 0;
}
// 测试函数类型20
uint16_t test_modulo_div_i64byu64(){
    parameters_div_i64byu64 data1={-3218837,1289,-2498,1085},
                            data2={5949371,3471,1714,77};
    lldiv_t result1,result2;
    result1=__modulo_div_i64byu64(data1.dividend, data1.divisor);
    result2=__modulo_div_i64byu64(data2.dividend, data2.divisor);
    if ((result1.quot==data1.quotient) && (result1.rem==data1.remainder) &&
        (result2.quot==data2.quotient) && (result2.rem=data2.remainder))
        return 1;
    else
        return 0;
}
// 测试函数类型21
uint16_t test_traditional_div_u64byu64(){
    parameters_div_u64byu64 data1={3218837,1289,2497,204},
                            data2={5949371,3471,1714,77};
    __ulldiv_t result1,result2;
    result1.quot=data1.dividend / data1.divisor;
    result1.rem=data1.dividend % data1.divisor;
    result2.quot=data2.dividend / data2.divisor;
    result2.rem=data2.dividend % data2.divisor;
    if ((result1.quot==data1.quotient) && (result1.rem==data1.remainder) &&
        (result2.quot==data2.quotient) && (result2.rem=data2.remainder))
        return 1;
    else
        return 0;
}
```

该实例展示了如何使用各种快速整数除法命令来尽可能高效地执行各种类型的除法。实例通过提供两组输入数据来测试21个与快速整除除法相关的内联函数，并将计算得到的商和余数与预期值进行比较。

如果商与余数均匹配，则对应计数器的值加一。如果所有内联函数的结果均正确，则在代码结束时，变量pass_count的值应该为21，且变量success的值应为1。

14.2.2　双精度浮点运算

FPU（Floating-Point Unit，浮点运算单元）是DSP中专门用于执行浮点运算的硬件单元。以

F28379D处理器为例，它的FPU通常支持IEEE 754标准的单精度浮点运算（即32位浮点数）。

单精度浮点运算使用32位表示一个浮点数，包括1位符号位、8位指数位和23位尾数位，这是大多数DSP和微控制器支持的浮点运算类型。双精度浮点运算使用64位表示一个浮点数，包括1位符号位、11位指数位和52位尾数位。尽管双精度浮点运算具有更高的精度，但它需要更多的计算资源和存储空间。

F28379D处理器主要支持单精度浮点运算，采用两个C28x核，每个核都具备FPU运算能力，能够高效地执行单精度浮点运算。需要注意的是，尽管F28379D本身不直接支持双精度浮点运算，但开发人员可以通过软件算法（如使用双精度浮点数的软件库）来模拟双精度运算，但这会牺牲一定的性能和效率。

除FPU单元外，F28379D还集成了其他关键技术，如前文提到的TMU（Trigonometric Math Unit，三角法数学单元）和VCU（Viterbi Complex Math Unit，Viterbi复杂数学单元）。这些技术共同提升了处理器的整体性能和应用范围。此外，F28379D还具有CLA单元，即实时控制协处理器。CLA是一个独立的32位浮点处理器，可以与主CPU并行执行代码，有效提高实时控制系统的计算性能，而TMU和VCU则分别用于加速包含变换和转矩环路计算中常见的三角运算和复杂数学运算。

当32位精度（如单精度浮点数）无法满足应用需求时，FPU64模块显得尤为重要。在许多实时控制应用中，64位精度（如双精度浮点数）是必需的。虽然这通常需要付出一定代价，因为某些器件的硬件不支持双精度浮点运算。但F28379D通过提供硬件支持，可以有效避免因双精度浮点运算而导致的CPU周期数显著增加的情况。

FPU32和FPU64的对比如表14-5所示。

表14-5　FPU32与FPU64在计算时消耗的周期数比较

	FPU64 fp_mode=relaxed	FPU fp_mode=strict	FPU fp_mode=relaxed FPU64 disabled	FPU fp_mode=strict FPU64 disabled
32位除法	8	234	8	234
64位除法	27	27	2222	2222

表14-5中的结果（在经过配置并关闭优化的情况下，从RAM运行代码）表明，FPU64上的双精度浮点除法的性能相比FPU32上的单精度浮点除法的性能消耗的周期更多。在单精度情况下，当浮点模式fp_mode设置为relaxed（宽松模式）时，编译器会生成硬件指令来执行单精度除法，但会略微牺牲精度。当浮点模式设置为strict（严格模式）时，编译器不会生成硬件指令，而是调用RTS库以保持计算精度，但会因此增加周期数。

在双精度情况下，浮点模式的设置无关紧要，因为FPU64足够精确。只要启用FPU64，编译器就会生成FPU64支持的硬件指令来执行双精度除法。如果禁用了FPU64，则编译器不会生成FPU64硬件指令，而是调用RTS库。此外，即便在relaxed模式下，64位浮点除法也无法利用32位浮点硬件，这就是为何周期数仍然为2222的原因之一。

具有FPU64的器件（如F28379D）不仅增加了8个用于双精度浮点运算的浮点结果扩展寄存器外，还使用与FPU相同的寄存器。除支持64位双精度浮点指令外，FPU64还支持所有现有的FPU单精度浮点指令。FPU64的64位指令通常在1~3个流水线周期内运行，并且部分指令还支持并行移动操作。

设计人员使用FPU64的方法非常简单，只需在C代码中使用双精度浮点变量，并通过TI C28x C/C++ 编译器进行编译即可。需要注意的是，在使用编译器时，必须将开关配置为--float_support=fpu64，只有这样才能生成基于C28x的双精度浮点指令。

表14-6列出了C28x CPU上标准C数据类型的大小（二进制位的长度），供读者参考。

表14-6　C28x与ARM上标准C数据类型的大小对比

数据类型	C28x位长度	ARM位长度	数据类型	C28x位长度	ARM位长度
char	16	8	float	32	32
short	16	16	double	64	64
int	16	32	long double	64	64
long	32	32	指针	32	32
long	64	64			

接下来，给出一个基于F28379D处理器，采用FPU64完成FIR数字滤波器运算的具体实例。

【例14-5】 基于F28379D的FIR数字滤波器运算实例。

```
// FPU依赖库和数学库
#include "fpu_filter.h"                          // FPU滤波器相关库
#include "math.h"                                // 数学函数库
#include "examples_setup.h"                      // 实例设置头文件

// FIR滤波器相关参数的宏定义
#define FIR_ORDER       63                       // FIR滤波器阶数(63阶)
#define SIGNAL_LENGTH    (FIR_ORDER+1)* 4        // 信号长度（FIR阶数+1的4倍）
#define EPSILON         0.1                      // 允许误差范围

// 全局变量定义
#ifdef  __cplusplus
#pragma DATA_SECTION("firldb")                   // 在C++环境下指定数据段
#else
#pragma DATA_SECTION(dbuffer, "firldb")          // 在C环境下指定数据段
#endif // __cplusplus
// FIR延时器
float dbuffer[FIR_ORDER+1];
#ifdef __cplusplus
#pragma DATA_SECTION("sigIn");
#else
#pragma DATA_SECTION(sigIn, "sigIn");
#endif // __cplusplus
```

14

```
// 输入信号
float sigIn[SIGNAL_LENGTH];
#ifdef __cplusplus
#pragma DATA_SECTION("sigOut");
#else
#pragma DATA_SECTION(sigOut, "sigOut");
#endif // __cplusplus
// 输出信号
float sigOut[SIGNAL_LENGTH];

#ifdef __cplusplus
#pragma DATA_SECTION("coefffilt");
#else
#pragma DATA_SECTION(coeff, "coefffilt");
#endif // __cplusplus

// FIR滤波器系数（预先定义）
float const coeff[FIR_ORDER+1]= {
#include "coeffs.h"};                              // 包含滤波器系数头文件

// 期望的滤波器输出（黄金标准）
float FIRgoldenOut[SIGNAL_LENGTH]={
   #include "data_output.h"};                      // 包含期望的输出数据

// 设定采样率为1MHz，两个过渡点分别为10kHz和40kHz
float   RadStep =0.062831853071f;                  // 角度步长1（与10kHz对应）
float   RadStep2=2.073451151f;                     // 角度步长2（与40kHz对应）
float   Rad     =0.0f;                             // 初始角度1
float   Rad2    =0.0f;                             // 初始角度2
#ifdef __cplusplus
#pragma DATA_SECTION("firfilt")
#else
#pragma DATA_SECTION(firFP, "firfilt")
#endif // __cplusplus

// FIR滤波器实例及句柄
FIR_FP  firFP=FIR_FP_DEFAULTS;                     // FIR滤波器的默认配置
FIR_FP_Handle hnd_firFP=&firFP;                    // FIR滤波器句柄
// 外部变量，用于计算FIR系数加载的起始位置和大小
extern uint16_t CoeffFiltRunStart, CoeffFiltLoadStart, CoeffFiltLoadSize;

float xn,yn;                                       // 中间计算结果变量（输入和输出信号）
int16_t  count=0;                                  // 计数器
uint16_t pass=0;                                   // 通过计数器
uint16_t fail=0;                                   // 失败计数器

// 主函数部分
int16_t main(void){
   uint16_t i;
#ifdef FLASH
   EALLOW;                                            // 允许Flash操作
```

```
    Flash0EccRegs.ECC_ENABLE.bit.ENABLE=0;  // 禁用ECC错误校验
    memcpy((uint32_t *)&RamfuncsRunStart, (uint32_t *)&RamfuncsLoadStart,
           (uint32_t)&RamfuncsLoadSize );    // 将函数从Flash复制到RAM
    memcpy((uint32_t *)&CoeffFiltRunStart, (uint32_t *)&CoeffFiltLoadStart,
           (uint32_t)&CoeffFiltLoadSize );   // 将滤波器系数复制到RAM
    FPU_initFlash();                         // 初始化FPU Flash
#endif
    FPU_initSystemClocks();                  // 初始化系统时钟
    FPU_initEpie();                          // 初始化EPI接口
    // 生成采样波形（初始化Rad为0）
    Rad=0.0f;
    for(i=0; i < SIGNAL_LENGTH; i++){
        sigIn[i]=0;                          // 初始化输入信号为0
        sigOut[i]=0;                         // 初始化输出信号为0
    }
    // FIR滤波器初始化
    hnd_firFP->order=FIR_ORDER;              // 设置滤波器阶数
    hnd_firFP->dbuffer_ptr=dbuffer;          // 设置延时器指针
    hnd_firFP->coeff_ptr =(float *)coeff;    // 设置系数数组指针
    hnd_firFP->init(hnd_firFP);              // 初始化滤波器
    // FIR滤波器计算
    for(i=0; i < SIGNAL_LENGTH; i++){
        xn=0.5*sin(Rad) + 0.5*sin(Rad2);     // 生成输入信号（模拟信号）
        sigIn[i]=xn;                         // 存储输入信号
        hnd_firFP->input=xn;                 // 设置输入信号到滤波器
        hnd_firFP->calc(&firFP);             // 执行滤波器计算
        yn=hnd_firFP->output;                // 获取滤波器输出
        sigOut[i]=yn;                        // 存储输出信号
        Rad=Rad + RadStep;                   // 更新角度1
        Rad2=Rad2 + RadStep2;                // 更新角度2
    }
    // 与黄金标准输出进行比较
    for(i=0; i < SIGNAL_LENGTH; i++){
        if(fabs(FIRgoldenOut[i] - sigOut[i]) <= EPSILON){// 判断输出是否符合期望值
            pass++;        // 通过计数
        }
        else{
            fail++;        // 失败计数
        }
    }
    done();                // 完成处理
    return 1;              // 返回1表示程序正常结束
}
```

14.3　控制关键技术

TI公司的F28379D是一款功能强大的32位浮点微控制器单元（Microcontroller Unit，MCU），专为高级闭环控制应用而设计，如工业电机驱动器、光伏逆变器、数字电源、电动汽车及运输等。

在控制关键技术方面，F28379D具有多项创新功能，本节将重点介绍其利用HRPWM（High-Resolution Pulse-Width Modulator，高分辨率脉宽调制器）减少极限环震荡以及快速检测过流、欠流和过压的技术特点。

14.3.1　利用 HRPWM 减少极限环震荡

HRPWM是F28379D中的一个关键控制外设，它提供了比标准PWM更高的分辨率和灵活性，有助于减少极限环（如电流环或速度环）的震荡，提高系统的稳定性和性能。

HRPWM支持更高的分辨率，能够更精确地控制信号的占空比和相位，从而更精细地调整系统的控制参数，减少因PWM分辨率不足而引起的震荡。HRPWM还提供了死区支持功能，可以在PWM信号的高电平和低电平之间设置一定的死区时间，以防止因器件开关速度不匹配而产生的电流或电压尖峰，进一步减少系统的震荡。

F28379D还允许用户根据具体的应用需求灵活配置HRPWM的参数，如PWM周期、占空比、相位等，以适应不同的控制场景和性能要求。

PWM控制系统中的极限环振荡是指PWM输出无法物理收敛于具体数学解。这会导致PWM输出围绕某个实数解而进行死循环，从而导致控制系统不稳定。

C2000 MCU上的高分辨率HRPWM模块能够以150ps的增量调制PWM边沿。这比基于系统时钟速率的传统PWM产生技术（见图14-14），这一增量提高了近60倍，可用于实现更高精度的PWM边沿，并且互补波形的周期、相位以及插入的死区时间都可以实现这种高分辨率的控制。

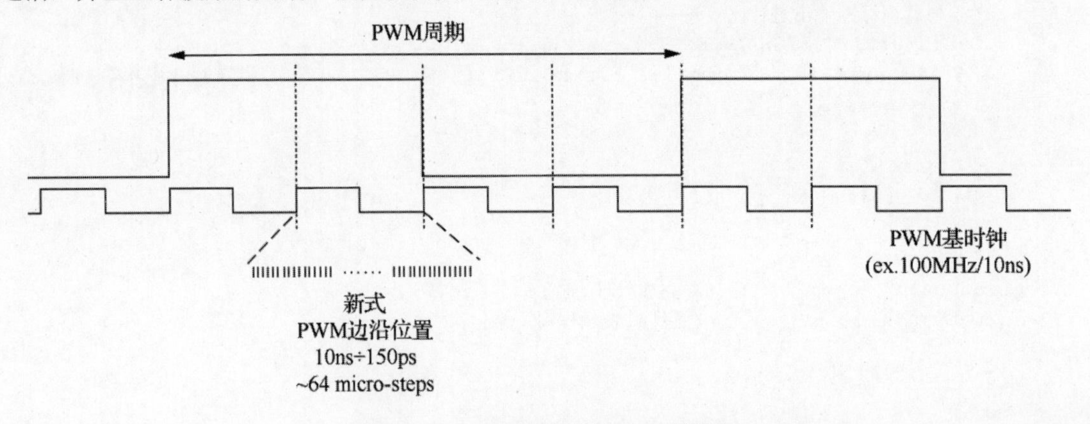

图14-14　HRPWM与传统PWM的比较

所有PWM控制的电源拓扑本质上都受带宽的限制，即控制器将PWM边沿放置在尽可能接近控制律的数学解的能力之上。无论“四舍五入”产生的误差是多少，输出的PWM信号都决定了系统可以实现的最大效率。从这个意义上讲，PWM可以视为一种具有固定分辨率的DAC。

在选择下一个可用PWM边沿位置时产生的任何误差，与DAC的固有量化误差项等效。因此，PWM模块能够实现的最小时间步进决定了其等效于DAC的分辨率（以“位”表示）。

如表14-7所示，与传统的PWM相比，F28379D的HRPWM的分辨率明显提高，有效分辨率增加了约6位。

表14-7　PWM与HRPWM的分辨率比较

PWM频率（kHz）	常规分辨率（PWM）100MHz　EPWMCLK		高分辨率（HRPWM）	
	位	误差百分比	位	误差百分比
20	12.3	0.02	18.1	0.000
50	11	0.05	16.8	0.001
100	10	0.1	15.8	0.002
150	9.4	0.15	15.2	0.003
200	9	0.2	14.8	0.004
250	8.6	0.25	14.4	0.005
500	7.6	0.5	13.4	0.009
1000	6.6	1	12.4	0.018
1500	6.1	1.5	11.9	0.027
2000	5.6	2	11.4	0.036

接下来给出一个基于F28379D片上HRPWM的具体实例。

【例14-6】有关HRPWM的开发实例。

```
#include "driverlib.h"       // 包含驱动程序库
#include "device.h"          // 包含设备相关的库
#include "board.h"           // 包含板级初始化代码
#include "SFO_V8.h"          // 包含SFO (Scale Factor Optimization) 相关库

#define EPWM_TIMER_TBPRD    20UL                // 设置EPWM定时器周期
#define LAST_EPWM_INDEX_FOR_EXAMPLE    5        // 实例中最后一个EPWM索引
#define MIN_HRPWM_PRD_PERCENT   0.2             // HRPWM周期的最小百分比


float32_t periodFine=MIN_HRPWM_PRD_PERCENT;  // HRPWM周期精度初始化
uint16_t status;             // 状态变量，用于检查SFO状态

int MEP_ScaleFactor;         // MEP (Multiplier Edge Position) 缩放因子

 // 存储EPWM模块的基地址
volatile uint32_t ePWM[] =
```

```
    {0, myEPWM1_BASE, myEPWM2_BASE, myEPWM3_BASE, myEPWM4_BASE};

// 函数声明
void initHRPWM(uint32_t period);     // 初始化HRPWM
void error(void);                    // 错误处理函数

void main(void){
    uint16_t i=0;                    // 循环计数器
    Device_init();                   // 初始化设备
    Device_initGPIO();               // 初始化GPIO
    Interrupt_initModule();          // 初始化中断模块
    Interrupt_initVectorTable();     // 初始化中断向量表
    Board_init();                    // 初始化板级硬件

// 调用SFO (Scale Factor Optimization) 进行初始化，等待完成
while(status==SFO_INCOMPLETE){
        status=SFO();                // 调用SFO进行优化
        if(status==SFO_ERROR){
            error();                         // 出现错误时调用错误处理函数
        }
    }

    // 禁用系统时钟同步，之后初始化HRPWM
    SysCtl_disablePeripheral(SYSCTL_PERIPH_CLK_TBCLKSYNC);
    initHRPWM(EPWM_TIMER_TBPRD);             // 初始化HRPWM
    SysCtl_enablePeripheral(SYSCTL_PERIPH_CLK_TBCLKSYNC); // 启动系统时钟同步
    EINT;                                    // 使能全局中断
    ERTM;                                    // 使能实时中断

    // 无限循环，控制PWM输出
    for(;;){
        for(periodFine=MIN_HRPWM_PRD_PERCENT; periodFine < 0.9; periodFine +=
0.01){      // 循环调整HRPWM周期
            DEVICE_DELAY_US(1000);           // 延时1000微秒
            for(i=1; i<LAST_EPWM_INDEX_FOR_EXAMPLE; i++){ // 循环设置每个EPWM模块
                float32_t count=((EPWM_TIMER_TBPRD-1) << 8UL) +
                                    (float32_t)(periodFine * 256);// 计算定时器计数值
                uint32_t compCount=count; // 转换为整数
                // 设置HRPWM的时间基准周期
                HRPWM_setTimeBasePeriod(ePWM[i], compCount);
            }
            status=SFO();                    // 重新调用SFO进行状态检查
            if (status==SFO_ERROR){          // 如果SFO出错，调用错误处理函数
                error();

            }
        }
    }
}
```

```
// 初始化HRPWM的函数
void initHRPWM(uint32_t period){
    uint16_t j;        // 循环计数器
    for (j=1;j<LAST_EPWM_INDEX_FOR_EXAMPLE;j++){        // 遍历所有的EPWM模块
        // 设置EPWM为自由运行模式
        EPWM_setEmulationMode(ePWM[j], EPWM_EMULATION_FREE_RUN);
        // 设置周期加载模式
        EPWM_setPeriodLoadMode(ePWM[j], EPWM_PERIOD_SHADOW_LOAD);
        EPWM_setTimeBasePeriod(ePWM[j], period-1);    // 设置时间基准周期
        EPWM_setPhaseShift(ePWM[j], 0U);              // 设置相位移
        EPWM_setTimeBaseCounter(ePWM[j], 0U);         // 设置时间基准计数器

        HRPWM_setCounterCompareValue(ePWM[j], HRPWM_COUNTER_COMPARE_A,
                                 (period/2 << 8)); // 设置计数器比较值A
        HRPWM_setCounterCompareValue(ePWM[j], HRPWM_COUNTER_COMPARE_B,
                                 (period/2 << 8)); // 设置计数器比较值B
        // 设置计数器模式为上下计数
        EPWM_setTimeBaseCounterMode(ePWM[j], EPWM_COUNTER_MODE_UP_DOWN);
        EPWM_disablePhaseShiftLoad(ePWM[j]);          // 禁用同步输出脉冲
        EPWM_setClockPrescaler(ePWM[j],
                            EPWM_CLOCK_DIVIDER_1,
                            EPWM_HSCLOCK_DIVIDER_1);   // 设置时钟预分频器
        // 禁用同步输出脉冲
        EPWM_setSyncOutPulseMode(ePWM[j], EPWM_SYNC_OUT_PULSE_DISABLED);
        // 设置计数器比较值A的加载模式
        EPWM_setCounterCompareShadowLoadMode(ePWM[j],
                                    EPWM_COUNTER_COMPARE_A,
                                    EPWM_COMP_LOAD_ON_CNTR_ZERO);
        // 设置计数器比较值B的加载模式
        EPWM_setCounterCompareShadowLoadMode(ePWM[j],
                                    EPWM_COUNTER_COMPARE_B,
                                    EPWM_COMP_LOAD_ON_CNTR_ZERO);
        // 设置动作定时器输出A
        EPWM_setActionQualifierAction(ePWM[j],
                                  EPWM_AQ_OUTPUT_A,
                                  EPWM_AQ_OUTPUT_HIGH,
                                  EPWM_AQ_OUTPUT_ON_TIMEBASE_UP_CMPA);
       // 设置动作定时器输出B
       EPWM_setActionQualifierAction(ePWM[j],
                                  EPWM_AQ_OUTPUT_B,
                                 EPWM_AQ_OUTPUT_HIGH,
                                 EPWM_AQ_OUTPUT_ON_TIMEBASE_UP_CMPB);
        // 设置下降沿时输出低电平
        EPWM_setActionQualifierAction(ePWM[j],
                                 EPWM_AQ_OUTPUT_A,
                                 EPWM_AQ_OUTPUT_LOW,
                                 EPWM_AQ_OUTPUT_ON_TIMEBASE_DOWN_CMPA);
        // 设置下降沿时输出低电平
```

14

```
        EPWM_setActionQualifierAction(ePWM[j],
                                      EPWM_AQ_OUTPUT_B,
                                      EPWM_AQ_OUTPUT_LOW,
                                      EPWM_AQ_OUTPUT_ON_TIMEBASE_DOWN_CMPB);
        // 配置HRPWM通道A的边缘选择与控制模式
        // 设置MEP边缘选择为上升和下降沿
        HRPWM_setMEPEdgeSelect(ePWM[j], HRPWM_CHANNEL_A,
                               HRPWM_MEP_CTRL_RISING_AND_FALLING_EDGE);
        // 设置MEP控制模式
        HRPWM_setMEPControlMode(ePWM[j], HRPWM_CHANNEL_A,
                                HRPWM_MEP_DUTY_PERIOD_CTRL);
        / 设置计数器比较值A的加载事件
        HRPWM_setCounterCompareShadowLoadEvent(ePWM[j], HRPWM_CHANNEL_A,
                                HRPWM_LOAD_ON_CNTR_ZERO_PERIOD);

        // 配置HRPWM通道B的边缘选择与控制模式
        HRPWM_setMEPEdgeSelect(ePWM[j], HRPWM_CHANNEL_B,
                                HRPWM_MEP_CTRL_RISING_AND_FALLING_EDGE);
        HRPWM_setMEPControlMode(ePWM[j], HRPWM_CHANNEL_B,
                                HRPWM_MEP_DUTY_PERIOD_CTRL);
        HRPWM_setCounterCompareShadowLoadEvent(ePWM[j], HRPWM_CHANNEL_B,
                                HRPWM_LOAD_ON_CNTR_ZERO_PERIOD);
        HRPWM_enableAutoConversion(ePWM[j]);        // 启动自动转换
        HRPWM_enablePeriodControl(ePWM[j]);         // 启动周期控制
        HRPWM_enablePhaseShiftLoad(ePWM[j]);        // 启动相位移加载
        EPWM_forceSyncPulse(ePWM[j]);               // 强制同步脉冲
    }
}
// 错误处理函数
void error (void){
    ESTOP0;     // 停止执行
}
```

该实例修改了MEP控制寄存器，并显示了ePWM在上下计数模式下高分辨率周期的边缘位移。

14.3.2　快速检测过流、欠流与过压

F28379D集成了多种模拟和控制外设，用于快速检测过流、欠流与过压等故障情况，确保系统的安全运行。F28379D片上具有高精度ADC，配备了多个高精度ADC（模拟数字转换器），能够准确、高效地管理多个模拟信号，包括电流和电压信号。通过实时监测这些信号，系统可以及时发现并响应过流、欠流与过压等异常情况。

此外，F28379D的比较器子系统（CMPSS）具有窗口比较器功能，允许用户在预设的电流或电压范围内设置阈值。当实际信号超出或未达到这些阈值时，比较器将触发中断或产生相应的控制信号，以快速响应过流、欠流与过压等故障。

F28379D还集成了Σ-Δ滤波器模块（SDFM），该模块与Σ-Δ调制器配合使用，可实现隔离分流测

量。这种测量方式具有高精度和高抗干扰性，有助于更准确地检测电流信号，并判断是否存在过流或欠流情况。

每个控制系统都会遇到随机事件，这些事件可能会对系统造成损坏。对这些事件的快速检测和反应对于保持系统安全并确保处于良好的工作状态至关重要。片上比较器可以检测这些事件并做出反应，其响应时间仅为ADC和处理器所耗费时间的一小部分。

在大多数系统中，故障检测和保护极为重要，这不仅是为了避免产生不确定的输出，而且还为了防止对主控板PCB及其外器件造成损坏。故障检测的速度以及FET最终输出状态的变化对系统至关重要。TI已经在F28379D上实现了一个集成了模拟和数字域的专用子系统，用于满足这一需求，即我们前文提到的比较器子系统，如图14-15所示。

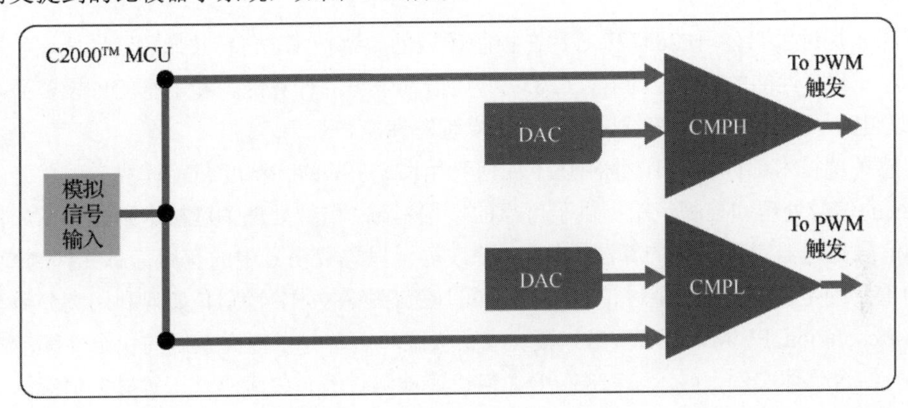

图14-15　CMPSS简化后的结构图

每个F28379D最多具有8个CMPSS模块，每个模块带有内部DAC，这些DAC用于设定被监测线路的反相或比较检测电平。如图14-15所示，每个CMPSS模块包含两个比较器，用于同时进行高电平和低电平检测。与使用ADC进行故障检测相比，使用CMPSS具有以下几个优势：

（1）系统开销：在初始设置之后，使用CMPSS监测引脚基本上不需要软件参与。启用比较器后，它会根据比较值持续监测引脚，而其他技术则需要定期进行ADC转换和阈值检查。

（2）延迟：虽然可以将ADC采样率简单地纳入控制环路的周期，但对于故障情况，并没有一个确定的常数。因此，无论是采样点还是ADC本身的转换时间，都将导致检测故障的固有延迟。比较器没有类似的触发要求或采样时间，可以实现连续的模拟监测。

（3）专用的PWM跳闸区输入：每个CMPSS模块的输出可以直接连接到任何PWM的跳闸区，并且可以在软件中配置信号接收时的动作，且这一过程无须额外的软件开销。

（4）无时钟相关性：比较器是一个纯模拟域电路，因此不存在基于输入变化的输出状态与时钟的相关性。

故障检测与跳闸方法的比较如表14-8所示。

表14-8　故障检测与跳闸方法的比较

采样方法	采样时间（最小值）	结果就绪（最小值）	锁存和更改PWM引脚（200MHz系统时钟）	从故障到跳闸的总时间
12位ADC	75ns	260ns	大约100ns（包括ISR）	435ns
12位ADC（带PPB）	75ns	260ns	10ns	355ns
CMPSS	不适用	不适用	不适用	60ns

14.4　本章小结

本章深入探讨了TI公司F28379D芯片在控制领域的关键技术，包括传感、信号处理和控制三大方面。作为一款高性能的DSP控制器，F28379D凭借其强大的计算能力和丰富的外设资源，在电机控制、电力电子及工业自动化等领域展现出了卓越的性能。

在传感关键技术部分，我们详细阐述了如何利用F28379D的高精度ADC模块实现精确的信号采集，为后续的信号处理和控制策略提供了可靠的数据基础。信号处理关键技术则介绍了如何通过内置的数字信号处理器实现复杂的算法，如FIR滤波等，以提取信号中的有用信息并抑制噪声干扰。

尤为重要的是，本章还着重讨论了F28379D的控制关键技术，特别是如何利用高分辨率脉宽调制（High-Resolution PWM，HRPWM）模块减少极限环震荡，以提高系统的稳定性和动态响应能力。同时，结合具体实例，展示了F28379D如何快速检测过流、欠流与过压等异常情况，并通过内置的保护机制及时采取措施，确保系统的安全可靠运行。

通过本章的学习，读者不仅能够掌握F28379D芯片在控制领域的关键技术要点，还能了解到如何通过编程和调试实现这些技术的应用，为后续的工程实践提供有力支持。

14.5　习题

（1）F28379D中的HRPWM（高精度脉宽调制器）是如何通过优化PWM波形来减少极限环震荡的？请详细阐述其内部机制及关键参数设置。

（2）在F28379D应用中，如何结合事件管理器（Event Manager）和HRPWM功能实现复杂的电机控制策略，以优化动态响应并减少谐波失真？

（3）解释F28379D中的快速过流检测技术是如何在毫秒级时间内检测到电流异常，并触发保护机制以避免硬件损坏。请说明其硬件和软件实现的细节。

（4）F28379D支持哪些方法来实现欠流检测？请比较不同方法的灵敏度、响应时间及其对系统性能的影响。

（5）如何利用F28379D的ADC（模拟数字转换器）模块和内置的比较器功能设计一个高效且精确的过压保护系统？

（6）在F28379D的电机控制应用中，如何通过精确调整PWM死区时间来减少逆变器的开关损耗和电磁干扰（EMI）？

（7）分析F28379D的故障安全特性，包括其如何支持在检测到系统故障时自动切换到安全状态，并说明这一特性对于工业应用的重要性。

（8）分析F28379D的实时控制性能，包括其CPU频率、中断响应时间和任务调度能力，如何共同作用于提高系统的实时性和稳定性？

（9）在利用F28379D进行高精度电流控制时，如何结合PID控制算法和HRPWM功能来优化电流波形，减少稳态误差和动态调整时间？

（10）解释F28379D的硬件加速器（如CLA，即控制律加速器）在复杂控制算法执行中的作用，以及它如何帮助提升控制算法的执行效率和精度。

（11）在F28379D的多轴电机控制系统中，如何有效管理多个PWM通道，以确保各轴之间的同步性和协调性？

（12）讨论F28379D如何通过其丰富的外设接口（如CAN、SPI、I2C）与外部传感器和执行器进行高效通信，以提升系统的集成度和可靠性。

（13）在F28379D的应用中，如何设计一种基于模型的预测控制策略，以提前预测系统行为并优化控制输入，从而提高系统性能和效率？

（14）分析F28379D在电力电子变换器（如逆变器、整流器）中的应用，讨论其如何通过精确控制PWM波形来优化电能转换效率和功率因数。

（15）在F28379D的软件开发过程中，如何利用Code Composer Studio（CCS）集成开发环境进行高效的代码编写、调试和性能分析，以提高开发效率和软件质量？

第 15 章

通用输入输出端口GPIO

GPIO端口是TMS320F28379D DSP与外部设备之间通信的基本接口，可配置为输入、输出或特定功能（如中断触发）的引脚。GPIO端口的灵活性使得它们能够适应多种应用场景，包括数字信号读取、控制信号输出和中断请求等。

15.1 GPIO的基本功能与应用场景

GPIO是一种在电子设备中广泛使用的接口技术，允许微控制器（MCU）、嵌入式系统或其他类型的处理器与外部世界进行交互。GPIO引脚具有高度的灵活性和可配置性，每个引脚可设置为输入模式或输出模式，实现与外部设备的通信和控制。

GPIO的基本功能可以分为输入和输出两类，还可根据端口的特性进一步细分为开漏输出或推挽输出等。具体选择哪种方式取决于端口所接负载，需要根据工程实际情况进行分析。

GPIO的输入功能主要用于检测或读取外部设备的状态。作为输入时，GPIO引脚可以读取连接到该引脚上的外部设备的状态。例如，温度传感器、压力传感器等通过GPIO接口将采集到的数据（如温度值、压力值等）传输到处理器进行进一步处理或显示；在人机交互界面中，GPIO引脚常用于读取按键或开关的状态。当用户按下按键或拨动开关时，GPIO引脚会检测到电平的变化，从而触发相应的处理程序。

类似地，GPIO引脚也可配置为输出，用于控制外围器件或生成信号。作为输出时，GPIO引脚可以控制连接到该引脚上的外部设备的状态。例如，通过控制GPIO引脚的电平高低，可以控制LED灯的亮灭、继电器的通断、电机的启停等。这种控制功能在自动化控制、智能家居、机器人等领域得到广泛应用。除控制外部设备的开关状态外，GPIO引脚还可生成各种信号波形（如PWM信号），实现更复杂的控制功能。例如，在电机控制中，通过调整PWM信号的占空比，可以精确控制电机转速。

GPIO的应用场景非常广泛，几乎涵盖所有与外部设备交互的电子设备领域。以下是一些典型的应用场景：

（1）嵌入式系统：在嵌入式系统中，GPIO常用于与外部设备交互，如读取按键状态、传感器信号，或控制LED灯、继电器等。通过GPIO，嵌入式系统能够实现与外部世界的连接和控制。

（2）单片机开发：在单片机开发中，GPIO是最常用的接口之一，能够连接各种传感器、执行器、外围设备，完成多种功能。例如，通过GPIO读取温度传感器的数据，或控制电机的转速等。

（3）物联网设备：在物联网设备中，GPIO连接各种传感器和执行器，实现设备与云端或其他设备之间的通信和控制。例如，通过GPIO读取温湿度传感器的数据，或控制门窗的开关状态等。

（4）工业自动化：在工业自动化领域，GPIO广泛应用于控制各种机械设备和生产线，通过GPIO接口精确控制和监测电机、气缸、传感器等设备。

（5）消费电子：在消费电子领域，GPIO也被广泛应用于各种智能设备中。例如，智能手机、平板计算机等设备中的许多功能通过GPIO接口实现。

接下来将重点讲解DSP芯片上GPIO的使用方法。事实上，DSP的GPIO开发与MCU开发非常相似，区别在于TI公司提供的与DSP芯片相关的依赖库非常完善，有助于设计人员快速进行开发迭代。

15.2　F28379D片上GPIO结构及相关寄存器配置

在讲解具体芯片的GPIO结构和寄存器之前，先介绍一下GPIO的基本寄存器分类及GPIO端口的通用开发方法。

GPIO的基本寄存器用于配置和管理GPIO引脚的工作模式和状态。不同的处理器和微控制器可能具有不同的寄存器配置和命名规则，但通常包括以下几类寄存器。

（1）模式配置寄存器：用于设置GPIO引脚的工作模式（输入、输出、复用功能等）和电气特性（如推挽输出、开漏输出等）。

（2）数据输入/输出寄存器：用于读取GPIO引脚的输入状态或向GPIO引脚输出数据。

（3）上拉/下拉寄存器：用于配置GPIO引脚的上拉电阻或下拉电阻，确保引脚的电平稳定。

（4）中断控制寄存器：用于配置GPIO引脚的中断功能，包括中断触发方式（上升沿、下降沿、边沿触发等）和中断使能控制。

使用GPIO时，通常按照以下步骤进行配置和操作。

01 配置GPIO引脚方向：通过方向寄存器（有时也称模式配置寄存器）设置GPIO引脚的方向，确定引脚是作为输入还是输出。

02 配置引脚特性：根据需要，通过上拉/下拉寄存器等配置GPIO引脚的特性，如启用内部上拉或下拉电阻，或将GPIO端口配置为开漏或推挽等输出模式。

03 读写数据：对于输出引脚，通过数据寄存器写入数据控制引脚电平；对于输入引脚，通过读取数据寄存器获取引脚电平。

04 配置中断（可选）：可通过中断配置寄存器设置GPIO引脚的中断功能，当引脚状态发生变化时，发送中断信号到中断处理器，以响应中断相关的服务程序。

在F28379D中，除由CPU控制的I/O外，还有12组独立的外设引脚可在GPIO模块上实现引脚复用。每个引脚输出可由外设或4个CPU主控中的一个控制，I/O端口可分为以下6组。

（1）端口A：GPIO0-GPIO31。
（2）端口B：GPIO0-GPIO31。
（3）端口C：GPIO0-GPIO31。
（4）端口D：GPIO0-GPIO31。
（5）端口E：GPIO0-GPIO31。
（6）端口F：GPIO0-GPIO31。

每个引脚的GPIO逻辑如图15-1所示。

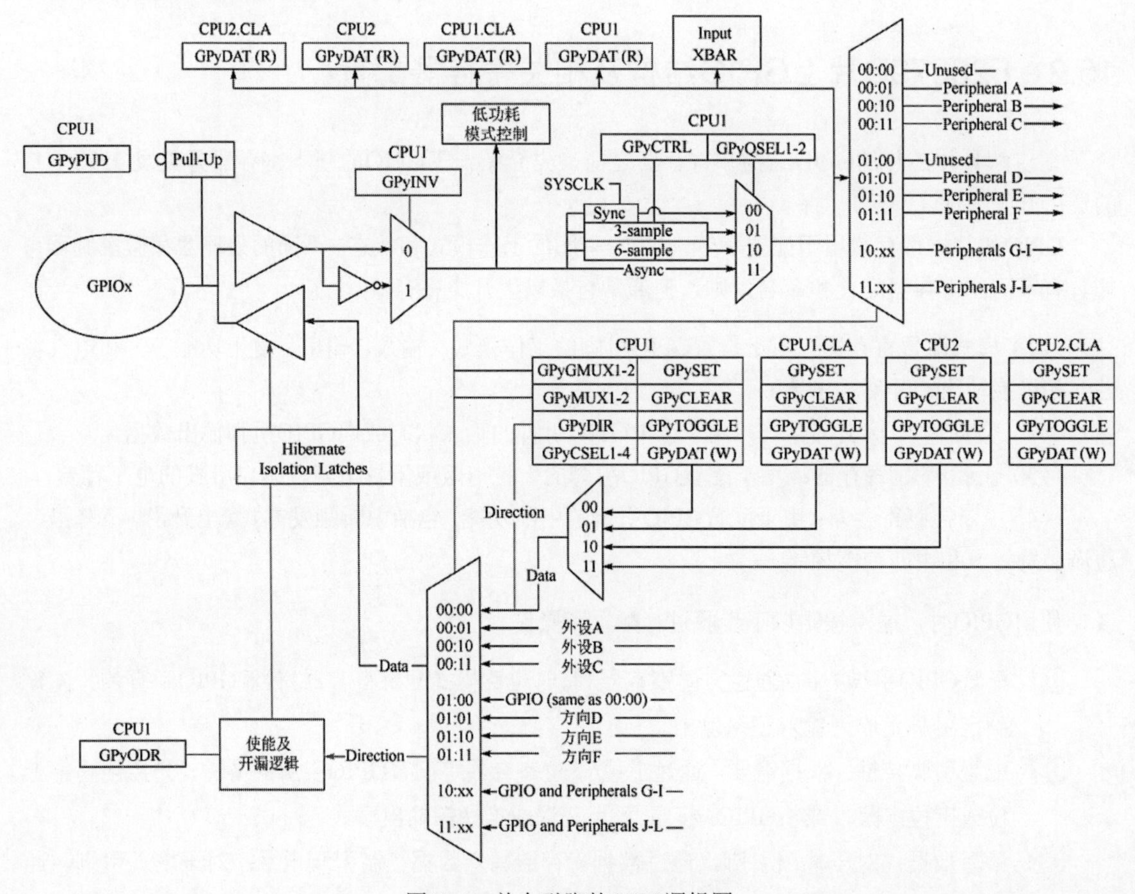

图15-1 单个引脚的GPIO逻辑图

图中有两个关键功能需要注意：一个是输入和输出路径实际上是完全分离的，仅通过引脚连接；二是外围多路复用与引脚复用应当是分开的，以避免功能紊乱。因此，在F28379D中，CPU和CLA可以读取引脚的物理状态，但与CPU本身以及外设的复用情况无关。

同样，外部中断可以由外设产生。此外，所有引脚选项（如输入限制和开漏输出）对所有主设备和外设均有效，但外设复用GPIO时，CPU复用和引脚的具体配置只能由CPU1进行。

对于F28379D来说，GPIO的配置可以通过以下几个步骤进行。

1）根据外设使用情况分配片上 GPIO 资源

列出应用程序所需的所有外设，参考器件数据手册中的外设复用器信息，选择用于外设信号的GPIO。然后，确定剩余的GPIO中哪一部分用作CPU和CLA的输入和输出。

注意 GPIO42、GPIO43、GPIO46和GPIO47是唯一可用的USB引脚。GPIO41被硬件连接为休眠模式下的唤醒信号。选择外设的多路复用功能后，应将适当的值写入GPyMUX1/2和GPyGMUX112寄存器进行配置。

当更改引脚的GPyGMUX值时，应始终将相应的GPyMUX位设置为零，以避免多路复用器中出现毛刺信号，进而影响信号的正确输出。默认情况下，所有引脚都是通用I/O，而非某个外设的信号。

2）使能内部上拉电阻

要启用或禁用上拉电阻，需通过写入GPIO上拉禁用寄存器GPyPUD中的相应位来进行配置。默认情况下，所有上拉电阻被禁用。上拉电阻可用于在没有外部信号驱动输入引脚时，将其保持在已知状态。

3）选择输入端口的限定条件

如果某引脚将用作输入，则需指定所需的输入限定条件。通过GPyCTRL寄存器选择输入限定采样周期，并在GPyQSEL1和GPyQSEL2寄存器中选择限定类型。默认情况下，所有限定条件为同步，采样周期等于PLLSYSCLK。

4）选择 I/O 引脚的方向

对于配置为GPIO的引脚，使用GPyDIR寄存器将引脚方向设置为输入或输出。默认情况下，所有GPIO引脚都为输入模式。在将引脚更改为输出之前，应通过将相应值写入GPySET、GPyCLEAR或GPyDAT寄存器来加载输出寄存器的值。默认情况下，所有输出寄存器的初始值为零。

5）选择低功耗模式或可唤醒模式

GPIO 0-63可用于将系统从待机或暂停模式唤醒。选择一个或多个GPIO引脚进行唤醒时，需要将相应位写入GPIOLPMSELO和GPIOLPMSEL1寄存器。这些寄存器属于CPU系统寄存器空间。在休眠模式下，GPIO 41是唯一的可唤醒引脚。

6）选择外部中断源

配置外部中断时，分为两步：首先，必须使能中断本身，并通过XINTnCR寄存器配置中断的极性。其次，XINTI-5 GPIO引脚需要通过选择输入X-BAR信号（4、5、6、13和14）的源来完成设置。

GPIO的功能主要通过配置相关寄存器的值来实现，通常分为以下4组主要的寄存器。

1）GPyDAT 寄存器（数据寄存器）

每个I/O端口有一个数据寄存器。数据寄存器中的每个位对应一个GPIO引脚。无论引脚被配置为GPIO功能还是外设功能，数据寄存器中的相应位都会反映引脚的当前状态。

写入GPyDAT寄存器会清零或设置相应的输出寄存器。如果该引脚配置为通用输出（GPIO输出），则该引脚会被驱动为低电平或高电平。如果引脚未配置为GPIO输出，则该值会被锁存，但该引脚不会被驱动。只有该引脚被重新配置为GPIO输出时，锁存的值才会被驱动到引脚上。

2）GPySET 寄存器（置位寄存器）

置位寄存器用于将特定的GPIO引脚驱动为高电平，而不干扰其他引脚的状态。每个I/O端口都有一个置位寄存器，寄存器中的每个位对应一个GPIO引脚。置位寄存器的值总是读回0。

当引脚配置为输出时，向置位寄存器的相应位写入1，将设置输出寄存器为高电平，并使得对应引脚输出高电平信号。如果引脚未配置为GPIO输出，则该值会被锁存，但不会驱动该引脚。只有当该引脚被重新配置为GPIO输出时，锁存的值才会被驱动到引脚上。此外，向置位寄存器的任意位写入0将不会产生任何效果。

3）GPyCLEAR 寄存器（清零寄存器）

清零寄存器用于将指定的GPIO引脚驱动为低电平，而不干扰其他引脚。每个I/O端口都有一个清零寄存器，且清零寄存器的值总是读回0。

如果引脚配置为通用输出时，向清零寄存器中的相应位写入1，将清除输出锁存器，并使引脚被驱动为低电平。如果引脚未配置为GPIO输出，则该值会被锁存，但引脚不会被驱动。只有该引脚重新配置为GPIO输出时，锁存的值才会被驱动到引脚上。同样，向清零寄存器的任何位写入0将不会产生任何效果。

4）GPyTOGGLE 寄存器（触发寄存器）

触发寄存器用于将指定的GPIO引脚驱动到相反电平，而不干扰其他引脚。每个I/O端口都有一个触发寄存器，且触发寄存器的值总是读回0。当引脚配置为输出时，向触发寄存器的相应位写入1，将翻转输出锁存器的值，并使相应的引脚电平发生反转。

也就是说，如果输出引脚当前为低电平，向触发寄存器的相应位写入1将使引脚变为高电平。同样，如果输出引脚为高电平，向触发寄存器中的相应位写入1将使引脚变为低电平。

如果引脚未配置为GPIO输出，则该值会被锁存，但引脚不会被驱动。只有在引脚重新配置为GPIO输出时，锁存的值才会被驱动到引脚上。

F28379D片上GPIO基地址表如表15-1所示。

表15-1　F28379D的GPIO基地址表

设备寄存器	寄存器（缩略词）	起始地址	结束地址
GpioCtrlRegs	GPIO_CTRL_REGS	0x0000_7C00	0x0000_7D7F
GpioDataRegs	GPIO_DATA_REGS	0x0000_7F00	0x0000_7F2F

F28379D片上GPIO存储器映射寄存器GPIO_CTRL_REGS如表15-2所示。

表15-2　F28379D的GPIO存储器映射寄存器

地址偏移量	缩　略　词	寄存器名称	写　保　护
0h	GPACTRL	GPIO A限定采样周期控制（GPIO0到31）	EALLOW
2h	GPAQSEL1	GPIO A限定选择1寄存器（GPIO0到15）	EALLOW
4h	GPAQSEL2	GPIO A限定选择2寄存器（GPIO16到31）	EALLOW
6h	GPAMUX1	GPIO A Mux1寄存器（GPIO0到15）	EALLOW
8h	GPAMUX2	GPIO A Mux 2寄存器（GPIO16到31）	EALLOW
Ah	GPADIR	GPIO A方向寄存器（GPIO0到31）	EALLOW
Ch	GPAPUD	GPIO A上拉禁用寄存器（GPIO0到31）	EALLOW
10h	GPAINV	GPIO A输入极性反转寄存器（GPIO0到31）	EALLOW
12h	GPAODR	GPIO A开漏输出寄存器（GPIO0到GPIO31）	EALLOW
20h	GPAGMUX1	GPIO A外设组多路复用器（GPIO0到15）	EALLOW
22h	GPAGMUX2	GPIO A外设组多路复用器（GPIO16到31）	EALLOW
28h	GPACSEL1	GPIO A内核选择寄存器（GPIO0到7）	EALLOW
2Ah	GPACSEL2	GPIO A内核选择寄存器（GPIO8到15）	EALLOW
2Ch	GPACSEL3	GPIO A内核选择寄存器（GPIO16到23）	EALLOW
2Eh	GPACSEL4	GPIO A内核选择寄存器（GPIO24到31）	EALLOW
3Ch	GPALOCK	GPIO A锁定配置寄存器（GPIO0到31）	EALLOW
3Eh	GPACR	GPIO A锁定确认寄存器（GPIO0到31）	EALLOW
40h	GPBCTRL	GPIO B限定采样周期控制（GPIO32到63）	EALLOW
42h	GPBQSEL1	GPIO B限定选择1寄存器（GPIO32到47）	EALLOW
44h	GPBQSEL2	GPIO B限定选择2寄存器（GPIO48到63）	EALLOW
46h	GPBMUX1	GPIO B Mux 1寄存器（GPIO32到47）	EALLOW
48h	GPBMUX2	GPIO BMux 2寄存器（GPIO48到63）	EALLOW
4Ah	GPBDIR	GPIO B方向寄存器（GPIO32到63）	EALLOW
4Ch	GPBPUD	GPIO B上拉禁用寄存器（GPIO32到63）	EALLOW

（续表）

地址偏移量	缩　略　词	寄存器名称	写　保　护
50h	GPBINV	GPIO B输入极性反转寄存器（GPIO32到63）	EALLOW
52h	GPBODR	GPIO B开漏输出寄存器（GPIO32到GPIO63）	EALLOW
54h	GPBAMSEL	GPIO B模拟选择寄存器（GPIO32到GPIO63）	EALLOW
60h	GPBGMUX1	GPIO B外设组多路复用器（GPIO32到47）	EALLOW
62h	GPBGMUX2	GPIO B外设组多路复用器（GPIO48到63）	EALLOW
68h	GPBCSEL1	GPIO B内核选择寄存器（GPIO32到39）	EALLOW
6Ah	GPBCSEL2	GPIO B内核选择寄存器（GPIO40到47）	EALLOW
6Ch	GPBCSEL3	GPIO B内核选择寄存器（GPIO48到55）	EALLOW
6Eh	GPBCSEL4	GPIO B内核选择寄存器（GPIO56到63）	EALLOW
7Ch	GPBLOCK	GPIO B锁定配置寄存器（GPIO32到63）	EALLOW
7Eh	GPBCR	GPIO B锁定确认寄存器（GPIO32到63）	EALLOW
80h	GPCCTRL	GPIO C限定采样周期控制（GPIO64到95）	EALLOW
82h	GPC0SEL1	GPIO C限定选择1寄存器（GPIO64到79）	EALLOW
84h	GPC0SEL2	GPIO C限定选择2寄存器（GPIO80到95）	EALLOW
86h	GPCMUX4	GPIO C Mux1寄存器（GPIO64到79）	EALLOW
88h	GPCMUX2	GPIO C Mux2寄存器（GPIO80到95）	EALLOW
8Ah	GPCDIR	GPIO C方向寄存器（GP064到95）	EALLOW
8Ch	GPCPUD	GPIO C上拉禁用寄存器（GPIO64到95）	EALLOW
90h	GPCINV	GPIO C输入极性反转寄存器（GPIO64到95）	EALLOW
92h	GPCODR	GPIO C开漏输出寄存器（GPIO64到GPIO95）	EALLOW
A0h	GPCGMUX1	GPIO C外设组多路复用器（GPIO64到79）	EALLOW
A2h	GPCGMUX2	GPIO C外设组多路复用器（GPIO80到95）	EALLOW
A8h	GPCCSEL1	GPIO C内核选择寄存器（GPIO64到71）	EALLOW
AAh	GPCCSEL2	GPIO C内核选择寄存器（GPIO72到79）	EALLOW
ACh	GPCCSEL3	GPIO C内核选择寄存器（GPIO80到87）	EALLOW
AEh	GPCCSEL4	GPIO C内核选择寄存器（GPIO88到95）	EALLOW
BCh	GPCLOCK	GPIO C锁定配置寄存器（GP064到95）	EALLOW
BEh	GPCCR	GPIO C锁定确认寄存器（GPIO64到95）	EALLOW
COh	GPDCTRL	GPIO D限定采样周期控制（GPIO96到127）	EALLOW
C2h	GPD0SEL1	GPIO D限定选择1寄存器（GPIO96到111）	EALLOW
C4h	GPD0SEL2	GPIO D限定选择2寄存器（GPIO112到127）	EALLOW
C6h	GPDMUX1	GPIO D Mux 1寄存器（GPIO96到111）	EALLOW
C8h	GPDMUX2	GPIO D Mux 2寄存器（GPIO112到127）	EALLOW
CAh	GPDDIR	GPIO D方向寄存器（GPIO96到127）	EALLOW
CCh	GPDPUD	GPIO D上拉禁用寄存器（GPIO96到127）	EALLOW

（续表）

地址偏移量	缩　略　词	寄存器名称	写　保　护
D0h	GPDINV	GPIO D输入极性反转寄存器（GPIO96到127）	EALLOW
D2h	GPD0DR	GPIO D开漏输出寄存器（GPIO96到GPIO127）	EALLOW
E0h	GPDGMUX1	GPIO D外设组多路复用器（GPIO96到111）	EALLOW
E2h	GPDGMUX2	GPIO D外设组多路复用器（GPIO112到127）	EALLOW
E8h	GPDCSEL1	GPIO D内核选择寄存器（GPIO96到103）	EALLOW
EAh	GPDCSEL2	GPIO D内核选择寄存器（GPIO104到111）	EALLOW
ECh	GPDCSEL3	GPIO D内核选择寄存器（GPIO112到119）	EALLOW
EEh	GPDCSEL4	GPIO D内核选择寄存器（GPIO120到127）	EALLOW
FCh	GPDLOCK	GPIO D锁定配置寄存器（GPIO96到127）	EALLOW
FEh	GPDCR	GPIO D锁定确认寄存器（GPIO96到127）	EALLOW
100h	GPECTRL	GPIO E限定采样周期控制（GPIO128到159）	EALLOW
102h	GPEQSEL1	GPIO E限定选择1寄存器（GPIO128到143）	EALLOW
104h	GPEQSEL2	GPIO E限定选择2寄存器（GPIO144到159）	EALLOW
106h	GPEMUX1	GPIO E Mux 1寄存器（GPIO128到143）	EALLOW
108h	GPEMUX2	GPIO E Mux 2寄存器（GPIO144到159）	EALLOW
10Ah	GPEDIR	GPIO E方向寄存器（GPIO128到159）	EALLOW
10Ch	GPEPUD	GPIO E上拉禁用寄存器（GPIO128到159）	EALLOW
110h	GPEINV	GPIO E输入极性反转寄存器（GPIO128到159）	EALLOW
112h	GPEODR	GPIO E开漏输出寄存器（GPIO128到GPIO159）	EALLOW
120h	GPEGMUX1	GPIO E外设组多路复用器（GPIO128到143）	EALLOW
122h	GPEGMUX2	GPIO E外设组多路复用器（GPIO144到159）	EALLOW
128h	GPECSEL1	GPIO E内核选择寄存器（GPIO128到135）	EALLOW
12Ah	GPECSEL2	GPIO E内核选择寄存器（GPIO136到143）	EALLOW
12Ch	GPECSEL3	GPIO E内核选择寄存器（GPIO144到151）	EALLOW
12Eh	GPECSEL4	GPIO E内核选择寄存器（GPIO152到159）	EALLOW
13Ch	GPELOCK	GPIO E锁定配置寄存器（GPIO128到159）	EALLOW
13Eh	GPECR	GPIO E锁定确认寄存器（GPIO128到159）	EALLOW
140h	GPFCTRL	GPIO F限定采样周期控制（GPIO160到168）	EALLOW
142h	GPFQSEL1	GPIO F限定选择1寄存器（GPIO160到168）	EALLOW
146h	GPFMUX1	GPIO F Mux1寄存器（GPIO160到168）	EALLOW
14Ah	GPFDIR	GPIO F方向寄存器（GPIO160到168）	EALLOW
14Ch	GPFPUD	GPIO F上拉禁用寄存器（GPIO160到168）	EALLOW
150h	GPFINV	GPIO F输入极性反转寄存器（GPIO160到168）	EALLOW
152h	GPFODR	GPIO F开漏输出寄存器（GPIO160到GPIO168）	EALLOW
160h	GPFGMUX1	GPIO F外设组多路复用器（GPIO160到168）	EALLOW

（续表）

地址偏移量	缩略词	寄存器名称	写保护
168h	GPFCSEL1	GPIO F内核选择寄存器（GPIO160到167）	EALLOW
16Ah	GPFCSEL2	GPIO F内核选择寄存器（GPIO168）	EALLOW
17Ch	GPFLOCK	GPIO F锁定配置寄存器（GPIO160到168）	EALLOW
17Eh	GPECR	GPIO F锁定确认寄存器（GPIO160到168）	EALLOW

F28379D片上GPIO访问类型代码如表15-3所示。

表15-3　F28379D的GPIO访问类型代码

访问类型	编码表示	说明
读类型		
R	R	Read
写类型		
W	W	Write
WOnce	W	Write

F28379D片上GPIO的GPACTRL寄存器字段及其说明如表15-4所示。

表15-4　GPACTRL寄存器字段及其说明

位	字段	类型	复位	说明
31-24	QUALPRD3	R/W	0h	GPIO24到GPIO31的限定采样周期： 0x00,QUALPRDx=PLLSYSCLK 0x01,QUALPRDx=PLLSYSCLK/2 0x02,QUALPRDx=PLLSYSCLK/4 0xFF,QUALPRDx=PLLSYSCLK/510
23-16	QUALPRD2	R/W	0h	GPIO16到GPIO23的限定采样周期： 0x00,QUALPRDx=PLLSYSCLK 0x01,QUALPRDx=PLLSYSCLK/2 0x02,QUALPRDx=PLLSYSCLK/4 0xFF,QUALPRDx=PLLSYSCLK/510
15-8	QUALPRD1	R/W	0h	GPIO8到GPIO15的限定采样周期： 0x00,QUALPRDx=PLLSYSCLK 0x01,QUALPRDx=PLLSYSCLK/2 0x02,QUALPRDx=PLLSYSCLK/4 0xFF,QUALPRDx=PLLSYSCLK/510
7-0	QUALPRD0	R/W	0h	GPIO0到GPIO7的限定采样周期： 0x00,QUALPRDx=PLLSYSCLK 0x01,QUALPRDx=PLLSYSCLK/2 0x02,QUALPRDx=PLLSYSCLK/4 0xFF,QUALPRDx=PLLSYSCLK/510

GPAQSEL寄存器字段及其说明如表15-5所示。

表15-5　GPAQSEL寄存器字段及其说明

位	字　段	类　型	复　位	说　明
31-30	GPIO15	R/W	0h	输入限定类型
29-28	GPIO14	R/W	0h	输入限定类型
27-26	GPIO13	R/W	0h	输入限定类型
25-24	GPIO12	R/W	0h	输入限定类型
23-22	GPIO11	R/W	0h	输入限定类型
21-20	GPIO10	R/W	0h	输入限定类型
19-18	GPIO9	R/W	0h	输入限定类型
17-16	GPIO8	R/W	0h	输入限定类型
15-14	GPIO7	R/W	0h	输入限定类型
13-12	GPIO6	R/W	0h	输入限定类型
11-10	GPIO5	R/W	0h	输入限定类型
9-8	GPIO4	R/W	0h	输入限定类型
7-6	GPIO3	R/W	0h	输入限定类型
5-4	GPIO2	R/W	0h	输入限定类型
3-2	GPIO1	RW	0h	输入限定类型
1-00	GPIO0	RMW	0h	输入限定类型

15.3　GPIO开发实例

本节以F28379D为开发对象，以GPIO中的输出功能为例，详细讲解如何进行GPIO的使用以及相关寄存器的配置，主要包括函数库配置和寄存器配置两种方案。

由图15-1可知，若想实现GPIO作为输出口并正常工作，至少需要配置GPxDIR、GPxMUX1或GPxMUX2、GPxGMUX1或GPxGMUX2、GPxPUD这几个寄存器。因为F28379D的封装引脚共168个，但寄存器只有32位，所以将所有引脚分为A~FG共6组。

以官方手册中的Port A consists of GPIO0-GPIO31为例，其中x代表对应的A~F组寄存器。但在函数库编写时，通常是直接使用引脚编号。假设要对GPIO0进行操作，首先需要明确它属于A组，然后才能通过A组的寄存器对其进行相关操作。另外，由于每位代表一个引脚，因此GPxGMUX1或GPxGMUX2寄存器组只涉及16个引脚，从而将引脚分为1和2两组。GPxDIR寄存器用于配置引脚方向，其中0代表输入（input），1代表输出（output）。而GPxMUX和GPxGMUX寄存器则通过不同的配置选项来选择外设功能。

15

【例15-1】利用库函数方法配置GPIO为输出模式，并输出100个方波。

```
/* example:GPIO output mode */
#include "F28x_Project.h"        // 引入F28x系列的工程头文件

void delay_loop();        // 延时函数的声明

void main(void){
    // 1. 配置系统时钟，需包括F2837xD_SysCtrl.c文件
    InitSysCtrl();

    // 2. 初始化GPIO，需包括F2837xD_Gpio.c文件
    InitGpio();

    // 3. 禁用CPU中断
    DINT;

    // 4. 初始化外设中断控制寄存器（PIE）
    InitPieCtrl();
    IER = 0x0000;             // 禁用外设中断
    IFR = 0x0000;             // 清除外设中断标志
    InitPieVectTable();       // 初始化外设中断向量表

    // 方法一：使用库函数进行配置
    // 设置GPIO0为P0（GPIO 0对应的引脚设置）
    GPIO_SetupPinMux(0,GPIO_MUX_CPU1,0x0);

    // param1:引脚，param2:控制器，param3:外设(0,2,4,8默认为GPIO)
    GPIO_SetupPinOptions(0,GPIO_OUTPUT,GPIO_PUSHPULL);

    // 配置GPIO0为输出引脚，并设置为推挽输出模式

    int i;
    for(i=100;i>0;i--){       // 输出100个方波
        GPIO_WritePin(0,0);   // 将GPIO0输出低电平（0）
        delay_loop();         // 调用延时函数

        GPIO_WritePin(0,1);   // 将GPIO0输出高电平（1）
        delay_loop();         // 调用延时函数

        GPIO_WritePin(0,0);   // 再次将GPIO0输出低电平（0）
    }
}

// 延时函数，简单的空循环
void delay_loop(){
    short i;
```

```
    for (i = 0; i < 1000; i++) {}    // 空循环，消耗一定的时间
}
```

【例15-2】利用寄存器配置方法配置GPIO为输出模式，并输出200个方波。

```
/* example:GPIO output mode */
#include "F28x_Project.h"
void delay_loop();
void main(void){
    // 1. 配置时钟，需要包括F2837xD_SysCtrl.c
    InitSysCtrl();

    // 2. 关闭CPU中断
    DINT;

    // 3. 初始化PIE（外设中断控制）
    InitPieCtrl();
    IER = 0x0000;              // 清除中断使能寄存器
    IFR = 0x0000;              // 清除中断标志寄存器
    InitPieVectTable();        // 初始化外设中断向量表

    // 方法二：寄存器编写
    // 实验对象：GPIO0->P0（将GPIO0配置为输出模式）

    EALLOW; // 允许写入保护寄存器（解除对某些寄存器的写保护）

    // 配置GPIO0的多路复用控制寄存器，设置为GPIO功能
    GpioCtrlRegs.GPAMUX1.bit.GPIO0 = 0;
    GpioCtrlRegs.GPAGMUX1.bit.GPIO0 = 0;

    // 配置GPIO0的方向寄存器为输出（1表示输出）
    GpioCtrlRegs.GPADIR.bit.GPIO0 = 1;

    // 配置GPIO0的上拉禁用寄存器（1表示禁用上拉电阻）
    GpioCtrlRegs.GPAPUD.bit.GPIO0 = 1;

    EDIS;          // 关闭写入保护，恢复保护寄存器的状态

    int i;
    for(i=200;i>0;i--){        // 输出200个方波
        // 设置GPIO0输出低电平（关闭）
        GpioDataRegs.GPACLEAR.bit.GPIO0 = 1;
        delay_loop();          // 延迟

        // 设置GPIO0输出高电平（打开）
        GpioDataRegs.GPASET.bit.GPIO0=1;
        delay_loop();          // 延迟
```

```
        // 再次设置GPIO0输出低电平（关闭）
        GpioDataRegs.GPACLEAR.bit.GPIO0 = 1;
    }
}

// 延时函数，用于控制方波输出的周期
void delay_loop(){
    short i;
    for (i = 0; i < 1000; i++) {}    // 简单的循环延时
}
```

15.4　本章小结

本章详细介绍了F28379D的GPIO部分的开发基础及其使用方法，包括GPIO引脚功能、应用场景、相关寄存器配置和字段定义等内容。此外，本章通过两个具体实例，展示了如何使用不同的方法配置GPIO实现信号输出。通过这些实例，读者将更好地掌握GPIO的开发方法，为深入学习DSP开发打下坚实的基础。

15.5　习题

（1）高级GPIO配置与中断优先级管理。在TMS320F28379D项目中，需要配置两组GPIO引脚（每组8个引脚），分别用于两个独立的外设接口。每个接口需要独立的中断服务程序（Interrupt Service Routine，ISR）来处理来自外设的信号。请详细说明如何配置GPIO引脚的方向、上下拉电阻、中断触发模式（上升沿/下降沿/双沿触发），并设计中断优先级策略，确保在同时触发时，第一组GPIO引脚的中断服务能够优先于第二组执行。

（2）GPIO复用功能与冲突解决。TMS320F28379D的某些GPIO引脚支持复用功能，如UART、SPI、I2C等。假设你正在设计一个系统，需要同时使用GPIO的通用输入输出功能和UART通信功能，但发现这两个功能共用了相同的引脚集。请详细说明如何配置GPIO复用寄存器以启用UART功能，并说明如何在需要切换回GPIO模式时，避免潜在的硬件冲突或软件错误。

（3）高速GPIO切换与信号完整性。在TMS320F28379D上实现一个高速GPIO切换应用（如PWM信号生成），要求输出频率达到1MHz，且信号边缘（上升沿/下降沿）尽可能陡峭。请分析并讨论影响GPIO信号完整性的因素（如驱动能力、PCB布局、负载电容等），并提出优化措施以确保信号质量。

（4）GPIO驱动LED矩阵显示。设计一个基于TMS320F28379D GPIO的8×8 LED矩阵显示系统，支持动态扫描显示不同图案和字符。请详细说明GPIO引脚的配置、扫描逻辑的实现（包括行选通和列数据驱动的协调），以及优化扫描速度以提高显示效果的策略。

（5）GPIO与ADC同步采样。在一个需要精确同步GPIO信号和ADC采样的应用中，需要使用TMS320F28379D的GPIO引脚触发ADC模块进行采样。请描述如何配置GPIO引脚作为ADC的触发源，并通过软件控制GPIO的精确时间控制来确保ADC采样的同步性。此外，还需分析可能的同步误差来源，并提出减少误差的方法。

（6）GPIO与DMA的集成应用。设计一个基于TMS320F28379D GPIO和DMA（Direct Memory Access，直接内存访问）的复杂数据传输系统。通过GPIO接收外部设备的串行数据流，并利用DMA实现数据的高效接收和存储。请详细说明GPIO引脚的配置、DMA通道的设置以及数据传输流程的控制，同时考虑数据完整性的校验机制。

（7）GPIO状态监控与故障保护。在TMS320F28379D应用中，需要实时监控多个GPIO引脚的状态以检测系统故障（如过压、过流等）。请设计一个故障保护机制，包括GPIO引脚选择、中断配置和故障检测算法的实现，并说明如何在检测到故障时迅速关闭相关外设并触发系统保护动作。

（8）GPIO模拟I2C总线通信。由于硬件资源限制，需要在TMS320F28379D上使用GPIO引脚模拟I2C总线与从设备通信。请详细描述如何模拟I2C的起始条件、停止条件、地址发送、数据读写等过程，并讨论模拟I2C通信中可能遇到的问题（如时钟同步、总线竞争等）及解决方案。

（9）GPIO低功耗模式配置。在TMS320F28379D的应用中，系统需要在不工作时进入低功耗模式以节省电能。请分析GPIO在低功耗模式下的行为，并设计一种策略，通过配置GPIO引脚的输出状态、中断使能或禁用以及电源管理寄存器，以最小化系统功耗。还需讨论唤醒机制的设计，确保系统能在需要时迅速恢复正常工作。

（10）GPIO与RTOS（Real-Time Operating System，实时操作系统）集成。在TMS320F28379D上运行RTOS（如FreeRTOS、TI-RTOS等），需要将GPIO操作集成到RTOS的任务和中断服务程序中。请详细说明如何在RTOS中配置GPIO引脚、创建任务以控制GPIO输出，以及设置中断服务程序响应GPIO输入。

参 考 文 献

[1] 杨家强. TMS320F2833xDSP原理与应用教程[M]. 北京：清华大学出版社，2014.

[2] 张小鸣. DSP原理及应用：TMS320F28335架构、功能模块及程序设计[M]. 北京：清华大学出版社，2019.

[3] 韩丰田，李海霞. TMS320F281xDSP原理及应用技术（第2版）[M]. 北京：清华大学出版社，2009.

[4] 顾卫钢. 手把手教你学DSP：基于TMS320X281x[M]. 北京：北京航空航天大学出版社，2011.